Reizbewegungen der Pflanzen

Die Reizbewegungen der Pflanzen

von

Dr. Ernst G. Pringsheim

Privatdozent an der Universität Halle

Mit 96 Abbildungen

Berlin

Verlag von Julius Springer

1912

ISBN-13: 978-3-642-90265-9   e-ISBN-13: 978-3-642-92122-3
DOI: 10.1007/978-3-642-92122-3

Vorwort.

Das vorliegende Buch ist als Einleitung in das Studium der pflanzlichen Reizphysiologie gedacht. Es soll nicht so sehr dem Fachmanne dienen als vielmehr allen denen, die aus irgendeinem Grunde einen Einblick in das Gebiet gewinnen wollen, ohne eingehende Vorkenntnisse zu besitzen.

Für diese Aufgabe sind die Lehrbücher nicht recht geeignet, weil sie nur ein Gerippe geben, aber keine Anschauung vermitteln können. Die gelehrten Handbücher wiederum müssen Vollständigkeit anstreben und verlieren dadurch unvermeidlich an Übersichtlichkeit. Auch setzen sie zuviel voraus und werden deshalb nur dem Botaniker recht verständlich. Ein bestimmtes Objekt von vielen Seiten zu betrachten, kann überhaupt nicht ihre Aufgabe sein. Wie mir scheint, sind es aber gerade die an einer Pflanze zu beobachtenden Einzelheiten, die den Nichtfachmann fesseln und der Darstellung Leben geben.

Die pflanzliche Reizphysiologie ist vielfach, und von berufenster Seite bearbeitet worden, so in den Hand- und Lehrbüchern von Pfeffer, Jost, Noll, Wiesner u. a. Deshalb bedarf mein Unternehmen einer Begründung. Sie liegt darin, daß ich mir meine Aufgabe anders gestellt habe als die genannten Autoren. Es lockte mich, das erwähnte Teilgebiet einmal unabhängig von der sonstigen Botanik, in anschaulicher Breite, aber ohne den Zwang der Vollständigkeit vorzuführen. Dabei ergab sich die Notwendigkeit, nur die einigermaßen sicher als Reizwirkungen anzusprechenden Erscheinungen zu behandeln. Das gilt aber in der Hauptsache allein für die Bewegungsreaktionen. Nur zur Abrundung wurden da und dort auch andere Reizerfolge geschildert.

Sollte mir die Aufgabe einigermaßen gelungen sein, dieses Gebiet soweit verständlich zu machen, daß jedermann folgen kann, der für Naturwissenschaft Sinn hat und dabei nicht nur Unterhaltung sucht, so wäre mir das eine besondere Genugtuung. Damit wäre am besten die Berechtigung meines Unternehmens erwiesen. Ist doch gerade auf diesem Gebiete durch minderwertige populäre Darstellung gesündigt worden. Ganz leicht zu lesen wird das Folgende freilich nicht sein. Der teilweise schwierige Gegenstand erfordert geistiges Mitarbeiten.

Die Hauptleitsätze, die mir vorschwebten, waren folgende:

Es sollte größtmögliche Anschaulichkeit erreicht werden. Ein Erfordernis waren also zahlreiche Abbildungen. Da die Photographie einen lebendigeren Eindruck übermittelt als die Zeichnung, wurde sie in höherem Maße herangezogen, als bisher üblich.

Wiederholt wurde auf die entsprechenden Erscheinungen in der menschlichen Sinnestätigkeit hingewiesen. Das Bedenkliche solcher Vergleiche schien mir durch die leichtere Anknüpfung aufgewogen. Zudem gewinnt ja die Anschauung von der inneren Gemeinschaft aller Lebewesen, auch in reizphysiologischer Hinsicht, immer mehr an Boden.

Manche Erscheinungen wurden auf ihre Bedeutung für die Pflanze hin betrachtet, doch nur soweit Versuche einen Anhalt gaben. Gerade hier bleibt noch viel zu tun. Deshalb mußte ich mich meist damit begnügen, zu zeigen, wie durch exakte Behandlung zuverlässige Antworten auf bestimmte Fragen erzielt werden können. Um die Experimente schildern zu können, mußte auch die Methodik gestreift werden, wenigstens soweit sie für das Verständnis und die Nachahmung einfacherer Versuche erforderlich ist.

Da manche das Buch nur der Folgerungen wegen zur Hand nehmen werden, so wurden am Schlusse einige allgemeinere Fragen erörtert. Wenn man diese Suchenden auch auf naturwissenschaftlichem Wege nicht bis zum Ziele geleiten kann, so dürfte es doch geraten sein, sie nicht früher als nötig zu verlassen.

Schließlich danke ich Herrn Springer für die Sorgfalt und das Entgegenkommen bei der Drucklegung und besonders bei der Anfertigung der Abbildungen. Auch bin ich meinem Bruder Hans Pringsheim in Berlin für die Durchsicht des Manuskriptes und der Korrekturen zu großem Danke verpflichtet.

Halle a. d. S., im Juli 1911.

Ernst G. Pringsheim.

Inhaltsübersicht.

I. Einleitung.

Die Überzeugung von der inneren Gemeinschaft aller Organismen, von der Wesensgleichheit des Lebens in allen seinen tierischen und pflanzlichen Formen, ist heute Allgemeingut geworden. Aus ihr ergibt sich auch die Berechtigung einer Wissenschaft, die darauf ausgeht, das Einheitliche und das Unterscheidende in den Lebensäußerungen der verschiedenen Organismengruppen zu studieren. Dabei hat diese Forschungsrichtung, wie jede rechte Wissenschaft, das Zusammengesetzte aus dem Einfachen zu erklären und abzuleiten. Die Lehre von der Abstammung der höheren Lebewesen von niederen muß auch die Wissenschaft durchdringen, die ich hier im Sinne habe, die vergleichende oder allgemeine Physiologie.

Von einigen Betätigungen wissen wir genau, daß sie allen Lebewesen gemeinsam sind. So die Ernährung, die Atmung, die Fortpflanzung und die Reizbarkeit. Letztere besonders finden wir immer und überall bei den Organismen. Sie setzt nicht einmal vorübergehend aus. Es gibt kein Leben ohne Reizbarkeit! Sie unterrichtet die Organismen von den für sie wichtigen Veränderungen in ihrem Inneren und in der Außenwelt. Ohne sie würden sogleich verhängnisvolle Störungen im Lebensgetriebe eintreten.

Wollen wir uns klar machen was das bedeutet, so können wir an unsere eigene Sinnestätigkeit denken, die letzten Endes auf der Reizbarkeit gewisser Zellen an den verschiedensten Stellen unseres Körpers beruht. Sie ist beständig rege und hört nur im Tode auf. Selbst im Schlafe ist sie nur gedämpft. Nie ist sie den Einwirkungen der Außen- und Innenwelt gegenüber ganz verschlossen. Es geht das schon daraus hervor, daß wir durch intensive Reize geweckt werden können und daß weniger starke doch wenigstens unsere Träume beeinflussen. Man ersieht daraus auch gleich, daß Bewußtsein an die Sinnestätigkeit nicht geknüpft sein muß. Für die Pflanzen wollen wir die Bewußtseinsfrage ganz aus dem Spiel lassen. Wir wissen davon nur bei uns selbst etwas. Bei ganz anders gearteten Lebewesen wie den Pflanzen sind Erörterungen hierüber zwecklos. Ruhezustände, in denen die Reizbarkeit stark herabgesetzt ist, kennen wir übrigens auch bei den Pflanzen. Man denke an einen Baum im Winter oder einen trockenen Samen. Trotzdem man aber bei ihnen von dem in ihnen ruhenden Leben wenig merkt, sind sie doch gewissen Reizen zugänglich.

Zwischen Sinnestätigkeit und Reizbarkeit einen scharfen Unterschied zu machen ist kaum mehr möglich, nachdem man erkannt

hat, daß die Sinnesorgane nur besonders ausgebildete Aufnahme-
apparate für die wichtigsten Reize darstellen, wie man sie in einfacherer Konstruktion auch bei den niedersten Tieren und selbst bei
Pflanzen vorfindet. Worin die Reizbarkeit besteht und sich äußert,
das darzulegen soll den ganzen Inhalt dieses Buches ausmachen.
Man wird also verzeihen, wenn ich keine Definition voranschicke, die
doch an dieser Stelle das Wesen der Sache nicht klar machen könnte.

Unsere Sinne geben uns Kunde von den Vorgängen der Umgebung,
nach denen wir uns orientieren können. Ähnlich orientiert sich die
Pflanze nach den Eindrücken der Außenwelt. Das Resultat sind gewisse Lage- und Ortsveränderungen, die uns in den folgenden Kapiteln
beschäftigen werden. Daneben werden auch andere Tätigkeiten der
Pflanze wie unseres Körpers von Reizen beeinflußt. So finden wir
bei den Pflanzen formbestimmende Reize, die allerdings nicht im
gleichen Maße bei uns auftreten. Die Pflanze ist ein Organismus
von viel geringerer Individualität als das höhere Tier und der Mensch.
Ihre einzelnen Teile sind nicht so stark voneinander abhängig, müssen
nicht so genau zusammenarbeiten, damit das Ganze lebensfähig ist.
Daher ist auch eine größere Freiheit in der Gestaltung der einzelnen
Organe, der Zweige, Blätter usw. einer Pflanze je nach den äußeren
Umständen möglich als bei den Gliedern eines Tieres und des Men-
schen. Es ergibt sich daraus weiter eine größere Verschiedenheit der
Individuen, die verschiedenen Bedingungen ausgesetzt waren. Etwas
Ähnliches finden wir beim Menschen immerhin etwa in der stärkeren
Ausbildung häufig gebrauchter Muskelgruppen. Auch das stärkere
Nachwachsen abgeschnittener Haare und Nägel, das auch Analogien
im Pflanzenreich hat, könnte man vielleicht zu den durch Reize be-
einflußbaren Formgestaltungen rechnen. Ferner die Heilung von Verwundungen und den Ersatz verloren gegangener Teile, die hier wie
da durch mancherlei Reizwirkungen reguliert werden. Man ist sich
jedoch noch wenig klar darüber, wo die Grenze liegt zwischen einer
direkten Beeinflussung des Stoffwechsels und dem mittelbaren Zusammenhange, den man Reizwirkung nennt. Deshalb soll dieses Gebiet, dem Titel entsprechend, gegenüber den Bewegungserscheinungen
zurücktreten. Mit den Reaktionen auf Verwundungen sind wir schon
dem Gebiete der schwer faßbaren inneren Reize nahe gekommen, die
auf dem Zusammenhange und der gegenseitigen Lage, sowie auf der
Lebenstätigkeit der Organe beruhen. Da wir über die entsprechenden
Erscheinungen beim Menschen, die inneren und Gemeinempfindungen,
schon nicht viel wissen, wo die Selbstbeobachtung der ohnehin intensiveren Erforschung aller Einzelheiten noch zu Hilfe kommt, so kann
es uns nicht wundern, daß man sie bei den Pflanzen, deren Wesen
von dem unsrigen so verschieden ist, noch weniger kennt und schwer
von chemischer Wechselwirkung unterscheiden kann.

Dieselbe Schwierigkeit zeigt sich bei der Beeinflussung der
chemischen Tätigkeit der Pflanze durch äußere Umstände. Zwar
kennen wir Fälle, die zweifellos als Reizwirkung angesprochen wer-

den müssen. Auch hier kann man wieder an Erfahrungen am Menschen anknüpfen. So wie die Absonderung unserer Verdauungsdrüsen durch den Geruch, Geschmack und selbst den Anblick der Speisen angeregt wird, so wird bei den Insekten fangenden Pflanzen durch die von der Beute ausgehenden chemischen und Berührungsreize die Abscheidung von verdauenden Säften veranlaßt. Leider aber ist der Teil der pflanzlichen Reizphysiologie, der sich mit den chemischen Reizerfolgen beschäftigt, noch wenig ausgebaut gegenüber den die Form- und Lageveränderungen, also die physikalischen Reizerfolge umfassenden Gebieten. Wir wollen die letzteren daher in unserer Darstellung nur nebenher hier und da erwähnen. Man darf daraus aber keineswegs auf eine geringe Bedeutung dieser Vorgänge schließen. Sie spielen vielmehr sicher eine große Rolle. Nur fehlen uns vielfach noch die Mittel sie nachzuweisen und vor allem auch hier wieder, sie von direkten stofflichen Beeinflussungen zu unterscheiden.

Im Gegensatze zu den Reizerfolgen, die sich in einer Veränderung des Stoffwechsels und der Gestaltung offenbaren, sind die leicht erkenn- und meßbaren Bewegungserscheinungen seit lange Gegenstand eifrigsten Studiums gewesen. An ihnen haben sich unsere Begriffe von der pflanzlichen Reizbarkeit gebildet. Da wir alles Zweifelhafte und weniger Bekannte fortlassen, können wir dafür die Bewegungsreize um so ausführlicher behandeln, was die Anschaulichkeit zu erhöhen geeignet ist.

Trotz dem Riesenabstande zwischen zwei in so verschiedenen Richtungen entwickelten Organismen, wie es die Pflanze und der Mensch sind, finden wir doch bei beiden die gleichen physikalischen und chemischen Kräfte als „Reizanlässe" wirksam. Einige Beispiele mögen das erläutern. Wir bewahren unsere aufrechte Haltung mit Hilfe eines besonderen Sinnes, der uns die Richtung der Schwerkraft anzeigt; die Pflanze tut das gleiche. Unser Lichtsinn leitet uns vor allen anderen beim Zurechtfinden im Raume. Auch für die Pflanze ist das Licht einer der wichtigsten Orientierungsfaktoren zur Gewinnung geeigneter Lebensbedingungen. Wir lassen uns beim Aufsuchen und der Beurteilung unserer Nahrung durch Geruch und Geschmack, die chemischen Sinne, leiten; dasselbe gilt für die Pflanze, denn Wurzeln und Pilzfäden suchen im Substrate kriechend vermöge ihrer chemischen Reizbarkeit geeignete Stoffe auf, während die Bakterien frei im Wasser schwimmend solche zu erreichen suchen. Schließlich mag noch angeführt werden, daß es Pflanzen gibt, die für „Kitzel"- und Stoßreiz, für Temperaturerhöhung und -erniedrigung, für Wasserströmungen und Feuchtigkeitsdifferenzen empfindlich sind. Diese Andeutungen geben wenigstens einen Begriff von der Mannigfaltigkeit und Verbreitung der verschiedenen Reizerscheinungen.

Auf welche Weise sich uns die Empfindlichkeit der Pflanze für all diese Einwirkungen kundgibt, das wird eingehend zu schildern sein. Mit einem allgemeinen Ausdrucke nennt man die Anzeichen einer erfolgten Reizung die Reizreaktionen oder Reizerfolge, ganz gleich, ob sie Änderungen der Lage, der Form oder der chemischen Zusammensetzung darstellen. Entsprechend werden die physikalischen oder chemischen Außeneinflüsse, die zu einer Reizung führen, Reizursachen genannt. Bedeutungsvoll für die Charakterisierung der Reizprozesse ist es, daß sie in keinem einfachen, leicht übersehbaren physikalischen oder chemischen Zusammenhange mit den Reizerfolgen stehen. Das Verhältnis von Reizursache und Reizerfolg wird nämlich dadurch verwickelt, daß sich eine ganze Anzahl von Zwischengliedern zwischen beide einschieben, über die wir wenig wissen, — die aber gerade das physiologische Geschehen zu charakterisieren scheinen. Mit diesem Umstande, dem Vorhandensein von Mittelvorgängen, hängt es auch zusammen, daß die Energie des äußeren Reizanlasses nicht in der Reaktion wiederkehrt, und daß auch beide nicht in einem gleichbleibenden Verhältnisse zueinander stehen. Bei anderen Vorgängen im Organismus ist das der Fall. So wird z. B. eine bestimmte Menge der Energie des auffallenden Sonnenlichtes bei der Kohlensäureassimilation in chemische Energie umgewandelt und auf diese Weise in leicht verwendbarer Form festgelegt. Bei den Reizvorgängen sind die Verhältnisse nicht so leicht zu übersetzen, weil die Hauptursache des physiologischen Geschehens immer im Organismus liegt. Der Reizanlaß verursacht nur eine Umgestaltung des sonstigen Getriebes, eine veränderte Verwendung der verfügbaren Kräfte.

Von den Reizerfolgen werden allein die Bewegungserscheinungen ausführlich behandelt werden, weil nur über diese genug gesichertes Material vorliegt, um eine zusammenfassende Darstellung zu ermöglichen. Da wir zum Verständnis der speziellen Kapitel, die die Reizwirkung der verschiedenen Außenkräfte vorführen sollen, einen Überblick über Wachstum und Bewegungsvermögen der Pflanzen haben müssen, schicken wir das hierzu Nötige im nächsten Abschnitte voraus. Wir schreiten dabei im allgemeinen von den niederen zu den höheren Organismen fort. Eine entsprechende Einteilung wird sich jedoch weiterhin wegen der sonst unausbleiblichen Wiederholungen nicht mehr aufrecht erhalten lassen. Wir wollen vielmehr den Stoff nach den ins Pflanzenleben als Reize eingreifenden Kräften einteilen, da der Reizvorgang als solcher in den Vordergrund gestellt werden soll. Die von einer bestimmten äußeren Kraft abhängigen Reaktionsformen wollen wir dann so anordnen, daß wir mit den einfachsten und bestbekannten beginnen. Diese sind nun nicht immer bei den niedersten Organismen zu finden, vielmehr meist gerade bei den differenzierteren, wo die stärkere Arbeitsteilung eine klarere Ausbildung der Einzelfunktionen erlaubt, die auf niederer Stufe alle an eine Zelle gekettet sind. Nachdem wir so den Einfluß der verschiedenen Kräfte, die als Reizursachen in Betracht kommen, durchgesprochen haben werden, können wir in einem Schlußkapitel, den in der Vorrede skizzierten Absichten entsprechend, einige allgemeinere Fragen behandeln.

II. Das pflanzliche Bewegungsvermögen.

a) Allgemeines.

Es ist, als ob die Natur alles getan hätte, um uns die Erkenntnis so lange wie möglich vorzuenthalten, daß nicht nur die Tiere, sondern auch die Pflanzen ein reich ausgebildetes Bewegungsvermögen besitzen. Die uns vertrauten grünen Gewächse zeigen im allgemeinen dem flüchtigen Blicke so wenig Beweglichkeit, daß man schon genauer hinsehen muß, um sich von ihrem Vorhandensein zu überzeugen. Still und geräuschlos geht da alles vor sich, ohne Lärm, ohne Zappeln, Hasten und Fliehen. Aber man nehme sich nur die Zeit in warmen Frühlingstagen etwa eine Roßkastanie zu beobachten, wie sie ihre Knospen entfaltet. Welch eine Fülle von Veränderungen, die da in kurzer Zeit sich folgen!

Ist es bei den höheren Pflanzen die meist verhältnismäßig geringe Schnelligkeit der Bewegungen, die ihre Wahrnehmung erschwert, so ist es bei den sich rascher tummelnden niederen Organismen die mikroskopische Kleinheit, die ihre Kenntnis einer technisch vorgeschrittenen Zeit aufsparte.

Jene wenigen grünen Pflanzen endlich, deren auffallende Reizbewegungen in ihrer Geschwindigkeit denen der Tiere nahekommen, — man denke an Mimosa — sind in wärmeren Gegenden zu Hause. Sie wurden erst bekannt, als sich der Glaube, Beweglichkeit und Empfindungsfähigkeit gingen den Pflanzen ab, schon so sehr festgesetzt hatte, daß man diesen Mangel als zu ihrem Wesen gehörig betrachtete. Die sogenannten sensitiven Pflanzen wirkten daher nach ihrer Entdeckung zunächst meist nur als Kuriositäten. Wo man auf ihr Verhalten einging, versuchte man es auf möglichst mechanische Weise zu erklären, um nicht die Überzeugung vom Wesen der Pflanze, die durch Autoritäten wie Aristoteles und Linné gestützt war, umstoßen zu müssen. Schließlich aber übten diese exotischen Seltsamkeiten doch eine Wirkung auf die Gemüter aus, die ihren stilleren einheimischen Vettern versagt geblieben war. Man erkannte allmählich auch bei den letzteren rasche Bewegungen an weniger ins Auge fallenden Blütenteilen, — und als dann Darwins Lehre die Augen öffnete und die innere Verwandtschaft aller Lebewesen zur Gewißheit machte, zögerte man nicht länger, die von Dichtern und Philosophen vorgeahnte innere Gemeinschaft der Pflanze mit Tier und Mensch anzuerkennen.

Darwin selbst war der erste der in seinen klassischen Werken über die insektenfressenden und die kletternden Pflanzen sowie über das Bewegungsvermögen der Pflanzen die Früchte dieser neuen Anschauung erntete. Die weniger als die Schriften zur Deszendenztheorie bekannten pflanzenphysiologischen Werke des großen Neuerers lohnen auch heute noch ein eingehendes Studium. Seine Versuche wurden mit einfachen Hilfsmitteln angestellt und sind so anschaulich geschildert, daß sie zur Nachahmung anregen. Darwins Beobachtungen lehrten ihn, daß Wurzeln, Blätter, Stengel und Ranken der Pflanzen zu den verschiedenartigsten Bewegungen befähigt sind, zu denen mannigfaltige Reize den Anstoß geben. Er faßt seine Eindrücke in den Worten zusammen: „Endlich ist es unmöglich, von der Ähnlichkeit zwischen den vorher erwähnten Bewegungen von Pflanzen und vielen unbewußt von den niederen Tieren ausgeführten Handlungen nicht überrascht zu sein". Dieser Ausruf ist heute eine Art Programm geworden.

Allerdings ist die Ausführung, die Mechanik der Bewegungen bei den höheren Pflanzen, mit denen Darwin seine Versuche anstellte, von der der Tiere durchaus verschieden. Muskeln und Nerven gibt es bei ihnen nicht.

b) Freie Ortsbewegung.

Während die niedersten grünen Organismen, bei denen man im Zweifel sein kann ob es Tiere oder Pflanzen sind, sich in ähnlicher Weise im Wasser herumtummeln wie ihre farblosen Verwandten, haben sich die höheren Gewächse dieser Fähigkeit begeben. Ihre Ernährung mit Hilfe des Sonnenlichtes machte den Ortswechsel überflüssig. Zudem hätten die zum reichlicheren Auffangen der Strahlen notwendigen grünen Flächen, die Blätter und blattähnlichen Organe, bei der Bewegung ein starkes Hindernis ergeben. Als die Pflanzen dann später zum Landleben übergingen, wurden auch die letzten Überreste von freier Beweglichkeit, die im Jugendstadium noch vorkamen, allmählich aufgegeben. Sich auf trocknem Boden frei umher zu bewegen, vermag keine Pflanze.

Sehen wir nun zu, welche Mittel der Pflanze zur Verfügung stehen, auf die Reize, die sie treffen, mit Bewegungen zu antworten:

Zur freien Ortsbewegung sind Vertreter fast aller Pflanzenfamilien mit Ausnahme der Blütenpflanzen zeitlebens oder doch vorübergehend befähigt. Daher ist es begreiflich, daß diese Bewegungen auf sehr verschiedene Weise zustande kommen. Zunächst haben wir zu unterscheiden zwischen freiem Schwimmen im Wasser und denjenigen Fortbewegungsarten, die einer festen Stütze bedürfen, dem Gleiten und Kriechen. Aber auch innerhalb dieser Gruppen herrscht noch eine große Mannigfaltigkeit.

Freies Schwimmen im Wasser kommt in folgenden Pflanzenstämmen vor:

1. Bakterien;
2. Myxomyceten (Schleimpilze);
3. Chytridiaceen;
4. Saprolegniaceen (Wasserpilze);
5. Flagellaten (Geißler);
6. Volvocaceen;
7. Peridineen;
8. Chlorophyceen (Grünalgen, nämlich Protococcoideen, Confervoideen und Siphoneen);
9. Phaeophyceen (Braunalgen);
10. Characeen (Armleuchtergewächse);
11. Bryophyten (Moose);
12. Pteridophyten (Farnpflanzen);
13. Cycadaceen;
14. Ginkgoaceen.

In den mit 9—14 bezeichneten Stämmen sind nur die männlichen Geschlechtszellen, die „Samenfäden" oder Spermatozoën, schwimmfähig. Man sieht, daß die Erscheinung außerordentlich verbreitet ist. Es kommt ihr auch eine große Bedeutung für unsere Auffassung von der Verwandtschaft der pflanzlichen Lebewesen zu. Mit großer Wahrscheinlichkeit ist nämlich anzunehmen, daß die Vorfahren sowohl der Tiere wie der Pflanzen einzellig waren und frei im Wasser umherschwammen. Ihnen sind von jetzt lebenden Organismen jedenfalls die mikroskopischen Flagellaten oder Geißler am ähnlichsten. Sie können farblos sein mit tierähnlichem Stoffwechsel oder grün und sich nach Art der Pflanzen ernähren. Die letzteren assimilieren mit Hilfe des Sonnenlichtes die Kohlensäure und formen daraus Stoffe, die zum Aufbau ihres Körpers und zum Betriebe ihrer Lebensfunktionen verarbeitet werden. Die farblosen Flagellaten dagegen nehmen gelöste organische Nahrungsstoffe aus dem Wasser auf. Allerdings sind auch die grünen oft dazu befähigt, wie überhaupt tierische und pflanzliche Ernährung vielfach ineinandergreifen.

Die Schwimmbewegung findet bei den Flagellaten mit Hilfe von einer oder mehreren Geißeln oder Wimpern statt, die in gesetzmäßiger Weise das Wasser schlagend den Körper vorwärts treiben. Die Art der Geißelbewegung ist wegen ihrer Schnelligkeit und der außerordentlichen Feinheit dieser Organe schwer zu erforschen.

Wenn es möglich sein wird, von den sich bewegenden Geißeln kinematographische Aufnahmen zu machen, wozu heute die technischen Mittel wohl schon ausreichen, wird man mancherlei Aufschlüsse erhoffen dürfen. Bisher war man darauf angewiesen, die Bewegungen zu studieren, indem man sie künstlich verlangsamte. Das kann man durch tiefe Temperatur erreichen, oder dadurch, daß man den Widerstand des Wassers durch Zusätze wie Gummi, Gelatine oder dgl. erhöht. Dann geht der Geißelschlag so langsam vor sich, daß er sich bei großen Flagellaten mit starker Vergrößerung leidlich verfolgen läßt. Auch kann man die betreffenden Lebewesen dadurch im Gesichtsfelde des Mikroskopes festhalten, daß man ein feines Maschengewebe auflegt, in dessen Hohlräumen die Schwärmer gefangen werden.

Es läßt sich denken, daß auf diese Weise nur Rudimente der normalen Bewegungsart zur Beobachtung kommen.

Die Gestalt der Flagellaten und der ihnen sehr ähnlichen Algenschwärmsporen ist dagegen im allgemeinen gut bekannt. Meist sind sie länglich, und wo sie grün sind, ist das vordere Ende verschmälert und farblos. In ihnen befindet sich auch fast immer seitlich ein roter Punkt, der „Augenfleck", über dessen Bedeutung für den Lichtsinn wir noch zu sprechen haben werden. Auch sind in der Nähe des Vorderendes die Bewegungsorgane, die Geißeln befestigt, in Ein-, Zwei-, Vier- oder Mehrzahl. Die zahlreichen kurzen und kranzförmig angeordneten Wimpern der Ödogoniumschwärmer schlagen rhythmisch nach rückwärts wie die Cilien der Infusorien. Da, wo eine geringe Zahl von Geißeln vorhanden ist, sind sie vorn inseriert, gewöhnlich

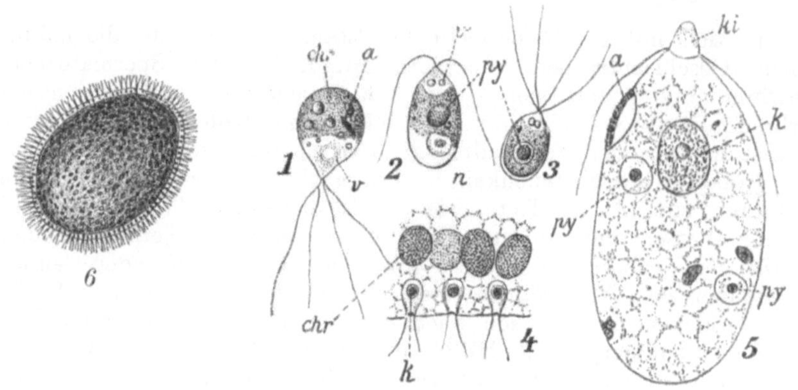

Abb. 1. Algenschwärmer.

1. Zoospore von Ulothrix; 2., 3. Schwärmer von Chlamydomonas; 4. Stück einer zusammengesetzten Zoospore von Vaucheria, die unter 6 im ganzen gezeigt ist; 5. Zoospore von Cladophora; a Augenfleck. (Aus Oltmanns 1905.) Verschieden stark vergrößert.

rückwärts gerichtet und meist länger als der Körper. Sie bohren sich korkzieherartig durchs Wasser und treiben den Körper vorwärts (Abb. 1 u. 2).

Die Wirkungsweise der Geißeln ist ähnlich wie die der Schraube eines Dampfers, die dadurch, daß sie das Wasser nach hinten drückt, das Schiff vorwärts treibt. Auch wenn die Geißel nach vorn gerichtet ist, bleibt diese Analogie bestehen, die Bewegungsrichtung hängt ja nur vom Sinne der Drehung ab, die häufig, z. B. beim Aufstoßen auf Hindernisse, vorübergehend umgekehrt wird. So kann auch ein Dampfer durch Umkehr der Schraubendrehung rückwärts fahren. Pfeffer (1904, S. 706) vergleicht das Schwingen der Geißel mit der „Wellenbewegung eines Taues, durch das man vermittelst geeigneter Schwingungen oder Stöße Spiralwellen schickt". Unter dem Mikroskop sieht man allerdings meist nur ein Schlängeln oder

schraubenförmiges Zusammenziehen und Wiederausstrecken des Bewegungsorganes. Durch die Schraubenbewegungen der Geißel kommt
fast immer während des Vorwärtsrückens eine Drehung des Körpers
zustande, die nur dann unterbleibt, wenn der Schwerpunkt, resp. der
Geißelansatz stark seitlich gelagert ist. Das Schwimmen kann so vor
sich gehen, daß die Körperachse mit der Bewegungsrichtung zusammenfällt. Vielfach aber, und besonders bei den unsymmetrisch gebauten Organismen, wird bei der Vorwärtsbewegung unter Rotation eine Schraubenlinie beschrieben, und zwar so, daß immer dieselbe Körperseite nach
außen gekehrt ist. Auch kann das hintere Ende in einer geraden,
das vordere in einer schraubigen Bahn fortschreiten. Je scheller das
Schwimmen ist, desto geradliniger die Bahn. Beim Stoßen auf
Hindernisse oder auf Reizanlässe hin wird oft die Bewegung gehemmt.
Dabei beschreibt dann die Achse des Körpers einen
Kegel oder Doppelkegel. Wird nun die Bewegung
wieder aufgenommen, so erfolgt sie aus einer der
beim Rotieren eingenommenen Stellungen heraus,
also in einer von der ursprünglichen abweichenden Richtung.

Der Körper der Flagellaten kann von einer
starren Haut umgeben oder weich und selbst in
seiner Form weitgehend veränderlich sein. Aber
auch in diesem letzten Falle trägt die Beweglichkeit der Gestalt nichts zu der Kraft bei, die den
Organismus im Wasser vorwärts treibt. Vielmehr
dient sie nur zum Kriechen auf festem Substrate.
Beim Schwimmen ist der Leib scheinbar starr
und langgestreckt. Das ist besonders auffallend
bei den am häufigsten studierten Euglenen, die
imstande sind, sich völlig kugelig zusammen-
zuziehen, beim Schwimmen aber eine fischähnliche
Gestalt annehmen. Die Art der Vorwärtsbewegung ist jedoch, von
der eines Fisches sehr verschieden, da sie durch die am Vorderende
eingesetzte Geißel zustande kommt (Abb. 2).

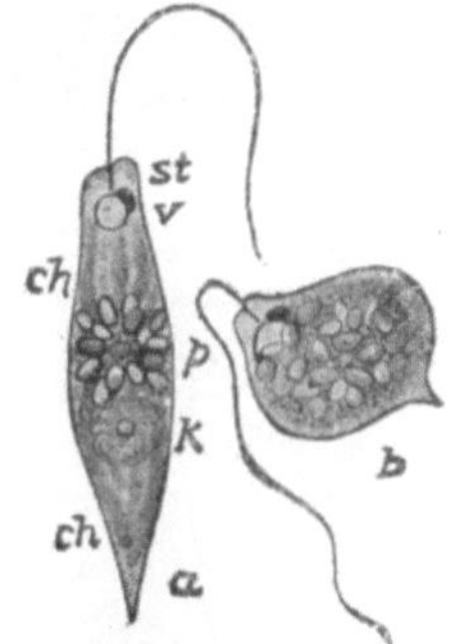

Abb. 2.
Euglena viridis.
a. schwimmend;
b. kriechend;
st. Augenfleck.
Stark ver-größert.
(Aus Rosen 1909.)

Ein besonderes Interesse verdienen die mit vielen Geißeln ausgerüsteten Gebilde, die aus einer großen Anzahl von Einzelindividuen
zusammengesetzt zu denken sind. Hierher gehören die Vaucheria-
schwärmsporen (Abb. 1, 4 u. 6), dann auch die Kolonien der Volvocaceen,
die kugel- und plattenförmig, aber auch anders gestaltet sein können
(Abb. 3). Bei diesen sind die Einzelindividuen flagellatenartig, aber
durch eine Gallertmasse miteinander verbunden.

Überall, wo mehrere Geißeln vorhanden sind, müssen sie vermöge
einer inneren Wechselwirkung einheitlich schlagen, weil sonst keine
geordnete Bewegung zustande käme. Besonders auffallend wird das
bei den größten Flagellaten-Kolonien, wie sie z. B. Volvox darstellt,
wo hunderte von Einzelindividuen zu einer Hohlkugel vereinigt
sind. Jedes hat zwei Geißeln, und alle bewegen sich im Rhythmus,

etwa wie die Ruder einer Galeere, so daß ein höchst geschicktes Schwimmen, immer mit einem bestimmten Ende voran, zustande kommt. Bei einem Hindernis sehen wir die Kugel ausweichen, alle Geißeln schlagen plötzlich in einer anderen Richtung. — So wird es bewirkt, daß die Bewegung durchaus zielbewußt aussieht, obgleich so viele Einzelorganismen daran beteiligt sind. Die Ursache der Übereinstimmung muß offenbar in der Fortleitung eines Impulses gesucht werden, der das Ganze zu einer Einheit verknüpft. Die Bahnen, die der Leitung dienen, sind als feine Plasmastränge in der Gallertmase zu erkennen, die die Individuen zusammenhält (Abb. 3c).

Die Schwärmsporen der während des längsten Teils ihres Lebens unbeweglichen Algen haben die Aufgabe, nach geeigneten neuen Wohn-

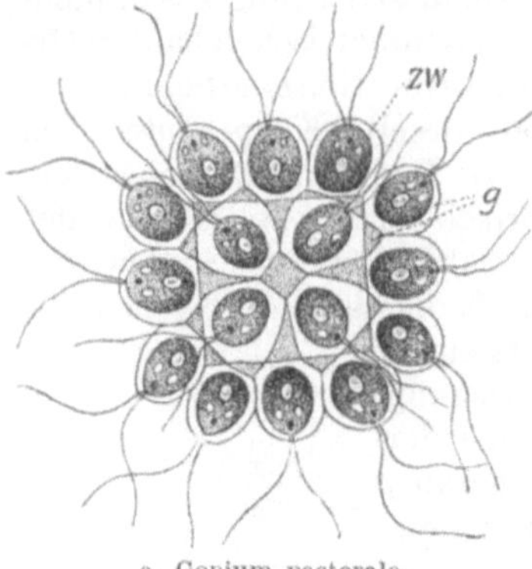

a. Gonium pectorale.

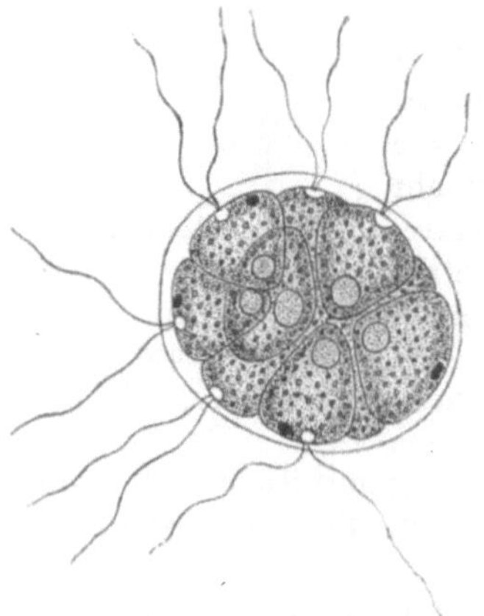

b. Pandorina morum.

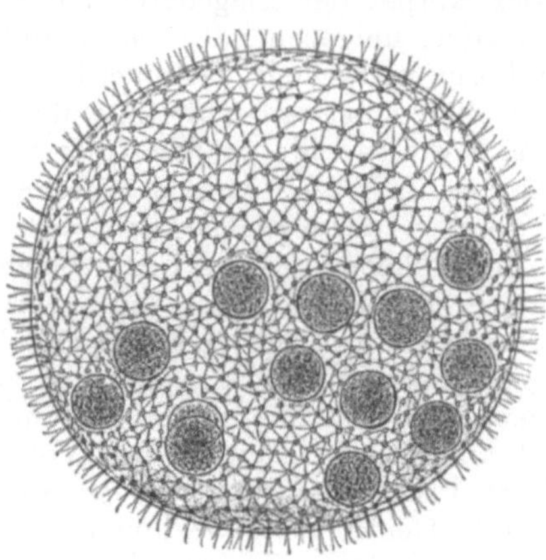

c. Volvox aureus.

Abb. 3. Schwärmende Volvocaceenkolonien (Aus Oltmanns, 1905).

orten zu suchen. Sie setzen sich dann fest und wachsen zu jungen Pflanzen aus. Oft sind es nur aus dem Verbande losgelöste Zellindividuen, die ohne weiteres entwicklungsfähig sind. Vielfach aber bedürfen sie eines paarweisen Verschmelzens, das einen Geschlechtsakt darstellt. Im Laufe der Entwicklung der Arten bildeten sich allmählich Differenzen zwischen den beiden, ursprünglich gleichen, sich vereinenden Zellen aus, indem die eine von ihnen Vorratsstoffe für die spätere Entwicklung mit bekam. Diese, die weibliche Geschlechtszelle, verlor damit allmählich ihre Beweglichkeit und ward zum Ei, während die männliche Geschlechtszelle, der „Samenfaden", noch lange imstande blieb die Eizelle aus eigener Kraft aufzusuchen. So ist es noch bei den Moosen und Farnen, während bei den Blütenpflanzen eine andere Art der Befruchtung auftritt.

Die beweglichen männlichen Samenzellen haben meist die schwierige Aufgabe, die das Ei umgebenden Hüllen zu durchdringen und sich in dieses einzubohren. Deshalb bedürfen sie einer besonderen Gestalt, die sie zum Überwinden von Widerständen geeignet macht. Ihre Geißeln sind nach rückwärts gerichtet oder doch, wie bei den Braunalgen, eine von zweien. Der Körper ist oft korkzieherartig gewunden, so bei den Characeen, Moosen und Farnpflanzen. Aber auch hier ist er starr, die Bewegung wird durch die Geißeln hervorgerufen. Mit welchen Reizbarkeiten diese Gebilde ausgestattet sind, um ihre Aufgabe zu erfüllen, das werden wir später sehen.

Die Schwärmer derjenigen Pilze, die bewegliche Entwicklungsstadien besitzen, zeigen nichts Besonderes, nur ist bei den Parasiten Chytridium vorax und Polyphagus Euglenae die Geißel hinten inseriert. Bei den Peridineen, die seltsame, unsymmetrische, meist gepanzerte Wesen darstellen, ist über Bewegung und Reizbarkeit nicht viel bekannt. Sie besitzen zwei Geißeln, von denen beim Schwimmen eine vorwärts, eine seitlich gerichtet ist. Die erstere macht nach Schütt Kegelschwingungen, die andere spiralwellige Bewegungen (Pfeffer 1904, S. 707). Die Schnelligkeit der Bewegung kann ziemlich beträchtlich werden, wenn man sie auf die Größe der Organismen bezieht. So legen manche Schwärmer in der Sekunde das 2—3fache ihrer Länge zurück, während die schnellsten Dampfer in der gleichen Zeit nur um ein Zehntel ihrer Länge vorwärts kommen. Der absolute Weg soll bei den Schwärmern der Lohblüte fast ein Millimeter in der Sekunde, in der Stunde also über 3 m, erreichen; das ist aber das höchste, was geleistet wird, meist wird in der Stunde höchstens 1 m zurückgelegt. Immerhin sehen wir bei der Vergrößerung durch das Mikroskop manche Bakterien, Flagellaten und Schwärmsporen sehr lebhaft durcheinanderwimmeln, da ja die Schnelligkeit der Bewegung, d. h. der zurückgelegte Weg auch mit vergrößert wird. Bei tausendfacher Vergrößerung würde also ein Schwärmer der Lohblüte scheinbar 1 m in der Sekunde zurücklegen. Das gibt den Eindruck einer sausenden Geschwindigkeit, zu deren Erreichung bei dem großen Widerstande, den das Wasser so kleinen Körpern bietet, jedenfalls eine relativ erhebliche Kraft erforderlich ist. Für Euglenen ist festgestellt, daß sie etwa das achtfache ihres eigenen Gewichtes im Wasser zu heben vermögen. (Schwarz 1884.)

Die meisten Bakterienarten sind dauernd oder doch in gewissen Entwicklungszuständen beweglich. In diesem Falle ließen sich stets mit besonderen Färbungen, die an sich kaum erkennbaren Geißeln sichtbar machen. Die Begeißelung ist sehr verschiedenartig, aber für die einzelnen Gattungen so konstant daß sie als systematisches Merkmal verwendet wird (Abb. 4). Bewegliche Stäbchen mit einem oder mehreren Geißeln am Vorderende nennt man nach Migula (1897) Pseudomonas; wenn sie etwas gebogen sind, Microspira, solche mit über den ganzen Körper verstreuten Bewegungsorganen Bacillus. Kugelförmige Bakterien mit einer Geißel heißen Planococcus. Die schraubenförmigen Spirillen besitzen einen Schopf von Geißeln an einem oder an beiden Enden. In dem letzteren Falle sind sie in Teilung begriffen. Dieser Zustand dauert ziemlich lange, so daß oft ein großer Teil der Individuen in der Kultur „bipolar" begeißelt ist. Ähnliches kommt auch bei den Stäbchen mit Endbegeißelung vor. Der Körper ist starr und trägt nichts zur Schwimmbewegung bei. Bei den Spirillen sieht es bei flüchtiger Betrachtung so aus, als schlängelten sie sich durchs Wasser. In Wirklichkeit liegt ein sich Vorwärtsbohren unter Drehung um die Hauptachse der Schraube vor.

Stets verläuft die Bewegung ungefähr in der Längsrichtung des Körpers, dabei können aber bei den Stäbchen Vorder- und Hinterende kreisende Bewegungen ausführen, durch die sie beim Vorwärtsschreiten eine Schraubenlinie beschreiben. Denkt man sich ihre Bewegung ohne Vorwärtsschreiten, so würde das Stäbchen den Mantel eines Kegels oder Doppelkegels beschreiben. Auch kann die Bewegung umkehren, was besonders bei denjenigen Stäbchen und Spirillen beobachtet wird, die Geißeln an beiden Enden besitzen und in beiden Richtungen gleich gut schwimmen. Sonst tritt nur vorübergehend bei besonderen Veranlassungen eine Umkehr der Bewegungsrichtung

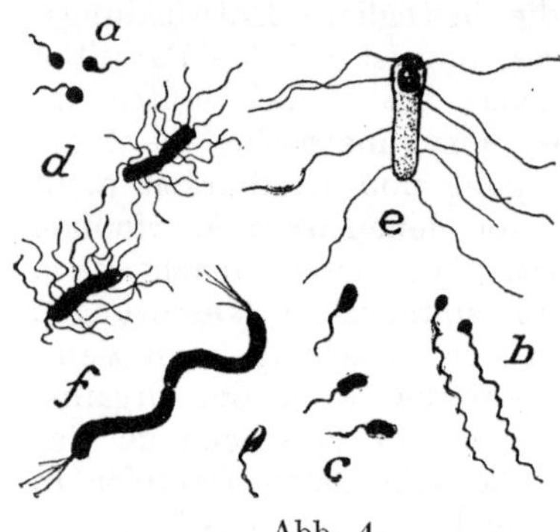

Abb. 4.

Schwimmfähige Bakterien mit Geißeln, stark vergrößert (Aus Rosen, 1909).

a) Nitrosomonas (Planococcus) europaea; b) Nitrosomonas javanensis; c) Microspira Comma; d) Bacillus subtilis; e) Plectridium paludosum; f) Spirillum Undula.

ein. Drehungen um die eigene Achse sind mit der Bewegung aller Bakterien verknüpft, doch sind sie nicht immer leicht wahrzunehmen.

Die Bewegung macht bei verschiedenen Bakterienarten einen sehr wechselnden Eindruck, bald ist sie schnell, bald langsam, stetig oder unterbrochen, die Bahn gerade oder gewunden, zielbewußt oder wechselnd. Von der Tätigkeit der Bewegungsorgane sieht man dabei bei ihrer Schnelligkeit und der außerordentlichen Feinheit der Geißeln fast nie etwas, so daß es schwer ist, darüber Aufschluß zu erlangen. Nur unter besonders günstigen Umständen und mit stärkster Vergrößerung konnte Migula (1897, S. 110) die Arbeit der Geißeln verfolgen: „Bei einer Zelle des Monas Okenii (eines verhältnismäßig sehr großen Bakteriums mit nur einer Geißel) war die Geißel bei der beginnenden Austrocknung zwischen einen hineingeworfenen Deckglassplitter und das Deckglas geraten und konnte sich nicht wieder befreien. Zuerst war das Schlagen des freien Geißelteils so heftig, daß die Zelle hin- und hergeschleudert wurde, allmählich aber wurden die Bewegungen langsamer, und es ließ sich erkennen, wie sich die Bewegung von dem eingeklemmten Geißelende, soweit es sich überhaupt noch bewegen konnte, schraubenförmig bis zur Basis fortsetzte und sich die Zelle selbst erst bewegte, wenn diese von der Spitze der Geißel nach der Basis hin sich fortpflanzende Bewegung bis an die Zelle gelangt war."

Diese Beobachtung lehrt gleich vielen anderen, daß die Bewegungen bei den Bakterien auf dieselbe Weise vor sich gehen wie bei den Flagellaten. Die Geißel ist der aktive Teil, sie hat eine gewisse Selbständigkeit und ist nicht als ein durch die Zellwand ausgestülpter Plamafaden zu betrachten, sondern als ein differenziertes Organ der Zelle. Niemals wird sie eingezogen. Unter ungünstigen Bedingungen kann sie aber erstarren oder abgeworfen werden. Bakterien, die zur Bewegung fähig sind, sollen nach Fischer (1895) immer Geißeln bilden, die aber unter Umständen untätig bleiben können.

Neuerdings (1909) gelang es Reichert, mit einer besonderen optischen Methode die Bewegungen der Bakteriengeißeln sehr viel besser zu beobachten, als das früher möglich war.

Reichert bediente sich der sogenannten Dunkelfeldbeleuchtung, die auch die Grundlage der „Ultramikroskopie" bildet, d. h. der Sichtbarmachung von Teilchen, die zu klein oder zu wenig lichtbrechend sind, als daß sie mit dem gewöhnlichen Mikroskope im durchfallenden Lichte zu sehen wären. Das Prinzip können wir uns an der Erscheinung der Sonnenstäubchen klar machen. Diese werden bei scharfer seitlicher Beleuchtung auf dunklem Grunde durch Beugung des Lichtes gewissermaßen selbst leuchtend. Sie erscheinen daher größer und werden dem bloßen Auge sichtbar. Ähnlich kann man unter dem Mikroskop durch seitliche Beleuchtung feine, sich vom Wasser wenig abhebende Teile wie Bakteriengeißeln zur Beobachtung bringen, die sonst nicht zu sehen wären.

Das Hauptergebnis dieser Untersuchungen ist der Nachweis, daß die Bakteriengeißeln, obgleich oft am Vorderende inseriert, fast immer rückwärts geschlagen sind. Dabei sind sie stets in Form von rechtsgängigen Schrauben gewunden und rotieren rechts herum. Der Körper dreht sich links herum. Da wo viele Geißeln in einem Büschel beisammen stehen, sind sie nach Reichert in der Bewegung zusammengelegt, so daß sie einheitlich schlagen und dadurch leichter sichtbar werden als in der Ruhe, wo sie auseinanderspreizen.

Bei den beweglichen, nach der Teilung in Paketen zusammen bleibenden Kugelbakterien (Planosarcina) sind die Geißeln nach rückwärts geschlagen und unterstützen einander meist durch gleichmäßigen Schlag. Es muß deshalb hier eine ähnliche Verknüpfung der Einzelindividuen angenommen werden wie bei Volvox.

Von besonderer Bedeutung sind für uns die Bewegungen der Geißeln bei der Richtungsumkehr, weil diese in der Erzielung von Reizreaktionen, wie wir noch sehen werden, eine große Rolle spielt. Periodisch oder auf äußeren Anstoß hin erfolgt ein Wechsel der Bewegungsrichtung unter vorübergehender Verlangsamung des Fortschreitens und Erweiterung des vom Bakterienkörper gebildeten

Rotationskegels. Nun „entspricht jeder vollen Geißelrotation auch ein voller Umlauf des Körpers um den ‚Trichter‘, infolgedessen wird bei rascherer Geißelrotation die Kraft, welche die Seitenabweichung bewirkt, auch viel rascher ihre Richtung ändern, und da sie also viel kürzere Zeit nach einer bestimmten Richtung wirkt, eine geringere Seitenabweichung bewirken. Und hauptsächlich aus diesem Grunde wird die Trichterbewegung bei rascherer Vorwärtsbewegung des Körpers eine Abschwächung erfahren“. Bei den polar begeißelten Spirillen wurde beobachtet, daß einer Umkehrung der Bewegung eine Erweiterung des Rotationstrichters vorangeht, bis schließlich die Lage der Geißel zum Körper gegen früher um 180° verschoben ist. Bei langer starker Geißel bleibt diese in derselben Lage und der Körper dreht sich. Schlägt die Geißel schnell herum, so erfolgt die Umkehr oft geradezu sprungweise. Ist die Geißel kürzer, so wird sie herumgelegt und der Körper behält seine Richtung bei, nur daß er jetzt mit dem anderen Ende voranschwimmt. Die Bazillen mit über den Körper verstreuten Geißeln zeigen diese niemals in der Bewegung nach vorn gerichtet. Da die Geißeln stets im selben Sinne rotieren, muß bei der Richtungsumkehr die Bewegung einen Augenblick aussetzen, die Geißeln müssen herumgeschlagen und nun wieder in Tätigkeit versetzt werden. Deshalb geht der Wechsel der Bewegungsrichtung niemals so schnell vonstatten wie bei polar begeißelten Bakterien. Die Umkehr der Geißelschwingungen ist bei allen Bakterien nur vorübergehend, so daß also bald wieder die alte Schwimmweise angenommen wird, auch ohne daß ein neuer Anstoß erfolgt.

Damit hätten wir die pflanzlichen Gebilde, die einer freien Schwimmbewegung fähig sind, besprochen und können uns nun zu den einer festen Unterlage bedürfenden frei beweglichen Organismen wenden.

Während sich bei den Schwimmbewegungen stets besondere Organe nachweisen lassen, die die motorische Kraft ausüben, ist das bei den Gleit- und Kriechbewegungen nicht immer der Fall. Es ist daher begreiflich, daß man über sie noch wenig Bescheid weiß. Auch diese Bewegungsart ist weit verbreitet im Pflanzenreich. Bekannt ist sie in folgenden Familien:

1. Beggiatoen unter den Bakterien
2. Cyanophyceen (Spalt- oder Blaualgen)
3. Desmidiaceen
4. Diatomeen (Kieselalgen)
5. Myxomyzeten (Schleimpilze).

Hieran schließen sich dann die Bewegungen der Teile in umhäuteten Zellen der Pilze, Algen und höheren Pflanzen, die später besprochen werden sollen.

Zum Kriechen bedarf es stets eines festen Bodens. Pflanzen, die dazu befähigt sind, leben aber nur im Wasser. Allerdings genügt ihnen vielfach die dünne Wasserschicht, die feuchte Körper überzieht. Trocken darf die Unterlage keinesfalls sein. So findet man die hierher gehörigen Organismen auf dem Boden flacher Gewässer, auf feuchter Erde, verwesten Pflanzenresten und dergleichen. Manchen genügt auch der Widerhalt, den sie an der Oberfläche von Flüssigkeiten finden, zur Fortbewegung. Frei schwimmen können sie auf Grund dieser Bewegungsart nicht. Dazu bedarf es stets der Geißeln.

Am besten bekannt ist das Kriechen der häufigsten hierher gehörigen Lebewesen, der Diatomeen. Die frei beweglichen unter ihnen stellen meist einzeln lebende Zellen dar, die von einem Kieselpanzer mit oft wunderbar zart gestalteter Oberfläche umschlossen sind. Ihre Bewegung erscheint unter dem Mikroskop als ein Gleiten, dem Anblicke nach vergleichbar dem einer Schnecke. Meist sind die beweglichen Diatomeen länglich, oft elliptisch, kahn- oder auch nadelförmig. Das Kriechen geschieht stets in der Richtung der Längsachse. Dabei kann das vorangehende Ende wechseln.

Es erscheint zunächst wunderbar, wie ein von festem Panzer umgebenes Gebilde sich zu bewegen vermag. Die Erklärung liegt darin, daß das lebende Protoplasma aus feinen Spalten, den Raphen, heraustritt und die Bewegung vermittelt. Solcher Schlitze, die in der Längsrichtung verlaufen, haben die hier zu berücksichtigenden Kieselalgen vier, da sie doppelt symmetrisch gebaut sind. Zwei davon liegen in einer Längslinie auf der einen, zwei auf der entgegengesetzten Seite (Abb. 5). Auf der Oberseite kann man an ruhig liegenden Exemplaren mit starker Vergrößerung sehen, wie zufällig angeklebte kleine Fremdkörperchen bald in der einen, bald in der anderen Richtung an dem Spalt entlang gleiten. Da nur das lebende Protoplasma die bewegende Kraft hergeben kann, so schließt man aus solchen Beobachtungen auf einen Protoplasmastrom, derart, daß die halbflüssige Masse am einen Ende hervortritt, den Spalt entlang gleitet und am anderen Ende ins Innere zurückkehrt. So wie hier bei ruhenden Individuen die leichten Partikelchen bewegt werden, während die schwerere Diatomee still liegt, so soll nach der Vorstellung mancher Autoren bei Berührung des Plasmastromes mit einem festen Untergrunde die Diatomee sich von der Stelle schieben. Übrigens genügt unter Umständen die Reibung des Protoplasmas am Wasser zur Fortbewegung, so daß der Spalt nicht immer dem Untergrunde anliegen

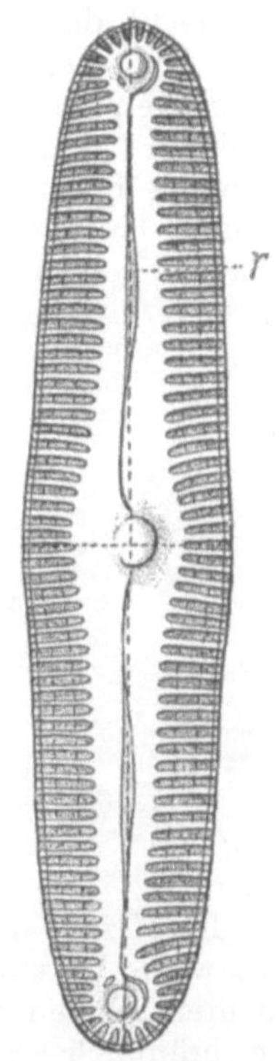

Abb. 5.
Diatomee (Pinnularia viridis, Schalenansicht).
r Raphe.
Stark vergrößert.
(Aus Oltmanns, 1904).

muß. Müller (1896) führt triftige Gründe dafür an, daß das Plasma am gebogenen Ende der Raphen kleine Wirbel bildet, die propellerartig wirken.[1]) Ein freies Schwimmen kommt dadurch aber doch nicht zustande, weil der Diatomeenkörper im Verhältnis zur bewegenden Kraft zu schwer ist. Die Bewegung ist stets relativ langsam und erreicht wohl kaum je ein fünfzigstel Millimeter in der Sekunde, so daß also meist in der Stunde noch keine 5 cm zurückgelegt werden. Immerhin macht die Bewegung unter dem Mikroskop auch hier oft einen recht lebhaften Eindruck, so z. B. bei gewissen schiffchenförmigen Kieselalgen des Meeres. Noch schneller erscheint sie bei einer merkwürdigen, in unseren Teichen vorkommenden Form, der Bacillaria paradoxa, und zwar dadurch, daß hier die 20—30 Individuen, die meist zu einer Kolonie vereinigt sind, sich aneinander entlang schieben, sodaß sich beim Anblick ihre Geschwindigkeit addiert (Abb. 6).

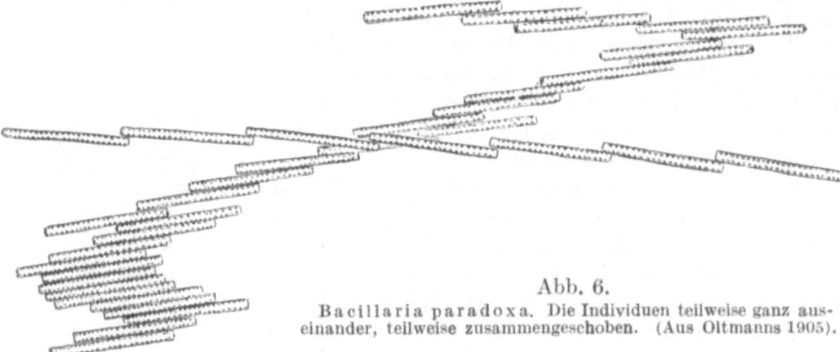

Abb. 6.

Bacillaria paradoxa. Die Individuen teilweise ganz auseinander, teilweise zusammengeschoben. (Aus Oltmanns 1905).

Die Kräfte, die die beweglichen Cyanophyceen vorwärts treiben, sind noch wenig bekannt. Diese sehr niedrig stehenden, im Wasser oder auf feuchtem Boden lebenden Organismen sind meist von blaugrüner oder auch bräunlicher Farbe. Ihre kleinen, scheiben- oder kugelförmigen Zellen sind geldrollen- oder perlschnurartig zu langen Fäden angeordnet. Beggiatoa ist farblos und wird deshalb meist zu den Bakterien gestellt, obgleich sie in den meisten morphologischen Merkmalen mit den Oscillarien unter den Blaualgen übereinstimmt. Bringt man die Fäden in einem Tropfen Wasser unters Mikroskop, so sind sie zunächst meist zu kleinen Knäueln zusammengeballt. Bald sieht man aber die bogenförmigen Krümmungen sich elastisch ausgleichen und es beginnen nun schwingende, kreisende Bewegungen, bei denen die Spitzen der Fäden kegelförmige Bahnen beschreiben, oder, bei mangelndem Raum unterm Deckglase sich hin und her biegen. Dabei strahlen die Fäden bald nach allen Richtungen annähernd geradlinig ins Wasser, während sie in der

---

[1]) Gegen die allgemeine Gültigkeit dieser Auffassung scheint mir aber das Kriechen von Diatomeen zu sprechen, die man in Agar oder Gelatine eingeschmolzen hat.

Mitte verknotet bleiben können (Abb. 7). Es können aber auch Fadenstücke heraus und an festen Körpern entlang kriechen. Besonders geschieht das zu Zwecken der Vermehrung. Bestimmt vorgebildete Bruch-
stücke lösen sich dann los und suchen, vermöge einer ziemlich lebhaften,
gleitenden Bewegung, bei der sie sich um ihre Längsachse drehen,
neue Orte auf, die besser zur Vermehrung geeignet sind. Oft sieht
man die Fäden sich über feste Körper oder auch an der Wasseroberfläche netzartig ausbreiten, wobei sie auch aus dem Wasser heraus,
z. B. an den Wänden eines Glasgefäßes in die Höhe kriechen können.
Sie bleiben dabei durch kapillar mitgezogenes Wasser feucht. Denn
im Trocknen können sie nicht leben.

Besondere Bewegungsorgane sind auch durch die sorgfältigsten
Untersuchungen nicht nachzuweisen gewesen. Beobachtet man hier
wieder kleine Körper-
chen, die an belie-
bigen Stellen der
Oberfläche festkle-
ben, so sieht man,
daß sie in schraubiger
Bahn fortschreiten,
die umkehren und
ihre Lage verändern
kann. Ein Plasma-
strom, der etwa wie
bei Diatomeen aus
Öffnungen hervor-
träte, ist nicht zu
entdecken gewesen,
auch bei dem mor-
phologischen Bau
kaum anzunehmen,
und so bleibt die Ur-
sache der Bewegung
durchaus rätselhaft.

Abb. 7.
Oscillarien strahlen geradlinig nach allen Seiten und entfernen sich dadurch voneinander. Mikrophotographie.

Dagegen fand man immer eine Schleimhülle, die den Faden umgibt und in der er sich verschiebt, so daß er sich von der Stelle bewegt, während die Scheide irgendwo festklebt. Die motorische Kraft
ist demnach zwischen dem Faden und der Hülle tätig und die sich
bewegenden Körnchen müssen an der sich drehenden Scheide kleben.
Geklärt ist damit das Problem nicht. Da die Fadenstücke mehr als
ihre eigene Länge in einer Richtung zurücklegen können, so muß
beim Verschieben in der Scheide neue Gallertmasse abgeschieden
werden. Ob aber diese Ausscheidung selbst die bewegende Kraft
darstellt, ist nicht klar zu ersehen. Manche Beobachtung spricht
dagegen. Da die Scheide im Wasser oft kaum zu sehen ist, scheint
es manchmal, als bewegte der Faden sich frei ohne Stütze. In
Wirklichkeit ist aber Berührung mit festen Körpern Bedingung für

die Ortsbewegung. Allerdings genügt das Festkleben eines kleinen Punktes der Scheide (Correns 1897).

Bei den kriechenden Desmidiaceen ist es sichergestellt, daß das Fortrücken durch Ausscheidung von Gallertmassen geschieht, die am Substrat festklebend durch ihre Verlängerung die Alge fortschieben (Klebs 1885). „Die fast stabförmigen Pleurotaenien z. B. heften das eine ·Zellende durch Gallertfuß am Substrat fest, das andere erheben sie frei von demselben unter einem Winkel von 30—50° (Oltmanns 1905, S. 223)“. Beim Rutschen geht das freie Ende voran und pendelt dabei hin und her. Ähnlich verhalten sich andere Desmidiaceen, unter denen sich Closterium dadurch auszeichnet, daß es sich bei der Bewegung überschlägt und so bald das eine Ende, bald das andere auf der Unterlage rutschen läßt, während das freie schräg aufwärts gerichtet ist (Abb. 8). Doch können diese Organismen sich auch in liegender Stellung, parallel der Längsachse des Körpers fortbewegen, wie das besonders schön an in Agar eingeschmolzenen Individuen zu beobachten ist. Die Gallertmasse läßt sich dadurch sichtbar machen, daß man die Objekte in eine Aufschwemmung von chinesischer Tusche bringt. Alsdann erscheint sie weiß auf schwarzem Grunde. Es ist klar, daß dieses Fortschieben schon kaum mehr als freie Ortsbewegung angesehen werden kann. Ähnliche Gallertstiele kommen auch bei Diatomeen vor. Da ihre Ausscheidung dort aber langsamer geschieht, schließen sich die dadurch bewirkten Ortsveränderungen an die der festgewachsenen Pflanzen an.

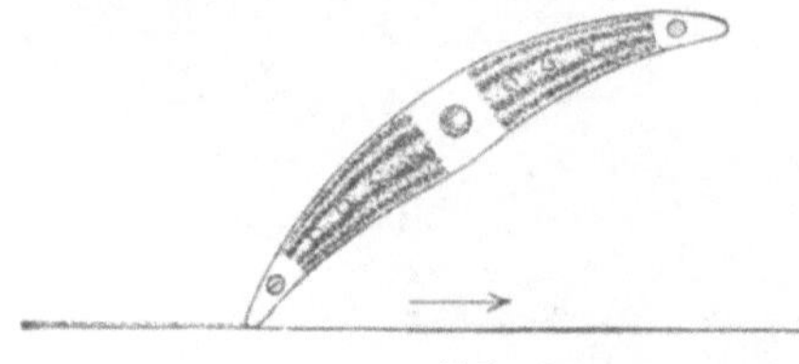

Abb. 8.

Closterium, sich auf einer Unterlage vorwärts schiebend.
(Aus Oltmanns, 1905.)

In allen besprochenen Fällen geht die Ursache der Bewegung im Grunde auf die Tätigkeit des lebenden Plasmas zurück. Bei den Diatomeen liefert es unmittelbar die motorische Kraft, bei den Schwimmern bestehen die Geißeln aus einem modifizierten kontraktilen und elastischen Plasma und auch das Kriechen der Oscillarien muß, wie es auch zustande kommen mag, dem lebenden Plasma zugeschrieben werden.

Viel unmittelbarer noch als bei den Diatomeen tritt uns die eigene Beweglichkeit des Protoplasmas bei denjenigen Organismen entgegen, die einer festen Umgrenzung entbehren und unter Veränderungen ihrer Körpergestalt kriechen. Hierher gehören die Schleimpilze oder Myxomyceten und ihre, den tierischen Amöben ähnlichen Fortpflanzungszellen[1]). Auch kommen sie bei den Schwär-

____

[1]) Man könnte allerdings wohl ebensogut die Amöben zu den Pflanzen und die Schleimpilze zu den Tieren rechnen. Wir legen auf solche Unterscheidungen keinen Wert.

mern gewisser Pilze und Algen vor, aber in geringerer Ausbildung.

Die Schleimpilze stellen nackte Plasmamassen dar. Meist sind
sie farblos oder gelblich, ohne feste Umgrenzung, aber durchaus
nicht ohne innere Differenzierung. Nach außen sind sie von einer
etwas zäheren klaren Schicht umgeben, die das leichter bewegliche
„Körnerplasma" umschließt. In diesem finden sich Zellkerne, Öl-
und Wassertröpfchen, Nahrungsteilchen, die in fester Form aufgenommen werden und winzige Körnchen unbekannter Zusammensetzung. Beobachtet man das „Plasmodium" eines Schleimpilzes
unter dem Mikroskop, so sieht man an den meist reichen, aderartigen
Verzweigungen eine lebhafte Gestaltveränderung, verbunden mit
einem strömenden Fortrücken der Körnermasse im Innern (Abb. 9e).
Alle Teile sind ständig in Bewegung, jedes Zweiglein verändert seinen
Umriß entweder in welliger Bewegung oder durch das Austreiben
von Spitzen, Höckern und dergleichen. Auch kann das Ganze fortrücken, wenn die Hervortreibungen nach einer Seite stärker sind als
nach der anderen, die sich dann zurückziehen muß. Dabei strömt
das Plasma im Innern stets dorthin, wo eine Ausbuchtung angelegt
wird. Durch solche, scheinbar regellose Bewegung kann aber doch,
wie wir sehen werden, unter dem Einflusse von Reizen ein bestimmt
gerichtetes Fortrücken zustande kommen, indem eine Bewegungs-
komponente vor den anderen bevorzugt wird.

Später zerfällt das Plasmodium unter besonderen Formgestaltungen, die hier nicht zu besprechen sind, in Sporen, die der Verbreitung dienen. Gelangen diese in günstige Umstände, so keimen
sie, d. h. sie entlassen Schwärmer, die eine Geißel besitzen und nach
Art der besprochenen Algenschwärmsporen im Wasser schwimmen
können. Außerdem haben sie aber auch die Fähigkeit einer amö-
boiden Gestaltveränderung, mit Hilfe deren sie zu kriechen vermögen
(Abb. 9d). Beide Bewegungsarten können miteinander abwechseln. „Bei
der kriechenden Bewegung liegt der Schwärmer dem festen Substrat
auf, entweder wurmförmig nach einer Seite fortrückend, die Cilie (besser
Geißel) vorangestreckt; oder rundliche Gestalt annehmend und wechselnd
nach allen Seiten hin Fortsätze austreibend und wieder einziehend,
nach Art von Amöben. Die Cilie ist hierbei oft völlig verschwunden,
sie scheint eingezogen zu werden. Die kriechende Bewegung ist
völlig derjenigen gleich, welche die frühere Protozoengattung Amoeba
charakterisiert (De Bary 1866, S. 303)." Die Schwärmer vermehren
sich durch Teilung. Schließlich verschmelzen sie paarweise zu neuen
kleinen Plasmodien, deren Bewegungen und Formveränderungen mit
den ihrigen durchaus übereinstimmen und die allmählich zu den
großen Plasmamassen heranwachsen, wie sie vor der Sporenbildung
zu beobachten sind (Jahn 1911).

Über die Mechanik der Bewegungen, besonders bei den Amöben,
ist viel geschrieben worden. Sie waren ein beliebtes Objekt für
physikalisch-chemische Deutungen. Man glaubte die bewegende

Ursache in der Oberflächenspannung gefunden zu haben. Da aber diese Erklärung sicher nicht ausreicht und die ganze Angelegenheit noch recht verworren ist, wollen wir hier darauf nicht näher eingehen. Das Für und Wider hat Pfeffer (1904, S. 715 ff) ausführlich erörtert.

Neuerdings hat nun Dellinger (Jennings [1905] 1910) nachgewiesen, daß nicht einmal die äußeren Erscheinungen immer mit dem Bilde übereinstimmen, das man sich früher davon gemacht und den physikalischen Untersuchungen zugrunde gelegt hat. Die Amöben vom Typus A. limax sind meist langgestreckt, ziemlich leichtflüssig, ihre Bewegung ähnelt einem Fließen. Der Typus A. verrucosa ist mehr rundlich, die Außenschicht ziemlich starr, die Bewegung einem Rollen vergleichbar, was an der Bewegung kleiner Körperchen an der Oberfläche ersichtlich wird. Der dritte Typus, der durch A. proteus vertreten wird, zeichnet sich durch lappige, füßchenartige Ausstülpungen aus. Da oft nur diese das Substrat berühren, kommt eine Art von Schreitbewegung zustande. Damit ist die Mannigfaltigkeit der beobachteten Formen durchaus nicht erschöpft. Das Gesagte möge aber genügen.

Innerhalb dieser Gruppe ist schon eine große Verschiedenheit der Formbeständigkeit zu konstatieren, die bei den großen vielkernigen Plasmodien der Schleimpilze am geringsten ist. Diese fließen, wie erwähnt, in vielfach verzweigte Stränge auseinander und können

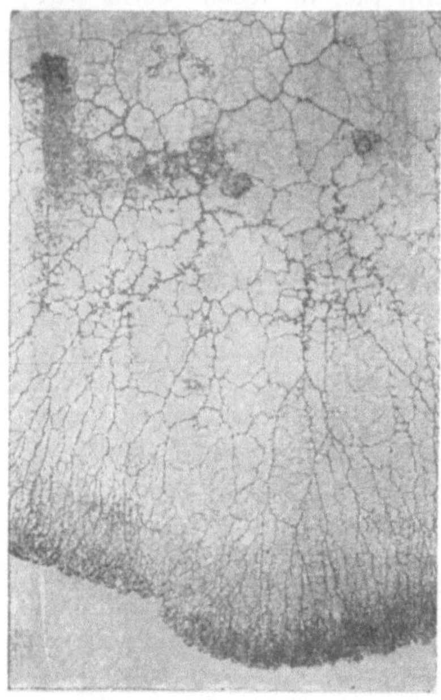

Abb. 9.

Entwickelung der Schleimpilze.
a. Spore; b. Keimung;
c. Schwimmender Schwärmer;
d. Amöbenstadium; e. Plasmodium. a—d vergrößert.
(Aus Jost und Rosen.)

sogar zerreißen und sich wieder vereinigen. Schon viel konstanter ist die Form der einkernigen Amöben, deren Arten nach der Gestalt unterschieden zu werden pflegen. Sie können rundlich und im Kriechen viellappig sein, die Lappen können ihrerseits abgerundet oder spitz sein, einen mehr oder weniger großen Teil der Gesamtmasse ausmachen usf. Auch kommen, wie erwähnt, langgestreckte Formen vor, die meist in einer bestimmten Richtung kriechen. Doch hängt die Gestalt oft auch von den äußeren Umständen ab. So ist die Form und Bewegungsweise bei den Myxomycetenschwärmern anders, wenn sie frei im Wasser schwimmen als wenn sie auf festem Substrat kriechen. Manche Amöben strecken, falls sie im Wasser suspendiert sind, lange spitze Fortsätze aus, so daß sie etwa sternförmig werden. Kommt eine von diesen Spitzen mit einem festen Körper in Berührung, so heftet sie sich fest, das übrige Plasma wird nachgezogen und die Amöbe kriecht in mehr rundlicher Gestalt weiter. So sind noch viele Besonderheiten beobachtet worden, über die Jennings (1910, S. 2—14) berichtet.

Noch weniger frei in ihrer Formgestaltung sind diejenigen Algen- und Chytridiaceenschwärmer, die nach ihrer Festheftung amöboide Bewegungen zeigen (z. B. Pascher 1909, S. 145), und die dazu befähigten Flagellaten, z. B. Euglenen. Diese geringer ausgebildete Veränderlichkeit der Form, die aber gleichwohl zum Kriechen befähigt, nennt man Metabolie. Die Unterschiede sind wohl durch die verschiedene Konsistenz der Hautschicht bedingt. Die Euglenen (vergl. Abb. 2, S. 9) können mit Hilfe einer Geißel rasch schwimmen, dann sind sie langgestreckt, fischförmig. Oder sie können kriechen. Dabei sind sie kürzer und dicker, heften sich bald vorn, bald hinten an und kommen so durch abwechselndes Zusammenziehen und Ausstrecken des Körpers vorwärts. In der Ruhe werden sie nahezu kugelig. Darüber hinaus geht aber die Veränderlichkeit ihrer Körperform nicht, und es gibt nahe Verwandte, die wohl noch schwimmen können, aber eine zu steife Haut haben, als daß sie sich zu kontrahieren vermöchten.

c) Plasmabewegung.

Noch mehr in seiner Beweglichkeit beschränkt als bei den zuletzt genannten Organismen ist das Plasma in den starr behäuteten Zellen, wie sie — abgesehen von den wenigen erwähnten Fällen — bei den Pflanzen durchweg vorliegen. Innerhalb der durch die Zellwand gegebenen Grenzen ist aber oft eine Bewegungsfähigkeit zu finden, die der der Schleimpilze in vielem ähnelt.

In den jüngsten Zellen, wie sie an den Vegetationspunkten durch Teilung entstehen, ist das ganze Zellinnere von Plasma erfüllt. Da bleibt kein Raum für ausgiebigere Bewegungen. Die Vermehrung des Protoplasmas hält aber nicht Schritt mit der Volumvergrößerung der Zelle, die hauptsächlich durch Wasseraufnahme vor sich geht. Es bilden sich anfangs kleine, bald größer werdende Flüssigkeitstropfen im Inneren, die sog. Vacuolen, zwischen denen schließlich nur schmale Plasmastränge übrig bleiben. Diese durchqueren den mit Flüssigkeit erfüllten Innenraum und münden in den Plasmaschlauch, der bei gesunden Zellen stets der Wand angeschmiegt ist (Abb. 10A u. B).

In den Strängen sieht man häufig eine lebhafte Strömung, die durch mitgeführte kleinste Körperchen erkennbar wird. Die Stränge selbst können dabei ihren Ort wechseln, durch Verschmelzen mit dem Wandbelag verschwinden und neu gebildet werden. Zuletzt werden sie beim Wachsen der Zelle ganz eingezogen, so daß dann der Plasma-

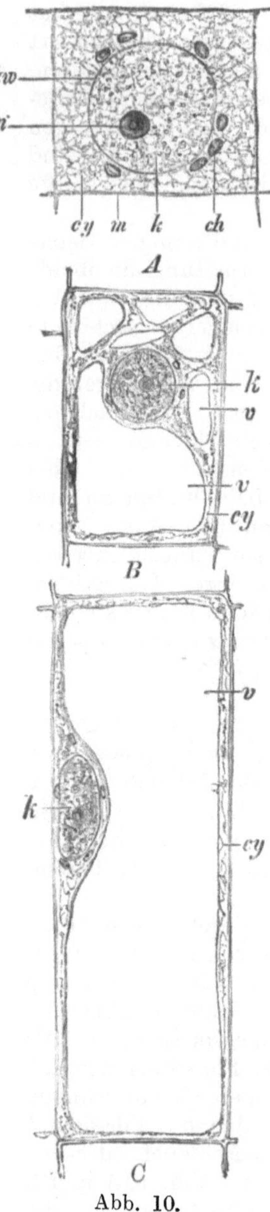

Abb. 10.

Verschiedene Zustände aus der Entwickelung einer Pflanzenzelle. k. Kern; m. Zellwand; v. Vacuolen bzw. Saftraum; cy. Protoplasma. (Nach Strasburgers Lehrbuch.)

schlauch einen einheitlichen Zellsaftraum umschließt (Abb. 10C). Das Protoplasma kann auch in diesem Stadium bei vielen Objekten noch Bewegungen ausführen, die dann allein in Strömungen, nicht in Formveränderungen bestehen.

Der strömende, körnerführende Teil des Plasmas ist wie bei den Schleimpilzen durch eine in relativer Ruhe befindliche glasklare Schicht gegen die Vacuole und die Zellulosewand abgegrenzt. Eine ähnliche Schicht umschließt auch die Stränge, die durch den Zellsaftraum gespannt sind. Hier macht sie zwar die schnelle Massenströmung nicht mit, ist aber bei den Formveränderungen wahrscheinlich gerade der aktive Teil.

In fast allen Pflanzen, die man darauf untersucht hat, ist unter Umständen und in gewissen Zellen Plasmaströmung gefunden worden. Besonders lebhaft sind sie in Haargebilden (Tradeskantiastaubfadenhaare, Haare an der Blumenkrone von Glockenblumenarten, Brennhaare von der Brennessel, Wurzelhaare) und in Wasserpflanzen (Elodea [Wasserpest], Vallisneria, Hydrocharis [Froschbiß], Chara, Nitella). Dann auch in gewissen Pilzhyphen. Sie kann so große Kraft entfalten, daß Chlorophyllkörper und Kern mitgerissen werden. Leicht läßt sich das an den langen Zellen der Mittelrippe von Blättern der Wasserpest und von Vallisneria beobachten. Chloroplasten und Kern werden aber oft auch dann bewegt, wenn sie bei kurzem Hinblicken in Ruhe zu sein scheinen. Sie können nämlich bei gewissen Einwirkungen ihre Lage verändern. Da man nun an ihnen keine Bewegungsorgane erkennen kann, nimmt man an, daß das Protoplasma die Verschiebung bewirkt. Ob es dazu bestimmte Differenzierungen um Kern und Chlorophyllkörper herum bildet, die gewissermaßen das Bewegungsmittel darstellen, ist noch nicht sicher entschieden. Welchem Zweck diese Umlagerungen dienen und durch welche Anstöße sie bewirkt werden, das werden wir in den speziellen Kapiteln erörtern.

d) Wachstumsbewegungen.

Wir haben gesehen, daß mit der Fortbildung der Pflanzen die freie Beweglichkeit allmählich zurücktrat. Je weiter die Ausnutzung des Sonnenlichtes getrieben wurde, desto seßhafter wurden sie. Nur die männlichen Fortpflanzungszellen erreichten schließlich noch schwimmend das zu befruchtende Ei.

Mit dem Übergange zum Landleben wurde auch dieser Zustand unhaltbar. Die Moose, die nur wachsen, wenn ihre Polster von Wasser durchtränkt sind, und die Farnpflanzen, bei denen wenigstens die Geschlechtsgeneration dem feuchten Boden angepreßt oder eingesenkt bleibt, konnten die alte Einrichtung aufrecht erhalten; aber die Samenpflanzen machten sich von der Mithilfe des Wassers bei der Befruchtung frei. Ihr Blütenstaub wird durch den Wind oder durch Insekten zur Narbe getragen. Wo bei den Vorfahren der männliche Geschlechtskeim schwimmend das Ei zu erreichen suchte, da wächst jetzt ein schlauchartiges Gebilde aus dem Pollenkorn heraus und trägt den Befruchtungsstoff in die Samenknospe: Die freie Beweglichkeit ist durch wohlgeleitetes Wachstum ersetzt. Hiermit fiel das letzte Überbleibsel einer ungebundeneren Lebensweise.

Im übrigen waren die grünen Pflanzen schon längst davon abgekommen, geeignete Lebensbedingungen durch Ortsveränderungen aus eigener Kraft zu gewinnen. Ihre Sporen und Samen müssen da keimen, wo sie zufällig hinfallen und liegen bleiben. An diesen Standort bleibt die Pflanze während ihres ganzen Daseins gebannt. Aber die Wurzel bei ihrem Vordringen im Boden, Stengel und Blätter beim Herausarbeiten aus der Erde und beim Ausbreiten an Luft und Licht haben die Fähigkeit, die ihrer Aufgabe entsprechende Lage zu erreichen. Auch dabei ist das Hauptbewegungsmittel der höheren Pflanze das Wachstum.

Dasselbe starr umschließende Zellhautgerüst, das das Plasma hindert frei umherzukriechen oder Bewegungsorgane auszustrecken, gibt der festgewurzelten Pflanze die Möglichkeit zu mannigfaltigen Biegungen und Drehungen, die ihre Orientierung zu den einwirkenden Kräften der Außenwelt bewirken. Der aktive Teil ist dabei stets der lebende Zellinhalt. Der Zellwandstoff dient nur als Baumaterial, das durch ungleiche Anlagerung oder elastische Dehnung eine Gestaltsveränderung der Zelle erlaubt.

Nur ganz im Anfang wachsen Wurzel und Sproß des keimenden Samens in der Richtung weiter, die sie durch Zufall inne hatten. Bald biegt sich die Spitze des Würzelchens abwärts, der Stengel mit den ersten Blättern aufwärts. So gewinnt jeder Teil, durch die verschiedensten Reize geleitet, die Orientierung, die er zur Ausübung seiner Funktion nötig hat.

Betrachten wir nun eine junge Wurzel genauer. Wie kommt es, daß sie trotz ihrer Zartheit die Fähigkeit und Kraft hat, in die

Tiefe des Bodens einzudringen? Wir sehen, daß die Spitzeder Wurzel kegelförmig ausläuft. Sie zeigt also die beste Form Widerstände zu überwinden, dem physikalischen Gesetze des Keils entsprechend. Außerdem ist sie von einer Art Kappe umgeben, deren äußere Zellen absterben und verschleimen (Abb. 11). Dadurch wird die Reibung am Boden vermindert, ähnlich wie wenn man den Keil beim Holzspalten einseifte oder schmierte. Im Schutze der Kappe, der sog. Wurzelhaube findet eine beständige Vermehrung der Zellen statt. Ein Teil dient zur Erneuerung der sich abnutzenden Haube. Die anderen aber ordnen sich in Zylinderform und vermehren ihr Volumen, vor allem in der Längsrichtung. Eben das nennt man Wachstum.

Die eigentliche Streckung findet bei der Wurzel in einer verhältnismäßig kurzen Zone hinter der Wurzelhaube statt. Durch sie wird die Spitze vorwärts getrieben, während die älteren Teile sich durch schlauchförmige Auswüchse, die Wurzelhaare, an den Bodenpartikelchen verankern (Abb. 11). Wäre die Wachstumszone länger, bestünde also ein größerer Zwischenraum zwischen Spitze und festgehefteter Partie, so könnte die Wurzel unter dem Drucke seitlich ausweichen. Man denke daran, wie ein langer Nagel sich beim Einschlagen leichter verbiegt als ein kurzer. Luftwurzel und Stengel haben eine längere Streckungszone. Sie haben ja auch gewöhnlich keine Hindernisse zu überwinden. Wenn sich aber solche bieten, dann wird hier gleichfalls das Wachstum auf ein kürzeres Stück beschränkt. Das kann oft genug vorkommen, z. B. wenn eine Luftwurzel in die Erde eindringt oder ein Stengel sich aus dem Boden herausarbeiten muß.

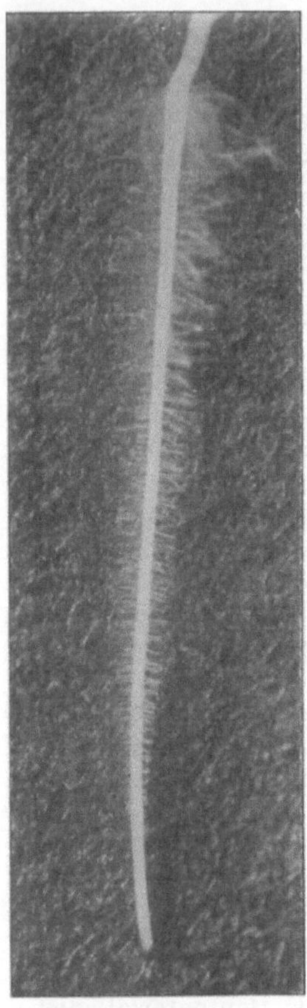

Abb. 11.

Rapswurzel, schwach vergrößert, Wurzelhaube und Wurzelhaare zeigend.

Im übrigen findet das Wachstum der Stengel in ganz derselben Weise statt wie das der Wurzeln. Der zarte Teil, in dem die Teilung und Vermehrung der jungen Zellen stattfindet, und den man den Vegetationspunkt nennt, wird hier anstatt von einer Haube, von Blättern bedeckt, die ihn als Knospe umhüllen. Auf die Zellvermehrung folgt die Zellstreckung und schließlich die innere Ausgestaltung, bei der auch die Festigkeit durch Verdickung der Zellwände erhöht wird.

Gerade die jungen Teile aber, die die Überwindung von Hindernissen durch ihr Wachstum aktiv bewirken, haben dünne Zellwände. Diese werden gespannt durch den Innendruck des Wassers, das jede Zelle enthält. Dieser ,,Turgordruck‘‘stellt die bewegende Kraft beim Wachstum dar. Von ihrer Größe gibt uns die Beobachtung von Felsen die durch Baumwurzeln gesprengt werden, einen Begriff. Daß einem Gefüge unzähliger prall gefüllter Bläßchen, wie sie die jungen und die nicht verholzten älteren Pflanzenteile darstellen, solche Kräfte innewohnen, will uns erst schwer begreiflich erscheinen, und doch müssen wir uns an diesen Gedanken gewöhnen. Das ist eben, neben anderem, der Nutzen der feinen Kammerung des Pflanzenkörpers, daß der darin befindliche Saft einem Druck von außen nicht seitlich ausweichen kann, wie er es täte, wenn ein einziger großer Hohlraum vorhanden wäre.

Will man das Wachstum eines Pflanzenteiles studieren,[1]) so muß man genaue Messungen ausführen. Vielfach genügt es, die gesamte Verlängerung innerhalb einer gewissen Zeit mit einem Maßstabe festzustellen. Für feinere Untersuchungen wird das Fortrücken der Spitze auf mechanischem oder optischem Wege vergrößert.

Zur mechanischen Vergrößerung benutzt man Zeiger mit zwei verschieden langen Hebelarmen, von denen der kürzere durch einen Faden an der Pflanze befestigt ist, und der längere an einem Gradbogen (Zifferblatte) spielt. Oder man verwendet ein Wellrad, d. h. zwei aneinander befestigte, an gleicher Achse leicht drehbare Rollen. Ein Faden ist über die kleinere Rolle gelegt, auf einer Seite an der Pflanze befestigt, auf der anderen durch ein Gegengewicht stramm gehalten. Ein zweiter Faden geht über die größere Rolle, trägt einen Zeiger und wieder ein Gegengewicht. Der Zeiger wird meist als Schreibspitze ausgebildet und zieht Striche auf einem berußten Zylinder, der durch ein Uhrwerk in langsame Drehung versetzt wird. Es entsteht dann eine Schraubenlinie, deren Windungen um so weiter voneinander entfernt sind, je größer das Wachstum innerhalb der Umdrehungszeit war. Kennt man das Verhältnis im Durchmesser der beiden Rollen, so kann man aus dem Abstand der Linien die Wachstumsgeschwindigkeit der Pflanze berechnen. Einen solchen selbstregistrierenden Apparat, wie ihn Sachs im Jahre 1870 zuerst anwandte, nennt man ein Auxanometer.

Zur optischen Vergrößerung der Wachstumsbewegungen kann man die Visierlinie benutzen, die von der Spitze des Stengels oder der Wurzel usw. nach einem bestimmten Punkte geht. Man zeichnet die Stellen, wo diese Linie eine Glasplatte schneidet, auf dieser periodisch auf. Das Fortrücken der Visierpunkte deutet das Wachstum an. Es ist das die Methode, die Darwin in seinen Versuchen über das Bewegungsvermögen der Pflanzen ([1880] 1899) anwandte. Sie ist aber nicht sehr genau. Für exaktere Messungen muß man ein Fernrohr oder ein Mikroskop mit horizontalem Tubus anwenden. Bei kurzen Beobachtungen wird das Fortrücken der Spitze des Pflanzenteils auf einer im Okular angebrachten Skala abgelesen, bei längeren folgt man der Bewegung durch Veränderung der Höhe des Instrumentes. Sie wird durch eine feine Schraube bewirkt und kann vergrößert abgelesen werden.

Mit all diesen Methoden stellt man die Gesamtverlängerung des Objektes fest. Wir wissen aber schon, daß die Streckung keines-

---

[1]) Methodische Anleitung kann man den Büchern von Detmer (1905) und Linsbauer (1911) entnehmen.

wegs in allen Teilen oder Querzonen gleichmäßig verläuft. Will man sich über die Verteilung des Wachstums in einem Organe unterrichten, so muß man Stück für Stück messen. Wo keine natürliche Einteilung, etwa durch den Ansatz der Blätter, gegeben ist, wird eine solche künstlich hergestellt. Das geschieht am besten durch feine Striche oder Punkte, die in bestimmten Abständen mit schwarzem Lack oder chinesischer Tusche aufgetragen werden.

Will man z. B. die Wachstumsverteilung in einer Wurzel feststellen, so benutzt man am besten Keimwurzeln von großsamigen Pflanzen, Pferdebohnen (Vicia Faba) oder Erbsen (Pisum sativum), Bohnen (Phaseolus multiflorus) u. dgl. Diese werden überhaupt für pflanzenphysiologische Versuche gern benutzt, weil sie sich jederzeit frisch in beliebiger Menge beschaffen lassen. Man wird dadurch einigermaßen unabhängig von der Jahreszeit.

Um gutes Material heranzuziehen geht man folgendermaßen vor: Die Samen werden in mehrmals gewechseltem Wasser einen Tag eingequollen und dann in mäßig, aber gleichmäßig feuchten Sägespänen zur Keimung gebracht. Oder man füllt feuchten Sand in flache Kästen, drückt die Samen oberflächlich hinein, und stellt die mit einem Deckel verschlossenen Kästen aufrecht. Durch Abheben des Deckels kontrolliert man den Keimungszustand der oberflächlich liegenden Wurzeln (Giltay 1910). Zu genaueren Versuchen muß man eine große Menge möglichst gleichmäßigen Materials haben, das man täglich frisch ansetzt. So verbrauchte Sachs zu seiner Arbeit über das Wachstum der Haupt- und Nebenwurzeln (1873) „nicht weniger als 10 Kilo Samen von Faba, also über 3000 Stück und etwa 2 Kilo Erbsen."

Sind die Wurzeln einige Millimeter lang, so können sie verwendet werden. Man spült sie in Wasser ab, trocknet sie vorsichtig mit Fließpapier und macht nun mit einem in schwarze chinesische Tusche getauchten spitzen Hölzchen oder einem feinen Pinsel möglichst zarte Striche quer über die Wurzel im Abstand von etwa 1—2 mm, je nach Bedarf. Man fängt dabei hinter der Wurzelhaube an, weil diese ja für das Wachstum nicht in Betracht kommt (vergl. Abb. 18, S. 37). Nachher werden die Wurzeln wieder in ihr Kulturmedium zurückgebracht. Nach einiger Zeit, z. B. am nächsten Tage, kann dann das Wachstum festgestellt werden. Man sieht, welche Zone sich am meisten verlängert hat, sie liegt bei großen Wurzeln einige Millimeter hinter der Spitze.

In entsprechender Weise werden Stengelorgane behandelt. Vielfach werden auch hierzu Keimpflanzen verwendet, z. B. solche von der Pferdebohne, der Sonnenrose, Lupinen u. dgl., die man in Erde pflanzt. Natürlich kann man auch flächige Organe, wie Blätter, in derselben Weise markieren. Man fügt dann noch Messungen in der Querrichtung hinzu. Will man gebogene Objekte oder den Umfang eines zylindrischen Organes auf dieselbe Weise messen, so muß man die Abstände der Marken so klein machen, daß Bogen und Sehne gleichgesetzt werden können. Oder man benutzt biegsame Maßstäbe, z. B. Streifen von Millimeterpapier.

Für ganz genaue Messungen oder sehr kleine Objekte muß man wieder das Mikroskop zu Hilfe nehmen. Nach Pfeffer verfährt man dabei so, daß nicht der ganze aufgetragene Markierungspunkt als Marke dient. Der wäre viel zu grob. Auch wird er beim Wachsen auseinandergezogen. Man stellt deshalb auf eine leicht kenntliche Ecke ein, wie sie sich bei mikroskopischer Betrachtung stets findet, und hält deren Lage und Form durch eine kleine Skizze fest.

Von den geschilderten Methoden muß man nun nach Bedarf auswählen, zu feine Messungen sind ebenso fehlerhaft wie zu grobe. Erstere haben keinen Wert, weil sie von Zufälligkeiten zu stark beeinträchtigt werden. Letztere lassen vielleicht wichtiges übersehen.

Dieselben Mittel wendet man nun an, um über die Mechanik der Krümmungsbewegungen Aufschluß zu erlangen. Wie wir schon gehört haben, werden diese meist durch Wachstum vermittelt. An einer Wurzel z. B., die ihre Spitze in die Erde versenkt, kommt die Krümmung dadurch zustande, daß die obere Flanke gegenüber der unteren im Wachstum gefördert wird. Man stellt das fest, indem man auf beiden Seiten markiert und nach der Krümmung mißt. Dann haben sich die Striche auf der konvexen Seite mehr voneinander entfernt als auf der konkaven. Es zeigt sich dabei gleichzeitig, daß die Reaktion in der Zone stattfindet, die auch bei der geraden Wurzel am raschesten wächst. Entsprechend verhält es sich meist auch bei Stengel- und Blattorganen.

Die Reizkrümmungen kommen im allgemeinen so zustande, daß die eine Flanke ihr Wachstum beschleunigt, die andere es verzögert. Die dazwischen liegenden Längsstreifen zeigen dann den allmählichen Übergang. Einer von ihnen ist indifferent, d. h. er streckt sich mit derselben Geschwindigkeit wie bei geradem Wachstum. Würden plötzliche Sprünge in der Wachstumsschnelligkeit benachbarter Längsstreifen vorkommen, so könnte kaum eine geregelte Krümmung des ganzen Organes erfolgen, vielmehr wären Zerreißungen zu befürchten. Das geschilderte Verhalten ist also der Ausdruck eines zweckmäßig regulierten Zusammenarbeitens der Teile, bei dem jeder Zelle eine bestimmte Aufgabe zukommt.

Jede Bewegung und jedes Geschehen im Organismus muß dauernd einheitlich geregelt werden. Denn eine Gleichförmigkeit der inneren und äußeren Bedingungen kommt nicht vor. Immer sind äußere Kräfte mit im Spiel, die in Wechselwirkung mit den inneren das organische Geschehen beeinflussen und zu verändern suchen. Wenn dann ein Teil sich so, der andere so verhielte, ohne Rücksicht aufeinander, so müßte der Organismus zugrunde gehen. Bei der Pflanze ist zwar die Selbständigkeit der Teile etwas größer als beim höheren Tier. Sie ist aber auch hier immer beschränkt dadurch, daß das Ganze äußeren Eingriffen gegenüber in weitem Maße einheitlich reagiert.

Daher müßte eine lebendige Verknüpfung der einzelnen Plasmakörper durch die tote Zellwand hindurch theoretisch gefordert werden, auch wenn sie nicht schon nachgewiesen wäre. Es sind nämlich außerordentlich feine Fäden, die die Zellwände durchsetzen, durch besondere Präparationsmethoden sichtbar gemacht worden. Ihnen kann man ohne Bedenken die Funktion der lebenden Leitung zuschreiben (Tangl 1884). Sie dienen wohl neben der Fortpflanzung von Reizen auch dem Stofftransport, jedenfalls aber der Verknüpfung der Zellen zu einem einheitlichen Ganzen. Da außerdem stoffliche Beeinflussung nicht immer von der durch Reize getrennt werden kann, ist ihre Existenz so und so für uns von großer Bedeutung.

Wie wir gesehen haben, wird zur Ausführung von Krümmungsbewegungen in wachsenden Pflanzenteilen eine stets vorhandene Kraft, das Ausdehnungsbestreben der Zellen, benutzt. Die Wirkung dieser Kraft wird nur in anderer Weise als beim gewöhnlichen Wachstum reguliert, teils gehemmt, teils gefördert. Die Pflanze verhält

sich ähnlich wie ein Raddampfer, der gerade ausfährt, wenn beide
Räder sich gleichmäßig bewegen, aber einen Bogen macht, wenn
das eine sich schneller dreht als das andere. Dabei kann die bewegende Kraft im Ganzen dieselbe bleiben. So kann auch bei der
Krümmungsbewegung einer Pflanze das durchschnittliche Wachstum,
wie es etwa an der Verlängerung der Mittellinie zwischen Ober- und
Unterseite gemessen wird, gleich bleiben. Das braucht aber nicht
der Fall zu sein. Oft regt der Reiz, der eine Krümmung herbei-
führt, auch ein schnelleres Wachstum an, wodurch die Bewegung beschleunigt wird.

Neben den Krümmungen kommen auch Drehungen wachsender
Pflanzenteile vielfach vor. Sie sind dadurch charakterisiert, daß vorher gerade Kanten schraubige Gestalt annehmen, daß das Organ
sich also tordiert. Torsionen finden sich an den Stielen dorsiventraler
Organe, d. h. solcher, die sich nur durch eine Ebene in zwei sym-
metrische Hälften teilen lassen und deren Ober- und Unterseite ungleich ausgebildet sind. Wir finden diesen Fall bei den meisten
Blättern und manchen Blüten, wie denen des Rittersporns oder der
Orchideen. Solche dorsiventrale Organe können durch Krümmungen
allein oft nicht in die richtige Lage zur Schwerkraft oder dem Lichte
gebracht werden. Es bedarf dazu einer Drehung ihrer Stiele, die
meist durch Wachstum vermittelt wird. Es „erfährt das Membranwachstum der einzelnen Zellen in schiefer Richtung zu ihrer Längsachse eine Zu- oder Abnahme. Damit ist ein Torsionsbestreben der
einzelnen Zellen gegeben, welches auch die Torsion des ganzen Organs bedingt" (Schwendener u. Krabbe [1892] 1898). Ist das eine
Ende eines sich so tordierenden Stieles festgelegt, so dreht sich das
andere um seine Längsachse und bringt so daransitzende Blätter
oder Blüten in eine neue Lage.

Sehen wir uns nun noch etwas die Bedingungen an, unter denen
das zu Krümmungen oder Torsionen führende Wachstum zustande
kommen kann. Zum Wachsen ist die Zufuhr von Nährstoffen und
Wasser erforderlich. Letzteres vor allem ist unentbehrlich; denn da
der junge Pflanzenkörper zum größten Teil aus Wasser besteht, findet
auch die Volumzunahme hauptsächlich durch Wasseraufnahme statt.
Ohne diese kann also auch keine Wachstumsbewegung stattfinden.
Trotzdem kann auch ein abgeschnittener Pflanzenteil, wenn er nicht
zu klein ist, meist noch Krümmungen ausführen. Wasser und
Nährstoffe sind nämlich in einem gewissen Überschuß vorhanden,
die eine Zeit lang zum Wachsen ausreichen. Sie wandern dabei
an die Stelle des Bedarfs. Damit die junge Spitze ihr Volumen
vermehren könne, muß das dazu erforderliche Wasser älteren ausgewachsen Teilen entzogen werden, die hierbei welken (Pringsheim
1906). Ähnliches findet auch bei der intakten Pflanze statt; nur
daß dann das fehlende Wasser durch die Wurzeln von außen nach-
gesaugt wird, ehe das Welken beginnt. Der Mangel an Nährstoffen
macht sich erst später bemerkbar, so daß abgeschnittene Pflanzen-

teile, falls ihnen Wasser zugeführt wird, vielfach noch ziemlich lange und fast in normaler Weise wachsen können. Da man oft nicht umhin kann, isolierte Stengel u. dgl. für Versuche zu verwenden, sind die geschilderten Verhältnisse für uns von Bedeutung. Doch muß man sich von der Wachstumsfähigkeit stets erst überzeugen, ehe man Reizversuche anstellt.

Außer Wasser und Nährstoffen braucht die Pflanze auch einen gewissen Wärmegrad, um zu wachsen. Bei einer mittleren Temperatur, und zwar wohl stets einer höheren als sie der Pflanze durchschnittlich zur Verfügung steht, findet das Wachstum am schnellsten statt. Von da an nimmt es nach oben und nach unten zu ab, um bei gar zu hoher oder zu niedriger Temperatur stillzustehen, ohne daß dabei gleich der Tod eintreten müßte. Man spricht dann mit Sachs von Wärme- und Kältestarre.

Auch Sauerstoff zum Atmen muß im allgemeinen vorhanden sein. Die Veratmung, d. h. langsame Verbrennung von Nährstoffen, ist normaler Weise die einzige Kraftquelle, die der Pflanze zur Verfügung steht. Zum Wachsen aber gehört Kraft. Die Widerstände, die eine in den Boden eindringende Wurzel überwinden muß, sind sogar recht erheblich. Auch beim Aufrichten eines umgefallenen langen Getreidehalmes mit Blättern und Ähre muß in den Zellen der Unterseite einiger der unteren Knoten, welche die Hebung durch ihr Wachstum bewirken, eine große Kraft auf kleinem Raume wirksam sein (vergl. Abb. 20, S. 55).

Über mechanische Beeinflussung des Wachstums ist nicht viel zu sagen. Stärkeren Eingriffen gegenüber gibt die wachsende Substanz wie eine plastische Masse nach. Hört der Zwang auf, so wird die dadurch hervorgerufene Formveränderung durch Wachstum wieder ausgeglichen. Ist dieses aber inzwischen erloschen, so bleibt die aufgedrungene Gestalt erhalten. So kann man Spalierobst nach einem bestimmten Plane ziehen[1]) und Früchten durch Überstülpen irgendeines Gefäßes eine bestimmte Gestalt geben. Andererseits aber wissen wir auch, daß die Pflanze der Gewalt nicht immer einfach nachgibt. Zug in der Längsrichtung eines wachsenden Stengels hemmt z. B. das Wachstum gerade anstatt die Streckung zu beschleunigen. Hier spielt also schon eine besondere Reizwirkung hinein.

Was bisher über Wachstumsbewegung gesagt wurde, bezog sich auf die höheren Gewächse: Blüten- und Farnpflanzen. Entsprechende Reizkrümmungen kommen aber auch bei den niederen Pflanzen allgemein vor, trotz ihres abweichenden Baues. So sind die kompakten Fruchtkörper der Hutpilze aus vielfach verschlungenen Fäden gebildet, von denen jeder einzelne an der Spitze weiterwächst. Das ganze Gebilde zeigt, wie bekannt, eine charakteristische Gestaltung. Es müssen also alle die vielen Pilzfäden einträchtig zusammen wachsen,

---

[1]) Inwiefern dabei noch das Beschneiden von Wichtigkeit ist, soll hier nicht erörtert werden.

und, falls Reizkrümmungen ausgeführt werden, sich in gesetzmäßiger Weise ungleich verlängern und biegen.

Einfacher liegen die Verhältnisse bei den einfachen fädigen Zellreihen vieler Pilze und der Fadenalgen, sowie den ungekammerten Schläuchen mancher Pilze (Mucorineen) und Algen (Siphoneen). Alle diese können gleichfalls Krümmungsbewegungen ausführen, die durch ungleiches Wachstum der Flanken zustande kommen. Spirogyrafäden z. B. können vermöge ihrer Wachstumskrümmungen drehende Bewegungen ausführen und sich dabei von Hindernissen befreien. Sie können sich aus dem Schlamm herausarbeiten, auch an Gegenständen, sogar den senkrechten Wänden von Glasgefäßen hinaufschieben und dabei bestimmte Richtungen bevorzugen, die sie in günstige Verhältnisse bringen. Pilzfäden durchziehen ähnlich den Wurzeln ihr Substrat und suchen nahrungsreiche Stellen auf. Bei der Sporenbildung schicken sie oft besondere, aufrechte Fäden an die Luft empor, die ihrer Aufgabe gemäß andere Reizbarkeiten besitzen.

Mit „Schimmelpilzen" sind wegen ihrer leichten Kultur, die sie auch für Ernährungsversuche so brauchbar macht, zahlreiche reizphysiologische Experimente angestellt worden. So sind die Sporangienträger von Mucorineen, besonders die des großen Laboratoriumsschimmelpilzes Phycomyces nitens, der mehr als 25 cm lang wird, ein stets auf feuchtem Brot leicht zu ziehendes, schnell wachsendes und reizbares Material, das neben den verschiedenen Keimpflanzen besonders oft zur Entscheidung von Fragen auf unserem Gebiete herangezogen wurde.

Bei der zuletzt besprochenen Gruppe von Pflanzen kommt eine Krümmung nicht durch ungleiches Wachstum verschiedener, sondern der Flanken ein- und derselben Zelle zustande. Wie die Pflanze überhaupt die Fähigkeit hat, das Wachstum der Zelle, oder was hier zunächst in Betracht kommt, der festen Zellwand, nach Bedarf zu regulieren, so kann sie auch innerhalb einer Zelle die Gegenseiten verschieden stark verlängern. Dadurch muß aber eine Krümmung entstehen, die also hier gleichfalls an das Wachstum gebunden ist und meist von der sich am raschesten streckenden Zone ausgeführt wird.

Es konnte an dieser Stelle nur ein kurzer Überblick über die wichtigsten Erscheinungen des Wachstums gegeben werden, das uns ja nur insofern interessiert, als es die Pflanze zu Reizbewegungen befähigt.

c) Turgorbewegungen.

Neben der Wachstumskrümmung haben manche höheren Pflanzen noch eine andere Bewegungsmöglichkeit. Die Größe der Zellen und damit das Volumen ganzer Gewebepartien kann sich nicht nur durch das Wachstum der Zellwände, sondern auch durch eine Variation ihrer elastischen Dehnung verändern. Die Pflanzenzellen stellen, wie geschildert, ringsum geschlossene Blasen dar, die durch den Druck des darin befindlichen Wassers gespannt und steifgemacht werden. Man denke zur Veranschaulichung an einen aufgeblasenen Gummiballon, dessen Form durch die Elastizität der Wand und den Druck der Innenluft bedingt ist. Verändert sich der Innendruck oder „Turgor" der Zelle, so können die Wände (innerhalb gewisser Grenzen) nachgeben, ähnlich wie der Gummiballon kleiner oder größer wird, je nachdem Luft herausgelassen oder hineingeblasen wird.

Wenn nun ein Pflanzenorgan aus solchen Zellen mit elastischen Wänden besteht, und der Wassergehalt je nach den äußeren Umständen wechselt, so kann das Volumen sich recht merklich verändern. Je nach den sonstigen Bedingungen kann dabei eine Verkürzung und Verlängerung in einer bestimmten Richtung oder auch eine Krümmung und sonstige Formveränderung entstehen.

Der ersterwähnte Fall der geradlinigen Turgorbewegung ist bei gewissen reizbaren Staubfäden zu finden, bei denen eine weitgehende elastische Dehnung in der Längsrichtung besteht. Äußere Anstöße, die eine Turgorsenkung veranlassen, z. B. verschiedene Reize, bewirken demnach eine merkliche Verkürzung. (Vergl. S. 232.)

Weit verbreiteter sind aber die durch Turgoränderung bewirkten Krümmungsbewegungen, wie sie vor allem die sogen. Gelenkpolster der Blätter als besondere Bewegungsorgane auszeichnen.

Sie kommen in großer Verbreitung bei den Leguminosen und Oxalideen, aber auch sonst vielfach vor und vermitteln deren Schlaf- und Reizbewegungen. Die Polster sind annähernd zylinderförmige Ge-

Abb. 12.
Zweig von Amicia, die Gelenke an der Ansatzstelle der Blattstiele zeigend.

bilde, die am Grunde der Blätter oder den Ansatzstellen der Teilblättchen sitzen und sich in Gestalt und Farbe vom Blattstiel abheben (Abb. 12). Sie vermögen sich dadurch zu krümmen, daß Ober- und Unterseite durch ungleiche Verschiebung des Innendruckes der Zellen ihr Volumen verändern. Wird z. B. das der oberen Polsterhälfte größer, so muß sich das Gelenk nach unten biegen und ein daran sitzendes Blatt sich senken usf.

In welcher Weise bei der Bewegung in den Zellen der Gelenkpolster der veränderte Innendruck (Turgor) zustande kommt, darüber wissen wir nicht viel. Da außerdem ein und dasselbe Gelenk sich je nach den Ursachen, die die Bewegung hervorrufen, verschieden verhält, so müssen wir die Einzelheiten in den speziellen Kapiteln besprechen. Wir werden dann sehen, daß ungleiche Zunahme des Innendruckes vorkommt, aber auch Zunahme in der einen Hälfte, Abnahme in der anderen und schließlich auch nur Abnahme in einer Polsterhälfte.

Da die nicht dehnbaren Gefäßbündel oder Adern, die in das Blatt eintreten, sich auch durch die Gelenke hindurchziehen, so muß durch ihre Lagerung dafür gesorgt sein, daß sie die Bewegung nicht hemmen. Sie sind daher bei diesen Organen in die Mitte gerückt, während sie im übrigen Blattstiel und im Stengel mehr nach außen liegen. In dieser Lage können sie die Krümmung nicht wesentlich hemmen, da die Mittelachse ihre Länge annähernd beibehält (Abb. 13). Außer bei den Blattgelenken gibt es Krümmungen durch Turgorveränderung noch in manchen anderen Pflanzenorganen, so bei reizbaren Blütenteilen.

Die Bewegung in Gelenken und überhaupt die Turgorbewegung ist der durch Wachstum bewirkten in mehrfacher Weise überlegen. Sie darf wohl als eine hochausgebildete Anpassung an bestimmte Verhältnisse angesehen werden, unter denen eine weitgehende Beweglichkeit zweckdienlich ist. Sie findet sich in Übereinstimmung damit nur bei verhältnismäßig jungen, auch sonst stark spezialisierten Pflanzenfamilien. Die Vorteile liegen einmal in der meist großen Schnelligkeit der Bewegung, wie sie durch Wachstum kaum erzielbar ist und die bei manchen Pflanzen an die der Tiere heranreicht. Ferner stellen die durch wechselnden Innendruck betätigten Bewegungsorgane auch insofern eine höhere Stufe dar, als sie ihr Spiel beliebig oft wiederholen und in den alten Zustand zurückkehren können. Ein durch Wachstum gekrümmtes Organ dagegen kann nie mehr ganz die alte Gestalt annehmen. Es kann zwar wieder gerade werden, aber auch nur wieder durch Wachstum; und dabei verlängert es sich. Das muß schließlich einmal ein Ende haben. Daher kann ein Organ nur eine beschränkte Zahl von Wachstumsbewegungen ausführen.

Das ist ein ökologisch wichtiger Punkt. Die Blätter z. B. leben noch lange, nachdem sie die endgültige Form und Größe erreicht haben. Dann können sie sich nur noch bewegen und die für ihre Funktion günstigste

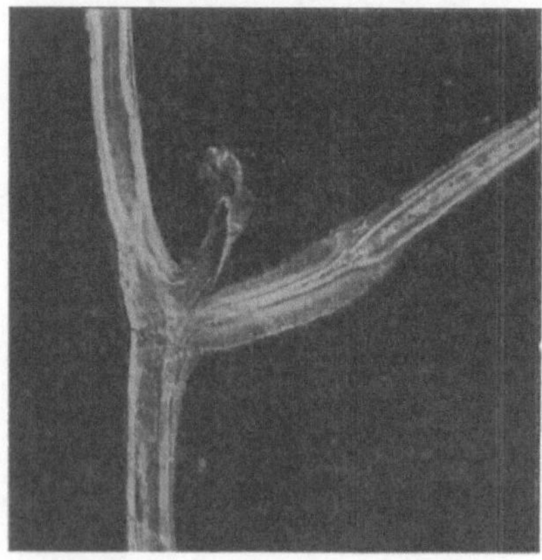

Abb. 13.

Hauptgelenk eines Bohnenblattes mit dem Stengel und dem Blattstiel, längs durchschnitten. Im Stengel und im Blattstiel bilden die Gefäßbündel, die sich hell abheben, einen Hohlzylinder, während sie das Gelenk als zentraler Strang durchziehen.

Stellung aufsuchen, wenn sie Gelenke haben. Zwar haben gewisse Stengel, z. B. die der Gräser, in ihren Knoten auch eine Art Bewegungsorgan, das durch erneute Streckung noch funktioniert, wenn der Halm ausgewachsen ist. Aber da bei ihnen das schon erloschene Wachstum nur vorübergehend wieder erweckt wird, ist mehr als eine Krümmung nicht möglich. Das würde für die Blätter vielfach nicht ausreichen. Dasselbe wie durch Turgorbewegungen wird durch sie jedenfalls nicht erreicht.

Wir haben gesehen, daß das Pflanzenreich über eine ganze Anzahl von Bewegungsarten gebietet, die im Gefolge verschiedener Reize zu den mannigfaltigsten Zwecken benutzt werden. Da wir nun über das Äußere der Bewegungen, deren die Pflanzen fähig sind, wenigstens das Nötigste wissen, können wir zur speziellen Besprechung der Reize übergehen, die jene in verschiedene Bahnen zu lenken imstande sind. Wir werden dabei nur hier und da noch auf die Bewegungsmechanik zurückzukommen brauchen.

III. Die Reizwirkungen der Schwerkraft.

a) Allgemeines über Geotropismus.

Legen wir eine im Wachstum begriffene aufrechte Pflanze um, so daß das freie Ende wagerecht steht, dann verhält sich ihr Stengel zunächst genau so wie ein toter Stab von entsprechenden mechanischen Eigenschaften. Das heißt, der nicht unterstützte Teil biegt sich vermöge seiner Schwere in flachem Bogen herab. Überlassen wir aber den toten Stab und den Pflanzenstengel sich selbst, so beobachten wir bald einen bemerkenswerten Unterschied in ihrem Verhalten.

Während der Stab in seiner Lage verharrt oder vielleicht auch noch etwas tiefer sinkt, bietet uns der Stengel ein völlig neues Phänomen dar (Abb. 14): Wir sehen nach einiger Zeit seine Spitze sich entgegen der Schwere und mit einer gewissen

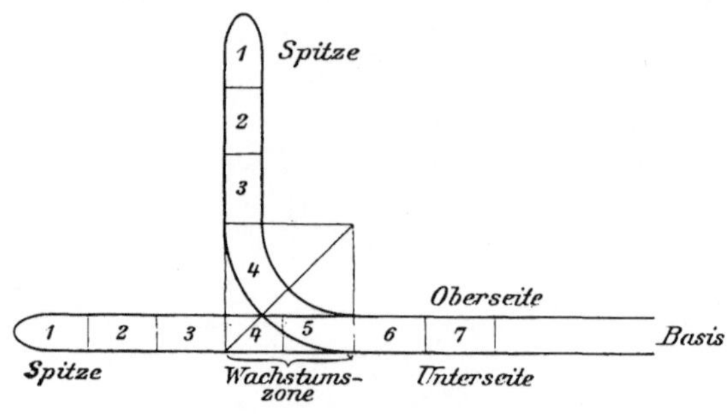

Abb. 14.

Schema einer sich geotropisch aufrichtenden Pflanze. Die Krümmung geschieht durch ungleiche Streckung der Ober- und Unterseite in der Wachstumszone.

Kraft allmählich aufrichten. Dieser Vorgang schreitet nach der Basis zu fort, umfaßt bald auch weiter zurückliegende Teile und kann bis zur Senkrechtstellung des Stengels gehen.

Umgekehrt richtet sich die Spitze einer wagerecht oder schräg gestellten Keimwurzel abwärts und erreicht im Fortwachsen nach unten schließlich gleichfalls die vertikale Lage.

Ein solches aktives Sicheinstellen in die Richtung der Erdachse nennt man Geotropismus. Das Phänomen kann, wie wir gesehen haben, in zwei Formen auftreten. Die Wurzel strebt nach dem Ursprung der wirkenden Kraft hin, sie ist positiv geotropisch oder erdwendig, während der Stengel sich der Wirkung der Schwere entgegen aufrichtet, also negativ geotropisch oder erdabwendig ist. Die Fähigkeit der Pflanze, solche Richtungsbewegungen auszuführen, erkennt man nur dann, wenn die Pflanze aus ihrer normalen Lage herausgebracht wird. Die Veränderung der Lage gegen-

über der Erde wirkt auf die Pflanzenorgane als Reiz, der nun ein
ungleichmäßiges Wachstum der Ober- und Unterseite zur Folge hat,
wie wir das oben besprochen haben. Die geotropische Aufrichtung
stellt also eine Reizreaktion dar.

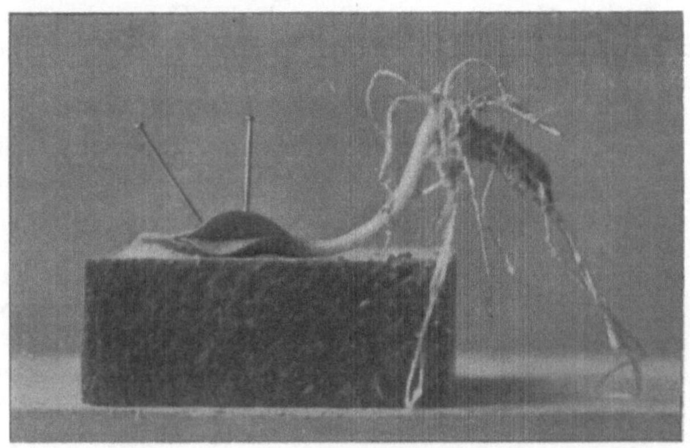

Abb. 15.
Ein Kürbiskeimling an der Spitze befestigt, hat sich in feuchter Luft
mit dem unteren Teil aufgerichtet. Verkleinert.

Bei dem umgelegten Stengel z. B. strecken sich die Zellen der
Unterseite rascher als die der Oberseite. Eine ungleiche Verlängerung
der beiden Flanken muß aber eine Krümmung bewirken. Der un-

Abb. 16.
Sprosse vom Tannwedel (Hippuris). Einer an der Basis, einer an der Spitze
befestigt. Geotropische Krümmung unter Hebung des jeweilig freien Endes.
Verkleinert.

mittelbare Reizerfolg ist die Verschiebung der Wachstumsgeschwindigkeit an der Ober- und Unterseite. Durch sie wird dann mittelbar
die Aufrichtung erzielt. Der Reiz hört erst auf zu wirken, wenn
die Vertikalstellung erreicht ist (Abb. 16).

Das Verhältnis der in ungleichem Wachstum bestehenden Reizreaktion zu dem Enderfolg der Aufrichtung können wir uns durch einen einfachen Versuch noch klarer machen. Was wird geschehen, wenn wir einen abgeschnittenen, aber noch wachstumsfähigen Stengel horizontal legen und nun einmal an seiner Spitze befestigen? Der Erfolg ist nach dem Gesagten vorauszusehen. Es wird ein stärkeres Wachstum auf der der Erde zugewandten Flanke eingeleitet und dadurch nun an Stelle der festgehaltenen Spitze die Basis gehoben, bis sie senkrecht steht (Abb. 15 u. 16).

Sehen wir uns nun die Erscheinung der geotropischen Krümmung etwas genauer an, und beginnen wir mit den Wurzeln, an denen Sachs (1873, S. 440) die Reaktionsweise besonders genau studiert hat. Er benutzte hauptsächlich die starken Keimwurzeln von Pferdebohnen (Vicia Faba var. equina), daneben solche von Erbsen, Bohnen, Kürbis, Eicheln, Buchweizen u. a. Diese Objekte wurden in der Weise gezogen, mit Millimetermarkierung versehen und vorbereitet, wie es früher (S. 26) geschildert worden ist. Nun sollten sie in Erde kommen, in der sie am natürlichsten und besten wachsen. Um aber die verschiedenen durchlaufenen Stadien zu sehen, wie das zum genaueren Studium nötig ist, hätte man sie immer wieder ausgraben müssen. Das hätte

Abb. 17.

Sachs'scher Wurzelkasten in dem die Wurzeln in Erde hinter einer durchsichtigen Scheibe wachsen. (Aus Detmer 1905)

natürlich eine arge Schädigung und Störung bedingt. Man hätte freilich auch durchsichtige Medien, wie Wasser oder feuchte Luft verwenden können, aber beide bieten immer weniger günstige Wachstumsumstände als die Erde. Zwar kommt es in unserem Versuche nicht auf deren ernährende Wirkung, also die Versorgung mit Bodensalzen an; denn Nährstoffe hat die junge Wurzel von ihrem Samen her genug. Sondern störend wirkt im Wasser der Mangel an Sauerstoff zum Atmen und in feuchter Luft der Mangel an flüssigem Wasser. Beides vereint bietet in vorzüglicher Weise ein lockeres, feuchtes Medium wie Sägespäne, Sand und besonders Erde, das natürliche Keimbett. Deshalb ersann Sachs einen anderen Ausweg. Er ließ nämlich seine Wurzeln hinter einer Glas- oder Glimmerplatte[1]) in Erde wachsen,

---

[1]) Letztere kann man dünner nehmen. Dadurch werden die Messungen genauer.

sodaß sie stets sichtbar waren und doch günstige Bedingungen fanden. Damit sie dauernd der durchsichtigen Scheibe angeschmiegt blieben, neigte er diese ein wenig. So wirkte der Geotropismus selbst für das Anpressen der Wurzeln, die auf diese Weise allen Beobachtungen und Messungen zugänglich blieben, ohne daß sie in ihrem sonstigen Verhalten gestört wurden (Abb. 17).

Es wurde nun eine Wurzel mit Maßlinien, die je 2 mm voneinander entfernt waren, horizontal hinter eine Glimmerscheibe in die Erde gebracht, und die Lage ihrer Spitze durch ein Zeichen auf der Scheibe markiert (Abb. 18 A). Nach einer Stunde war die Wurzel noch gerade, aber etwas länger, nach zwei Stunden war sie noch länger und schwach abwärts gekrümmt. Der nach unten offene Bogen entsprach nun einem Kreise von 15 mm Radius (C). Gemessen wurde mit Hilfe von Kreisen verschiedener Größe, die auf einer kleineren Glimmerplatte eingeritzt waren. Nach weiteren 5 Stunden, also 7 Stunden nach Beginn des Versuches, war die Wurzel um mehr als 4 mm gewachsen und die Krümmung war verstärkt. Ihr Radius war also kleiner geworden, er betrug nur noch etwa 10 mm (D). Endlich nach einem Tage war die Spitze langgestreckt und senkrecht abwärts gerichtet (E). Die stärkste Krümmung lag in der Zone III, die anfangs 4 bis 6 mm von der Spitze entfernt, jetzt aber 20 bis 26 mm von ihr abgerückt war. Der Radius des dazu gehörigen Kreises betrug nun nur noch 8 mm. Da die Wurzel an der Spitze weiter wuchs, wurde jetzt an der Krümmung nichts mehr geändert, so daß die bleibende Biegung dauernd ihr Maximum an jener Stelle hatte, wo zur Zeit der Reaktion gerade das Wachstum aufzuhören im Begriffe gewesen war. Wären Zonen streckungsfähig gewesen, die noch mehr von der Spitze entfernt lagen, so hätten diese sich an der Reaktion beteiligt. Es nehmen also bei einer horizontal gelegten Wurzel alle wachsenden Zonen an der Abwärtskrümmung teil, die jüngsten aber strecken sich später wieder gerade, da sie durch die bleibende Krümmung an der Grenze des wachsenden Teiles in die normale, also reizlose Lage gebracht werden.

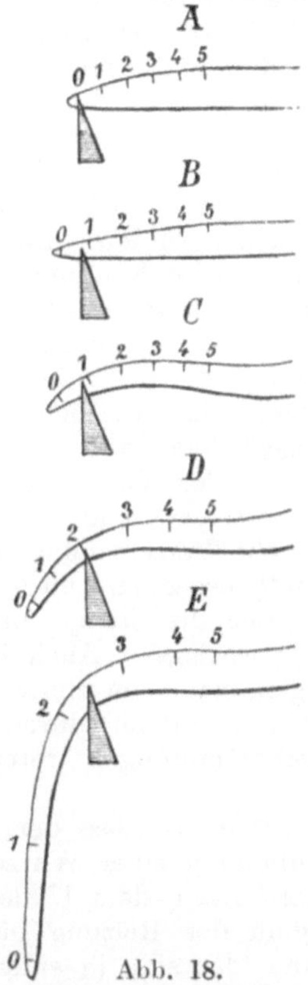

Gehen wir nun zur Beschreibung der geotropischen Aufrichtung eines umgelegten Stengels über, so werden wir hier die wesentlichen

Abb. 18.

Geotropische Krümmung einer Wurzel mit Markierungsstrichen. Die anfängliche Lage des Vegetationspunktes durch die Spitze bezeichnet. (Aus Detmer 1905.)

Züge entsprechend den bei der Wurzel geschilderten wiederfinden, nur natürlich in umgekehrter Richtung. Einige Erscheinungen kommen aber hinzu, die dort nicht auftraten. Zunächst ist die Wachstumszone in Stengeln stets länger als in Wurzeln (vgl. S. 24), daher ist die Krümmung weniger scharf. Es können sogar mehrere Wachstumszonen vorhanden sein, in jedem Stengelgliede eine. Doch darauf wollen wir nicht eingehen. Wir halten uns also an Keimstengel oder Blütenschäfte und dergleichen, bei denen die Streckungszone einheitlich ist. Da beginnt die Aufrichtung mit einer leisen Biegung, die die Endknospe, Blüte usw. der normalen Lage näher bringt. Nachher rückt die Krümmung weiter nach den unteren Regionen. Indem diese nun den schon gekrümmten Spitzenteil passiv mit bewegen, wird er oft über die Vertikallage hinausgebracht. Es entstehen dann „Überkrümmungen“, die aber schließlich wieder ausgeglichen werden. Zu diesem Zwecke muß das Endstück jetzt eine geotropische Krümmung nach der entgegengesetzten Seite machen. Im endgültigen Zustande ist hier ebenfalls die Krümmung in der untersten noch wachstumsfähigen Region festgelegt. Der ganze Teil, der von da nach der Spitze zu liegt, ist dann vertikal aufgerichtet, indem alle zwischendurch entstandenen Krümmungen sich wieder ausgeglichen haben.

An der Wurzel können keine Überkrümmungen zustande kommen, weil die wachsende Region bei ihr zu kurz ist, und weil dazu eine seitliche Verschiebung nötig wäre, die in Erde einem großen Widerstande begegnen würde. Ähnlich verhalten sich aus entsprechenden Gründen die Stengel und Blattscheiden von Keimlingen, wenn sie in Erde wachsen. Auch hier konzentriert sich das Wachstum auf eine Region nahe der Spitze, und die Erde verhindert die Verschiebung der Spitzenteile durch Krümmung weiter zurückliegender Zonen. Überkrümmungen treten daher nicht auf.

Wie wir bei der eingehenden Schilderung der geotropischen Krümmung einer Wurzel gesehen haben, beginnt die Reaktion nicht sofort nach dem Umlegen. Es verstreicht eine gewisse Zeit vom Beginn der Reizung bis zum ersten sichtbaren Zeichen der Krümmung, das sich in einem Unsymmetrischwerden der Spitze kundgibt. Man nennt diese Periode die Reaktionszeit. Sie ist bei verschiedenen positiv und negativ geotropischen Pflanzenorganen von sehr verschiedener Dauer, aber immer vorhanden und für ein und dasselbe Objekt bei möglichst gleichen Bedingungen annähernd gleichlang. Es ist klar, daß die mechanische Ausführung der Bewegung durch Wachstum eine gewisse Trägheit bedingt, wie sie, wenn auch in viel geringerem Maße, ja auch bei der Kontraktion des tierischen Muskels mit Hilfe besonderer Methoden nachweisbar ist.

Man kann nun aber fragen: muß der geotropische Reiz auch während der ganzen Dauer der Reaktionszeit auf die Pflanze einwirken, um eine Krümmung zu bewirken oder genügt eine kürzere

Reizung? Das letztere ist der Fall. Legen wir z. B. eine Wurzel oder einen Stengel um, bis sie eben beginnen zu reagieren und bringen sie dann wieder in ihre natürliche Lage, so schreitet die Krümmung dennoch eine Zeit lang fort und kann eine recht ansehnliche Größe erreichen. Selbst wenn man kürzer als bis zum Krümmungsbeginn reizt, so daß also noch keine äußerliche Veränderung an der Pflanze bemerkbar ist, kann noch eine geotropische Reaktion als Nachwirkung eintreten. Sie wird allerdings um so schwächer und verschwindet umso schneller wieder, je kürzer die Umlegung gedauert hat. So kommt man schließlich bei der Verkleinerung der Reiz- oder Induktionszeit zu einer Grenze, unterhalb deren gar keine sichtbare Nachwirkung mehr auftritt. Die kürzeste Zeit, während deren man ein geotropisches Objekt umlegen muß, damit nachträglich eine gerade noch sichtbare Krümmung als Nachwirkung zustande kommt, nennt man Präsentationszeit. Auch sie hat, gleich der Reaktionszeit, für bestimmte Pflanzenorgane unter gleichmäßigen Umständen einen gewissen konstanten Wert, der für verschiedene Objekte sehr verschieden sein kann. Wie man die Länge der Reaktions- und Präsentationszeiten zum tieferen Eindringen in die Probleme der Reizbarkeit benutzen kann, das werden wir später sehen.

In der Präsentationszeit haben wir die untere Grenze für die Einwirkungsdauer eines Reizes kennen gelernt, der noch eine Krümmung bewirken soll. Was wird aber geschehen, wenn wir die Induktionszeit noch weiter verkürzen? Wird ein Reiz, der äußerlich keine Wirkung zu haben scheint, wirklich spurlos an der Pflanze vorübergehen? Die Überlegung lehrt schon, daß das nicht so sein kann. Denn würde z. B. eine Reizung, die eine Minute dauert, gar keine Wirkung zurücklassen, so könnte auch die nächste und die folgenden Minuten nichts hinzufügen. Diese Schlußfolgerung läßt sich experimentell erhärten. Man kann nämlich durch Wiederholung solcher Reize, die kürzer als die Präsentationszeit sind, die also einzeln keine Krümmung bewirken würden, schließlich eine Reaktion zustande bringen (Literatur Pfeffer 1904, S. 621). Voraussetzung ist nur, daß die Pausen im Verhältnis zu den Reizzeiten nicht zu lang werden. Aus der Möglichkeit der Summation kurzer Einzelreize kann man schließen, daß jeder einzelne eine Veränderung im sensiblen Plasma hervorruft, die auch nach Beendigung der Reizeinwirkung eine Zeit lang erhalten bleibt. Setzt nun der neue Reizanstoß rechtzeitig ein, so kommt seine Wirkung zu der des vorigen hinzu und die einzelnen Impulse steigern sich, bis der Gesamteindruck stark genug ist, um eine sichtbare Reaktion hervorzurufen. Die Gesetze einer solchen unterbrochenen oder „intermittierenden" Reizung werden uns noch beschäftigen.

Experimentelle Schwierigkeiten erlauben es nicht, die Länge von geotropischen Einzelreizen unter das Maß von einigen Sekunden herabzudrücken; theoretisch müssen wir aber schließen, daß auch die kürzeste Einwirkung eine Veränderung in der Pflanze hervorruft, die sich mit der Dauer des Reizes steigert. Wir nennen diese erste physiologische Veränderung die Erregung. Die Präsentationszeit stellt somit das zeitliche Mindestmaß eines Reizanlasses dar, bei dem die Erregung gerade noch ausreicht, eine sichtbare Krümmung zu bewirken. Ein solches Minimalmaß für einen bestimmten physiologischen Effekt nennt man nach Herbart einen Schwellenwert. Kürzere Reize bewirken eine zu schwache Erregung, als daß die Schwelle, die zur sichtbaren Reaktion führt, überschritten würde.

Auf die Entstehung einer Erregung durch kurze Einzelreize schließen wir aus ihrer Summierbarkeit. Für diese aber ist Bedingung, daß zwischen die einzelnen Impulse keine zu langen Pausen eingeschaltet werden. Nach einer gewissen Zeit geht somit die Erregung wieder zurück. Das gilt nun nicht nur für unterschwellige Einzelreize, sondern für jede, auch durch längere Induktion bewirkte Erregung. Verhindern wir z. B. einen in der Reizlage befindlichen Stengel mechanisch an der geotropischen Aufrichtung und stellen ihn nach einiger Zeit wieder vertikal, so findet nur dann eine Reaktion als Nachwirkung statt, wenn das Hindernis nicht zu spät nach Beendigung der Induktion entfernt wird. Es klingt also auch hier die Erregung wieder ab. Selbst eine schon ausgeführte geotropische Krümmung verliert sich allmählich nach dem Zurückbringen in die Normallage. Hier muß aber eine neue geotropische Reizung beim Ausgleich der Krümmung mitwirken, denn durch die Spitzenkrümmung wird an der aufrecht stehenden Pflanze eine neue Reizlage geschaffen. Sie kommt dadurch zur Geltung, daß die Nachwirkung des ersten Reizes allmählich verschwindet. Diese neue geotropische Induktion würde genügen, den Stengel wieder gerade zu richten und seine Spitze in die Richtung der Schwerkraft zu stellen. Allerdings kommen noch innere Gründe hinzu, die dahin wirken, die Krümmung auszugleichen. Auf sie können wir aber erst an späterer Stelle eingehen.

Bisher haben wir nur den Fall im Auge gehabt, daß sonst vertikal wachsende Pflanzenteile wagerecht gelegt, also um 90° aus ihrer Lage gebracht werden. Geotropische Reaktionen erfolgen aber auch in allen anderen Lagen und gehen stets bis zur Senkrechtstellung. Jede kleinste Abweichung wird ausgeglichen. Zu Bewußtsein kommen uns aber gewöhnlich nur größere Krümmungen, bei denen wir leicht darauf aufmerksam werden, daß sie zur Vertikalstellung führen. Daß Wurzeln gewöhnlich abwärts, Stämme aufwärts wachsen, scheint uns nur deshalb weniger auffällig, weil wir daran gewöhnt sind. In Wirklichkeit bedarf es wohl der Erklärung, warum an allen Stellen der Erdoberfläche die Hauptwurzeln und Stengel der Kräuter sowie die Stämme der Bäume so stehen, daß ihre Längsrichtung mit einer von ihrem Standorte nach dem Erdmittelpunkte gezogenen Linie zusammenfällt. Auch bei den Pflanzen mußte das alte Problem der Antipoden aufgestellt werden. Die Lösung der Frage liegt darin, daß, wie für die Menschen, so auch für die Pflanzen, die Orientierung zur Erde und nicht die zum Raume maßgebend ist.

Die von der Erde ausgehende Kraft, die beider Stellung bedingt, ist die Gravitation oder Schwerkraft. Ihre Gesetze sind uns durch Newton bekannt, wenn uns auch ihr Wesen noch immer rätselhaft bleiben muß. Da wir nicht imstande sind, uns an einen Ort zu begeben, wo sie nicht wirkte, so scheint es zunächst aussichtslos, zu prüfen, ob wirklich die Schwerkraft die Ursache der geotropischen Orientierung ist. Es gibt aber doch ein Mittel oder vielmehr zwei, um zu zeigen, daß diese Vermutung sehr wahrscheinlich ist. Man ist zwar nicht imstande, die Schwerkraft aufzuheben, aber man kann sie durch eine andere Kraft ersetzen, von der man weiß, daß sie mit jener in ihren physikalischen, d. h. mechanischen, Wirkungen übereinstimmt. Das ist die Zentrifugal- oder Fliehkraft. Sie macht sich z. B. bemerkbar, wenn wir irgend einen schweren Gegenstand an einem Faden schnell im Kreise schleudern. Der Faden zeigt sich dann durch eine nach außen wirkende Kraft gespannt, und zwar um so stärker, je schneller er herumgeschwungen wird. Dabei hat der schwere Körper das „Bestreben", sich in der Richtung des Fadens nach außen zu bewegen, ebenso wie er beim freien Herabhängen das Bestreben hat, zu Boden zu fallen.

Auch in diesem letzteren Falle wird der Faden gespannt. Man kann die eine Kraft für die andere setzen (beide sind Massenbeschleunigungen, wie der Physiker sagt), und gewinnt im Experiment noch den Vorteil, daß die Fliehkraft ihrer Größe nach verändert werden kann[1]), während die Schwerkraft für uns immer gleich stark ist, da sie außer von der unveränderlichen Masse der Erde nur von der Entfernung vom Erdmittelpunkte abhängt, die wir gleichfalls nicht wesentlich zu variieren imstande sind.

Von solchen Überlegungen ausgehend stellte der englische Forscher Knight vor gerade 100 Jahren (1811) seine Versuche an, die in ihrer genialen Einfachheit vorbildlich sind. Er befestigte kleine Töpfchen mit Keimpflanzen an der Peripherie eines kleinen Mühlrades mit horizontaler Achse, das durch Wasserkraft in schnelle Umdrehung versetzt wurde. Die dabei gleich mit dem nötigen Wasser versehenen Pflänzchen konnten bei seiner Versuchsanordnung in jeder Richtung fortwachsen. Auch die Wurzeln hatten Bewegungsfreiheit, denn sie traten durch Löcher im Boden der Töpfchen ins Freie. Das Resultat war, daß die Stengel nach innen, dem Mittelpunkt des Rades zu, die Wurzeln aber entgegengesetzt, nach außen, wuchsen.

Wie ist das zu erklären? Die Schwerkraft machte sich offenbar gar nicht bemerklich, da sie bei dem Herumführen im Kreise bald in der einen, bald in der anderen Richtung zog, so daß die Impulse sich aufhoben. Befand sich eine Stengelseite eben noch unten, und

---

[1]) Sie wächst in mathematisch bestimmter Weise mit der Drehgeschwindigkeit und der Entfernung von der Achse.

schickte sie sich an, durch beschleunigtes Wachstum eine Aufkrümmung zu bewirken, so war sie im nächsten Augenblick oben, so daß der „Vorsatz" nicht ausgeführt werden konnte. Danach hätte man erwarten können, daß das Wachstum regellos in beliebiger Richtung vor sich gegangen wäre, als ob gar keine Richtkraft einwirkte. Dem war aber nicht so, denn das Rad drehte sich so schnell, daß eine merkliche Fliehkraft entwickelt wurde, die nach außen zog. Ihr folgend wuchsen die Wurzeln der Peripherie zu, genau so wie sie sonst dem Zuge der Schwerkraft folgen. Die Stengel aber schlugen, wie immer, die entgegengesetzte Richtung ein.

Bei diesen Versuchen konnte die Schwerkraft die schließlich eingeschlagene Richtung gar nicht beeinflussen. Ein andermal aber ließ Knight das Rad sich um eine senkrechte Achse drehen. Dabei ergaben sich dann Krümmungswinkel, die zwischen der senkrechten und der durch die Zentrifugalwirkung bedingten Richtung lagen. Neuere Versuche (z. B. Giltay 1910) zeigen für den Fall, daß die Fliehkraft gleich der Schwerkraft ist, die Endstellung der Wurzeln um 45^0 nach außen von der senkrechten Richtung abgelenkt, die der Stengel aber um denselben Winkel nach innen verschoben. Die Endstellung hält dann also genau die Mitte zwischen den Ruhelagen die den beiden Reizanlässen einzeln entsprechen.

Daraus entnehmen wir, daß der Eindruck beider Kräfte sich nach einfachen mathematischen Gesetzen in der Pflanze kombiniert. Das ist aber einer der besten Belege dafür, daß ihre Reizwirkung die gleiche ist, denn bei zwei verschiedenen Reizanlässen finden wir ein viel weniger durchsichtiges Verhalten. Schwerkraft und Zentrifugalkraft wirken auf die Körper massenbeschleunigend; das ist physikalisch ihr Gemeinsames, darin muß also auch ihre Wirkung auf die Pflanze beruhen. Wegen dieses Schlusses ist uns die zweite Knightsche Versuchsanstellung so wichtig, aber die erste gibt uns einen noch weiteren Ausblick.

Bei ihr ist, wie wir gesehen haben, die richtende Wirkung der Schwere ganz ausgeschaltet, weil bei der Drehung um eine wagerechte Achse die Impulse in allen Richtungen kurz aufeinander folgen. An die Stelle der Schwerkraft tritt die Zentrifugalwirkung. Die Lehre aber, daß auf diese Weise die Pflanze unabhängig von der Richtung der Gravitation wird, zog erst Julius Sachs im Jahre 1872. Er sah zum ersten Male klar, daß die Ausschaltung der Schwerkraftwirkung auf der Stellung der Drehungsachse beruhe, mit der Fliehkraft aber an sich nichts zu tun habe, und auch bestehen bleiben müßte, wenn letztere gar nicht merklich einwirkte. Sachs erreichte die Ausschaltung beider Richtkräfte in den Versuchen, die er 1879 eingehend schilderte, indem er die Drehbewegung so langsam nahm, daß die Beschleunigung in der Richtung des Radius unmerklich wurde. Er wählte eine Umdrehungszeit von 10—20 Minuten bei geringer Entfernung von der Achse. Die benutzten Keimpflanzen wurden dabei gleichmäßig feucht und dunkel gehalten. Da sie nun dem Einfluß aller äußeren Richtkräfte entzogen waren, hätte man meinen können, sie wären ganz regellos hin- und hergewachsen. Das war aber nicht der Fall, vielmehr war die Wachstumsrichtung im ganzen geradlinig und bildete die Fortsetzung derjenigen, die beim Ursprung aus dem Samen eingeschlagen worden war. Wir schließen daraus, daß neben den äußeren auch innere Richtkräfte existieren müssen, auf die wir noch zurückkommen. Abgesehen von dieser Orientierung zur Lage des Samens war keine Regelmäßigkeit zu ersehen. Wurzeln und Stengel wuchsen nach allen Richtungen, weder die Drehungsrichtung noch die Schwerkraft hatten einen Einfluß.

Sachs (1879, S. 213) war sich aber klar darüber, daß das Ausbleiben der geotropischen Krümmung bei ganz geringer Drehgeschwindigkeit auch wieder nicht zu erwarten war. Wenn man die Umdrehungszeit immer größer nähme, so müßte schließlich der Punkt kommen, „wo die Langsamkeit dieser Rotation so groß ist, daß die krümmenden Kräfte von Wurzel und Stengel an jedem Punkt der Bahn Zeit gewinnen, eine wirkliche Krümmung zu bewirken, und daß, bevor eine merkliche Verrückung der Lage eintritt, auch die krümmungsfähigen Stellen durch Wachstum fortrücken." Wie er sich an einem Drahtmodell klar macht, müssen dabei schließlich schraubige Krümmungen zustande kommen. Will man diese ebenso wie die Zentrifugalwirkung ausschließen, so muß man die Drehgeschwindigkeit innerhalb gewisser Grenzen halten. Der Spielraum ist noch groß genug.

Sachs verwendete bei seinen Drehversuchen zunächst ein Pendeluhrwerk, das er entsprechend herrichten ließ und das er Klinostat nannte. Später konstruierte Pfeffer ein sehr viel besseres Instrument für die gleichen Zwecke, bei dem das stoßweise Vorrücken durch Verwendung einer anderen Reguliervorrichtung vermieden ist. Der Klinostat von Pfeffer hat für unsere Wissenschaft eine große Bedeutung erlangt, sowohl wegen seiner Zuverlässigkeit wie wegen der Möglichkeit, die Drehgeschwindigkeit in sehr weiten Grenzen zu verändern. Er hat eine kräftige Feder und bewältigt daher ziemlich große Lasten, falls sie gut zentriert, d. h. ohne Übergewicht gleichmäßig rings um die Achse angeordnet sind. Für noch schwerere Objekte sind neuerdings auch elektrische Drehwerke in Betrieb, bei denen ein kleiner Motor unter Zwischenschaltung einer Zahnradübersetzung die Bewegung vermittelt. Der Apparat hat den Vorteil, daß man an ihm viele und schwere Töpfe mit Pflanzen anbringen kann und daß er nicht aufgezogen zu werden braucht, was für langwierige Versuche von Vorteil ist. Aber mit ihm eine gleichmäßige Umdrehung in einer ganz bestimmten Zeit zu erzielen, ist nicht so gut möglich wie bei Uhrwerken.

In der Klinostatendrehung haben wir nun ein Mittel, die Pflanze der einseitigen geotropischen Beeinflussung zu entziehen. Um so reiner und ungestörter wird daher die Einwirkung anderer Reize zum Ausdruck kommen. Aber auch beim Studium der geotropischen Prozesse selbst ist der Apparat von großem Nutzen. So wird z. B. an einer vorübergehend gereizten und dann an den Klinostaten gebrachten Pflanze die geotropische Nachwirkung nicht gestört durch die früher (S. 40) besprochenen geotropischen Gegenwirkungen, weil auch nach der Krümmung der Spitzenteil des Organes, der nun schräg zur Achse steht, der geotropischen Beeinflussung entzogen ist. Eine einfache Überlegung lehrt, daß die Richtung der Pflanzenteile zur horizontal gestellten Klinostatenachse für den Erfolg, daß stets zwei entgegengesetzte Impulse sich aufheben, ohne Belang ist.

Man könnte nun glauben, daß am Klinostaten jede vorher induzierte Krümmung erhalten bleiben müßte. Das ist aber nicht der Fall. Die geotropische Nachwirkung wird etwas intensiver und bleibt länger bestehen als an einer nach der Reizung wieder aufrecht gestellten Pflanze; schließlich aber geht sie doch wieder zurück, falls nur das Wachstum der gekrümmten Zone noch anhält. Wir stoßen hier auf einen neuen Ausdruck derselben inneren Verhältnisse, die es bewirken, daß an jungen Keimlingen, die am Klinostaten aus dem Samen entstanden sind, die Teile eine gesetzmäßige Lage zueinander gewinnen. Auch nach einer geotropischen Krümmung bewirkt bei Ausschluß des Geotropismus eine innere Kraft, das physiologische Verhältnis der Teile zueinander, die Wiedereinstellung der jüngeren Zonen in die Richtung der alten, also Aufhebung einer bestehenden Krümmung. Man nennt diese innere Richtkraft, die die Geradestreckung aus äußeren Gründen gekrümmter Organe bewirkt, Rektipetalität (Vöchting 1882). Nicht immer muß von innen heraus geradliniges Wachstum angestrebt werden. Entsprechend können auch ohne äußere Ursache Biegungen entstehen. Die ganze Gruppe von Reizerscheinungen faßt man daher besser als Autotropismus zusammen und versteht darunter die bei Ausschluß äußerer Richtkräfte rein zutage tretenden, aber auch sonst wirksamen Richtungseinflüsse der Teile einer Pflanze aufeinander.

Der Autotropismus bewirkt bei erhaltener Wachstumsfähigkeit nicht nur das Zurückgehen geotropischer Krümmungen, sondern ebenso das aller anderen Reizerscheinungen, nach Aufhören der bewegenden Ursache. Auch gleicht er in genau entsprechender Weise rein mechanisch bewirkte Biegungen wachsender Pflanzenteile aus. Die autotropische Reaktion besteht in einem verstärkten Wachstum der konkav gewordenen Flanke an der Biegungsstelle. Die Reizursache liegt offenbar in der Krümmung selbst. Eine Verminderung in der Schärfe der Biegung bewirkt freilich das fortschreitende Wachstum allein schon, indem es die Längendifferenz der Flanken über eine größere Strecke verteilt. Zum völligen Ausgleich der Krümmung gehört aber doch zweifellos eine besondere Reizwirkung, deren Eigentümlichkeit darin liegt, daß sie nur die gekrümmte Zone selbst umfaßt. Es stellt sich also nicht etwa die Spitze einer geotropisch gekrümmten Wurzel am Klinostaten durch eine Gegenkrümmung wieder parallel der Achse, resp. in die Richtung des ältesten, ungekrümmten Teiles. Vielmehr erfolgt der autotropische Ausgleich lediglich in der zur Zeit des Beginns der Klinostatendrehung gekrümmten Zone.

Die autotropische Reaktion gehört zur Gruppe der Gegenreaktionen, die alle das Gemeinsame haben, daß ihre Reizursache in durch vorhergehende Außenreize bewirkten Veränderungen gegeben ist. In dem Rückgange der Erregung nach dem Aufhören eines Reizanlasses haben wir schon den Einfluß einer derartigen Gegenreaktion kennen gelernt. Jeder Teilprozeß des gesamten Reizvorganges besitzt so seine Gegenreaktion, durch die der Pflanzenteil nach Beendigung der Reizeinwirkung in den normalen Ruhezustand zurückkehrt, ähnlich wie ein angestoßenes Pendel durch die Gegenwirkung der Schwerkraft schließlich zur Ruhe kommt. Der Autotropismus ist der sichtbare Ausdruck für diejenige Gegenreaktion, die den Reizerfolg als solchen trifft. Ehe er aber wirksam werden kann, muß die Erregung ausgeglichen sein, die sonst auf Weiterführung der Krümmung hinarbeiten würde.

b) Die Glieder der geotropischen Reizkette.

Nachdem schon Knight aus seinen Versuchen geschlossen hatte, es sei die Schwerkraft, die die Richtung wachsender Pflanzenteile bestimmt, war diese Vorstellung durch den Sachsschen Fundamentalversuch der Klinostatendrehung um die horizontale Achse so gut wie bewiesen worden. Es ist auch nie wieder daran gezweifelt worden.

Nur die Art, wie die Schwerkraft wirkt, blieb noch ein Gebiet der Forschung, auf dem die Meinungen bis in die neueste Zeit hin und her schwanken. Wir können uns an dieser Stelle nicht mit historischen Erörterungen beschäftigen, so interessant sie wären. Es bringt uns nicht weiter zu wissen, wie man sich ehemals bald auf eine geheimnisvolle Lebenskraft berief, bald in naiv mechanischer Weise die Wirkung dem Druck der Säfte und ähnlichen rein hypothetischen Veränderungen in der Pflanze zuschrieb.

Eine Analyse der zu erwägenden Möglichkeiten wird uns besser fördern. Zunächst wissen wir heute, daß die Kraft, mit der die Aufkrümmung des Stengels (negativer Geotropismus) oder die Abwärtskrümmung der Wurzel (positiver Geotropismus) ausgeführt wird, bei weitem die übertrifft, mit der die Schwerkraft auf den Pflanzenteil wirkt. Eine Wurzel also wird nicht wie eine breiige Masse abwärts gezogen, sondern sie krümmt sich aktiv hinab. Das geschieht mit einer gewissen Kraft. Man ersieht das schon daraus, daß sie in den Boden einzudringen vermag. Das gleiche zeigt besonders anschaulich ein zuerst von Pinot im Jahre 1829 angestellter Versuch, auf dessen Bedeutung Sachs hingewiesen hat. Befestigt man eine wachsende Keimwurzel wagerecht dicht über Quecksilber, so dringt sie bei ihrer geotropischen Abwärtskrümmung ein Stück in das spezifisch so viel schwerere Medium ein. Da hierbei der beträchtliche Auftrieb überwunden werden muß, so kann die geotropische Reaktion der Wurzel keine direkte Schwerewirkung sein. Es muß vielmehr eine gewisse Kraft aufgewendet werden. Und diese kann allein von der Lebenstätigkeit der Pflanze herstammen, in die die Schwerkraft nur dirigierend, als Reiz, eingreift.

Die Arbeit bei der geotropischen Krümmung wird eben nicht

von der Schwerkraft geleistet, sondern von der Wachstumsenergie der Pflanze. Diese aber wird ihrerseits durch die Atmung, also Verbrennung organischer Nahrungsstoffe geliefert. In dem mangelnden direkten Zusammenhange zwischen der Energie des Reizanlasses und der der Reizreaktion liegt eine der Eigentümlichkeiten des Reizvorganges. Pfeffer gebraucht den Vergleich mit einer Pulverladung: Die Energiemenge, die in einer solchen steckt, steht in gar keinem Verhältnis zu der Kraft, die nötig ist um sie, etwa durch einen Fingerdruck auf den Hahn, zur Explosion zu bringen.

Die geotropische Beeinflussung einer Pflanze ist nach dem Gesagten nicht als direkte Wirkung der Schwerkraft auf das Wachstum aufzufassen. Eine solche wäre auch ganz unvorstellbar. Wie sollte es die Anziehungskraft der Erde bewirken, daß an einem Stengel gerade die Unter-, an einer Wurzel die Oberseite stärker wächst? Vielmehr müssen wir annehmen, daß in der Pflanze, und zwar entweder in allen oder in einigen bestimmten Zellen, Veränderungen vor sich gehen, die in ihrer Gesamtheit in dem betreffenden Organe das physiologische Gleichgewicht stören. Dieses wird dann durch eine wohlgeleitete Aktion, bei der sich eine große Anzahl von Zellen beteiligen, wieder hergestellt. Durch stärkeres Wachstum einer Flanke entsteht eine Krümmung, die den Hauptteil des aus der Lage gebrachten Organs in die alte Richtung zur Schwerkraft zurückführt.

Es fragt sich nun, ob uns der Zusammenhang zwischen der Wirkung der Schwerkraft und der geotropischen Krümmung ganz dunkel bleiben muß, oder ob wir nicht Mittel haben, in dieses Geheimnis wenigstens einigermaßen einzudringen. Eine Darstellung der Anschauungen, zu denen die Wissenschaft bisher gekommen ist, wird uns zeigen, daß wir einige, wenn auch spärliche Mittel haben, den Schleier ein wenig zu lüften.

Die erste Veränderung, die beim Umlegen eines sonst aufrechten Stengels in diesem vorgeht, wird offenbar rein physikalisch sein, sie heißt Reizursache. Der eigentliche Reizprozeß beginnt erst, wenn das lebende Protoplasma betroffen und in seiner Struktur irgendwie verändert wird. Diese Veränderung, die wir nicht näher kennen, nennt man Reizaufnahme (Perzeption), die dadurch bedingte Veränderung des physiologischen Zustandes heißt die Erregung. Der Vorgang, an dem wir die Wirkung eines Reizes erkennen, ist die Reizantwort oder der Reizerfolg (Reaktion). Perzeption und Reaktion sind die beiden Endglieder des physiologischen Vorganges. Wir müssen sie uns durch eine Reihe von Zwischengliedern zu einer „Reizkette" vereinigt denken, die tief in das Lebensgetriebe der Pflanze eingreift.[1]

---

[1] Damit soll nicht gesagt sein, daß die Veränderungen im gereizten Organe auf die Verknüpfung der beiden wichtigsten Einzelvorgänge beschränkt sind.

Wären die hier angenommenen Teilvorgänge der geotropischen Reaktion rein theoretisch erdacht, so hätte die ganze Vorstellung nur sehr bedingten Wert. Es gelingt aber, den experimentellen Beweis für das Auftreten gesonderter Perzeptions- und Reaktionsvorgänge zu erbringen, und zwar mit Hilfe der Tatsache, daß beide äußeren Einflüssen gegenüber sich verschieden verhalten. So ist es z. B. möglich, durch Anwendung sog. Narkotika, wie Chloroform und Äther, Pflanzen in ähnlicher Weise zu „betäuben", wie wir das beim Menschen können. Durch diese Mittel werden gewisse Lebensfunktionen ausgeschaltet, ohne daß der Organismus getötet wird. Das Bezeichnende bei der Narkose ist also, daß einzelne Lebensprozesse unterdrückt werden, andere nicht, So gelingt es nun auch durch richtige Abmessung der Konzentration des Narkotikums, die Pflanze an der Ausführung einer geotropischen Krümmung zu hindern, ohne sie zu töten. Durch geringere Mengen des Betäubungsmittels kann man es so einrichten, daß während der Narkose keine Reaktion erfolgt, trotzdem der Pflanzenteil umgelegt wurde, daß aber nach Entfernung des Chloroforms usw. dann an der aufgerichten Pflanze, wenn auch verspätet, die Wirkung erfolgt (Czapek 1898, S. 199). Als Betäubungsmittel fand Czapek für solche Versuche außer den genannten noch Kohlensäure und Coffeïn brauchbar. Auch konnte durch Einwirkung von Kälte eine geotropische Reaktion verhindert werden, die dann nachträglich in der Wärme auftrat. Man sieht, daß auf die Pflanze im Wesentlichen dieselben Betäubungsmittel einwirken wie auf den Menschen.

Durch diese Versuche ist aber direkt bewiesen, was wir früher nur annahmen, daß nämlich gesonderte Prozesse der Reizaufnahme und der Reizreaktion in der Pflanze nebeneinander bestehen müssen.

Das ist ja auch begreiflich, da die Ausführung der Krümmung, wie wir wissen, auf Wachstum beruht, welches seinerseits in besonderer Weise von den Außenumständen und der vorhandenen Energie abhängt und daher auch in besonderer Weise von Eingriffen betroffen werden kann. Nicht gesagt ist aber, daß nun die erwähnten Betäubungsmittel in obigen Versuchen wirklich gerade durch Verhinderung des Wachstums die Reaktion unmöglich gemacht haben. Es kann ja auch die Verbindung zwischen den Anfangs- und Endgliedern des Reizvorganges, die sog. Reizkette irgendwo unterbrochen sein. Darüber etwas auszusagen reichen die Erfahrungen noch nicht aus.

Mit der Annahme einer Reizkette ist schon vorweggenommen, daß die auf die Reizaufnahme folgende Erregung nicht direkt in die der Krümmungsreaktion zugrunde liegenden Vorgänge übergeht, sondern daß noch andere Glieder dazwischen geschaltet sind. Wirklich bedingt die einheitliche Reaktion des ganzen Pflanzenteils, die Regulation des Wachstums von der einen, sich am schnellsten, bis zur anderen, sich am langsamsten streckenden Flanke, das Vorhandensein von mindestens noch zwei Arten von Vorgängen: erstens solchen, die die Erregung durch das ganze Gewebe hin fortzupflanzen oder zu leiten haben und zweitens solchen, die sie in einheitlich geregelte Impulse umsetzen. Diese werden nun den einzelnen Organteilen oder Zellen mitgeteilt, wobei wiederum eine Leitung nötig wird.

Wollen wir die Analogie mit den entsprechenden tierischen Vorgängen herstellen, so müssen wir sagen, wir haben die Obliegenheiten im Sinne, die dort den Nerven als Leitungsbahnen und ihren lokalen Umsatzzentren, den Ganglien, zukommen, während für die Reizaufnahme beim Tiere die Sinneszellen, für die Ausführung die Muskeln verantwortlich sind. Es läge demnach auch bei den Pflanzen ein einfacher Reflex vor; nur daß man nicht wie bei den Tieren besondere Organe nachweisen kann, denen die verschiedenen Funktionen zukommen, sondern daß vielmehr die inneren Prozesse in nicht eigens differenzierten Zellen vor sich gehen. Das gilt sowohl von den Leitungs- oder duktorischen, wie auch von den regulierenden oder rektorischen Prozessen, denen die der Reizaufnahme als die sensorischen und die der Ausführung als die motorischen gegenübergestellt werden können.

Das Vorkommen besonderer Vereinheitlichungs- oder rektorischer Vorgänge muß nun allerdings vorläufig bloßes Postulat bleiben, da experimentell hierüber nichts vorliegt; daß aber wirklich in Pflanzen eine Leitung der Erregung angenommen werden muß, ergibt sich zwingend aus den Fällen, in denen eine räumliche Trennung von Reizaufnahmestelle und Krümmungsregion nachgewiesen werden konnte. Ein derartiges Verhalten sicherzustellen ist beim Geotropismus sehr schwierig, da wir ja die Schwerkraft nicht, wie etwa das Licht, an bestimmten Stellen von der Pflanze abhalten und an anderen einwirken lassen können.

Die räumliche Trennung der Bewegungszone von der, den geotropischen Reiz vorwiegend aufnehmenden ist zuerst von Ch. Darwin ([1881] 1899) für die Spitze der Keimwurzel behauptet, später nach vielen Kontroversen von Czapek (1895) wahrscheinlich gemacht und schließlich von Haberlandt (1908) bewiesen worden.

Darwin glaubte die alleinige Empfindlichkeit der Wurzelspitze daraus entnehmen zu können, daß eine geotropische Bewegung ausbleibt, wenn die Wurzel um die Länge von 1—2 mm verkürzt wird, wobei die Krümmungszone erhalten bleibt. Spätere Versuche zeigten aber, daß diese Methode nicht einwandfrei ist, weil die Verwundung eine Störung der Empfindlichkeit und damit ein Ausbleiben der Reaktion bewirken kann, auch wenn das Perzeptionsorgan erhalten bleibt. Deshalb stellte Czapek seine Experimente in der Weise an, daß er Wurzeln am Klinostaten in gebogene Glasröhrchen hineinwachsen ließ ohne sie zu verletzen. Dadurch wurde die Wurzelspitze in einem rechten Winkel von der weiter oben befindlichen Streckungszone abgelenkt. Es fand dann nach seiner Angabe die geotropische Krümmung stets im Sinne der Reizung der Wurzelspitze statt.

So wuchs z. B. bei vertikaler Wachstums- (Bewegungs)zone und horizontaler Spitze die der Oberseite der letzteren entsprechende Flanke schneller, was das Überwiegen der geotropischen Empfindlichkeit der Spitze und die Reizleitung von da in die Streckungszone beweisen würde. Diese Resultate konnten aber bei mehrmaliger Prüfung von anderer Seite nicht bestätigt werden, indem die mechanische Biegung der Wurzel unkontrollierbare Störungen bewirkte. Deshalb war die Heranziehung eines durchaus anderen Prinzipes zum Auseinanderhalten der geotropischen Sensibilität der einzelnen Teile äußerst erwünscht.

Die gleichfalls fein ausgedachte, und wegen Vermeidung der Deformation der Wurzel zuverlässigere Methode, deren sich Haberlandt bediente, hatte der Ingenieur A. Piccard (1904) für diesen Zweck ausgearbeitet. Er war auf Grund seiner Experimente zu einem Darwins Annahme entgegengesetzten Schlusse gekommen. Haberlandt zeigte aber, daß Piccards Versuche noch nichts beweisen. Erst in seiner Hand leistete die Versuchsanstellung das, was man theoretisch von ihr erwarten durfte. Sie beruht darauf, daß man die Wurzel in der Weise der Fliehkraft aussetzt, daß die Spitze in entgegengesetztem Sinne beeinflußt wird als der Rest der Wurzel. Dies gelingt, wenn die (gedachte) Drehungsachse die Wurzel kurz hinter der Spitze schräg durchschneidet. Dann wird bei der Rotation sowohl die Spitze wie der basale Teil der Wurzel einer Fliehkraft ausgesetzt, die sie von der Achse fortzutreiben sucht. Bei positiv geotropischen Objekten wächst aber, wie wir gesehen haben, die von der Kraftquelle abgewandte Flanke stärker. Würde jede wachstumsfähige Zone den Reiz für sich perzipieren, so müßte daher überall das Wachstum der der Achse zugekehrten Flanke überwiegen. Und da die Wurzel die Achse schräg schneidet, so müßte sie zwei Krümmungen bekommen, also S-förmig werden. Überwiegt dagegen die Sensibilität einer bestimmten Zone, so muß die Krümmungsrichtung der Reizung dieser entsprechen.

Natürlich muß sehr schnell gedreht werden, weil sonst die Fliehkraft bei der kurzen Entfernung von der Achse zu klein wird.

Es ergab sich nun in Haberlandts Versuchen, daß die Wurzeln von Vicia Faba sich im Sinne der Reizung der Spitze krümmten, wenn die Achse sie 1,5—2 mm hinter der Spitze im Winkel von 45° schnitt. War dagegen das überstehende Ende nur 1 mm lang, so erfolgte die stärkere Reizung und damit die Krümmung in entgegengesetztem Sinne. Man ersieht daraus, daß eine Leitung der geotropischen Erregung von der vorwiegend sensiblen Spitze nach der allerdings nicht ganz unempfindlichen Wachstumszone stattfindet, die deren direkte Reizung überwinden kann. Somit ist zwar das Vorkommen einer Reizleitung sichergestellt. Wir kennen aber immer noch kein geotropisches Objekt, in dem sicher eine völlige lokale Trennung von Perzeptions- und Aktionszone vorläge, wenn auch eine viel größere Empfindlichkeit der Spitze gegenüber der Wachstumszone und vor allem eine Übertragung des Reizes oder besser der Erregung von der einen zur anderen für Wurzeln bewiesen ist.

Es gibt nun noch eine ganze Reihe von Erfahrungen an anderen Pflanzenteilen, die in demselben Sinne sprechen. So hat Francis Darwin (1899) einen hübschen Versuch angegeben, der zeigt, daß die geotropische Reizung der Spitze von Graskeimlingen, besonders der hirseartigen Gräser, die der hauptsächlich krümmungsfähigen tieferen Zonen zu überwinden imstande ist. Er befestigte solche Pflänzchen an ihrer Spitze horizontal, indem er den übrigen Teil frei schweben ließ. Es wurde dann zunächst, wie zu erwarten war, die Unterseite im Wachstum gefördert. Dadurch kam nun bei der „verkehrten" Befestigung etwas Seltsames zustande. Zunächst krümmte sich in der oben (S. 35) beschriebenen Weise anstatt der Spitze, die ja daran verhindert war, das basale Ende aufwärts. Wäre die Wachstumszone allein geotropisch empfindlich, so hätte es damit sein Bewenden gehabt. Die Graskeimlinge verhielten sich aber anders. Da die Spitze, als die vor allem reizempfindliche Zone, nicht in die Ruhelage kam, weil sie ja wagerecht festgehalten wurde, ging das verstärkte Wachstum auf der

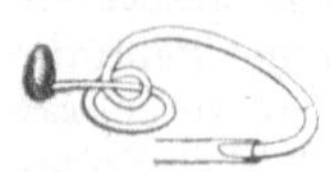

Abb. 19.

Keimling einer Panicee mit der Spitze in Horizontallage befestigt. (Nach Fr. Darwin aus Jost.)

Flanke, die der unteren Seite der Spitze entsprach, weiter, so daß die Keimlinge sich fortdauernd, auch über die Senkrechtstellung des basalen Endes hinaus, weiterkrümmten und schließlich lockenartig einrollten (Abb. 19.)

Schließlich haben wir noch ein weiteres Mittel, das in gewissen Fällen einen Anhalt für die Beurteilung der Lage der empfindlichsten Zone gibt. Dieser Nachweis stützt sich darauf, daß die Leitung der Erregung stets einige Zeit zur Zurücklegung einer gewissen Strecke braucht. Deshalb können die der reizaufnehmenden Stelle benachbarten Teile mit der Ausführung der Reaktion beginnen, bevor der Impuls sich weiter ausgebreitet hat. Wäre die geotropische Sensibilität in einem Organe gleichmäßig verteilt, so müßte die Krümmung in der Zone beginnen, in der das Wachstum am stärksten ist. Aus einer Abweichung von diesem Verhalten kann man schließen, daß die Zone maximaler Streckung nicht mit der empfindlichsten Stelle zusammenfällt, daß also in deren Nähe die Reizwirkung beginnt und deshalb sich weniger rasch streckende Zonen mit der Krümmung der ferner gelegenen Hauptwachstumszone voraneilen (Rothert 1896, S. 187 ff). So verhalten sich z. B. Graskeimlinge, bei denen die Krümmung an der äußersten Spitze beginnt, obgleich die Hauptstreckungszone ein ganzes Stück tiefer liegt. Abgesehen davon, daß ein solches Verhalten sich nur zeigen wird, wenn ein genügend großer lokaler Abstand zwischen Hauptperzeptions- und Hauptaktionszone liegt, ist in der Beurteilung noch deshalb Vorsicht vonnöten, weil der geotropische Reiz selbst die Wachstumsgeschwindigkeit beeinflussen kann.

Wir haben nun die hauptsächlichsten Gründe besprochen, die für das Vorkommen einer Reizleitung beim Geotropismus sprechen.

Am besten ist der Beweis für die räumliche Trennung von Aufnahme-
und Krümmungszone bisher bei der Wurzel geführt. Dieser Nachweis,
gerade an den so häufig benutzten und durch Darwin klassischen
Objekten wird uns als sichere Grundlage für weitere Betrachtungen
dienen können.

Von den Teilprozessen der Reizkette bleibt uns nach Erledigung
der Reizleitung noch das physiologische Anfangs- und Endglied,
nämlich Perzeption und Reaktion, eingehender zu besprechen. Zunächst die Perzeption: Wie empfindet die Pflanze den Zug der
Schwere und seine Richtung? Am nächsten liegt wohl der Gedanke,
daß bei einem umgelegten geotropischen Organ das Gewicht des
ganzen Pflanzenkörpers eine veränderte Spannung der Gewebe erzeugt, und daß diese es ist, die den Anstoß zum ungleichen Wachstum der unteren und oberen Flanke gibt. Man hätte dann etwas
unseren „inneren Lageempfindungen" Vergleichbares, wie es bei der
passiven Veränderung der Gliederstellung bemerkbar wird (W. Wundt
1902, II.) Die Probe auf diese Hypothese liegt schon in dem Versuch
mit der in Quecksilber eindringenden Wurzel, in der die Zug- und
Druckverhältnisse durch den Auftrieb gegenüber den Verhältnissen
in Luft gerade umgekehrt sind. Dasselbe ist bei einem geotropischen,
in Wasser untergetauchten Stengel der Fall, falls er spezifisch leichter
als dieses ist. Dennoch krümmt er sich geotropisch aufwärts. Die
durch das Gewicht der Teile bewirkte Dehnung der oberen und Zu-
sammendrückung der unteren Stengelhälfte fällt hier fort oder wird
sogar umgekehrt. Trotzdem wird die Richtung der Schwerkraft
empfunden. Da diese aber kaum anderes als Gewichtswirkungen
veranlassen kann, so müssen wir im Innern der Pflanze irgendwelche für Druck- oder Zug empfindliche Organe annehmen und in
ihnen Körper, die der Schwere zu folgen bestrebt sind. Diese wären
dem Einfluß der oben beschriebenen Quecksilber- und Wasserexperi-
mente nicht zugänglich. Man könnte sich leicht denken, daß solche
spezifisch leichteren oder schwereren Körper das lebende Plasma reizen
würden, indem sie durch die Richtung des Zuges oder Druckes, der
bei verschiedener Lage des ganzen Pflanzenteils wechselte, die Be-
tätigung der geotropischen Wachstumsverschiebung veranlaßten.

Diese Hypothese, die schon in den Anschauungen von Knight
ihre Grundlage hat, ist von Noll weiter ausgebaut worden. Später
haben Němec und besonders Haberlandt es für viele Fälle wahrscheinlich gemacht, daß in spezifisch schwereren und innerhalb der
Zelle beweglichen Stärkekörnern die auf das Protoplasma drückenden
Körper zu suchen sind. Diese Stärkekörnchen sollen als „Statolithen"
durch ihre Lage in der Zelle die Empfindung der Schwerkraftsrichtung
veranlassen. Daß nicht notwendig so große oder überhaupt sichtbar
differenzierte schwere Körper als wirksam angenommen werden müssen,
ist klar und geht auch daraus hervor, daß es Pflanzenorgane ohne
Stärkekörner gibt, die in derselben Weise und nicht weniger präzis
und schnell reagieren. So z. B. die aufrechten Fruchtträger und Hut-

stiele der Pilze, in deren Zellen es vielfach schwer fallen dürfte, überhaupt feste Bestandteile zu entdecken. In anderen Fällen, so in den Wurzelhaaren der Armleuchtergewächse (Chara, siehe Giesenhagen 1901) hat man die Druckwirkung anderer Körnchen, die nicht aus Stärke bestehen, zur Erklärung herangezogen.

Haberlandt nimmt also an, daß das Plasma in gewissen Zellkomplexen der geotropischen Pflanze den Druck der dort vorhandenen beweglichen Stärkekörner empfindet. Diese Stärkekörner zeichnen sich vor den meisten anderen dadurch aus, daß sie in jeder Lage auf die untere Seite der Zelle sinken. Die gedrückte Stelle wird bei jeder Lageveränderung der Pflanze wechseln, und so ist eine Art Sinnesorgan geschaffen, das der Pflanze über ihre Orientierung Aufschluß gibt. Solche bewegliche Stärke findet sich bei Stengeln in der sogenannten Stärkescheide, bei Wurzeln in der Wurzelhaube, und ihr Vorkommen stimmt nach den Untersuchungen der Haberlandtschen Schule mit dem Besitz einer geotropischen Reizbarkeit gut überein.

Die Diskussion der Statolithen-Frage ist noch nicht geschlossen; und so viele Gründe auch dafür sprechen, daß wirklich spezifisch schwerere Körper die geschilderte Funktion ausüben, so ist es doch wohl noch nicht entschieden, daß dies die Stärkekörner sind oder sein können. Leider kann man der Pflanze nicht die Stärke entziehen, ohne sie auch sonst zu schädigen oder jedenfalls zu verändern[1]). Die sonstigen experimentellen Beweise, die die Haberlandtsche Theorie sicherstellen sollen, haben mancherlei Einwürfe entkräftet; positiv stützen können sie aber in Wirklichkeit nur die Annahme, daß Körper von verschiedenem spezifischen Gewicht bei der Schwerkraftsreizung eine Rolle spielen (z. B. Buder 1908).

Vielleicht das beste Argument für diese allgemeinere Annahme bieten Versuche, die nicht an Pflanzen, sondern an Tieren angestellt worden sind (A. Kreidl 1892/93). Manche Krebse besitzen nämlich von außen eingestülpte Hohlräume, in deren Innern ein schwerer Körper, der Statolith, liegt. Daß die Funktion dieses Organes die Empfindung der Lage ist, konnte bei gewissen Formen experimentell bewiesen werden. Diese zeichnen sich dadurch aus, daß ihre Bläschen sich niemals ganz schließen und daß der Statolith sich nicht im Innern bildet, sondern von außen hineingebracht wird. Bei der Häutung verliert der Krebs dieses wichtige Organ. Vorher aber hat sich darunter schon ein neues gebildet, dem nur eins fehlt, der bewegliche schwere Körper. Als solchen benutzt dann das Tier irgend ein Sandkörnchen, daß es sich in die Öffnung stopft. — Nun wurde frischgehäuteten Krebsen kein Sand, sondern Eisenfeilspäne gegeben. Als diese ihrer Funktion als Schwerkraftsanzeiger übergeben worden waren, wurde ihnen ein Magnet genähert. Da zeigte sich denn, daß die Tiere sich nicht mehr nach der Erde, sondern nach dem Magneten zu orientieren suchten und so die sonderbarsten Stellungen einnahmen, ein zwingender Beweis für die wirkliche Funktion dieser Organe. Könnten wir es mit Pflanzen ähnlich machen, so wären alle Zweifel beseitigt.

---

[1]) Die Versuche von Frl. Pekelharing (1909), die durch Einwirkung von Aluminiumsalzen es fertig gebracht haben wollte, sämtliche Stärkekörner in Wurzeln zum Verschwinden zu bringen, ohne die geotropische Reizbarkeit aufzuheben, konnten von Němec (1910) nicht bestätigt werden.

Da die pflanzlichen Statolithen operativen und überhaupt experimentellen Eingriffen schwer oder gar nicht zugänglich sind, so bleibt nur die Untersuchung übrig, ob in allen Fällen geotropische Empfindlichkeit und Vorkommen beweglicher Stärke parallel gehen. Das scheint nun wirklich, wie gesagt, meist der Fall zu sein. Man muß nur berücksichtigen, daß in den Fällen, in denen die geotropische Krümmungsfähigkeit erlischt, ohne daß die betreffenden Stärkekörner verschwinden, noch nicht die geotropische Empfindlichkeit erloschen sein muß.

Um die Funktion des Statolithenapparates übersehen zu können, bedarf es als Grundlage einer genauen Kenntnis der Empfindlichkeitsverteilung, wie sie bisher nur für die Wurzelspitze erlangt ist. Auf einer solchen allein können aber die Belege für die Wirksamkeit der beschriebenen Einrichtungen aufgebaut sein, die wie die meisten anatomisch-physiologischen Ansichten bisher mehr auf Wahrscheinlichkeit beruhten. Solche Belege hat man nun zu erbringen versucht, indem man einmal beim Auftreten oder Verschwinden der geotropischen Reaktionsfähigkeit untersuchte, ob ihnen ein entsprechendes Verhalten der beweglichen Stärke entsprach, und zweitens, indem man experimentell, hauptsächlich durch Abschneiden der reizaufnehmenden Spitze, in den Zusammenhang einzudringen suchte (Němec 1900, 1901).

Man kann sagen, daß eine gute Parallelität zwischen beiden Tatsachengebieten gefunden wurde. So kehrte z. B. die durch Abschneiden der Spitze aufgehobene geotropische Empfindlichkeit der Wurzel gleichzeitig mit der Bildung eines neuen Statolithenapparates zurück. Allerdings ist ein zwingender Beweis auch durch diese Erfahrungen nicht erbracht. Ferner mußte Haberlandt nach verschiedenen Erfahrungen zugeben, daß eine Verlagerungsfähigkeit der Stärkekörner für die Perzeption nicht unbedingt notwendig sei. Auch wenn sie festliegen, sollen sie die Statolithen-Funktion ausüben können. Die Beweglichkeit der Stärkekörner soll nur eine höhere Form der Ausbildung darstellen. Da hiermit der Hauptangriffspunkt für eine sich an Beobachtung anschließende Kritik genommen ist, so bleibt nur die Möglichkeit, nachzusehen, ob der Grad der Reizbarkeit mit dem der Beweglichkeit der Stärke in den verschiedenen Fällen übereinstimmt. Haberlandt nimmt an, daß mit dem Hinüberwandern der Stärkekörner auf die unteren Zellwände eine allmähliche Zunahme der Reizintensität verknüpft ist. Die ablehnende Haltung vieler Forscher gegenüber der Statolithentheorie des Geotropismus hat ihre Ursache wohl in dem Bedenken, einem solchen, eigentlich recht primitiven Apparate mit seinem wechselnden Gehalt an „Statolithen", bei dem weder die ganze Zelle noch die Stärkekörner eine mathematisch einfache oder scharf definierte Form besitzen, eine so feine Unterscheidungsfähigkeit zuzutrauen und von ihm ein so präzises Funktionieren zu erwarten, wie es für die geotropische Reaktion durch Untersuchungen der letzten Jahre bekannt geworden ist

(Fitting 1905). Dieser Einwand kann aber vielleicht durch die Annahme entkräftet werden, daß die Ungleichheiten im einzelnen sich durch die große Anzahl der zusammenwirkenden Sinneszellen aufheben. Reagiert ja doch ein Pflanzenteil normalerweise stets als ein einheitliches Ganzes auf Reizeinwirkungen der Außenwelt.

Somit kann man zusammenfassend sagen: Der Perzeption des Schwerereizes liegen Zug- oder Druckwirkungen von Substanzen verschiedenen spezifischen Gewichtes innerhalb der Zellen zugrunde. Mancherlei Beobachtungen sprechen dafür, daß bei den höheren Pflanzen die Stärkekörner in gewissen Zellen durch ihr Gewicht die geotropische Reizwirkung ausüben. Endgültig sichergestellt ist diese Hypothese aber nicht.

Fügt man zu den Überlegungen und Versuchen, die wir bei Besprechung der Statolithenhypothese kennen gelernt haben, noch die Ergebnisse hinzu, die aus der experimentellen Trennung von Reizaufnahme und Reizreaktion resultieren, so hat man das wesentlichste von dem erschöpft, was über die Art der Perzeption des geotropischen Reizes bekannt ist.

Nachdem wir nun über die Vorgänge der geotropischen Reizaufnahme und Leitung einigermaßen Bescheid wissen, wenden wir uns der Besprechung der auf sie folgenden Reizprozesse zu.

Der geotropische Reizerfolg stellt sich, wie früher (S. 35) besprochen, im allgemeinen als Wachstumsvorgang dar. Die Erreichung der Normallage kommt durch ungleiche Verlängerung der oberen und unteren Seite des Organes zustande. Dabei bleibt meist die durchschnittliche Wachstumsintensität, wie sie sich in der Verlängerung der Mittelzone ausdrückt, dieselbe wie bei geradlinigem Wachstum (Luxburg 1905). Es wird dann also die Streckung der einen Hälfte bei der geotropischen Reaktion um ebensoviel gefördert, wie die der anderen gehemmt wird. Somit ist es auch verständlich, daß die Krümmungsfähigkeit unter sonst gleichen Verhältnissen der Intensität des Wachstums entspricht und mit diesem erlischt.

Hat ein Organ sein Wachstum beendet, so haben wir kein Mittel mehr, die geotropische Sensibilität nachzuweisen. Dasselbe gilt für alle anderen durch Wachstum realisierten Reizkrümmungen. Es läßt sich also nichts darüber aussagen, ob die Sensibilität in alternden Organen dauernd erhalten bleibt.

Abweichend verhält sich die geotropische Krümmungsfähigkeit zum Wachstum allein in solchen Fällen, in denen durch Ausbildung besonderer gelenkartiger Organe die Bewegungsreaktion lokalisiert ist. Es können dann nämlich auch nach Vollendung des normalen Wachstums noch Reizkrümmungen ausgeführt werden. In dieser Beziehung ergibt sich eine Übereinstimmung zwischen den sonst durchaus verschieden funktionierenden Blattgelenken und Stengelknoten. Offenbar sind beide Einrichtungen als Anpassungen aufzufassen, die einer besonders häufigen Inanspruchnahme der geotropischen Reaktionsfähigkeit ihren Ursprung verdanken.

Die Blattgelenke führen in ihrer Jugend geotropische Wachstumskrümmungen aus, wie andere Organe. Haben sie ihre definitive Länge erreicht, so ist jedoch mit dem Wachstum noch nicht die Krümmungsfähigkeit erloschen. Es tritt dann ein anderer Reaktionsmechanismus in Tätigkeit, der — wie oben geschildert — auf wechselnder Turgorspannung beruht (vergl. S. 31/32). Der Unterschied dieser Reaktionsweise von der durch Wachstum zeigt sich am besten, wenn man die Organe sich erst geotropisch krümmen und dann durch Zurückbringen der Pflanze in die ursprüngliche Lage wieder geradestrecken läßt. Hat eine Wachstumsbewegung vorgelegen, so ist das Organ nun länger geworden. Bei einer Turgorbewegung dagegen erlangt es wieder seine alte Form und Größe. Die Länge der ausgebildeten Gelenke ändert sich nicht, so oft auch die Krümmung wiederholt wird.

Bei häufiger Beanspruchung fand jedoch Czapek (1898. S. 301) eine Art Ermüdung. Bei den Gelenken der Bohnenblätter wurde nämlich die geotropische Reaktion nach mehrfacher Wiederholung träger und schwächer. Da etwas ähnliches bei Wachstumskrümmungen nie beobachtet wurde, solange das Wachstum anhielt, so dürfte die Erscheinung der Ermüdung von Gelenken mit der Mechanik der Reaktion zusammenhängen.

Die Fähigkeit, sich auch nach Beendung des normalen Wachstums geotropisch zu krümmen, finden wir nun ferner bei den An

schwellungen oder „Knoten", die viele Pflanzen an der Ansatzstelle der Blätter entweder am Stengel (Nelkengewächse, Tradescantiaarten) oder am Blattgrunde (Gräser usw.) zeigen. Bei vielen von ihnen kann durch den geotropischen Reiz selbst nicht nur eine lokale Verschiebung der Wachstumsenergie, sondern eine Beschleunigung der Streckung bewirkt werden, die eine schnellere Krümmung zur Folge hat.

Bei den Gräsern und einigen anderen geht das so weit, daß das Wachstum, das ohnehin in den Knoten länger anhält als in den danebenliegenden Stengelteilen, auch dann, wenn es

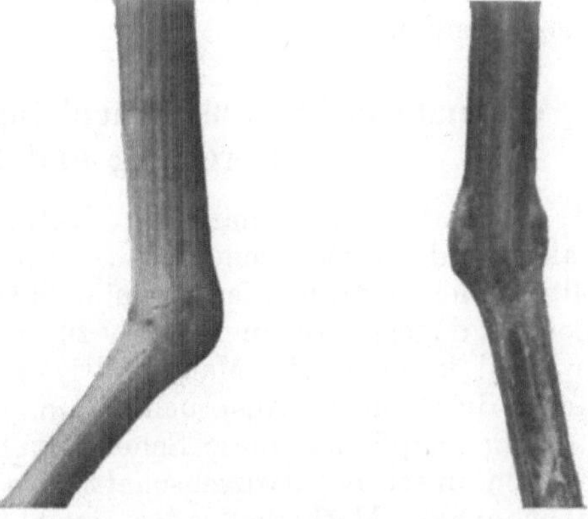

Abb. 20.

Gras-Blattknoten. Links Außenansicht, gekrümmt. Rechts Durchschnitt. Man sieht, daß das der Blattscheide angehörige Knotengewebe den hohlen, zarten Stengel umgibt. Auf den bei den Krümmungen konvexen Seiten ist das Polstergewebe gewachsen.

schon völlig erloschen ist, auf einen geotropischen Reiz hin wieder aufgenommen wird. Das erneute Wachstum hört allerdings bald wieder auf, oft vor Erreichung der Vertikallage. Dreht man nun den Halm herum, so kann er sich noch in entgegengesetzter Richtung krümmen, aber nur bis zur Geradestreckung. Dann ist begreiflicherweise auf beiden Seiten das Maximum der noch möglichen Streckung erreicht (Sachs 1873).

Wir müssen in der Beschleunigung des Wachstums eine besondere Reizwirkung der Schwerkraft sehen, die von der ungleichen Beeinflussung der Streckung, also der eigentlichen geotropischen Reizung gedanklich getrennt werden muß. Man kann sie aber auch experimentell trennen. Wenn man Grashalmstücke am Klinostaten rotieren läßt, so kann eine geotropische Krümmung bei dem Wechsel der Schwerkraftrichtung nicht auftreten. Es zeigt sich aber, daß eine Reizung doch zustande kommt, indem die Basalknoten der Blätter sich zu strecken anfangen (Elfving 1884). Das Resultat dieses Versuches spricht übrigens auch dafür, daß am Klinostaten wirklich eine Schwerkraftreizung stattfindet und nur wegen der Aufeinanderfolge entgegengesetzter Impulse eine Krümmung nicht zustande kommt, während man früher glaubte, daß das kurze Verweilen in jeder Lage nicht ausreichte, eine Erregung zu bewirken.

Eine geotropische Krümmung nicht mehr in die Länge wachsender Teile findet sich ferner bei verholzten Zweigen der Bäume. Bei diesen Objekten kann die Zellbildungsschicht, die sonst das Wachstum in die Dicke bewirkt, durch ungleiche Produktion neuer Elemente auf Ober- und Unterseite eine Krümmung erzielen. So können sich mehrjährige, verholzte Zweige von der Roßkastanie und der Linde noch geotropisch krümmen, wenn sie aus ihrer Lage gebracht werden.

c) Quantitative Zusammenhänge zwischen Reizanlaß, Erregung und Reaktion.

Ehemals teilte man die Naturwissenschaften kurzerhand in exakte und beschreibende ein. Einer exakten Behandlung fähig sollten allein Astronomie, Chemie und Physik sein. Die Botanik und Zoologie dagegen rechnete man zu den beschreibenden Wissenschaften, weil in ihnen die Mannigfaltigkeit der Formen das Interesse zunächst durchaus in Anspruch nahm.

Wir empfinden diese Scheidung heute als ein Werturteil, gegen das sich unser naturwissenschaftliches Gefühl auflehnt. In der Tat haben exakte Methoden längst auch in die Biologie, die Lehre von den Lebewesen, Eingang gefunden. Man ging sogar auch hier soweit, nur eine mathematische oder physikalisch-chemische Behandlungsweise der Probleme als echte Wissenschaft anzuerkennen. Diese Auffassung schießt weit übers Ziel, wenn man auch anerkennen muß, daß die zahlenmäßige Forschungsweise einen sehr großen Fortschritt herbeigeführt hat. Sie wurde in die Pflanzenphysiologie vor allem durch Sachs' und Pfeffers Arbeiten und Anregungen hineingetragen. Noch ist dieser Fortschritt nicht mit der Befruchtung zu vergleichen,

Umschwung in die Augen springend, weil er nicht so weit zurückliegt wie in der Physik und Astronomie. Bei der Wissenschaft vom Leben stehen wir noch mitten in dieser Entwicklung. Doch erobert sich das streng geführte Experiment immer neue Gebiete, so neuerdings das der Tierpsychologie.

In der Pflanzenphysiologie sind wir schon etwas weiter. Seit etwa 50 Jahren ist man sich darüber einig, daß auch hier gemessen und gezählt werden muß, wenn man über das Stadium der mehr oder weniger begründeten Vermutungen hinwegkommen will.

Welches sind nun die Dinge, über die uns eine zahlenmäßige Behandlung der Reiz-Probleme, zunächst des Geotropismus, Aufschluß geben kann?

Wie wir hervorgehoben haben, ist die Gravitation auf der Erde für unsere Zwecke überall als gleichstark anzunehmen. Denn auf so feine Unterschiede, wie sie durch die Abweichung der Erdgestalt von der Kugelform zustande kommen, brauchen wir uns nicht einzulassen. In der Zentrifugalwirkung haben wir dagegen ein Mittel, einen der Stärke nach variierbaren Reizanlaß zu benutzen, der der Art nach der Gravitation gleichgesetzt werden kann. Wie wir schon wissen, nimmt die Pflanze, falls diese beiden Kräfte in verschiedenen Richtungen auf sie einwirken, eine Zwischenstellung ein. Damit sind aber lange nicht alle Fragen erledigt, die sich in bezug auf die Wirkung verschieden starker „geotropischer" Reize stellen lassen. Sie bleiben der exakten Bearbeitung vorbehalten.

Noch in anderer Weise läßt sich ein geotropischer Reiz variieren, nämlich in bezug auf die Richtung, in der die Schwerkraft auf den Pflanzenteil einwirkt. Dieser Umstand kann durchaus nicht gleichgültig sein. Steht die Wurzel oder der Stengel normal senkrecht, so bemerken wir keine Einwirkung der Schwerkraft, der Pflanzenteil ist in der Ruhelage. Sobald er aber abgelenkt wird, greift die geotropische Reizbarkeit korrigierend ein. Prüfen wir alle Winkellagen durch, so finden wir, daß nicht nur in der Normalstellung, sondern auch in der genau umgekehrten eine Ruhelage existiert.

Ist nämlich der Pflanzenteil um 180° gedreht, so greift die Schwerkraft wiederum in der Richtung der Längsachse ein, kann also nicht zwei Flanken verschieden beeinflussen. Daher unterbleibt eine geotropische Krümmung. Das gilt aber nur von der ganz genauen Vertikallage. Steht das Objekt nur ein wenig schief, so beginnt eine zunächst schwache geotropische Krümmung. Dadurch wird die Abweichung von der reizlosen Lage vergrößert und ein stärkerer geotropischer Reiz verursacht, der schließlich zu einer vollkommenen Umkehr führt. Das betreffende positiv oder negativ geotropische Pflanzenorgan gewinnt so schließlich wieder die Normalstellung. Praktisch wird das unter Bedingungen, die nicht eigens dieser Fragestellung angepaßt sind, stets der Fall sein, weil so kleine Abweichungen von der Vertikallage, wie sie gerade zu einer ganz schwachen geotropischen Reizung ausreichen, durch etwas ungleichmäßiges Wachstum stets gegeben sind. Wenn man aber den Kunstgriff anwendet, die Wurzel oder den Stengel in der umgekehrten Vertikallage eine Zeitlang festzuhalten, um dann die Nachwirkung in der Normalstellung zu prüfen, so findet man, daß unter diesen Umständen keine Reaktion stattfindet, im Gegensatz zu allen anderen Winkellagen.

Es gibt also bei den vertikal wachsenden oder „orthotropen" Pflanzenteilen zwei Ruhelagen, die dem stabilen und labilen Gleichgewichte der Mechanik entsprechen. Sowohl aus der stabilen wie aus der labilen Ruhelage kehrt das Organ nach einer Ablenkung in die stabile zurück.

Soweit kommt man noch verhältnismäßig leicht. Darüber hinaus aber möchten wir noch wissen, welche Wirkung die anderen Reizlagen zwischen 0 und 180° haben, ob hier wie bei verschieden großer Zentrifugalkraft nur die Stärke oder etwa auch die Art der Erregung verändert wird? Zur Lösung dieser Frage brauchen wir wiederum genaue quantitative Methoden.

Schließlich interessiert es uns, zu wissen, in welcher Weise die geotropische Reaktion infolge äußerer Einflüsse verschieden ausfällt und ob es möglich ist, mehrere Pflanzenarten in bezug auf ihre Reizempfänglichkeit zu vergleichen. In allen diesen Fällen müssen wir bei wissenschaftlicher Bearbeitung der Fragen möglichst exakt vorgehen, denn der bloße Augenschein verleitet zu groben Irrtümern.

Wollen wir uns nun darüber klar werden, welche Mittel wir haben, um den physiologischen Reizwirkungen gegenüber messend vorzugehen, so müssen wir uns ins Gedächtnis zurückrufen, was oben über die einzelnen Teile des geotropischen Gesamtvorganges gesagt worden ist. Was der Beobachtung zugänglich ist, ist einerseits die physikalische Reizursache, andererseits der äußere Endeffekt oder die Reizreaktion. Aufschluß über die Zwischenglieder kann nur mittelbar gewonnen werden. Der Reizanlaß ist ohne weiteres physikalisch messbar. Nicht so der Reizerfolg; doch kann man seine einzelnen Phasen aufzeichnen, vergleichen und so den Gang der Reaktion verfolgen. Auf dieser Grundlage sind nun verschiedene Maßmethoden aufgebaut worden, die den Zweck haben, Licht auf die inneren Vorgänge in der Pflanze zu werfen und die verwickelten Teilprozesse voneinander sondern zu helfen. Ihre Hauptaufgabe sollte es im Grunde immer sein, darüber Aufschluß zu geben, welchen Einfluß die Veränderung des Reizanlasses, also z. B. verschieden starke Zentrifugalwirkung oder die Exposition in verschiedenen Winkellagen, sowie durch verschieden lange Zeit, auf den Gang der Erregung hat. Gesetzmäßige Zusammenhänge also sind zu finden zwischen der Größe des physikalischen Reizes und der Größe des ersten physiologischen Effektes[1]) in der Pflanze. Beim Menschen ist eine ähnliche Frage als das psychophysische Problem bekannt.

---

[1]) Dieser erste physiologische Effekt, der ja eigentlich den Veränderungen in den Sinneszellen entspricht, darf doch hier mit unseren Empfindungen verglichen werden, wie sich aus der Gültigkeit der gleichen Gesetzmäßigkeiten für beide ergibt.

Der Gang des Fortschrittes in der Reizphysiologie ist gekennzeichnet durch das Streben, sich von der äußerlichen Beobachtung des Krümmungsverlaufes frei zu machen, weil in ihn zu viele störende Nebenfaktoren hineinspielen. Sieht man z. B. einen umgelegten Pflanzenteil sich schnell und stark krümmen, so kann das einfach an seiner Wachstumsenergie liegen oder an anderen Ursachen, auf die es hier gar nicht ankommt. Wir wollen uns ja über das Empfindungsvermögen der Pflanze orientieren.

Im Folgenden geben wir eine Übersicht der verschiedenen zur Verfügung stehenden Methoden, indem wir von den im angedeuteten Sinne unvollkommeneren zu den vollkommeneren vorschreiten.

1. Man konstatiert den ersten Beginn der sichtbaren Abweichung von der vorher bestehenden Form und benutzt als Maß die vom Beginn der Reizung bis dahin vergangene Zeit. Das wäre die Bestimmung der Reaktionszeit. Natürlich muß hier wie überall bei wissenschaftlichen Messungen derselbe Versuch oft wiederholt werden, damit Zufälligkeiten möglichst ausgeschaltet werden. Je nach der Feinheit der Methode wird man den Beginn der Reaktion früher oder später festzustellen vermögen. Doch kommt es bei vergleichenden Versuchen nur darauf an, einheitlich vorzugehen.

2. Man mißt nach einer bestimmten Zeit vom Beginn der Reizung an gerechnet die Stärke der Krümmung an dem Radius des entstandenen Bogens. Dies geschieht, indem man aus einer Reihe von verschieden großen Kreisen den mit derselben Krümmung heraussucht. Auch kann die Winkellage des annähernd geraden Endes als Maß der Reaktionsstärke herangezogen werden.

3. Es wird die zur Erreichung eines bestimmten physiologischen Effektes, z. B. der ersten Spur einer Krümmung, notwendige Stärke oder Dauer des Reizanlasses gesucht. Das nennt man Bestimmung einer Reizschwelle. Unter den verschiedenen Schwellenwerten spielt beim Geotropismus die Präsentationszeit, also eine Zeitschwelle, die größte Rolle. Auch hier wird es von der Art der Beobachtung abhängen, welches Reaktionsminimum noch erkannt wird.

4. Man benutzt einen Vergleichsreiz von bekannter Größe und Wirkung. Dabei geht man am besten von der Erfahrung aus, daß zwei einander entgegengesetzte gleich starke Reize sich in ihrer Wirkung aufheben. Darauf beruht die Kompensationsmethode. Bei ihr wird also die Größe einer Einwirkung bestimmt, die nötig ist, um einen anderen, bekannten Effekt gerade auszugleichen. Beim Geotropismus kann das nur in zeitlicher Aufeinanderfolge geschehen. Im übrigen aber sind die besprochenen Methoden nicht auf den Geotropismus beschränkt, sondern sind, wenigstens der Möglichkeit nach, wohl auf alle Reizkrümmungen anwendbar.

1. Die Bestimmung der Reaktionszeit ist die früher am häufigsten angewandte Methode. Zugleich aber ist sie die ungenaueste, wenn es darauf ankommt, den wirklichen Reizwert einer physikalischen

Einwirkung, wie sie den Gang der Erregung beeinflußt, festzustellen. Das, was eigentlich gemessen werden soll, ist ja nicht der äußere Effekt, der durch das Zusammenwirken vieler Einzelvorgänge in der Pflanze zustande kommt und sich kaum durch eine einfache Größenangabe festlegen läßt. Den Beobachtern schwebte vielmehr immer vor die Höhe der durch einen Reizanlaß bewirkten Erregung zu messen, vergleichbar etwa der unmittelbaren Empfindung, die wir Menschen bei der Einwirkung eines bestimmten Reizes haben. Wollten wir aber auf diese Empfindungen schließen, ohne sie selbst zu teilen, so wären wir vielen Irrtümern ausgesetzt. Keinesfalls dürften wir eine beliebige Erscheinung, die in ursächlichem Zusammenhange mit der Empfindung stände, herausgreifen, um danach zu urteilen. So wäre es falsch, etwa die Heftigkeit, mit der jemand vor der Berührung mit einem heißen Eisen zurückschreckte, als Maß zur Erforschung des Wärmesinnes zu benutzen.

In ähnlicher Weise hängt auch die geotropische Reaktionszeit, außer von der Stärke des Reizanlasses, noch von zu vielen anderen Faktoren ab, die den Zusammenhang verdunkeln. Man faßt sie unter dem unklaren Begriff der Krümmungsfähigkeit zusammen. Noch schlimmer aber ist es, daß gerade über den Zusammenhang zwischen Reizintensität und Reaktionszeit erst durch die Versuche selbst Klarheit geschaffen werden muß.

Man wußte aus mancherlei Erfahrungen schon lange, daß vielfach ein schwacher Reiz mehr Zeit braucht, um einen deutlichen Effekt hervorzurufen, als ein starker. Auch beim Geotropismus ist das der Fall, aber nur innerhalb gewisser Grenzen. Über den Geltungsbereich dieser Regel können nur besondere Versuche unterrichten. Unter ein gewisses Maß ist die Reaktionszeit schon deshalb nicht verkürzbar, weil die Wachstumsprozesse, die der Krümmung zugrunde liegen, eine gewisse Trägheit besitzen.

Außerdem ist aber überhaupt nicht gesagt, daß durch die Verstärkung der Einwirkung stets nur die auf die Krümmung hinzielenden Prozesse beschleunigt werden. Es könnten dadurch offenbar auch hemmende Einflüsse ausgelöst werden, wie das bei anderen Reizarten klar bewiesen ist. Diese Unsicherheit in den Grundlagen der Reaktionszeitbestimmungen hat manche Irrtümer veranlaßt, die den Fortschritt aufgehalten haben. Ist man sich aber darüber klar, was gemessen werden soll, und hat man erst einmal die Veränderung der Reaktionszeit in Abhängigkeit von der Stärke des Reizanlasses an verschiedenen Objekten studiert, so ist auch die Reaktionszeit als Maß oft brauchbar. Zudem hat diese und die nächste Methode, im Gegensatz zu den übrigen, mehr theoretisch bedeutungsvollen, einen gewissen ökologischen[1]) Wert. Sie charakterisiert am ehesten das

---

[1]) Unter Ökologie verstehe ich mit Haeckel diejenige Disziplin der Biologie, in der der Nutzen einer Einrichtung für den Organismus nachgewiesen wird. Die reine Physiologie fragt dagegen nur nach den Ursachen des Geschehens.

Verhalten der Pflanzen unter normalen Umständen. Die Reaktionszeit beträgt für die meisten der gebräuchlichen Wurzeln und Stengel von Keimlingen unter günstigen Bedingungen 60—80 Min. (Czapek 1898). Schneller reagieren nach Fitting (1905) die Keimstengel von Sinapis alba, nämlich nach 45—60 Min. Andererseits gibt es auch viele trägere Objekte. Ferner kann das Alter die Reaktionszeit beeinflussen: Keimstengel von Vicia Faba reagieren nach 65 Min., wenn sie 3—5 cm lang sind, brauchen aber mehr Zeit, wenn sie erst 1—2 cm lang sind (Fitting 1905).

2. Die Bestimmung des Krümmungsverlaufes hat bei der Prüfung der Stärke eines Reizanlasses nie eine große Rolle gespielt. Bei Untersuchungen über die geotropische Reizstärke in verschiedenen Winkellagen ist sie überhaupt nicht ohne weiteres anwendbar, weil bei stärkerer Ablenkung ein größerer Weg zu durchlaufen ist als bei schwacher. Wir wissen aber schon, daß in der Inverslage, bei der die Krümmung bis zur Ruhelage am stärksten werden müßte, gar keine Reizung stattfindet.

Größer ist die Bedeutung des Endwinkels, aber nur bei dem Vergleich zweier einander entgegenwirkender Reizanlässe, denn eine einzelne Richtkraft muss bei ausreichender Krümmungsfähigkeit schließlich stets eine vollkommene Einstellung bewirken. So gibt z. B. bei Zentrifugalversuchen mit vertikaler Achse die Endstellung des gereizten Organes Aufschluß über das Verhältnis der geotropischen zur Fliehkraftreizung.

3. Einen besseren Einblick in das Maß der primären physiologischen Wirkung verschiedener Reizanlässe als die besprochenen Methoden gewährt die Bestimmung der Präsentationszeit. Denn hier wird der, an sich schwer meßbare, physiologische Effekt konstant gehalten und das ihm entsprechende Minimalmaß des physikalisch definierten Reizanlasses bestimmt. Die praktische Ausführung einer solchen Bestimmung gestaltet sich folgendermaßen: Man wählt eine größere Anzahl möglichst gleicher Exemplare z. B. von negativ geotropischen Stengeln. Diese teilt man in Gruppen, die verschieden lange, etwa 1, 2, 5, 10 Minuten usf. horizontal gelegt werden. Nachher werden sie aufrecht gestellt oder besser am Klinostaten gedreht. Nach einiger Zeit, etwa nach zwei Stunden, zeigt sich bei den am längsten umgelegten Stengeln eine Nachwirkung in Gestalt einer Krümmung. Je kürzer die Reizung war, desto schwächer fällt die Reaktion aus und desto schneller geht sie vorüber. Bei einer gewissen Länge der Reizzeit, z. B. bei 5 Minuten, tritt gar keine Krümmung mehr auf. Dann liegt die Präsentationszeit zwischen 5 und 10 Minuten.

Für ein und dieselbe Pflanzenart hat die Präsentationszeit unter sonst gleichen Bedingungen eine bestimmte Größe. Daher ist sie als Maß bei reizphysiologischen Arbeiten gut verwendbar. Sie beträgt nach Bach (1907) für Blütensprosse von Capsella (Hirtentasche) 2 Minuten, für solche von Sisymbrium (Rauke) und Plantago (Wegerich), sowie für Keimstengel von Helianthus (Sonnenrose) 3 Minuten, bei verschiedenen anderen Keimlingsachsen 4—12 oder (Lupinus) selbst 20—25 Minuten. Ein Zusammenhang zwischen der Länge der Präsentationszeit und der der Reaktionszeit braucht nicht zu bestehen. Erstere ist wahrscheinlich der Ausdruck für die Empfindlichkeit des Reizaufnahmeorgans, während bei letzterer die der Krümmung vorausgehenden Umschaltungsvorgänge wesentlich mit hineinspielen. Doch sind im allgemeinen bei einem schnell und gut reagierenden Objekte beide Werte relativ klein.

4. Keine von den Methoden gibt einen Aufschluß über die absolute Höhe der durch einen Reiz bewirkten Erregung. Dafür fehlen alle Anhaltspunkte. Als Maß gilt vielmehr immer nur die Wirkung eines anderen bekannten Reizes. Je unmittelbarer diese Vergleichung möglich ist, je genauer also die Identität der Reizwirkungen festgestellt werden kann, desto exakter ist die Methode. Die nun zu besprechende Kompensationsmethode leistet in dieser Beziehung sehr viel. Sie beruht darauf, daß entgegengesetzte Einwirkungen einander schwächen.

Auf Gleichheit der Reize wird geschlossen, wenn sie sich in ihrer Wirkung aufheben. Voraussetzung ist also, daß Ungleichheit sich durch Überwiegen des stärkeren Reizanlasses zu erkennen gibt. So verhält es sich in der Tat; falls der Unterschied nicht zu gering ist, stellt sich die Pflanze in die Richtung des stärkeren Reizanlasses. Die Differenz in der Reizstärke, die gerade noch empfunden wird, ist ein Maß für die Feinheit des Unterscheidungsvermögens. Man nennt sie Unterschiedsschwelle. Ihre meist recht geringe Größe macht die Kompensationsmethode so empfindlich.

Da wir nun die Mittel kennen, die zur Lösung der Fragen nach der Reizwirkung der verschiedenen Zentrifugalkräfte und Winkellagen zu Gebote stehen, so wollen wir einmal sehen, was mit ihrer Hilfe bisher erreicht worden ist.

Unter den Stellungen, die wir einem negativ geotropischen Stengel geben können, sind, wie wir gesehen haben, zwei als Ruhelagen zu bezeichnen. Mit der Abweichung von der Vertikalen nimmt die Reizung zu. Es fragt sich aber, wo ihr Maximum liegt. Mit Benutzung der Reaktionszeit ist man zu falschen Vorstellungen gelangt. Erst als Fitting (1905) für diesen Zweck die Kompensationsmethode erdachte, wurde Klarheit geschaffen. Er ließ einen Pflanzenteil abwechselnd gleich lange in zwei zu vergleichenden Winkellagen verweilen, und zwar so, daß die Impulse einander entgegenwirkten. Die Krümmung erfolgte dann in der Richtung, die der stärkeren Einwirkung entsprach. Auf die Weise konnte aus allen möglichen Winkellagen die mit der größten Reizwirkung herausgefunden werden. Es war die Horizontalstellung.

Zur Ausführung solcher Versuche war die Veränderung der Lage der benutzten Pflanzenteile mit der Hand zu mühsam und vor allem nicht exakt genug. Fitting bediente sich daher eines besonderen Apparates, der in ganz bestimmten Intervallen nach einem Verweilen in bestimmter Winkellage das Umlegen automatisch besorgte und es gestattete, beliebige Winkellagen zu kombinieren. Die Grundlage dieses Apparates, den wir hier nicht beschreiben können, bildete der Pfeffersche Klinostat (vgl. S. 43). Entsprechende Resultate konnten mit diesem Uhrwerke auch ohne besondere Beigaben erzielt werden, wenn man es gleichmäßig rotieren ließ, dabei aber die Achse in bestimmten Winkeln neigte und den Pflanzenteil seinerseits in einem Winkel zu der Achse anbrachte. Dabei verweilte das betreffende Versuchsobjekt allerdings nur kurze Zeit in der betreffenden oberen oder unteren Stellung. Da die Impulse sich aber summierten und die Reizungen, die in der Position links und rechts von der Achse ausgeübt wurden, sich gegenseitig aufhoben, kam es doch zu einer bestimmt gerichteten Krümmung. Es wurde dadurch gleichzeitig von neuem der Beweis erbracht, daß am Klinostaten auch bei schnellster Rotation eine geotropische Reizung zustande kommt, was man bis dahin nur aus dem Verhalten der Grasknoten schließen konnte.

Während in diesen Versuchen die wirksamste Winkellage aus dem Auftreten einer geotropischen Krümmung erschlossen wurde, suchte Fitting weiterhin ein genaueres Maß für die Reizstärke in den einzelnen Stellungen zu bekommen, indem er die gegeneinanderwirkenden Impulse so abstufte, daß eine Reaktion ausblieb. Damit erst war die oben gewürdigte Kompensationsmethode geschaffen und damit erst konnten quantitative Resultate erzielt werden. Da nur echte geotropische Reize studiert werden sollten, also mit der konstanten Erdschwere zu rechnen war, blieb von den wirksamen Faktoren nur noch die Expositionszeit zu variieren, wenn die in den einzelnen Winkellagen applizierten Einzelreize quantitativ abgestuft werden sollten. Mit der Dauer der Reizung wächst die Erregung. Legt man einen geotropischen Pflanzenteil kürzer um als die Präsentationszeit beträgt, so erfolgt keine Reaktion. Durch die Wiederholung solcher kurzen Expositionen kann aber schließlich eine Krümmung erzielt werden, falls die Pausen nicht zu lang werden. Das heißt, die einzeln unter der Schwelle für die Reaktion bleibenden Impulse summieren sich, bis die Erregung die für die Auslösung einer Krümmung nötige Höhe erreicht. Fitting fand nun die Summation kurzer Einzelreize so vollständig, daß es für die Höhe der Erregung allein auf die Gesamtreizung ankam, nicht aber auf die Länge der Pausen; vorausgesetzt, daß das Verhältnis der Reize dann zur Ruhezeit eine gewisse Minimalgröße hatte, die für die Keimstengel von Vicia Faba z. B. nicht kleiner werden durfte als 1 : 5. Daraus ergibt sich klar eine gesetzmäßige Abhängigkeit der Reizintensität von der Dauer der Einwirkung eines geotropischen Reizes.

Entsprechend kann auch durch Kombination verschieden langer Reizungen mit verschiedenen Winkellagen innerhalb gewisser Grenzen jede gewünschte Erregung erzielt werden.

Es zeigte sich nun bei Anwendung der Kompensationsmethode, daß es möglich war, die Exposition in einer, weniger von der Ruhelage abweichenden Winkelstellung, durch ihre größere Dauer ebenso wirksam zu machen wie eine kürzere der Horizontalen genäherte. Wurden am „intermittierenden Klinostaten" die Reizzeiten in zwei Stellungen ausgeprobt, die sich gerade die Wage hielten, so daß die Krümmung ausblieb, dann konnte auf gleiche Erregungshöhe geschlossen werden. Für diesen Fall war nun das Verhältnis der Expositionszeiten konstant und unabhängig von deren Dauer. Das beweist, daß jeder Winkellage eine wohl definierte Reizwirkung zukommt. Aber noch mehr, es konnte für diese Reizwirkung ein einfacher mathematischer Ausdruck gefunden werden. Sie entspricht in jeder Lage der senkrecht zur Pflanze wirkenden Komponente, während die in der Längsrichtung des Organs gedachte unwirksam bleibt. Oder mit anderen Worten: Die geotropische Reizstärke ist proportional dem Sinus des Ablenkungswinkels. Das entspricht genau dem mechanischen Parallelogramm der Kräfte.[1]

Das Sinusgesetz des Geotropismus, nachgewiesen mit Hilfe der Kompensationsmethode.

Tabelle nach Fitting 1905.

Kombinierte Ablenkungswinkelaus der Ruhelage	90°,90°	60°,90°	45°,90°	30°,90°	15°,90°	0°,30°
Sinusverhältnisse der Ablenkungswinkel	1 : 1	0,866 : 1	0,701 : 1	0,5 : 1	0,259 : 1	0 : 1
Verhältnisse der Erregungen, abgeleitet aus den empirisch ermittelten Verhältnissen d. Expositionszeiten	1 : 1	0,869 : 1	0,714 : 1	0,5 : 1	0,2 : 1	

Dasselbe Resultat, daß in der wagerechten Lage die intensivste Reizung, sowohl positiv wie negativ geotropischer Organe stattfindet, ergab sich auch aus Messungen der Präsentationszeiten (Bach 1907 und Pekelharing 1910). Diese werden nämlich mit der Größe der Ablenkung aus der Ruhelage immer kleiner und erreichen ein Minimum, wenn der Winkel 90° beträgt. Von da an nehmen sie wieder mehr und mehr zu, bis schließlich, in der umgekehrten Lage, wenn die Ablenkung 180° beträgt, die Reaktion ganz und gar ausbleibt.

Unterwirft man die gefundenen Werte für die Präsentationszeiten in verschiedenen Winkellagen einer mathematischen Behandlung, so ergibt sich wieder das Sinusgesetz d. h., die Präsentationszeiten sind umgekehrt proportional dem Sinus des Ablenkungswinkels. Rechnet man auf dieser Grundlage das Produkt der Reizstärke (oder des Sinus des Ablenkungswinkels) und der Präsentationszeit bei ver-

---

[1] Diese Gesetzmäßigkeit wurde zuerst von Sachs (1873) vermutungsweise ausgesprochen, aber erst von Fitting (1905) und Pekelharing (1910) bewiesen.

schiedenen Winkelstellungen aus, so kommt man auf einen konstanten Wert, die „Reizmenge".

**Das Sinusgesetz, nachgewiesen an den Präsentationszeiten.
Tabelle nach Pekelharing 1910.**

Ablenkungswinkel	Sinus desselben	Präsentationszeit in Sekunden	Produkt aus beiden = Reizmenge
90°	1	269	269
60°	0,866	326	282
120	0,866	332	288
45	0,7071	366	259
135	0,7071	340	240
40	0,6428	441	284
30	0,5	540	270
150	0,5	538	269
25	0,4226	607	256
20	0,342	735	251
159	0,358	730	262

Man gewinnt hiermit auch ein objektives Maß für die geotropische Empfindlichkeit eines Pflanzenteiles. Ein geotropisches Objekt ist um so empfindlicher, je kleiner das erwähnte Produkt, die Reizmenge, ist; denn ein um so kürzerer und schwächerer Reiz bewirkt noch eine Krümmung. Allerdings ist die „Empfindlichkeit" in diesem Sinne auch noch eine zusammengesetzte Größe. In ihr steckt neben der Reizempfänglichkeit des Aufnahmeapparates auch die Trägheit des Bewegungsorganes sowie der Zwischenglieder der Reizkette.

Bei der Ausarbeitung der Kompensationsmethode hatte Fitting gefunden, daß sehr geringe Winkelabweichungen von der Pflanze empfunden und mit einer Krümmung beantwortet werden. Schon wenn bei gleicher Expositionszeit die kombinierten Stellungen um $1°$ und selbst wenn sie nur um $^1/_2°$ voneinander abwichen, trat unter Umständen eine, dann freilich geringe, Reaktion im Sinne der wirksameren Winkellage ein. Nur diese Kleinheit der Unterschiedsschwelle für verschiedene Winkellagen erlaubte die aus der Tabelle (S. 64) ersichtliche Genauigkeit zu erreichen.

Die geotropische Unterschiedsempfindlichkeit erwies sich aber nicht als gleichmäßig. Sie nahm vielmehr mit der Abweichung von der Ruhelage ab: Je wirksamer die Reizungen an sich waren, desto größer mußte die Differenz der Winkellagen sein, um von der Pflanze wahrgenommen zu werden. Schärfer konnte eine entsprechende Gesetzmäßigkeit für die zeitlichen Unterschiedsschwellen festgelegt werden, d. h. für die gerade noch wirksame Differenz der Expositionszeiten bei Reizung eines Pflanzenteils auf entgegengesetzten Seiten in ein- und demselben Ablenkungswinkel. Hier wurde also die Wirksamkeit zweier Reize durch ihre Dauer variiert, und es zeigte sich wiederum, daß bei größerer absoluter Erregung auch die Unterschiede größer sein müssen, um eine Reaktion zu bewirken.

Durch genaue Messung der Expositionszeiten und der dazu gehörigen zeitlichen Unterschiedsschwellen wurde gefunden, daß das Verhältnis dieser beiden Werte für ein- und denselben Ablenkungswinkel konstant ist. Wurde also z. B. in einer von zwei kombinierten entgegengesetzten Lagen das eine mal doppelt so lange gereizt als das andere Mal, so mußte — um eine Reaktion zu bewirken — auch die längere Reizung die kürzere um das doppelte der sonst ausreichenden Zeitdifferenz übertreffen. Auch die zeitliche Unterschiedsschwelle steigt übrigens mit der Wirksamkeit der Winkellage. Für die wirksamste Stellung, nämlich Reizung in wagerechter Lage, fand Fitting bei den Keimstengeln von Vicia Faba das konstante Verhältnis der zeitlichen Unterschiedsschwelle zur Expositionszeit wie 4 : 100.

Die Konstanz dieses Verhältnisses von Reizintensität und Minimum der wirksamen Differenz ist in der Physiologie des Menschen als das Weber-Fechnersche Gesetz bekannt. Während es sich dort auf die Empfindungen bezieht, ist es bei Pflanzen nur mittelbar aus den Äußerungen der Sensibilität zu entnehmen. Wie wir noch sehen werden, ist es durch Pfeffer schon früher für die chemische Reizbarkeit von Farnsamenfäden nachgewiesen. Für Teile höherer Pflanzen aber gelang die Auffindung Fitting zum ersten Male in einwandfreier Weise.

Wie wir wissen, ist die Variation der Winkelstellung und der Expositionszeit nicht die einzigen Wege, die geotropische Reizwirkung quantitativ abzustufen. Es gelingt das vielmehr auch, wenn man die Schwerkraft durch die Zentrifugalwirkung ersetzt, wobei außerdem eine viel höhere Reizintensität erreicht werden kann. Denn die wirksamste Winkellage ergibt bei Verwendung der Schwerkraft immer nur die Massenbeschleunigung $g = 981$ cm. sec $^{-2.}$ Die Fliehkraft dagegen kann durch Vergrößerung der Entfernung von der Drehachse und Erhöhung der Geschwindigkeit beliebig gesteigert werden. Eine Grenze ist nur durch die mechanischen Eigenschaften des zu prüfenden Pflanzenteils gegeben. Andrerseits können durch Zentrifugalwirkung auch sehr geringe Beschleunigungen erzielt werden. Man findet dann, daß schon der 1000—2000. Teil der Erdschwere ausreichen kann, geotropische Krümmungen zu bewirken (Czapek 1895b, S. 306).

Stellt man die jeder einzelnen Zentrifugalwirkung entsprechende Präsentationszeit fest, so findet man mit dem Anwachsen jener eine Abnahme der zur Erzielung einer Krümmung notwendigen Reizzeit. Und zwar stellt sich hierbei wieder dasselbe bedeutungsvolle Reizmengengesetz heraus. An der Reizschwelle ist nämlich für ein- und dasselbe Objekt das Produkt aus Massenbeschleunigung und Präsentationszeit konstant (Maillefer 1909, Pekelharing 1910).

Präsentationszeit von Avenakeimscheiden bei verschiedenen
Zentrifugalkräften nach Pekelharing 1910.

Reizdauer in Sekunden	Kraft in Dynen	Produkt aus Zeit und Kraft	Reizdauer in Sekunden	Kraft in Dynen	Produkt aus Zeit und Kraft
3900	0,08	312	95	3,04	289
3900	0,08	312	80	3,71	297
2230	0,14	312	75	3,93	295
1300	0,25	325	70	4,1	287
830	0,364	302	72	4,42	318
805	0,38	306	70	4,43	310
510	0,598	305	65	4,68	304
441	0,67	296	55	5,355	295
415	0,76	315	53	5,76	305
310	1,04	322	45	6,48	292
248	1,254	311	31	10,08	312
140	2,08	292	26	11,7	304
145	2,136	309	22	13,888	306
125	2,24	280	18	17,28	311
135	2,304	311	13	23,86	310
110	2,888	318	7	41,76	292
100	3,0	300	5	58,43	292

Soll also eine bestimmte Wirkung erzielt werden, so muß das,
was an Zeit erspart wird, an Intensität zugesetzt werden und umgekehrt. Dasselbe Gesetz werden wir beim Lichtreiz gültig finden.
Es kommt ihm also offenbar eine große allgemeine Bedeutung zu.

Seine Wichtigkeit wird noch dadurch gesteigert, daß es neuerdings Tröndle (1910) gelungen ist, eine erweiterte mathematische
Fassung zu finden, die auch die Reaktionszeiten in sich schließt.
Dabei war es nötig, den Faktor der Krümmungsfähigkeit auszuschließen,
resp. als konstant anzunehmen. Das gelingt, wenn die Differenz der
Reizintensitäten mit der Differenz der Reizmengen (Produkt aus Reizintensität und Zeit) bis zum Beginn der Reaktion verglichen wird.
Das Verhältnis ist konstant. Durch eine Umrechnung ergibt sich,
daß die Reizwirkung proportional der Intensität und proportional
der Reaktionszeit, vermindert um einen konstanten Wert ist. Oder
anders ausgedrückt: Die Reaktionszeit verhält sich so wie wenn sie
aus zwei Teilen bestände. Der eine davon ist das Maß für die
Krümmungsfähigkeit und daher konstant. Der andere Teil bedeutet
die Zeit, die nötig ist, bis die zur Auslösung der Krümmung nötige
Erregung erzielt ist. Bei hoher Reizenergie geschieht das so schnell,
daß dieser Teil gegen den anderen völlig zurücktritt. Die Reaktionszeit sinkt daher nur bis zu einer gewissen Reizstärke und bleibt
dann gleich. Bei abnehmender Reizintensität wird die Reaktionszeit
immer länger, weil um so mehr Zeit vergeht, bis die nötige Erregungshöhe erreicht ist. Für diese Zunahme gilt das früher für die

Präsentationszeit wiedergegebene Reizmengengesetz, als dessen Erweiterung sich somit das neue Gesetz für die Reaktionszeiten erweist. Die von Tröndle aus Bestimmungen anderer Autoren (Bach, Pekelharing) berechneten Zahlen stimmen zufriedenstellend.

Geotropische Reaktionszeiten der Keimscheide von Avena sativa.

I. Zentrifugalkraft in Dynen	II. Reaktionszeit in Min. gefunden (nach Pekelharing)	III. Reaktionszeit in Min. berechnet nach der Tröndleschen Formel	IV. Tröndles Konstante
0,03	etwa 150	150	(150)
0,04	„ 150	123,7	45
0,06	„ 115	97,5	(25)
0,08	„ 70	84,3	38,8
0,10	„ 70	76,3	36,7
0,28	„ 50	56,2	45
0,45	„ 45	52,0	45
0,58	„ 45	50,4	45
0,93	„ 45	48,4	45
5,80	„ 45	46,9	45
9,00	„ 45	45,3	45
11,00	„ 45	45,2	45
14,80	„ 45	45,2	45
36,80	„ 45	45,0	45
56,60	„ 45	45,0	45

Man sieht, daß die Reaktionszeiten (II) bei schwacher Zentrifugalkraft (I) mit dem Steigen dieser rasch abnehmen, dann aber konstant werden. Die Reihe IV zeigt die von Tröndle berechnete Trägheitskonstante, die leidlich stimmt (nur zwei Werte, die eingeklammert wurden, fallen stärker heraus) und gleich der kürzesten erreichbaren Reaktionszeit ist. Die Reihe III gibt die nach Tröndles Formel unter Zugrundelegung der Konstante 45 berechneten Reaktionszeiten, die mit den beobachteten gut übereinstimmen.

Wir entnehmen aus diesen Untersuchungen als Hauptresultat, daß die oft hervorgehobene Trägheit der tropistischen Reaktionsweise allein auf der Art der motorischen Prozesse beruht. Die Erregung dagegen vollzieht sich in sehr kurzer Zeit, falls nur die Intensität des Reizes stark genug ist. So konnte, wie man sieht, Pekelharing schon durch eine Reizung von 5 Sekunden eine geotropische Krümmung erzielen. Beim Lichtreiz ist man auf noch sehr viel kürzere Präsentationszeiten gekommen.

Damit hätten wir das Wichtigste von den bisher angestellten quantitativen Untersuchungen berichtet und können uns nun dem geotropischen Verhalten der einzelnen Pflanzenorgane und der Verbreitung der Schwerkraftsreizbarkeit in den verschiedenen Klassen des Gewächsreiches zuwenden. Wir werden dabei sehen, daß neben dem für feinere Untersuchungen bisher allein herangezogenen posi-tiven Geotropismus der Wurzeln und dem negativen der Stengel noch allerlei andere Erscheinungsformen der Schwerkraftsreizbarkeit existieren.

d) Verschiedenheiten im Verhalten der einzelnen Pflanzenteile.

Die Fähigkeit, geotropische Bewegungen auszuführen, kommt, wie man schon aus früheren Erwähnungen entnommen haben wird, sehr verschiedenen Pflanzenorganen zu.[1]) Zwei Haupttypen sind durch die negativ geotropischen Stengel und die positiv geotropischen Hauptwurzeln am klarsten charakterisiert.

Negativ geotropisch sind außerdem aber noch viele andere Pflanzenorgane, wenn deren Funktion es verlangt. Mit einer Ver-änderung der Aufgabe geht nämlich oft eine Veränderung der Reizbarkeit Hand in Hand. Es müssen also nicht etwa alle Stengel (von den Seitenorganen ist später die Rede) negativ, alle Wurzeln positiv geotropisch sein. Besonders aufallende Ausnahmen sind die sog. Atemwurzeln vieler in Sümpfen lebender Pflanzen. Sie dienen zur Erleichterung des Gasaustausches der unter Wasser wachsenden Teile. Diese, mit großen Luftlücken versehenen, aber sonst typischen Wurzeln sind negativ geotropisch, wachsen also aus dem Schlamm oder Wasser aufrecht empor, während andere Wurzeln derselben Pflanzen, die die normale Funktion haben, im Erdboden bleiben.

Solche Atemwurzeln besitzen vor allem Pflanzen der Mangrovevegetation, wie die asiatischen Arten Avicennia officinalis, Sonneratia acida u. alba, Cereops Can-dolleana und die amerikanische Laguncularia racemosa, ferner die in seichtem Wasser wachsenden Arten der Gattung Jussieua. Der Funktion nach analoge Bildungen stellen die knieförmig aufgerichteten Wurzeln mancher Pflanzen dar, über deren geotropisches Verhalten aber nichts bekannt ist (Schimper 1898).

Aufrechtes Wachstum kommt ferner vielen in die Blütenregion fallenden Sproßteilen zu. Auffallend wird das dann, wenn die sie tragenden Zweige annähernd horizontal gerichtet sind. Das ist z. B. bei den Blütenrispen der Roßkastanien, Paulovnien, Hollunderarten und vielen anderen der Fall. In solchen Fällen steht der Blütenträger auf dem Zweig wie die Kerze auf dem Weihnachtsbaume. Er macht dadurch einen vom sonstigen Zweigsystem verhältnismäßig unabhän-gigen Eindruck und rechtfertigt diesen auch durch seine besondere Reaktionsweise. Solche Teile werden nämlich, wie Baranetzky ge-zeigt hat, durch ihre Stellung zur Tragachse auch am Klinostaten in keiner Weise beeinflußt, — wie das sonst meist an den zusammen-hängenden Organen vermöge des Autotropismus der Fall ist, — sondern sie suchen sich nur vertikal einzustellen. Die Bedeutung dieser Ein-richtung ist klar. Während an den ungefähr horizontal stehenden Zweigen die Blätter zum Auffangen des Sonnenlichtes flach ausgebreitet

---

[1]) Auch festgewachsene Tiere können sie zeigen.

sein müssen, ist es die Aufgabe der Blüten, den anfliegenden Insekten von allen Seiten und schon von fern in die Augen zu fallen. Sie erreichen das durch ihre große Zahl und durch ihre Anordnung rings um eine aufrechte Achse. In dieser Lage bieten sie außerdem den bestäubenden Tieren einen bequemen Anflug, der durch Blätter nicht gestört ist.[1]) In wie hohem Maße diese schöne Einrichtung ihren Zweck erfüllt, läßt sich an jedem sonnigen Tage zur Blütezeit der besprochenen Holzgewächse beobachten.

Geotropisch ähnlich verhalten sich die jungen Triebe der Kiefern, die anfangs gleichfalls kerzengerade stehen, später aber, — mit Ausnahme desjenigen, der die Verlängerung des Hauptstammes darstellt, — ihre definitive, geneigte Lage zum Horizont einnehmen. Daß bestimmte Glieder des Verzweigungssystemes im Gegensatze zu den übrigen aufrecht wachsen, ist eine sehr häufige Erscheinung, nur ist es nicht immer so auffällig wie bei den genannten Pflanzen. Ein solcher Fall liegt z. B. vor, wenn sich aus unterirdischen, kriechenden Wurzelstöcken aufrechte Blatt- und Blütensprosse entwickeln, wie es bei den Stauden so häufig vorkommt (Windröschen, [Anemone nemorosa], Muschelblümchen [Adoxa moschatellina], Salomonssiegel [Polygonatum multiflorum], Einbeere [Paris quadrifolia], viele Gräser usw.). Bei manchen Bärlappgewächsen (Lycopodium clavatum), dem Pfennigkraut [Lysimachia Nummularia], dem Günsel [Glechoma hederacea] u. a. kriecht der beblätterte Hauptsproß über der Erde hin, von ihm erheben sich kürzere Äste, die die Blüten tragen. Ein ähnlicher Typus für eine große Reihe von Gewächsen hat gleichfalls kriechende Äste, von denen sich dann aber nicht Zweige, sondern nur Blätter und Blüten negativ geotropisch erheben (Haselwurz [Asarum europaeum], Kapuzinerkresse [Tropaeolumarten], Kleefarn [Marsilia quadrifolia], Sauerklee [Oxalis acetosella]. viele Farne usf.) (Abb. 21).

In allen diesen Fällen haben wir also kriechende, horizontale Sprosse, von denen sich andere Teile senkrecht erheben. Letztere tun das, wie wir gehört haben, vermöge ihres negativen Geotropismus. Es fragt sich nun aber, wodurch die wagerechten Sproßglieder ihre Lage beibehalten? Die bisher betrachteten positiv und negativ geotropischen Organe hatten das eine Gemeinsame, daß sie sich in die Richtung des durch sie gelegten Erdradius einzustellen suchen. Man nennt sie deshalb orthotrop (geradgerichtet). Im Gegensatz dazu stehen die plagiotropen (schräggerichteten) Organe, die eine andere Lage zur Schwerkraft einzunehmen suchen, also schief nach oben, nach unten oder horizontal gerichtet sein können. Man nennt sie transversalgeotropisch. Hierher gehören jene kriechenden Rhizome und Stengel, daneben aber fast alle Seitenzweige und -Wurzeln, die meisten Blätter u. a.

---

[1]) Bei unseren Obstbäumen werden ähnliche Vorteile durch das Erscheinen der Blüten vor den Blättern erreicht.

Der einfachste Fall ist der oben erwähnte: horizontal und unter der Erde wachsende, also dem Licht nicht ausgesetzte Wurzelstöcke, auf die allein die Schwerkraft einen richtenden Einfluß haben kann. Solche liegen z. B. bei Heleocharis palustris (Sumpfriet) und anderen Sumpfgewächsen vor, mit denen Elfving (1880) gearbeitet hat, ferner bei Adoxa, Paris u. a. Derartige Organe kann man in jede beliebige Lage bringen, immer richtet sich der neu zugewachsene Spitzenteil horizontal. Es kann also sowohl die Ober- wie die Unterseite im Wachstum gefördert werden, je nach dem Winkel, den das Rhizom zur Schwerkraft einnimmt. Dabei ist es völlig gleichgültig, welche Flanke nach oben zu liegen kommt. Wird im Versuch die vorher untere Kante nach oben gerichtet, so wird sie nicht etwa durch eine Drehung oder Umbiegung in die alte Lage gebracht, sondern

Abb. 21.

Kriechender Sproß von Epitobium Hektori, von dem sich die Früchte negativ geotropisch erheben. [Desgleichen hat sich bei einem Aufenthalt in schwachem Lichte die Spitze des Stengels aufgerichtet.]

das Wachstum wird fortgesetzt als wäre nichts geschehen. Nur die Seitenorgane richten sich auf. Diese Wurzelstöcke sind in ihrem Bau und ihrem physiologischen Verhalten ringsgleich oder radiär, jede Kante ist der anderen gleich. Wir sehen daraus, daß nicht alle radiären Organe orthotrop sein müssen; ebenso brauchen nicht alle zweiseitig symmetrisch oder unsymmetrisch gebauten plagiotrop zu sein. Meist ist das freilich der Fall.

Doch ist die horizontale Lage auch nur ein Spezialfall von allen möglichen. Zu den schief gerichteten Organen gehören die Seiten-wurzeln, die aus der Hauptwurzel unter einem bestimmten Winkel entspringen und schräg abwärts weiterwachsen. Eine Analyse der Tatsachen zeigt, daß für ihre Orientierung erst in zweiter Linie das Verhältnis zur Hauptwurzel, hauptsächlich aber ihre eigene Richtung zur Schwerkraft in Betracht kommt. Sachs (1873) hat als Erster gezeigt, daß Seitenwurzeln geotropisch sind und ihre Winkellage zur Erde wieder zu erreichen suchen, wenn man sie aus ihr herausbringt. Er ließ Keimlinge von Pferdebohnen und anderen Pflanzen hinter Glas in seinen mit Erde gefüllten Wurzelkästen (vgl. S. 36) wachsen. Ein Teil der nach einiger Zeit hervorbrechenden Nebenwurzeln schmiegte sich der Glasscheibe an, so daß der Winkel, den sie einschlugen, beobachtet und gemessen werden konnte. Die Nebenwurzeln wuchsen nun schräg abwärts. Nach einiger Zeit wurde dann der Kasten ganz herumgedreht, so daß die Hauptwurzel senkrecht und aufwärts stand. Da sie in dem Teile, der die Seitenwurzeln trug, nicht mehr wachstumsfähig war, blieb sie in der verkehrten Lage. (Nur ihre Spitze krümmte sich positiv geotropisch.) Die jetzt schräg aufwärts gerichteten Nebenwurzeln aber richteten sich bogenförmig abwärts, ebenso wie positiv geotropische Hauptwurzeln es in derselben Lage auch getan hätten. Bald jedoch zeigte sich ein charakteristischer Unterschied gegen jene: Die Krümmung der Seitenwurzeln ging nicht bis zur Vertikalstellung, sondern hörte eher auf, und zwar dann, wenn derselbe Winkel gegen die Vertikale erreicht war, den die Seitenwurzeln vor der Umkehrung gezeigt hatten (Abb. 22).

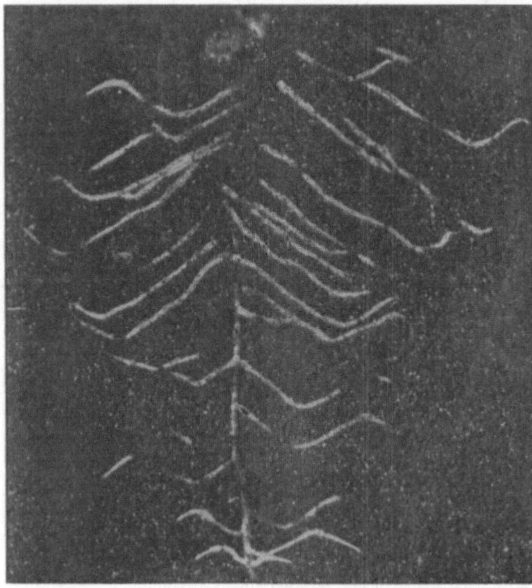

Abb. 22.

Wurzelsystem einer Vicia-Faba-Pflanze in Erde hinter Glas.
Die Nebenwurzeln streichen schräg abwärts und suchen bei
zweimaligem Umkehren des Ganzen immer wieder ihre schräge
transversalgeotropische Lage zn erreichen. An vielen Wurzeln
ist die doppelte Biegung zu erkennen. Verkleinert.

Auch wenn die Hauptwurzel horizontal gelegt wurde, krümmten sich die Nebenwurzeln so lange, bis sie den alten Winkel erreicht hatten. Das war sehr deutlich bei den nun schräg nach oben gestellten Wurzeln, weniger aber bei den unteren. Schlossen diese z. B. mit der Hauptwurzel einen Winkel von 45^0 ein, so brauchten sie auch bei horizontaler Lage der letzteren keine Krümmung auszuführen, um auch mit der Senkrechten einen Winkel von 45^0 einzuschließen. Sie behielten also ihre Richtung bei; aber auch wenn der Winkel etwas kleiner oder größer ist, sind die Ausschläge zu gering, um in die Augen zu fallen. Deshalb und weil in seinen Versuchen immer nur Abwärts-, nie aber Aufwärtskrümmung der Nebenwurzeln beobachtet wurde, ließ sich Sachs (1872) zu der Ansicht verleiten, daß die Nebenwurzeln „weniger geotropisch" seien als die Hauptwurzel, und daß daher die richtende Kraft der Erde schon vor Erreichung der Senkrechten aufhörte zu wirken.

In Wirklichkeit aber ist die Sache nicht so; nicht dem Grade, sondern der Art nach unterscheidet sich der Geotropismus der Nebenwurzeln von dem der Hauptwurzeln, sie streben aus allen Lagen ihre bestimmte Richtung zur Schwerkraft wieder einzunehmen, auch wenn dabei eine Aufkrümmung nötig wird. Daß das so ist, hat Czapek (1895b) gezeigt, indem er den Nebenwurzeln eine tiefere Lage gab als ihrem Grenzwinkel entsprach. Sie krümmten sich dann aufwärts. Auch hier war es übrigens gleich, welche Flanke nach oben gekehrt war. Es herrscht also vollkommene Analogie mit den horizontalgeotropischen Rhizomen, außer in bezug auf die angestrebte Winkellage. Im ganzen kann man sagen, daß zwischen positiv, transversal und negativ geotropischen Organen alle Übergänge existieren.

Neben dem Einflusse der Schwerkraft unterliegen die Seitenwurzeln in ihrer Wachstumsrichtung auch noch der Wirkung der in organischem Zusammenhange mit ihnen stehenden Hauptwurzel. Beobachten wir das ganze Wurzelsystem hinter der Glasscheibe längere Zeit, so bemerken wir, daß die Seitenwurzeln zwar ein Stück weit in der anfangs eingeschlagenen Richtung fortwachsen, später aber einen Bogen nach abwärts machen, der sie der Vertikalstellung nähert. Diese Erscheinung könnte darauf beruhen, daß das geotropische Verhalten der Nebenwurzeln sich mit dem Alter änderte. Es könnte aber auch sein, daß der mit der Entfernung sinkende Einfluß der Hauptwurzel anfangs die Richtung der Nebenwurzeln mehr der Horizontalen näherte, daß aber später die mehr schräge geotropische Eigenrichtung überwöge. Für die zuletzt vorgetragene Anschauung sprechen die folgenden experimentellen Erfahrungen, die dadurch zugleich eine theoretische Beleuchtung erfahren. Entschieden müßte die Frage allerdings wohl durch neue Versuche werden.

Wollen wir den Einfluß der Hauptwurzel auf die Wachstumsrichtung der Nebenwurzeln für sich, ungestört durch geotropische Einflüsse studieren, so bringen wir die Pflanze mit ihrem Wurzelsystem in Erde an den Klinostaten. Wir finden dann, daß die Seitenwurzeln einen größeren Winkel mit der Hauptwurzel einschließen als den normalen, also fast senkrecht von ihr abstehen. Wollen wir dagegen den geotropischen Einfluß gegenüber dem „korrelativen" der Hauptwurzel verstärken, so ersetzen wir die Schwerkraft durch eine stärkere in der Längsrichtung der Hauptwurzel wirkende Fliehkraft. In diesem Falle wird dann der Winkel zwischen Haupt- und Nebenwurzel mehr spitz (Sachs 1873). Beide Experimente sprechen dafür, daß unter natürlichen Umständen die von den Seitenwurzeln eingeschlagene Richtung einen Kompromiß darstellt zwischen ihrer eigenen stark geneigten geotropischen Ruhelage und der durch den Einfluß der Hauptwurzel angestrebten Senkrechtstellung zu dieser.

Schließlich liegen noch von verschiedenen Autoren Experimente vor, in denen der Einfluß der Hauptwurzel mit Erfolg dadurch eliminiert wurde, daß diese dicht unter der Ursprungsstelle einer jungen Seitenwurzel entfernt ward. Es zeigte sich dann, daß die Spitze der letzteren sich senkrecht abwärts richtete und in die Verlängerung der Hauptwurzel einstellte. Unter Umständen konnte diese Richtungsänderung auch an mehreren jungen Nebenwurzeln beobachtet werden. Diese verhielten sich dann in ihrem späteren Leben wie Hauptwurzeln, so daß man vom ökologischen Standpunkte von einer Ersatzreaktion sprechen kann (Abb. 23).

Anstatt die Hauptwurzel abzuschneiden, genügt es auch, sie im Wachstum zu hemmen. Auf mechanische Weise gelingt das ohne Schädigung durch Einbetten ihrer Spitze in erstarrenden Gips. Wiederum richten sich dann eine oder mehrere Seitenwurzeln senkrecht abwärts. Aus diesem letzten Versuche ist zu ersehen, daß der von der Hauptwurzel ausgehende Korrelationsreiz irgendwie an deren Wachstumstätigkeit gebunden ist.

Fassen wir die Erfahrungen über die Wachstumsrichtung der Nebenwurzeln und ihre Veränderung am Klinostaten, am Zentrifugalapparat und an geköpften Hauptwurzeln zusammen, so gewinnt die

Abb. 23.
Keimling der Feuerbohne. Nach Verletzung der Hauptwurzel wachsen mehrere Nebenwurzeln abwärts, während die übrigen fast horizontal streichen.

oben ausgesprochene Hypothese an Wahrscheinlichkeit. Kurz zusammengefaßt würde diese lauten: Die Nebenwurzeln unterliegen gleichzeitig einer von der Hauptwurzel ausgehenden inneren Reizwirkung und der geotropischen Beeinflussung. Die eine sucht sie in die Richtung senkrecht zur Hauptwurzel zu stellen, die andere sie schräg abwärts zu ziehen. Was man gewöhnlich sieht, ist die Kombinationswirkung beider Richtkräfte. Ob die Verstärkung des Wachstums und einige andere Veränderungen, die an einer zur Hauptwurzel gewordenen Nebenwurzel beobachtet werden, nicht daneben noch auf eine tiefergreifende Veränderung des physiologischen Zustandes hindeuten, das läßt sich vorläufig nicht mit Bestimmtheit sagen.

Was wird nun für die Pflanze dadurch erreicht, daß die Hauptwurzeln positiv geotropisch sind, während die Seitenwurzeln, die aus ihnen entspringen, sich transversal-geotropisch horizontal oder schräg in die Erde bohren? Einmal ergänzen sich beide in der Ausnutzung des verfügbaren Raumes. Daneben wird aber die Pflanze durch die nach allen Seiten schräg abwärts streichenden Nebenwurzeln bedeutend fester verankert, als das die Hauptwurzel allein vermöchte. Sie leisten einem in ihrer Richtung wirkenden Zuge kräftigen Widerstand, ähnlich wie die Taue, die einen Mast stützen.

Zu dieser Funktion werden die Wurzeln in vielen Fällen noch dadurch besonders befähigt, daß sie sich nach einiger Zeit verkürzen. Die erzielte Spannung preßt die Pflanze fester in den Boden. Auch bilden die Seitenwurzeln, von allen Seiten ziehend, eine mechanische Versteifung von größter Wirksamkeit. Man kann diese Verkürzung an der Runzelung der Oberfläche in den älteren Teilen der Wurzeln erkennen, so z. B. an den Wurzeln von Hyazinthen, die in Gläsern gezogen werden. Unter diesen unnatürlichen Umständen wird allerdings der eigentliche Zweck der Einrichtung nicht erfüllt.

Bei vielen Pflanzen entstehen aus den Seitenwurzeln ersten Grades noch solche zweiten und höheren Grades, und es fragt sich, in welcher Richtung diese wohl wachsen werden? Die Antwort lautet: Sie sind geotropisch indifferent und wachsen beim Mangel anderer Richtkräfte so fort, wie sie aus ihrer Mutterwurzel entspringen, den zufälligen Winkel innehaltend, der ihnen auf diese Weise gegeben ist. Man sieht sie also nach oben, unten und nach allen Seiten streichen. Verändert man die Lage des ganzen Wurzelsystems, so werden die Nebenwurzeln zweiten Grades dadurch nicht beeinflußt, sondern behalten ihre Richtung bei. Vermöge ihres allseitigen Hervorbrechens nutzen sie den zwischen den älteren und größeren Wurzeln noch übrig bleibenden Raum im Boden aus und bilden eine weitere Verdichtung und Vervollkommnung des Wurzelgeflechtes, das mit der Erde schließlich zu einem kompakten Wurzelballen fast unlösbar vereinigt ist. An Topfpflanzen ist diese Erscheinung jedem bekannt. Unterstützt werden die feinen Wurzelenden in ihrer Funktion der Befestigung sowohl wie der Ausnutzung jedes Erdeteilchens und des darin festgehaltenen Wassers durch die einzelligen schlauchartigen Ausstülpungen der Oberhautzellen, die Wurzelhaare (vgl. S. 24). Auch sie kommen senkrecht aus der Wurzeloberfläche heraus. Aus dieser Richtung lassen sie sich nur gewaltsam, durch Hindernisse ablenken. Irgendeine tropistische Beeinflussung ist an ihnen bisher nicht bekannt geworden. Letzteres soll aber von den Nebenwurzeln höheren Grades nicht gesagt sein. Diesen geht zwar die geotropische Reizbarkeit ab. Sie werden aber, wie wir noch sehen werden, durch andere Reizbarkeiten in der Ausübung ihrer Pflichten sehr wirksam unterstützt.

Nachdem wir über die geotropischen Fähigkeiten der Wurzeln einigermaßen Bescheid wissen, wenden wir uns anderen Pflanzenorganen zu, die ähnlich wie die Nebenwurzeln ersten Grades transversalgeotropisch sind. Da wären zunächst die Seitenzweige zu nennen, die in bestimmten Winkeln schräg aufwärts wachsen, wie das besonders bei Nadelhölzern schön zu beobachten ist. Die Seitenzweige zweiter Ordnung treten bei ihnen wie bei den meisten Bäumen aber nicht wie die entsprechenden Nebenwurzeln nach allen Richtungen hervor, sondern hauptsächlich ungefähr wagerecht. Das wird uns begreiflich, wenn wir bedenken, daß es hier nicht wie beim Wurzelsystem auf die Ausnutzung des Raumes im Boden ankommt, sondern auf die der Sonnenstrahlen, die auf die Fläche wirken. Blätter an Seitenzweigen, die nach unten wüchsen, kämen in den Schatten. Solche an nach oben wachsenden Trieben würden anderen das Licht rauben. Deshalb finden wir meist einen etagenartigen Bau der Bäume mit Zwischenräumen, in die die Sonnenstrahlen eindringen können. In einer gewissen Entfernung vom Stamme richtet sich das Ende der Seitenäste häufig bogenförmig auf. Über den Grund dieses Verhaltens ist noch weniger bekannt, als über die entsprechende Erscheinung bei den Nebenwurzeln.

Ähnlich wie dort wird übrigens vielfach der Verlust der Spitze des Verzweigungssystems durch Aufrichten der benachbarten Seitenäste ausgeglichen. Das geschieht besonders bei den regelmäßig gebauten Nadelbäumen, die nur eine einzige aufrechte Hauptachse haben. Oft sieht man noch alten Bäumen an, daß sie in der Jugend die Spitze verloren haben. Richten sich zwei Seitenäste auf, so kommen dadurch sehr auffallende Gabelungen zustande (Abb. 24). (Eingehend berichtet hierüber

Abb. 24.
Fichtenbäumchen. Nach Verlust der Spitze haben sich zwei Seitenäste aufgerichtet, wodurch eine Gabelung entsteht.

Goebel 1908). Im Falle der Seitenzweige, wie in vielen andern, ist das geotropische Verhalten nicht so einfach wie bei den Nebenwurzeln und Rhizomen, denn die meisten transversalgeotropischen Organe sind nicht radiär. Sie sind vielmehr so gebaut, daß sie sich nur durch eine Ebene in zwei spiegelbildlich gleiche Hälften zerlegen lassen. Solche Gebilde nennt man monosymmetrisch oder dorsiventral. Für sie kommt nicht nur die Lage der Längsachse, sondern auch die der Symmetrieebene in Betracht (Abb. 25). Beide müssen entsprechend eingestellt werden, wenn das Organ seine Aufgabe erfüllen soll.

Es gibt solche dorsiventrale Pflanzenteile, die ihre Ruhelage in der Horizontalen haben. So z. B. die oben genannten Ausläufer und kriechenden Stengel von Lysimachia, Glechoma, Zweige von Coniferen

usw. Werden diese schräg auf- oder abwärts gestellt, so daß also nur
ihre Hauptachse, nicht aber ihre Symmetrieebene verschoben wird, so
verhalten sie sich genau wie die ringsgleichen Rhizome von Heleocharis,
d. h. sie krümmen sich auf- oder abwärts, bis sie wieder horizontal
stehen. Selbst wenn ihre Oberseite nach
unten gekehrt wird, bleibt die Ebene,
die sie in zwei spiegelbildlich gleiche
Hälften teilt, senkrecht; auch dann ist
also eine Wiedergewinnung der Normallage durch bloße Krümmung, die hier
180° betragen muß, möglich.

Sobald aber eine Schrägstellung
der Symmetrieebene eintritt, also z. B.
die Oberseite seitlich gerichtet ist, genügt eine Krümmung nicht mehr, sondern es muß eine Drehung in der Richtung senkrecht zur Achse eintreten,
damit das Organ in die richtige Lage
gelangt[1]). Ähnliche Bedingungen sind

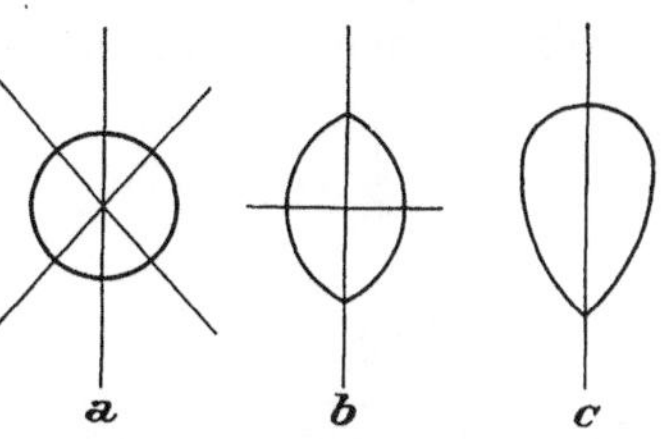

Abb. 25.

Schema eines ringsgleichen (a), eines
doppelt symmetrischen oder bilateralen
(b) und eines monosymmetrischen oder
dorsiventralen Organes (c). a läßt sich
durch beliebig viele, b nur durch zwei
und c durch eine einzige Ebene in zwei
gleiche Hälften teilen.

auch bei seitlich gestellten Blättern gegeben. Besonders deutlich
wird das bei zusammengesetzten Blättern, wie sie Robinia (die
„falsche" Akazie), der Goldregen (Cytisus Laburnum), die Esche
(Fraxinus excelsior) u. a. besitzen (Schwendener und Krabbe [1892]
1898). Man betrachte nur die Blätter an den herabhängenden
Zweigen der „Trauereschen".

Es handelt sich also nicht um seltene, fast nur im Experiment
verwirklichte Vorgänge, sondern um solche, die im Leben der Pflanzen
eine große Rolle spielen. Immer, wenn die Blätter durch schräge
Lage der Zweige schief gestellt werden, müssen Drehungen in den
Stielen Platz greifen. Das wird aber sehr häufig der Fall sein. Nur
die Blätter, deren Halbierungsebene senkrecht steht, können nach
dem obigen an Seitenzweigen durch einfache Krümmung ihre Oberseite dem Himmel zukehren[2]).

Nicht immer genügt es, wenn von den Blättern in der
Mittelrippe, dem Blattstiel oder Blattpolster Drehungen ausgeführt
werden. Es gibt auch solche Fälle — und sie sind von besonderem
Interesse — wo die Blätter erst durch Torsionen des horizontal gestellten Zweiges die richtige Orientierung erhalten. Gut beobachten
läßt sich das z. B. an Philadelphus coronarius (Jasmin, Pfeifenstrauch),
Ligustrum europaeum (Liguster) u. a. (Abb. 26). Nach Vollendung
der geotropischen Bewegungen gleicht das ganze Gebilde, nämlich der
Zweig mit den Blättern äußerlich jenen fiederförmig geteilten Blättern

---

[1]) Epheusprosse dagegen bilden unter ähnlichen Bedingungen ihre Wurzeln
auf der nunmehrigen Unterseite aus. Sie verändern also ihre Symmetrieebene
je nach der Lage zur Schwerkraft.

[2]) Inwiefern hier noch andere richtende Einflüsse, z. B. von Seiten des
Lichtes hinzukommen, muß später erörtert werden.

der Robinien. Das heißt, es besteht aus einem zylindrischen Organ (der Tragachse), die in gewissen Abständen Paare von in einer Ebene liegenden Blättern trägt. Das aber ist ein nachträglich erreichter Zustand, den nur diejenigen ausgewachsenen Zweige zeigen, die annähernd wagerecht stehen. Wie das Ganze in der Jugend angelegt wird, sehen wir am besten an aufrechten Zweigen derselben Art.

Abb. 26.

Ein aufrechter und ein seitlich gewachsener Zweig von Philadelphus (sogen. Jasmin), die verschiedene Blattstellung zeigend. Verkleinert.

Abb. 27.

Durch Torsionen zweizeilig beblätterter Zweig mit Drehungen der Blattstiele und der Achse.

Bei den obengenannten Sträuchern stehen nämlich die aufeinanderfolgenden Blattpaare in der Anlage gekreuzt, d. h. jedes folgende gegen das vorhergehende um 90⁰ verschoben. Und so bleibt es auch, falls nicht der Zweig in eine geneigte Lage kommt. Geschieht das aber, so drehen sich die Zweigglieder zwischen zwei Blattansatzstellen einmal rechts, einmal links um 90⁰ und bringen dadurch alle Ansatzstellen der Blätter in eine horizontale Ebene. Das kann man leicht am Verlauf von natürlichen Rinnen und Kanten oder besser an vorher angebrachten Farbstrichen erkennen. Um uns die dabei stattfindenden Bewegungen klar zu machen, gehen wir von dem ältesten Paare der Blätter eines horizontal gestellten Zweiges aus. Denken wir uns diese Blätter in seitlicher Lage, so richten sie, ihrer Anlage entsprechend, die Kanten aufwärts. Durch Torsion im Blattstiele wird ihre Fläche um 90⁰ gedreht und so ihre Oberseite dem Himmel zugekehrt. Von dem nächst jüngeren Paare hat das eine Blatt die Ober-, das andere die Unterseite nach oben gekehrt. Dabei wird das an sich richtig gestellte von den anderen verdeckt.

Sollen beide in die geeignete Stellung kommen, so müssen der Stengel zwischen den beiden Blattpaaren und die Blattstiele sich um 90⁰ tordieren. Dadurch aber kommt wieder das nächstjüngere Paar in falsche Lage, was durch Drehung in entgegengesetzter Richtung ausgeglichen wird usf. (Abb. 27).

Es sind also Torsionen der Stengel und der Blattstiele nötig, um das Ziel zu erreichen. Aber es ist auch eine schwierige Aufgabe, die hier bewältigt werden soll. Nicht alle Pflanzen lösen sie in dieser

Weise.   Bei manchen (z. B. Vínca [Sinngrün], Acer [Ahorn], Glechoma [Günsel] usw.) wird der Stengel nicht gedreht, sondern nur die seitlichen Blätter.   Die oberen werden zurückgeschlagen, so daß ihre Oberseite gleichfalls dem Zenith zurückgekehrt ist und die unteren können bleiben, wie sie sind.   Hat die Pflanze auch aufrechte Zweige, so bleiben an diesen die Blätter allseitig abstehend (Abb. 28).

Für die Blätter selbst spielen im allgemeinen wohl geotropische Krümmungen keine sehr große Rolle.   Sie werden meist durch die Tragachsen in die ungefähr richtige Lage gebracht und orientieren sich im übrigen mehr nach dem Lichte.   Doch gibt es auch genug negativ geotropische Blattstiele, an denen dann die Spreiten mehr oder weniger horizontal gerichtet sind.   So bei den schon genannten Ge-

Abb. 28.

Zweige vom Sinngrün (Vinca). Links ein aufrechter Trieb, die Blätter gekreuzt und ausgebreitet; rechts ein wagerechter Trieb, die Blätter durch Drehungen und Biegungen in einer Fläche angeordnet.

wächsen mit kriechendem Stengel, wie Tropaeolum (Kapuzinerkresse), Cucurbita (Kürbis) usw., überhaupt überall da, wo die Lage der Blätter durch die Wachstumsrichtung der Achsen nicht sicher genug gestellt ist.   Auch können stiellose Blattspreiten selbst negativ geotropisch aufgerichtet sein, wie die von Scirpus (Binse), Iris (Schwertlilie), Acorus (Kalmus).

Bei Blättern kommt neben den Wachstumskrümmungen noch ein anderer Bewegungsmodus in Betracht, nämlich der durch Turgorveränderungen in Gelenken.   Auf beide Weisen kommen geotropische Bewegungen zustande, mit deren Hilfe sich die Stiele der meisten Blätter im Dunkeln aufrecht stellen und bei einer Umkehrung des ganzen Verzweigungssystems auch am Licht an der Wiedergewinnung der Normallage mitarbeiten.   Diese aber verdanken die Blätter in der Natur der Kombination verschiedener Reizwirkungen, auf die wir an anderer Stelle noch einzugehen haben werden.

Die Träger der Blüten zeigen im großen Ganzen dasselbe Verhalten wie die der Blätter. Der negative Geotropismus vieler Blütenstandsachsen ist so auffällig, daß hier darauf nur hingewiesen zu werden braucht. Gute Objekte sind z. B. die oben erwähnten Roßkastanienrispen, dann die Trauben der Cruciferen, z. B. Draba verna (Hungerblümchen), Capsella bursa pastoris (Hirtentäschelkraut, Cardamine pratensis (Schaumkraut), um nur einige der gemeinsten zu erwähnen, ferner die der Knabenkräuter, die Schäfte der Liliengewächse, Primeln usf.

Die an der Hauptachse entspringenden Blütenstiele oder Seitenzweige der Blütenstände sind manchmal negativ, meist aber transversalgeotropisch wie die Seitenwurzeln, nur daß sie nicht schräg abwärts, sondern aufwärts wachsen. Eingehendere Untersuchungen hierüber scheinen nicht angestellt worden zu sein, gewisse Differenzen gegenüber den Wurzeln sind aber zweifellos vorhanden. So sind die Seitenzweige zweiter Ordnung nicht wie die entsprechenden Wurzeln in ihrer Richtung von der Schwerkraft unabhängig, sondern verhalten sich ähnlich wie die erster Ordnung; d. h. sie wachsen gleichfalls transversalgeotropisch schräg aufwärts, allerdings in anderen Winkeln, die größer und kleiner sein können, als die der sie tragenden Seitenachsen.

An den mehrfach zusammengesetzten Blütenständen der Umbelliferen oder Doldenträger z. B. hat jeder Teil seine ganz bestimmte Richtung zur Schwerkraft. Schöne und große Schirmsysteme zeigen z. B. Heracleum (Bärenklau) oder Coriandrum (Coriander). Legt man ein solches im Ganzen um, so richtet sich der Hauptträger auf und bringt dadurch die anderen Teile in die richtige Stellung. Wird aber der Hauptträger festgehalten, dann reagieren die Seitenachsen erster Ordnung, usf. bis zu den Blütenstielen. Die geotropische Befähigung der Zweige höherer Ordnung zeigt sich also nur dann, wenn die sie tragenden Achsen an der Aufrichtung verhindert werden. Dadurch wird unnütze Kraftverschwendung vermieden. Die richtige Reihenfolge in den Krümmungen aber ist dadurch gewährleistet, daß die Reaktionszeit vom Hauptträger bis zu den Blütenstielen stetig zunimmt. So wird erreicht, daß ein Organ schon durch den Träger nächsthöherer Ordnung in die Normallage gebracht wird, bevor es selbst anfängt zu reagieren (Noll 1885)[1].

Manche Blüten findet man an ihren Stielen nicht aufgerichtet, sondern mit der Öffnung nach der Seite gekehrt. Sie sind horizontaltransversalgeotropisch. Diesen Fall hat zuerst Vöchting (1882) für Narcissusarten, für Agapanthus, Amaryllis u. a. festgestellt. Sie krümmen sich auf- oder abwärts, je nachdem man sie unter oder über die wagrechte Lage gebracht hat. Bei dorsiventralen transversalgeotropischen Blüten, wie sie der Rittersporn (Delphinium), Eisenhut (Aconitum) und viele andere Pflanzen haben, genügen Krümmungen nicht zur Erzielung der normalen Stellung. Kehrt

---

[1] Die Nollschen Angaben habe ich nachgeprüft und bestätigt gefunden. Sie schienen mir wichtig, weil sie die alte Auffassung widerlegen, als müßten dicke Objekte langsamer reagieren als dünne.

man einen Blütenstand der genannten Pflanzen um und verhindert die Aufrichtung seiner Hauptachse, so sind die Einzelblüten gezwungen, sich geotropisch zu orientieren. Durch eine bloße Aufrichtung der Stiele würden die sonst nach außen gerichteten Öffnungen der Blüten der Achse zugekehrt (Abb. 29 II). Das würde ihre Sichtbarkeit vermindern und den Anflug der Insekten stark hindern. Deshalb dreht sich der Blütenstiel, bis der Eingang zur Blüte wieder nach außen gekehrt ist (Abb. 29 III). (Noll 1885 und 1887, Schwendener und Krabbe [1892] 1898.) Eine solche Torsion findet in den stielartigen Fruchtknoten der meisten Orchideen, deren Blüten sonderbarerweise verkehrt angelegt werden, auch normalerweise stets statt. Ebenso an den gleich zu nennenden hängenden Blütenrispen.

Im Anschlusse an die Besprechung der verschiedenen Formen des Geotropismus mag erwähnt werden, daß die abwärts geneigte Lage

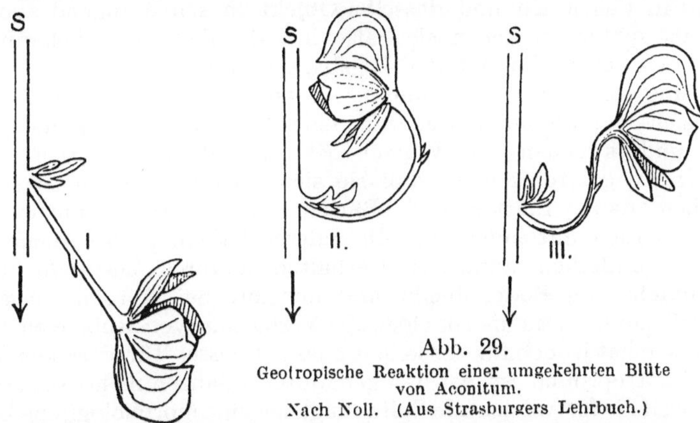

Abb. 29.
Geotropische Reaktion einer umgekehrten Blüte
von Aconitum.
Nach Noll. (Aus Strasburgers Lehrbuch.)

vieler Pflanzenteile einfach durch deren Gewicht zustande kommt. Rein physikalisch muß ja die Schwerewirkung sich geltend machen, wenn die Stengel oder Stiele nicht biegungsfest genug gebaut sind, um ihre Last aufrecht zu tragen. So verhalten sich die Zweige der „Trauerformen“ mancher Bäume, wie z. B. der Esche, Weide u. s. f. Ferner die Achsen vieler Blütenstände, z. B. die des Flieders (Syringa), Goldregens (Cytisus Laburnum), der Robinie (Robinia pseudacacia) u. a. Auch viele Blütenstiele, wie die des Schneeglöckchens (Galanthus und Leucoium) und der Fuchsien gehören hierher. In anderen Fällen aber beruhen äußerlich ähnliche, scheinbar hängende Lagen von Pflanzenteilen doch auf positivem Geotropismus, so z. B. bei den nickenden Knospen des Mohns (Papaver), den eingebogenen Zweigenden der Weinarten (Vitis und Ampelopsis) und manchen anderen.

Daß der betonte Unterschied zwischen positivem Geotropismus und Lastkrümmung wirklich gemacht werden muß, zeigt sich, wenn man die Pflanzen umgekehrt hält. Die biegsamen Achsen der zweiten Gruppe hängen sofort wieder schlaff abwärts, während die der ersten steif sind und erst nach längerer Zeit durch eine aktive Reaktion die alte Lage wiedergewinnen. Man könnte einwenden, daß hier doch kein Geotropismus, sondern nur ein langsames, aber doch rein mechanisches Hinuntersinken vorliege. Es wäre dabei z. B. an eine Siegellackstange zu denken, die, an einem Ende festgehalten, sich sehr langsam herabbiegt. Auch dieser Zweifel läßt sich beheben. Kehrt man nämlich solche positiv geotropischen Organe nur eben bis zum Beginn der Krümmung um, so findet nachher in der Normallage eine beträchtliche Nachwirkung statt. Das wäre bei rein mechanischer Senkung unmöglich. Im Grunde sind das dieselben Einwände, die auch bei der Entscheidung gegen die mechanische Auffassung des Wurzelgeotropismus zu entkräften waren (vergl. S. 45).

Bisher haben wir von dem geotropischen Verhalten der einzelnen Pflanzenteile so gesprochen, als wäre es ein für allemal festgelegt und unveränderlich. Das gilt nun nicht unter allen Umständen. Es kann sich vielmehr die geotropische Ruhelage eines Organes aus inneren oder äußeren Gründen verschieben. Besonders häufig sind die Fälle, in denen ein und dasselbe Objekt in seiner Jugend anders reagiert als später, in denen sich also mit der Zeit aus unbekannten „inneren" Ursachen die Art der Reizbarkeit ändert.

So sind die schon erwähnten Achsenorgane von Adoxa und ähnlich sich verhaltenden Pflanzen eine Zeit lang transversalgeotropisch und kriechen als Wurzelstöcke im Boden, werden aber später negativ geotropisch, so daß sie sich über den Boden erheben. Sie treiben dann Blätter und Blüten. Beide Wachstumsweisen wechseln jährlich miteinder ab. In anderen Fällen, so bei Anemone, kommt ein äußerlich ähnliches Verhalten dadurch zustande, daß die Hauptachse im Boden bleibt und nur ihre Seitenorgane negativ geotropisch sind. Das morphologische Verhältnis von Rhizomen und Laubsprossen hat jedoch für uns kein großes Interesse. Die Veränderlichkeit des Geotropismus ist bei den genannten Pflanzen nicht besonders deutlich, weil die fortwachsende Spitze zugleich eine morphologische Umgestaltung erfährt. Das Gleiche gilt für die Blütenstandsachsen, die sich negativ geotropisch von den plagiotropen Tragzweigen erheben.

Auffallender sind die Fälle, in denen ein und derselbe Stengelteil, ohne daß man ihm äußerlich etwas davon ansieht, in einen neuen Reizzustand übergeht. Solches findet man bei denjenigen nickenden Pflanzenteilen, die ihre gesenkte Lage einem positiven Geotropismus verdanken. Schon darin, daß trotz dem andauernden Längenwachstum der herabhängende Stiel- oder Stengelteil nicht länger wird, die Krümmungsstelle also fortdauernd nach oben wandert, zeigt sich, daß bestimmte Zonen, die erst positiv geotropisch waren, später negativ reagieren. Ähnlich verhalten sich z. B. auch die rotierenden Enden der Schlingpflanzen (vergl. S. 87).

.   In anderen Fällen aber bleibt die Krümmung überhaupt nicht dauernd bestehen, so daß also nicht nur das Verhalten bestimmter Querzonen, sondern das des ganzen Pflanzenteils sich ändert. Besonders gut untersucht ist das Beispiel der Blütenknospen von Papaver (Mohn), mit dem sich Vöchting (1882) eingehend beschäftigt hat.

Die Knospen der Mohnarten werden in aufrechter Stellung angelegt. Ihre Stiele krümmen sich aber bald senkrecht abwärts, weil sie nun positiv geotropisch geworden sind. Vor dem Aufblühen richten sie sich wieder auf und verharren so bis zur Fruchtreife.

Vöchting suchte nun festzustellen, ob das Abwärtshängen der Knospen vielleicht durch ihr Gewicht bedingt sei. Zu dem Zwecke schnitt er sie von den Stielen ab. Und wirklich fand nun deren Aufrichtung sehr bald statt, viel früher als unter normalen Umständen. Als aber in einem Gegenversuche die abgeschnittenen Knospen, um dasselbe Gewicht herzustellen, wieder an die Stiele gebunden wurden, so verhielten sich diese genau so wie ohne die Last. Damit war bewiesen, daß nicht die Entfernung des Gewichtes, sondern das Abschneiden selbst die Änderung im Verhalten bewirkte. D. h. für das Nicken ist der organische Zusammenhang zwischen Stiel und Knospe erforderlich. Durch weitere Versuche konnte sogar der Teil der jungen Blüte festgestellt werden, der diese eigentümliche Wirkung hat; es sind die Samenknospen. War nur ein kleines Stück des Fruchtknotens mit jungem Samen vorhanden, so verhielt sich der Stiel normal und behielt die gesenkte Lage. Wurde der Rest aber auch noch entfernt, so richtete er sich auf.

Man hat für solche Fälle der Wechselwirkung verschiedener Teile den Ausdruck „Korrelation" geprägt. Er sagt aber nicht viel. Für den vorliegenden Fall von Papaver ist es wohl das wahrscheinlichste, daß die Samenknospen in einer bestimmten Periode ihrer Entwicklung einen Stoff absondern, der sich im Pflanzengewebe verbreitet und die Umwandlung des negativen Geotropismus in positiven bewirkt. Rätsel blieben freilich auch dann noch genug, wenn sich diese Vermutung einer „inneren Sekretion" bei Pflanzen experimentell bestätigen ließe.

Ähnlich wie die Knospen von Papaver verhalten sich die vom Huflattich (Tussilago) und einigen anderen Pflanzen. Auch die Blütenstiele vom Alpenveilchen (Cyclamen persicum) und die Blütenstandachsen von Bryophyllum cruentum sind in ihrem oberen Teile vorübergehend positiv geotropisch und richten sich später wieder auf.

Wie wir bei Adoxa sahen, ist die Veränderung der geotropischen Reizbarkeit mit einer morphologischen Umwandlung verbunden. Könnte man die letztere verhindern, so würde voraussichtlich auch die Wuchsrichtung sich nicht ändern. Bei Ajuga reptans (Günsel) kann man etwas derartiges beobachten. Hier werden kriechende Ausläufer und aufrechte Blütentriebe gebildet. Die Entstehung der letzteren ist an höhere Lichtintensität gebunden und kann durch Kultur in geringer Helligkeit unterdrückt werden. Unter solchen Umständen wird also auch die Ausbildung des negativen Geotropismus verhindert.

Deutlicher ist die Abhängigkeit der geotropischen Ruhelage von Außenumständen in einigen anderen Fällen. So gibt es unter den Blättern mit Schlafbewegung solche, bei denen die Bewegungen dadurch zustande kommen, daß durch einen Wechsel der Belichtung der Sinn des Geotropismus verändert wird. Auch kann man hierher die Rhizome und Nebenwurzeln rechnen, die auf Belichtung schief abwärts wachsen. All' das kann mit demselben Rechte als Photonastie, d. h. als Reaktion auf Lichtwechsel oder als Veränderung des geotropischen Verhaltens aufgefaßt werden, je nachdem man die Reizwirkung des Lichtes oder der Schwerkraft ins Auge faßt. Anderes wird unter Chemo- und Thermonastie besprochen werden.

Schließlich kann auch die Tatsache, daß bei Verlust der Spitze des Verzweigungssystems Nebenwurzeln oder Seitenzweige sich in die Richtung der Schwerkraft einstellen, als Änderung des geotropischen Verhaltens angesehen werden, das durch die Wechselwirkung von Haupt- und Seitenorgan reguliert wird. Hier spielt die fortwachsende Spitze eine ähnliche Rolle wie die sich entwickelnden Samenknospen bei Papaver, indem ihr Vorhandensein die Reizbarkeit örtlich abliegender Teile beeinflußt. Vielleicht liegt auch hier der Correlation eine stoffliche Wechselwirkung zugrunde, die durch Hemmung des Wachstums gestört wird.

Man faßt gewöhnlich die genannten Fälle als geotropische Umstimmungen zusammen. Es scheint mir aber besser, den Ausdruck Reizstimmung für eine andere Sache aufzusparen. Man könnte den Ausdruck „Sinnesänderung" einführen, der bedeuten soll, daß irgendeine Veränderung in einer tropistischen Ruhelage eintritt, daß also gewissermaßen die Pflanze anderen Sinnes wird oder die Bewegung in verändertem Sinne ausführt.

Die Sinnesänderungen sind allgemein als Verschiebungen des inneren physiologischen Zustandes aufzufassen, die sich nach außen in dem veränderten Verhalten gegenüber den Orientierungsreizen zu erkennen geben. Hervorgerufen werden sie entweder durch äußere Umstände und stellen dann selbst Reizbeantwortungen vor, d. h. es greift ein Reiz in die Reizkette eines anderen ein. Oder sie treten ohne erkennbaren Anlaß mit einem gewissen Entwicklungszustande auf.

e) Schlingpflanzen.

Eine besondere Form von Reizbarkeit durch die Schwerkraft findet sich bei den Schlingpflanzen. Es sind das Gewächse, die wegen des schwachen Baues ihrer langen Stengel eine Stütze brauchen, um sich aufrecht zu halten. Durch Umwinden klammern sie sich an Stengeln anderer Pflanzen u. dergl. fest, klettern an ihnen in die Höhe und gelangen so in günstige Lichtverhältnisse.[1]

Die Keimpflanzen oder die aus unterirdischen Teilen entspringenden jungen Sprosse der Schlingpflanzen sind zunächst negativ geotropisch und wachsen schön aufrecht.[2] Haben sie aber ein gewisses

---

[1] Ihrer Lebensweise nach verwandt mit ihnen sind solche Pflanzen, die sich durch Widerhaken an rauhen Gegenständen festhalten oder durch besondere Organe, die Ranken, eine Stütze umfassen. Mit letzteren werden wir uns noch zu beschäftigen haben.

[2] Keimpflanzen von Phaseolus und Ipomoea z. B. erweisen sich als gut brauchbar für geotropische Versuche.

Alter erreicht, so nimmt das Sprossende aktiv eine bogenförmige Gestalt an, es wird transversalgeotropisch. Hierauf beginnt die Spitze eine kreisende Bewegung, indem das annähernd horizontale Stengelstück sich wie ein Zeiger um den aufrechten unteren Teil dreht. Dies kommt durch ungleiches Wachstum der Flanken des Stengels an der Biegungsstelle zustande, und zwar ist es entweder die rechte oder die linke Seite, die stärker wächst. Die Wachstumsbeschleunigung wandert um den Umfang des Stengels in der Weise herum, daß immer wieder eine andere Kante die sich am schnellsten streckende ist und dadurch auf die Konvexseite des vom horizontalen Ende des Stengels mit dem aufrechten unteren Teile gebildeten Winkels gelangt. Inzwischen ist dieser Teil dann aus der durch schnelle Streckung aktiven Partie herausgerückt und hat einem anderen Platz gemacht. Ferner wird dadurch erzielt, daß der überhängende Sproßteil um seine Achse rotiert. Würde der Wechsel in der Lage der Kanten nicht vor sich gehen, so müßte der ganze Stengel zusammengedreht werden wie ein Strick.

Man kann sich das an einem Stück Gummischlauch als Modell klar machen. Eine Flanke wird durch einen Tintenstrich markiert. Dann wird der Schlauch an einem Ende vertikal aufrecht gehalten und das andere Ende irgendwie beschwert im Bogen seitlich hängen gelassen (Abb. 30). Schiebt man nun die Spitze des Schlauches mit dem lose angedrückten Finger im Kreise herum, so sieht man, wie der Tintenstrich um das horizontale Ende wandert und sich bald oben, bald unten, auf der verlängerten oder verkürzten Flanke befindet.

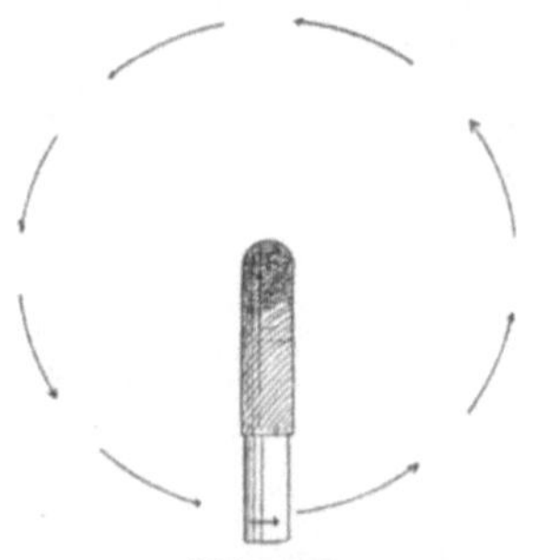

Abb. 30.
Modell für die rotierende Bewegung des horizontalen Endes einer Schlingpflanze. Die Spitze dreht sich entsprechend dem kleinen Pfeile, wenn das Ganze in der angedeuteten Richtung schwingt.
(Nach Jost 1908.)

Entsprechend, nur mit Vertauschung von Ursache und Wirkung, ist der Vorgang bei den kreisenden Bewegungen des überhängenden Endes der Schlingpflanzen, wie es sich besonders schön an Hopfenpflanzen (Humulus Lupulus), Bohnenarten (Phaseolus spec.) usw. beobachten läßt.

Durch das Umherschwingen ist die Wahrscheinlichkeit, eine vertikale Stütze zu berühren, naturgemäß sehr erhöht. Geschieht das, so wird die Bewegung durchaus nicht ganz aufgehalten, vielmehr wird nun der horizontale Stengelteil dem Hindernis mit wachsender Kraft angedrückt und die freie Spitze setzt ihre Rotation fort, so daß sie sich in zunächst lockeren Windungen um die Stütze wickelt.

Wird eine um einen Stab gewundene Schlingpflanze, z. B. eine Bohne im Topf, mit der Spitze nach unten gekehrt, so lockern sich die letzten Windungen des Stengels, soweit dieser noch wachstumsfähig ist, während die älteren, ausgewachsenen Teile in ihrer Lage verharren. Dem Lockern folgt ein Auflösen der Schraubenkrümmung, diesem ein Kreisen in entgegengesetzter Richtung zum Stabe, wobei das Ende sich geotropisch aufrichtet und dann die Stütze in derselben Richtung zum Horizonte umschlingt wie vorher. So kann auch die Spitze einer Schlingpflanze, die keine Stütze gefunden hat und deshalb lang überhängt, an ihrem eigenen Stengel wieder in die Höhe klettern.

Das Schlingen und Kreisen erfolgt bei derselben Pflanze immer in derselben Richtung, entweder mit dem Uhrzeiger (rechts) oder entgegengesetzt (links). Die Bohne (Phaseolus), die Winde (Ipomoea und Convolvulus), sowie der Pfeifenstrauch (Aristolochia Sipho) und die meisten anderen Windepflanzen schlingen in der letzteren Weise, während sich von bekannteren das Geisblatt (Lonicera caprifolium) und der Hopfen (Humulus Lupulus) umgekehrt verhalten (Abb. 31). Aus der Konstanz der Winderichtung erklärt es sich, daß beim Umkehren der ganzen Pflanze auch die Richtung der Bewegung im Verhältnis zu den älteren Teilen und der Stütze sich umkehrt.

Das stets gleiche Verhältnis der Richtung des Schlingens zu der Situation im Raume ergibt schon die Wahrscheinlichkeit einer Abhängigkeit von der Schwerkraft. Noch deutlicher wird das durch Klinostatenversuche. Wird nämlich eine um eine Stütze gewundene Schlingpflanze um eine horizontale Achse gedreht, so lösen sich die jungen, noch wachstumsfähigen Windungen. Es findet aber nicht wie an einer abwärts gestellten Pflanze eine Umkehr der Richtung statt, sondern die Pflanze ist durchaus unfähig zu schlingen.

Abb. 31.

Rechts- und linkswindender Sproß.
(Aus Strasburgers Lehrbuch.)

Sie wächst, soweit das ihre mangelnde Steifheit erlaubt, nahezu geradeaus (Baranetzky 1883).

Somit ist die Abhängigkeit der Windebewegung von der Schwerkraftreizung erwiesen. Es ist das aber eine ganz eigentümliche Art von Geotropismus, verschieden von allem bisher Besprochenen. Denn hier streckt sich nicht die Ober- oder Unterseite auf den Reiz hin stärker als ihre Gegenseite, sondern die rechte oder linke Flanke. Und zwar auch nur in einer beschränkten Region, nämlich dem bogig gekrümmten Stengelstück, während die älteren Teile negativ, die jüngeren transversal-geotropisch sind. Die Grenzen zwischen diesen drei sich verschieden verhaltenden Regionen des Stengels haben keine konstante Lage, sondern wandern allmählich spitzenwärts, indem die vorher gekrümmten Teile mit dem Älterwerden sich aufzurichten suchen. Die Krümmungszone bleibt dadurch immer in ungefähr der gleichen Entfernung von der fortwachsenden Spitze. Welches Verhalten ein bestimmtes Stengelstück zeigt, das wird also offenbar durch sein Alter bestimmt.

Einige Zeit, nachdem die Windungen angelegt sind, werden sie steiler, weil der während des Kreisens und Schlingens transversal geotropische Stengelteil nun mit höherem Alter in die negativ geotropische Periode kommt. Ein wirkliches Aufrichten kann allerdings nur stattfinden, wenn keine Stütze umfaßt ist oder diese bald nach Bildung der Windungen aus ihnen herausgezogen wird. Es erfolgt in dieser Periode ein Ausziehen der Spirale, das notwendig mit einer Torsion des Stengels verknüpft sein muß, weil dabei die Drehung um seine Achse, die wir bei der Entstehung der Windungen eintreten sahen, unterbleibt. Es handelt sich in diesem Falle um eine einfache negativ geotropische Aufrichtung der einzelnen Windungen. (Baranetzky 1883.)

Normalerweise wird aber diese Aufrichtung durch die Stütze gehemmt, und zwar um so mehr, je dicker diese ist. Ist sie aber so dünn, daß sie die zunächst lockeren Windungen nicht ausfüllt, so werden diese schließlich durch ihre geotropische Aufrichtung doch der Stütze angepreßt. Dabei entstehen — allerdings in geringerem Maße als beim Fehlen einer Stütze — jene Torsionen, von denen wir eben sprachen. Sie bleiben dauernd erhalten, soweit sie nicht durch Nachgeben des Spitzenteils ausgeglichen werden. Danach dürfte die Zahl der Drehungen höchstens der der Windungen entsprechen. Da ihrer aber oft mehr sind, muß man wohl noch ein Torsionsbestreben aus inneren Gründen annehmen (Noll 1904, S. 231, Pfeffer 1904, S. 410). Die Torsionen sind z. B. an windenden Hopfensprossen sehr schön zu sehen und werden im Verein mit der Ausbildung besonderer Haken (in anderen Fällen Borsten, Riefen usw.), die die Rauheit der Oberfläche vergrößern, zum besseren Halt des Stengels an der Stütze beitragen können. Unsere Kenntnis der Vorgänge beim Winden ist trotz der vielen darauf verwendeten Mühe noch recht beschränkt. So sind sich auch die verschiedenen Autoren durchaus noch nicht einig über wesentliche Punkte. Soviel sich aber ersehen läßt, ist das Zusammenwirken der verschiedenartigen geotropischen Reizreaktionen, wie sie im windenden Stengel einander ablösen, für die Erklärung ausreichend. Der transversale Geotropismus des kreisenden Endes und sein allmähliches Übergehen in die negativ-geotropische Reaktionsweise wird kaum noch als Schwierigkeit empfunden. Rätselhaft dagegen ist der Zusammenhang zwischen der kreisenden Bewegung und der Reizung durch die Schwerkraft. Ein solcher Zusammenhang muß wohl an-

genommen werden; denn wäre das Umlaufen des verstärkten Wachstums um den Stengel durch innere Gründe festgelegt ("autonom"),
so müßte es nach Berührung der Stütze in derselben Weise weiter
gehen. Dadurch würde aber das Sproßende nicht der Stütze angepreßt, sondern von ihr fortgekehrt. Nur dadurch, daß die Bestimmung der Krümmung durch äußere Kräfte, nämlich die Schwerkraft, geschieht, daß sie also nach rechts oder links zum Horizonte
erfolgt und nicht einfach um den Stengel herumläuft, ist ein beständiges Andrücken an die Stütze möglich. Wie aber durch die
Schwerkraft die Förderung des Wachstums der rechten oder linken
Flanke geschieht, ist noch bedeutend rätselhafter als z. B. die einfache geotropische Krümmung.

Nimmt man das aber einmal als gegeben an, so genügt das Zusammenwirken der im überhängenden Teile vor sich gehenden Drehung
mit der allmählichen Aufrichtung wohl zur Erklärung des Windens.
Dementsprechend werden schraubige Krümmungen, sogen. freie Windungen, auch ohne Stütze erzielt. Diese stellt demnach im Grunde
nur ein Hindernis für die völlige Geradestreckung in späteren Stadien
dar (Wortmann 1886).

Doch hält Schwendener (1881) noch eine Erscheinung für wichtig,
die er als Greifbewegung bezeichnet. Sie besteht darin, daß die
bogig gekrümmte Sproßspitze durch Berührung der Stütze an zwei
entgegengesetzten Punkten und durch periodische Ablösung an dem
einen und dem anderen sich gewissermaßen weitertastet und daher
immer wieder festhält. An dicken Stützen findet dagegen eine
dauernde Berührung statt, sodaß die Spitze stetig angedrückt
schraubig an der Unterlage emporkriecht.

Da das Verhalten der Schlingpflanzen durchaus an ihre geotropische Reizbarkeit gebunden ist, wird es verständlich, daß nur
annähernd aufrechte Stützen umwunden werden können. Schräger
gestellte wird das kreisende Ende schließlich nicht mehr erreichen
können oder die Pflanze wird sie nach Ausführung einer Windung
wieder verlassen und weiter "suchen". Der Winkel, den eine Stütze
haben darf, wird von der Weite des Ausgreifens abhängen, dessen
die Spitze der Pflanze fähig ist (Noll 1904).

Je länger das horizontale Ende einer Schlingpflanze ist, einen
desto größeren Kreis wird sie durchmessen können, um so dickere
und schrägere Stützen vermag sie zu umschlingen und umso mehr
wird auch die Wahrscheinlichkeit erhöht, überhaupt eine Stütze zu
finden. Die Fähigkeit, dicke Stämme zu umfassen, ist besonders
bei tropischen Schlinglianen in hohem Maße ausgebildet.

Die maximale Länge des horizontalen Teiles ist durch dessen Gewicht begrenzt, denn herabhängen darf das Ende natürlich nicht. Deshalb wird es
zweckmäßig sein, das Gewicht möglichst herabzusetzen und jede unnötige Belastung zu vermeiden. So erklärt sich das bei allen Schlingpflanzen in mehr
oder weniger hohem Grade anzutreffende Kleinbleiben der Blätter gegenüber den
sich frühzeitig stark verlängernden Stengelgliedern. Erst wenn die Pflanze eine
Stütze gefunden hat, werden die Blätter im Wachstum gefördert und nehmen

dann relativ schnell ihre definitive Größe und Gestalt an. Um aber wieder diesen letzteren Prozeß nicht zu verzögern, eilen diejenigen Teile des Blattes, die die meiste Zeit zur Ausbildung brauchen, nämlich die Rippen, dem grünen Assimilationsgewebe voraus.

Trotz dieser Entlastung der jüngeren Teile und trotzdem das „Überhängen" der Spitze nicht etwa eine einfache Lastkrümmung darstellt, werden die Schlingpflanzen, falls sie keine Stütze finden, schließlich umfallen müssen. Sie schieben sich dann wie ein Ausläufer am Boden entlang, wobei aber das Ende nicht aufhört, emporzustreben und durch kreisende Bewegungen einen festen Körper zu suchen, an dem es sich aufrichten könnte. Bei manchen Gewächsen findet in der Natur ein Wechsel zwischen kriechendem und kletterndem Wachstum häufig statt. Da ein Aufrichten erst in einem dichteren Bestande nötig wird, also z. B. in einem Gebüsch, das die Pflanze dem Lichteinflusse entziehen würde, das aber andererseits geeignete Stützen abgibt, so entsprechen die den Schlingpflanzen mitgegebenen Eigenschaften durchaus ihren Bedürfnissen.

Das Abwechseln zwischen Kriechen und Winden läßt sich sehr schön an der Ackerwinde (Convolvus arvensis) beobachten, die in beiden Situationen, je nach der sonstigen Vegetation des Bodens, gut zu gedeihen vermag: Auf nacktem Boden kriecht sie, an Grashalmen oder dergl. angelangt aber windet sie sich empor und kommt so in bessere Lichtverhältnisse.

Die erwähnten Pflanzen finden also zugleich mit der Notwendigkeit, sich zu erheben, um ans Licht zu gelangen, die Möglichkeit, es zu tun. Es gibt aber auch Pflanzen, die überhaupt nur dann winden, wenn sie beschattet werden. Durch den Mangel an Licht (siehe unten S. 94) werden bei diesen „fakultativen Schlingpflanzen" einige Eigenschaften hervorgerufen, die bei typischen Windepflanzen sich auch am Lichte ausbilden, nämlich eine größere Streckung der Stengelglieder und das Kleinbleiben der Blätter. Zu dieser Gruppe gehört nach Ch. Darwin ([1881] 1899 S. 32 ff.) der Windeknöterich (Polygonum Convolvulus) die Schwalbenwurz (Asclepias vincetoxicum) und der Bittersüß (Solanum dulcamara), die im hellen Licht kräftig aufwärts wachsen, im Schatten aber winden.

Haben die Schlingpflanzen vermöge ihrer Kletterbewegungen geeignete Stützen umwunden, die in der Natur meist andere Gewächse sein werden, so ist ihre Lebensweise nicht viel anders als die anderer Pflanzen. Ihre Seitenäste verhalten sich entweder wie die Hauptachse oder sie gelangen durch andere Orientierungsbewegungen in geeignete Bedingungen. Die Blätter suchen eine günstige Lichtlage auf.

Tropische Lianen werden teilweise zum Verhängnis ihrer Stützbäume, die sie durch die Fülle ihrer Blätter ersticken und vom Lichte ausschließen. Manche unter ihnen können so weit erstarken, daß sie dann selbständig weiter leben ohne weiter einer Stütze zu bedürfen. Sie sind also nur in ihrer Jugend Schlingpflanzen. Durch die Ersparnisse am Aufbau der Achsen bleibt den Schlingpflanzen

Kraft für das Längenwachstum, so daß sie häufig zu den längsten Gewächsen der betreffenden Flora gehören. Bei uns ist es besonders der Hopfen, und an manchen Orten eine Gaisblattart (Lonicera Periclymenum), die lianenartig hoch in die Baumkronen emporsteigen.

Einen besonderen Fall stellen die parasitischen Cuscuta-Arten (Flachs- und Kleeseide) dar, deren chlorophyllfreie Keimlinge absterben, falls sie nicht eine geeignete Wirtspflanze finden, die ihnen gleichzeitig als Stütze und als nahrungslieferndes Opfer dienen muß. Der fadenförmige Stengel wickelt sich um eine Pflanze wie eine Ranke und sendet Sangorgaue in deren Gewebe. Hierauf beginnt er dann wie eine Schlingpflanze zu winden und an ihr emporzuklettern, aber nur vorübergehend, denn bald wird diese Bewegung wieder durch eine Periode unterbrochen, in der Saugfortsätze gebildet werden. Beide Wachstumsweisen wechseln miteinander ab. (Vergl. S. 221.)

Ein Winden wie bei den Stengeln der Schlingpflanzen findet sich auch bei manchen Farnblättern. Die Mittelrippe der sehr lange an der Spitze fortwachsenden Wedel von Lygodium scandens und Blechnum volubile windet, wie es scheint, ganz in der früher für Stengel besprochenen Weise. Die Seitenfiedern verhalten sich hier ähnlich den Blättern der anderen Schlingpflanzen. Sonst kennen wir ein Windevermögen nur bei Samenpflanzen, unter ihnen aber in den verschiedensten Familien.

f) Niedere Organismen.

Bei unseren bisherigen Betrachtungen über die Reizwirkung der Schwerkraft haben wir überall nur die höheren Pflanzen berücksichtigt. Geotropische Reizbarkeit ist aber auch bei Algen und Pilzen vielfach nachgewiesen. So sind die Träger des Fruchtkörpers, die sog. Strünke der Hutpilze meist negativ geotropisch und zwar in bemerkenswertem Grade (Knoll 1909, Streeter 1909). Das einheitliche und rasche Reagieren des ganzen kompakten Stieles ist darum interessant, weil der Pilzkörper aus einem Geflecht einzelner Fäden besteht, deren Zusammenarbeiten nicht ganz leicht zu durchschauen ist (vgl. S. 29). Durch die Bewegungen des Stieles wird der Hut in eine günstige Lage zum Austrocknen und Ausstreuen der Sporen gebracht, die Perzeption findet aber nicht in ihm, sondern in der Wachstumszone statt (Streeter 1909). Präsentations- und Reaktionszeit können sehr kurz sein. Manche stiellose Fruchtkörper von Hutpilzen haben gleichfalls die Fähigkeit zur Einnahme einer bestimmten Lage, ebenso die an jenen sitzenden Fortsätze, Leisten und Stacheln, an denen die eigentlichen Sporenträger entstehen.

Auch bei den kleinen schimmelbildenden Mucorineen, von denen nur Phycomyces trotz seiner gegenüber den Hutpilzen großen Zartheit eine beträchtliche Länge (bis zu 30 cm) erlangt, sind die Fruchtträger meist negativ geotropisch. Es wird dadurch ebenfalls eine bessere Verbreitung der Sporen „angestrebt". Jedenfalls ist es von

Bedeutung, die Sporen aus der Nähe des verbrauchten Substrates, aus dem die Träger hervorkommen, zu entfernen.

Manche „Schimmelpilze" vertrauen die leichten trockenen Sporen dem Winde. Bei anderen zerfließt das Sporangium zu einer klebrigen Masse, die vorüberstreichenden Tieren oder Grashalmen angeheftet wird. So kommen die Sporen schließlich wieder in den Darm der Tiere, und werden mit entleert. Auf dem Mist, der gerade die größte Anzahl dieser Formen beherbergt, gibt es charakteristischerweise auch Hutpilze, die zu einer klebrigen Masse zerfließen (Coprinus), eine Einrichtung, deren Zweckmäßigkeit gerade unter den betreffenden Verhältnissen einleuchtet und die ganze Gruppe zu einer biologischen Einheit verknüpft. Hinzu kommen als gemeinsame Merkmale die Fähigkeit sich dem Lichte zu-, vom feuchten Substrate aber abzukehren, sowie die Widerstandsfähigkeit der Sporen gegen die Verdauungssäfte.

Das die Fruchtträger hervorbringende, wurzelähnlich den Nährboden durchziehende und aussaugende Fadengeflecht hat seiner Aufgabe entsprechend auch andere Reizbarkeiten. Es ist weder für Schwerkraft noch für Licht merklich empfindlich, kann dafür aber die zur Ernährung geeigneten Stellen mit Hilfe seines chemischen Sinnes aufsuchen. Darüber werden wir noch zu berichten haben. Hier interessiert uns vor allem das verschiedene Verhalten der Teile je nach ihrer Aufgabe. Die der Arbeitsteilung entsprechende Differenzierung der Sensibilität entspricht in weitem Maße den entsprechenden Verhältnissen bei den höheren Pflanzen. Eine ihrer Stellung im System entsprechende Einteilung der Organismen nach der Ausbildung der Reizbarkeit ist unmöglich. Die niedersten Lebewesen sind in der Beziehung genau so gut ausgestattet wie die höchsten!

Der Geotropismus der Algen, wie er z. B. bei den Armleuchtergewächsen, (Chara, Nitella) und Meeressiphoneen (Caulerpa) nachgewiesen ist, bietet uns nichts neues, mag daher nur erwähnt sein. Ihre grünen Teile sind negativ, die wurzelähnlichen Organe positiv geotropisch. An sie mag ein Fall angereiht werden wie der der Fadenalgen (Spirogyra, auch Oscillaria), die sich nur an festen Körpern aufzurichten vermögen, weil sie viel zu wenig Steifheit besitzen, um, selbst im Wasser, sich in einer bestimmten Lage halten zu können. Man sieht sie in Glasgefäßen sich an den Wandungen hoch hinaufschieben, wobei sie auch über die Wasserfläche emporkriechen können, da sie sich durch kapillar festgehaltenes Wasser feucht halten. Durch solche Bewegungen können die genannten Algen sich aus Hindernissen, wie Schlamm und Sand befreien, sowie (unterstützt durch ihre Lichtreizbarkeit) eine günstige Stellung zur Ausnutzung der Sonnenenergie gewinnen. Da die Fäden nicht festgeheftet sind, vermögen sie sich durch ihre Wachstumskrümmungen auch vom Orte zu bewegen, indem sie sich durch ihre Schleimhülle festkleben oder sich gegen feste Körper stemmen. Sie leiten uns somit zu den Bewegungen durch Kriechen und Schwimmen hinüber.

Nur in wenigen Fällen ist allerdings für frei bewegliche Organismen eine Schwerkraftreizbarkeit, die man dann als Geotaxis bezeichnet, bekannt. Am besten untersucht ist sie für Wimperinfusorien (Paramaecien) (Jensen 1893). Hier soll allerdings von Pflanzen die

Rede sein, und die genannten Lebewesen sind Tiere. Aber auch für grüne, also pflanzliche Organismen (z. B. Euglena, Chlamydomonas) (Schwarz 1884, Aderhold 1888) und Bakterien (Massart 1889) ist ein entsprechendes Verhalten bekannt. Es handelt sich um freischwimmende Organismen, die sich im Wasser entweder an der Oberfläche oder am Boden sammeln. Der erste Fall, negative Geotaxis, scheint der häufigere zu sein; doch gibt es auch Organismen wie z. B. Bakterien, die immer positiv geotaktisch sind. Da auch die negativ geotaktischen Organismen ein größeres spezifisches Gewicht haben als das Wasser, so müssen sie sich aktiv, durch Wimperbewegungen, heben. Zentrifugiert man sie, so suchen sie nach dem Drehungsmittelpunkt zu gelangen. Wird die Fliehkraft aber zu groß, so können sie sie nicht mehr überwinden und werden nach außen geschleudert. Man bekommt so ein Maß für die Aktionskraft dieser kleinen Lebewesen.

Jensen (1893) ist der Meinung, daß die hydrostatischen Druckdifferenzen es sind, die die Organismen zu ihren Bewegungen veranlassen, daß sie also den Reiz darstellen. Sie würden demnach nicht eine bestimmte Richtung zur Schwerkraft bei ihren Bewegungen innehalten, keine schwerkraftempfindlichen Organe haben, sondern Orte höchsten resp. niedrigsten Druckes aufsuchen. Diese Hypothese ist durch Versuche nicht gestützt. Das dürfte auch schwer sein, da wir kein Mittel haben im Wasser die Druckdifferenzen auszuschalten. Es scheint vorläufig ebenso wahrscheinlich, daß die geotaktische Reizung in ähnlicher Weise zustande kommt wie die geotropische, also durch Druckwirkungen im Innern der Zellen.

Die geotaktische Reizbarkeit spielt für die betreffenden Organismen insofern eine Rolle, als sie sie in den für ihr Gedeihen geeigneten Wasserschichten hält. Das ist allerdings für die hierhergehörigen grünen Flagellaten weniger deutlich ausgeprägt, als für die tierischen Infusorien, da bei ihnen eine ausgesprochene Lichtreizbarkeit am Tage den Einfluß der Schwerkraftempfindlichkeit verdeckt. In der Nacht dagegen wird sie sie in der zweckmäßigsten Weise verhindern können, sich in den Tiefen der Gewässer zu verlieren.

Wie man sieht, ist die Schwerkraftreizbarkeit außerordentlich verbreitet in der Pflanzenwelt. Ihre Erscheinungsformen und ihr Nutzen sind äußerst mannigfaltig. Immer aber ist nicht eigentlich die Lage gegenüber der Erde das erstrebte Ziel, sondern die Gewinnung anderer Vorteile. Trotz dem nur mittelbaren Zusammenhange zwischen den Lebensvorgängen und der Wirkung der Schwerkraft ist gerade die geotropische Reizbarkeit für die ganze Gestaltung der festgewurzelten Pflanze von besonderer Bedeutung. Das liegt offenbar daran, daß die Gravitation wegen ihrer Unveränderlichkeit geeignet ist, das Hauptorientierungsmittel abzugeben. Die anderen Kräfte greifen trotz ihrer vielfach größeren Wichtigkeit für das Lebensgetriebe nur modifizierend ein und beeinflussen gewöhnlich allein die Lage der Seitenorgane in auffälligerer Weise, während die Lage und Gestalt des Ganzen hauptsächlich durch den Geotropismus bestimmt wird.

IV. Helligkeit und Temperatur als Reizmittel.

a) Einfluß des Lichtes auf die Zuwachsbewegung.

Wenn wir an die Spitze der als Reize ins Pflanzenleben eingreifenden Kräfte die Gravitation gestellt haben, so findet das seine Begründung in den verhältnismäßig einfachen Verhältnissen, die sie bietet. Da nämlich die Schwerkraft der Stärke und Art nach unveränderlich und dauernd auf die Pflanzen einwirkt, so hat sie auch keine besonderen Anpassungen an einen Wechsel der Reizintensität hervorgerufen, wie sie den chemischen und Lichtreizen gegenüber nötig waren. Es kommt noch hinzu, daß die Orientierung an der Schwerkraft der Pflanze ausschließlich als Mittel zum Zweck dient: der Wurzel hilft sie in den Boden einzudringen, dem Stengel sich in die Luft zu erheben usf. Chemische und Lichtenergie dagegen greifen neben ihrer Reizwirkung auch unmittelbar in das physiologische Getriebe der Pflanze ein. Das macht wiederum eine größere Mannigfaltigkeit der Abhängigkeitsverhältnisse begreiflich.

Zunächst aber wollen wir von den verwickelteren Fällen absehen und möglichst bekannte Erscheinungen ins Auge fassen. Ein deutlicher Einfluß des Lichtes kommt dem Laien gewöhnlich nur dann zu Bewußtsein, wenn oft betrachtete Pflanzen in ihrer Gestalt durch das Fehlen oder unnatürliche Einfallen des Lichtes verändert sind. So kennt jeder die übermäßig verlängerten, bleichen Triebe der Kartoffeln und Zwiebeln im Keller. Auch hat man wohl ähnliches an Pflanzen beobachtet, die an ihrem natürlichen Standorte durch ein darüber liegendes Brett, einen Stein, welkes Laub oder dgl. ins Dunkle geraten sind. Weiterhin ist jedem, der Pflanzen im Zimmer gezogen hat, schon ihr schiefes, einseitiges Wachstum aufgefallen. Während sie sich im Freien annähernd nach allen Richtungen gleichmäßig entwickeln, streben sie im Zimmer vorwiegend dem Fenster, d. h. dem Lichte entgegen und biegen ihre Zweige solange bis sie sich nicht mehr gegenseitig beschatten. (Vgl. die Abb. 56 von Euphorbia splendens auf S. 171.)

Bei mangelnder Beleuchtung finden wir also (neben der blassen Farbe) Gestaltsveränderungen. Sie werden als Vergeilung oder Etiolement zusammengefaßt. Auf einseitiges Licht reagiert die Pflanze durch Beugungen oder Krümmungen. Man nennt das Phototropismus (Lichtwendigkeit) oder auch Heliotropismus (Sonnenwendigkeit). Beides sind in der Pflanzenwelt allgemein verbreitete Erscheinungen von großer

Bedeutung. Ein eingehenderes Studium des Einflusses, den das Licht auf die Pflanzenwelt ausübt, fördert neben den erwähnten, leicht zu beobachtenden Zusammenhängen einige weitere, nicht weniger wichtige, zutage.

Wir beginnen unsere Besprechung mit den Wirkungen, die das Licht durch seine wechselnde Stärke, ohne Rücksicht auf seine Richtung, ausübt. Das einfachste Experiment, das uns einen Einblick in diese Wirkungen gewährt, ist die völlige Ausschaltung des Lichtes durch Verdunkelung einer Pflanze[1]). Wir würden dann nach einiger Zeit finden, daß sie ihre älteren grünen Blätter abgeworfen hätte, während an der Spitze jedes Zweiges, und vielleicht auch in den Blattachseln, hellgelbliche Stenglein ausgetrieben wären, deren Aussehen von dem der gewöhnlichen Triebe in mehr als einem Punkte abwiche. Das auffallendste an einer etiolierten Pflanze ist der Mangel des Blattgrüns. Mehr interessieren uns hier aber die eingetretenen Formänderungen. Haben wir eine dikotyle Pflanze mit Netznervatur in den Blättern verwandt, z. B. eine Fuchsie, Flieder, Kapuzinerkresse oder dgl., so finden wir, daß an den im Dunkeln ausgetriebenen Zweigen die Blätter auffallend klein geblieben sind (vergl. auch Abb. 61, S. 179), während die Stengelglieder zwischen zwei Blattansätzen sich mehr gestreckt haben als das am Lichte geschehen wäre.

Was ist nun die Ursache dieser Erscheinung? Man könnte glauben, daß die Blätter, die sich am Lichte mit Hilfe der Kohlensäureassimilation selbst ernähren, deshalb klein geblieben wären, weil sie aus Mangel an Baumaterial ihr Wachstum hätten früher einstellen müssen. Dann müßte aber dasselbe für die Stengel gelten; und doch werden diese im Dunkeln gerade länger als am Lichte. Noch besser gelingt der Nachweis, daß der Grund für das Kleinbleiben der Blätter nicht so einfach zu übersehen ist, auf Grund der Tatsache, daß die assimilatorisch wirksamsten Lichtfarben nicht mit denen zusammenfallen, die das Wachstum am meisten beeinflussen. In dem Lichte, das eine Lösung von Kupfervitriol in Ammoniak passiert hat, und das deshalb nur blaue und violette Strahlen enthält, wird die Assimilation beträchtlich vermindert, ohne daß eine merkliche Formveränderung gegenüber weißem Lichte einträte. Umgekehrt wächst die Pflanze im rotgelben Lichte, also etwa hinter einer Lösung von rotem chromsaurem Kali, ihrer Form nach wie im Dunkeln, obgleich die Assimilation kräftig vonstatten geht.

Die Fähigkeit, im Finstern eine Zeit lang zu wachsen, verdankt die Pflanze den Reservestoffen, die sie in gesundem Zustande stets in sich aufgespeichert hält. Benutzen wir für unseren Verdunkelungsversuch Objekte mit reichlichem Reservematerial, also keimende Samen, austreibende Knollen und Zwiebeln, so läßt sich der Hunger

---

[1]) Eine entsprechende Ausschaltung der Schwerkraft ist nicht möglich. Wir können also auch nicht wissen, wie die Pflanze sich unter solchen Umständen verhalten würde.

als gestaltender Faktor ziemlich lange ausschalten, ohne daß dadurch die Blätter befähigt würden die normale Größe anzunehmen. Andererseits gelingt es zuweilen, dadurch daß man die konkurrierenden Stengelorgane am Wachsen verhindert, größere Blätter im Finstern zu erzielen (Jost 1895). Es muß also doch wohl eine gegenseitige Beeinflussung in die Verteilung der Baustoffe eingreifen. Unsere Kenntnisse in der Richtung sind noch sehr gering. Keinesfalls aber genügen, wie man sieht, die Ernährungsverhältnisse allein zur Erklärung aller Tatsachen des Etiolements.

Daher erklärte Pfeffer, gestützt auf Erwägungen biologischer wie physiologischer Natur, daß die Verschiedenheit des Wachstums am Lichte und im Dunkeln eine Reizbeantwortung darstelle. Es handle sich also nicht um direkte chemische oder physikalische Wirkungen des Lichtes, sondern um eine Reaktion der Pflanze auf die Außenumstände, die auch in ihrem normalen Leben eine große Rolle spielt.

Im ganzen kann man sagen, daß die Hemmung des Pflanzenwachstums durch das Licht das Gewöhnliche und daher wohl auch das Ursprüngliche ist. Dementsprechend stellen Abweichungen von dieser Regel Einrichtungen zu besonderen Zwecken dar. Durch das Licht gehemmt wird das Längenwachstum nicht nur bei Stengeln, sondern auch bei den meisten Monokotylenblättern, bei Wurzeln, Pilzen, Wurzelhaaren von Lebermoosen und dgl. Auch diejenigen Blätter, die im Dunkeln klein bleiben, stellen nur scheinbar eine Ausnahme dar. Denn einmal wird durch intensives Licht ihr Wachstum gleichfalls gehemmt. Weiter gilt der Gegensatz zu den Stengeln nur für etiolierte, also von Anfang an oder lange im Finstern gehaltene Pflanzen. Das Wachstum grüner, am Lichte ausgebildeter Blätter wird durch kurze Verdunkelung gefördert, durch darauffolgende Beleuchtung wieder vermindert. Erst bei längerer Verdunkelung tritt der Zustand ein, in dem die Entwickelung der Blätter gehemmt ist. Nun ist eine längere Belichtung notwendig, um den Anstoß zum Wachstum zu geben. Diese verwickelten Verhältnisse werden klarer, wenn wir bei den Blättern zweierlei Reaktionen auf Lichtreize unterscheiden. Wir nehmen nämlich an, daß erstens durch längere Belichtung oder Verdunkelung ein physiologischer Zustand oder „Phototonus" geschaffen wird, der seinerseits charakterisiert ist durch die Verschiedenheiten der zweiten Reaktionsweise, nämlich durch die Art, wie die Pflanze, resp. das Blatt in diesem Zustande auf Veränderung in der Beleuchtungsstärke durch seine Wachstumsgeschwindigkeit reagiert.

So sehen wir, wie die meisten Blätter nur durch ihr kompliziertes Verhalten Ausnahmen von der Regel zu sein scheinen, daß das Licht das Wachstum hemmt. Wir müssen hier, wie oft, das physiologische Grundgesetz von speziellen biologischen Anpassungen unterscheiden. Als eine solche ist nämlich, wie wir gleich sehen werden, das Kleinbleiben der Blätter im Dunkeln offenbar aufzufassen.

Bei künstlicher Verdunkelung wird der Pflanze kein in ihrer Macht stehender Ausweg nützen können. Unter natürlichen Bedingungen aber wird es für sie das Wichtigste sein, ihre Stengel zu verlängern, um womöglich aus dem dunkeln Orte, also etwa aus bedeckender Erde oder Massen abgefallener Blätter herauszukommen. Sie wird also am besten alles verfügbare Baumaterial diesem Zwecke opfern und schon deshalb die Ausbildung von Seitenorganen auf bessere Zeiten verschieben. Aber mehr als das, ausgebreitete Blätter würden ihr beim Hervorarbeiten zu einem Hindernisse werden.

So ist das Kleinbleiben der Blätter und die Verlängerung der Stengel im Dunkeln jedenfalls als Anpassungserscheinung zu deuten, ohne daß damit allerdings eine kausale Erklärung gegeben wäre. Wir wissen nicht, warum die Zellen im Blatte auf Verdunkelung anders reagieren als die im Stengel. Die biologische Deutung wird jedoch noch wahrscheinlicher, wenn wir sehen, daß die langgestreckten Grundblätter vieler Monokotylen, wie auch die Stiele bei solchen Dikotylenblättern, die unmittelbar aus unterirdischen Wurzelstöcken u. dergl. entspringen, im Dunkeln länger werden als am Lichte. So werden nach Sachs (1863) die Blätter von Crocus vernus im Dunkeln 30, am Fenster nur 10 cm lang. Ebenso verhielten sich die Blätter von Zwiebeln, Tulpen, Hyazinthen. Sie müssen sich eben, falls sie verschüttet werden, selbständig hervorarbeiten, ohne von einem Stengel unterstützt zu werden. Derartiger Ausnahmen, die unter den besonderen Umständen höchst zweckmäßig erscheinen, sind eine ziemliche Anzahl bekannt geworden. Bei Keimlingen z. B., deren Keimblätter (Cotyledonen) unter natürlichen Umständen unter der Erde

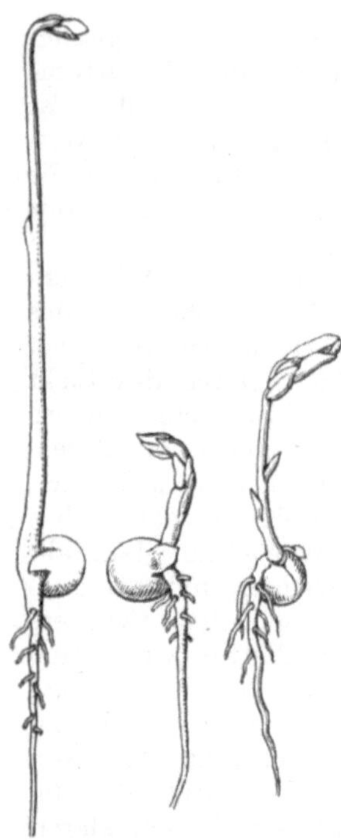

Abb. 32.

Erbsenkeimlinge. Der erste im Dunkeln, der zweite und dritte am Lichte gewachsen, letztere verschieden alt. Verkleinert.

bleiben, streckt sich das unterste Stengelstück auch nicht im Finstern. Ein Beispiel hierfür ist die Feuerbohne (Phaseolus multiflorus); während bei ihrer Verwandten, der Buschbohne (Ph. vulgaris), die ihre Cotyledonen über die Erde erhebt, das entsprechende Organ das normale Verhalten der Stengel zeigt. Auch die Keimlinge der Eiche, der Wallnuß, der Erbse verhalten sich so. Dafür streckt sich dann der Stengel über den Cotyledonen im Dunkeln sehr stark (Abb. 32). Interessant sind auch viele Schlingpflanzen, z. B. der Hopfen (Humulus Lupulus), die gleichfalls die Verlängerung der Internodien im Dunkeln vermissen lassen. Sehen wir uns aber die jungen Triebe näher an, so finden wir, daß sie auch normalerweise bis auf die Farbe annähernd das Aussehen zeigen, das sonst vergeilten Pflanzen zukommt. Warum für ihre kletternde Lebensweise ein Zurückbleiben der Blätter zugunsten der stark verlängerten Stengel zweckmäßig erscheint, haben wir schon früher besprochen (vgl. S. 88). Noch weiter in der Richtung kann die Pflanze offenbar gar nicht gehen. Sachs (1863) betonte, daß besonders solche Stengelorgane zur Überverlängerung im Dunkeln und Hemmung im Licht geneigt sind, die ihre erste Anlage normalerweise im Dunkeln erfahren. Ein schönes Beispiel bildet die Kartoffel, deren Triebe im Dunkeln sehr lang werden, während am Licht die Knospen kaum auszuwachsen vermögen. Es entstehen dann nur kurze, knöllchenartige Gebilde. Haben die „Augen‟ im Dunkeln zu keimen begonnen, dann wirkt nachher das Licht viel weniger hemmend.

Vielleicht am hübschesten ist derselben Regel entsprechend bei vielen Keimpflanzen die Einwirkung der Belichtung zu zeigen. Eine Unterfamilie der Gräser, die Paniceen, zu der z. B. Panicum miliaceum, die Hirse und die Arten von Setaria gehören, zeichnet sich dadurch aus, daß sie im Dunkeln ein erstes Stengelorgan zu ziemlicher Entwickelung bringt, das bei ihr im Hellen und bei den anderen Gräsern unter allen Umständen ganz kurz bleibt. (Vgl. auch Abb. 50, S. 143.) Doch kann es bei manchen Hafer- und Maissorten im Dunkeln auch merklich wachsen. Dieser Keimstengel, der das erste scheidenartige Blatt, und darin eingeschlossen die junge Knospe trägt,

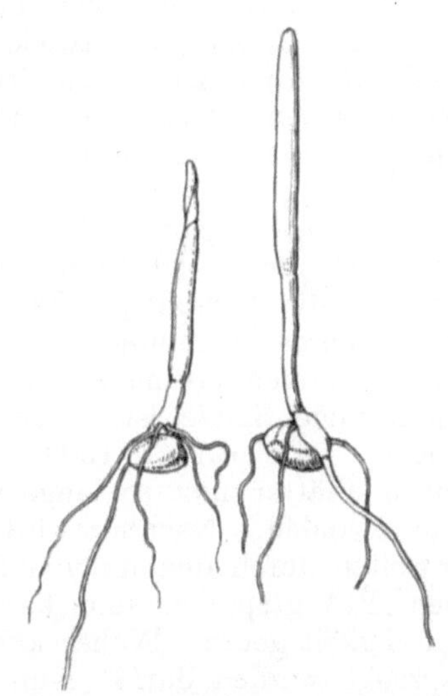

Abb. 33.

Maiskeimlinge, links am Lichte, rechts im Dunkeln gewachsen. Verkleinert.

besitzt eine besonders große Lichtempfindlichkeit und wird schon durch kurze oder schwache Beleuchtung merklich im Wachstum gehemmt (Abb. 33). Es darf sich auch nicht über den Boden erheben, denn es ist nicht geeignet, die erwachsene Pflanze zu tragen. Diese wird vielmehr durch (Adventiv-) Wurzeln gestützt, die am ersten Knoten, also am oberen Ende des erwähnten Stengelstückes entstehen, was beim Mais besonders gut zu sehen ist. Nach allem was wir wissen, vermögen solche Wurzeln sich aber nur im Feuchten zu entwickeln, also innerhalb oder in der Nähe des Bodens, in den sie sogleich eindringen. Auch bei anderen Pflanzen, z. B. beim Kürbis entstehen solche Wurzeln an der entsprechenden Stelle, sobald der Knoten auf die Erde kommt.

Das erwähnte erste Stengelorgan der hirseartigen Gräser hat

also die Aufgabe, die Spitze des Keimlings an die Oberfläche zu
bringen, soll aber selbst nicht die Erde verlassen. Entsprechend
dieser Funktion hört es nicht erst zu wachsen auf, wenn es selbst
beleuchtet wird, sondern auch schon dann, wenn die von ihm ge-
tragene Knospe ans Tageslicht kommt. Der Lichtreiz wird also in
die Tiefe geleitet. Wie Fitting (1907a) in eingehenden Versuchen
nachgewiesen hat, wird das Wachstum des Keimstengels etwa ebenso
stark gehemmt, wenn er selbst, wie wenn das daran sitzende Schei-
denblatt allein vom Lichte getroffen wird. In der Natur wird zuerst die Spitze ans Licht kommen, wenn der Same unterirdisch
keimt. Liegt er aber oberflächlich, so unterbleibt die Ausbildung
des Keimstengels überhaupt fast ganz.

Diese Eigentümlichkeit mancher Graskeimlinge, im Dunkeln ein
besonderes Organ zu entwickeln, das dazu dient, die junge Knospe
ans Licht empor zu tragen, ist aber noch lange nicht alles, was uns
hier an ihnen interessiert. Eine ähnliche Lichtempfindlichkeit zeigt
nämlich bei allen Gräsern das erste Blatt, das zu einer geschlossenen
Scheide ausgebildet ist, die sog. Coleoptile. (Vgl. Abb. 33.) Dieses
röhrenförmige Organ schließt im Innern die jungen Blätter ein, die
noch zart und weich sind und für sich nicht imstande wären, die
Erde zu durchbrechen. Es schützt sie aufs beste, denn vermöge
seiner inneren Spannung, die sich in einer starken Dehnung der Zellwände dokumentiert, hat es eine beträchtliche Steifheit. Die geschlossene,
kegelförmige Spitze ist besonders geeignet, Hindernisse beiseite zu
schieben (Weinzierl 1908). Es ist klar, daß dieses Organ die
jungen Blätter nur so lange umhüllen muß, wie sie sich unter der
Erde befinden. Nachher wird es an einer vorgebildeten Stelle nahe
der Spitze durch den inneren Druck der fortwachsenden Blätter mit
einem Riß gesprengt und kann zugrunde gehen, denn es hat seine
Schuldigkeit getan. Woher aber weiß die Pflanze, daß die Coleoptile
gesprengt werden darf? Nun, als Zeichen dafür, daß das Freie erreicht ist, gilt ihr die Belichtung. Im Dunkeln wächst die Scheide
schneller oder mindestens ebenso rasch wie die Blätter, so daß oft
(z. B. beim Roggen) ihr oberes Ende leer bleibt. Am Licht aber
wird sie stark im Wachstum gehemmt, die Blätter aber gefördert,
so daß sie bald den Hohlraum ausfüllen und von innen einen Druck
ausüben, der sie befreit. Also reguliert das Licht durch die verschieden
starke Beeinflussung des Wachstums der verschiedenen Teile den so
bedeutungsvollen Vorgang der Beendigung des Keimlingsstadiums, der
nicht zu früh vor sich gehen darf, weil sonst die junge Pflanze im
Boden stecken bleibt (Abb. 34). Die Richtungsbewegungen, die noch
hinzukommen, um das junge Pflänzchen ans Licht empor zu leiten,
werden wir an anderer Stelle besprechen (vgl. S. 175). Hier soll nur
noch hervorgehoben werden, daß alle diese schönen Einrichtungen
eine Grenze ihrer Wirksamkeit finden, daß also z. B. auch im Dunkeln
schließlich die Scheide durchbrochen wird, wenn ihre Wachstumsfähigkeit kurz vor dem Erlöschen stark herabgesetzt ist. Das Heraus-

treten der Blätter fällt mit dem Aufhören des Wachstums der Coleoptile zeitlich sehr nahe zusammen. Nach ihrer Durchbrechung hat ja auch die Scheide weiter keinen Nutzen mehr, und ein weiteres Wachstum wäre Kraftverschwendung. Aber die vier- bis fünffache Länge von der, die sie am Licht zeigt, kann die Coleoptile im Dunkeln bei vielen Gräsern, z. B. bei den Getreidearten immerhin erreichen.

Wenn hier das besonders interessante Verhalten der Graskeimlinge etwas ausführlicher geschildert wurde, so soll damit nicht gesagt sein, daß nicht ähnliche Verhältnisse in der Beeinflussung der Wachstumserscheinungen durch das Licht auch anderswo vorkämen.

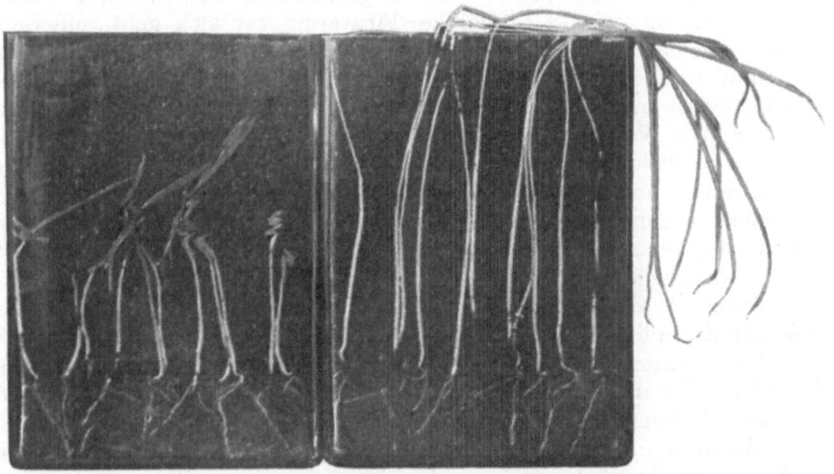

Abb. 34.

Haferkeimlinge in Erde hinter Glas gewachsen. Rechts im Dunkeln kultiviert. Die Pflanzen brechen ohne Schwierigkeit durch die Erde, die Blätter bleiben zusammengerollt in der Scheide. Links durch Beleuchtung am Hervorkommen gehindert. Die hervorbrechenden Blätter bieten großen Widerstand und werden bei der Streckung zickzackförmig zusammengedrückt. Verkleinert.

Wohl bei allen Keimpflanzen wird die Entwickelung der ersten Stengelglieder im Dunkeln sehr viel weiter getrieben, als am Lichte. Ebenso aber auch bei den Trieben, die aus unterirdischen Organen hervorkommen und die sich in mancher Beziehung wie Keimpflanzen verhalten. Die geringere Wasserverdunstung im Dunkeln und besonders im feuchten Boden kommt dann noch hinzu, der Pflanze ein Längenwachstum zu erlauben, wie es über der Erde nicht stattfindet. Denn die Transpiration hemmt das Wachstum. Die Volumzunahme der Zellen wird hauptsächlich durch Wasseraufnahme bewirkt und daher durch geringes Welken schon aufgehoben. Auch setzt die Wasserverdunstung die Temperatur herab, was gleichfalls zur Verzögerung des Wachstums führen kann.

Nur kurz soll erwähnt werden, daß Stengelorgane, die die Auf-

gabe von Blättern übernommen haben, also z. B. die blattähnlichen
Flachsprosse vom Mäusedorn (Ruscus), die nadelartigen Assimilationsorgane vom Spargel, aber auch die abgeflachten Stengelteile der
Kakteen, z. B. Phyllocactus und Opuntia, sich im Dunkeln nicht
verlängern. Bei den letzteren ist es bemerkenswert, daß sie dann
vielfach auch nicht flach werden, sondern stielrund (vgl. z. B. Goebel
1898—1901). Es wird also hier nicht nur die Stärke des Wachstums,
sondern auch seine Art beeinflußt. Dergleichen finden wir häufig,
und wir wollen später noch davon sprechen.

Bisher haben wir immer den Fall im Auge gehabt, daß ein
Pflanzenorgan völlig vom Lichte abgeschlossen wurde. Wir haben
sein Wachstum, wie es in völliger Finsternis vor sich geht, mit dem
unter normalen Verhältnissen verglichen. Diese Angaben müssen
wir nun nach mehreren Richtungen ergänzen. Zunächst ist zu bemerken, daß nicht nur völlige Dunkelheit das Wachstum beeinflußt,
sondern jede Veränderung im Lichtgenuß. Wir dürfen also entsprechend den Beleuchtungsverhältnissen alle Übergänge zwischen völlig
verfinsterten und reichlich beleuchteten Pflanzen erwarten. Es wird
demnach schon eine im Schatten gewachsene Pflanze anders aussehen, als eine andere derselben Art, die voller Sonne ausgesetzt
war. Natürlich werden dabei auch die Lichtbedürfnisse der verschiedenen Arten eine Rolle spielen. Bei einer Beleuchtung, die für
eine Schattenpflanze gerade günstig wirkt, wird eine an mehr Sonne
gewöhnte schon ein unnormales, vergeiltes Ansehen haben. Die
Schädigungen durch Beschattung, die auf ungenügender Assimilation
beruhen, können wir hier nicht besprechen.
Wenn wir in den früheren Betrachtungen über die Unterschiede
zwischen im Dunkeln und am Lichte gewachsenen Pflanzen bei den
ersteren das Extrem gewählt haben, so war das im Gegensatz dazu
bei den am Tageslicht gehaltenen nicht der Fall, da diese in der
Nacht gleichfalls verdunkelt waren. Es muß daher möglich sein,
durch künstliche Dauerbelichtung die Lichtform noch ausgeprägter
zu bekommen. Solche Versuche sind von Bonnier (1895) angestellt
worden und entsprechen ungefähr der hier ausgesprochenen Erwartung. Doch wären neue Untersuchungen mit stärkerem Licht sehr
erwünscht. Auch wissen wir nicht, ob eine starke, kurze Belichtung
dasselbe bewirkt wie eine schwache, längere. Es wäre möglich, daß
für manche, aber sicher nicht für alle Wirkungen, die von der Pflanze
aufgefangene Gesamtlichtmenge allein von Bedeutung ist. Ferner
ergibt sich im Anschluß an den Tageslichtwechsel die Frage, ob
Organe existieren, die durch Beleuchtung so stark gehemmt werden,
daß sie überhaupt nur in der Nacht zu wachsen vermögen, und die
deshalb im Dauerlichte gar nicht zur Entwickelung kämen? Es ist
die Frage, ob z. B. die Keimstengel der Paniceen hierher gerechnet
werden können? Bei ihnen ist die Nachwirkung der Tagesbelichtung
so stark, daß nachher auch in der Nacht das Wachstum noch ge-

hemmt ist. Es bedarf also hier keiner dauernden Belichtung, um das Wachstum fast völlig zu unterdrücken.

Damit kommen wir zu dem Einfluß, den der Wechsel von Tag und Nacht auf das Wachstum der Pflanzen ausübt. Dieses Problem hat eine eingehende Bearbeitung erfahren. Oben haben wir gesagt, daß die Veränderung der Wachstumsgeschwindigkeit mit der Belichtung eine Reizbeantwortung darstellt, die auch im normalen Leben der Pflanze eine große Rolle spiele. Ein Wechsel der Beleuchtung ist aber vor allem durch die mit der Drehung der Erde um ihre Achse verknüpfte periodische Verdunkelung und Belichtung gegeben. Außer in den Polarländern ist die Pflanze diesem Wechsel ständig ausgesetzt. Ihm entspricht in der Tat eine Periodizität im Längenwachstum der beleuchteten Organe.

Die Zuwachsbewegung verläuft nun aber auch unter möglichst gleichartigen Bedingungen, also Ausschaltung aller Beleuchtungs- und Temperaturschwankungen, durchaus nicht gleichmäßig. Vielmehr findet man allgemein, daß das Wachstum bei einem neu angelegten Organe erst ansteigt und nach einem früher oder später erreichten Maximum wieder abfällt, bis Stillstand eintritt. Man nennt das mit J. Sachs (1872) die große Wachstumsperiode. Dieser Regel entsprechend verhalten sich die verschiedensten Pflanzenorgane, Blätter sowohl wie Stengelglieder, Wurzeln, Früchte usw. Die die große Periode wiederspiegelnde Wachstumskurve wird nun unter normalen Bedingungen durch kleinere Schwankungen modifiziert. Die auffälligsten fallen mit dem Wechsel von Tag und Nacht zusammen, und zwar findet bei sonst gleichmäßigen Bedingungen meist das stärkste Wachstum am Ende der Dunkelperiode, also bei Sonnenaufgang, das schwächste am Ende der Hellperiode, bei Sonnenuntergang statt. Dies erklärt sich daraus, daß der Wechsel nicht sofort die Veränderung der Wachstumsgeschwindigkeit im Gefolge hat, sondern die neue Bedingung eine Zeit wirken muß, ehe die ihr entsprechende Zuwachsgeschwindigkeit sich eingestellt hat. So addieren sich Wirkung und Nachwirkung mit steter Steigerung des Erfolges, bis durch den Wechsel der Beleuchtung wiederum der Umschlag stattfindet.

Messungen zur Feststellung obiger Tatsachen hat zuerst Sachs mit Hilfe eines selbstregistrierenden Apparates, des Auxanometers, ausgeführt (vgl. S. 25). Mit Hilfe ähnlicher Instrumente wurden von verschiedenen Forschern eine große Anzahl von Wachstumskurven aufgezeichnet, die zwar in Einzelheiten, so in der zeitlichen Lage der schnellsten und langsamsten Längsstreckung usw. voneinander abweichen, in der Hauptsache aber übereinstimmen. Überall wurde durch das Licht das Wachstum der beobachteten Sprosse gehemmt, durch Dunkelheit gefördert. Und immer brauchte diese Reizwirkung eine gewisse Zeit, bis sie einsetzte und den Höhepunkt erreichte. In gewissen Fällen ging das soweit, daß das Maximum erst nachmittags, das Minimum spät in der Nacht auftrat.

Ferner wurde von Sachs (1872) und Baranetzky (1879, zitiert nach Pfeffer 1904) gezeigt, daß nach Verdunkelung einer vorher dem Tageslichtwechsel ausgesetzten Pflanze eine Nachwirkung der Periodizität des Wachstums zu beobachten ist, die erst allmählich ausklingt. Sie kann bei Helianthus tuberosus (Tobinambur) länger als zwei Wochen anhalten, während sie bei anderen Objekten viel eher erlischt. Bei Pflanzen, die von vornherein im Dunkeln erzogen waren, konnte eine den Tageszeiten entsprechende Periodizität nicht gefunden werden.

Bei allen diesen Versuchen muß natürlich auf möglichste Gleichförmigkeit der sonstigen Bedingungen gehalten werden. So können Temperatur- und Feuchtigkeitsschwankungen das Resultat merklich beeinflussen und sogar umkehren, wie man das bei Messungen in freier Natur in der Tat beobachtete. Da ist am Tage durch die größere Wärme das Wachstum beschleunigt, kann aber durch Trockenheit auch wieder gehemmt sein. Von den jeweiligen Umständen hängt es dann ab, welcher Einfluß überwiegt. Ist die Nacht kalt, dann hilft das Fortfallen der Lichthemmung nichts. In warmen Nächten aber überwiegt der Einfluß der Verdunkelung, unterstützt durch die größere Wasserfülle in der Pflanze, die durch die höhere relative Luftfeuchtigkeit und den Fortfall der transpirationsfördernden Bestrahlung zustande kommt.

Eine besondere Bedeutung dürfte diese Periodizität des Längenwachstums für die Pflanze nicht haben. Wir wollen uns deshalb nicht lange bei ihr aufhalten.

b) Einfluß des Lichtes auf die Gestaltung.

Bisher haben wir hauptsächlich die Wirkung des Lichtes auf die Größe des Wachstums, also den quantitativen Einfluß der Beleuchtungsstärke im Auge gehabt. Es ist aber offensichtlich, daß durch das verschiedene Verhalten der Teile zum Licht auch Gestaltsveränderungen zustande kommen können. Die Wissenschaft nennt sie Photomorphosen. Sie werden erzeugt, indem das Wachstum je nach den Lichtverhältnissen in verschiedene Bahnen gelenkt wird: Teile z. B., die am Licht nicht zur Entwicklung kommen, werden im Dunkeln ausgebildet.[1]) Andere sind umgekehrt in ihrer Entstehung an das Vorhandensein von Licht gebunden. Ein solcher Fall liegt schon bei den oben besprochenen Keimstengeln der panicumartigen Gräser und des Mais vor. Man sieht, daß scharfe Grenzen zwischen dem Einfluß auf das Wachstum und dem auf die Gestalt sich nicht ziehen lassen.

Durch die besprochenen und einige noch hinzukommende Einflüsse, die das Licht auf die Wachstumsvorgänge ausübt, kann die ganze Gestalt und Beschaffenheit von Pflanzen und Pflanzenteilen merklich verändert werden. Bei den Blättern haben wir schon erwähnt, daß ihr Wachstum durch starke Besonnung gehemmt wird.

---

[1]) Gestaltsbeeinflussungen wird man kaum zu den Bewegungen rechnen dürfen. Doch schien mir die Aufnahme auch dieser Art von Reizreaktionen in den Plan des Ganzen der Abrundung wegen wünschenswert.

Sie weisen unter solchen Umständen also eine kleinere Flächenentwicklung als im Schatten auf. Das kann schon an den verschiedenen Zweigen eines und desselben Baumes recht merklich werden.

Sehen wir genauer zu, so finden wir noch weitere Unterschiede zwischen Sonnen- und Schattenblättern (Stahl 1883, Haberlandt 1896); die ersteren sind nicht nur kleiner, sondern auch derber und tiefer grün. Das beruht auf anatomischen Unterschieden. Vor allem ist das Sonnenblatt dicker, die Oberhaut hat größere Zellen mit stärkeren Außenwänden und statt einer Lage von Assimilationszellen sind zwei und selbst drei ausgebildet. Die Zellen dieser Art, die besonders viel Chlorophyll enthalten, sind senkrecht zur Blattfläche gestreckt und, mit nur kleinen Lufträumen dazwischen, dicht aneinandergereiht. Sie setzen das sog. Palissadenparenchym zusammen. Es ist klar, daß im schwachen Lichte schon eine dünne Schicht von chlorophyllhaltigen Zellen alles zur Assimilation brauchbare Licht verschlucken wird, während an heller Sonne bei dünner Absorptionsschicht eine Menge wertvoller Energie verloren ginge. Deshalb ist die doppelte Lage von Assimilationszellen beim Sonnenblatt sehr zweckmäßig, während sie im Schatten überflüssig wäre. Die dickere Epidermis der Sonnenblätter verhindert offenbar eine zu starke Verdunstung bei intensiver Bestrahlung. Das lockere, der Unterseite anliegende „Schwammparenchym", das dem Gas- und Wasserdampfaustausch dient, ist bei Schattenblättern stärker entwickelt. Dadurch wird die Transpiration gesteigert, die sonst bei der schwachen Bestrahlung zu gering würde. Es werden also die verschiedenen Gewebe des Blattes in verschiedener und zweckentsprechender Weise vom Lichte beeinflußt.

Die hier geschilderten Verhältnisse sind z. B. am Holunder (Sambucus), an Buchen (Fagus), Eichen (Quercus), Efeu (Hedera) leicht zu bemerken. Bei letzterem sind auch die Abstufungen in der Größe der Blätter besonders gut zu beobachten (Pfeffer, 1904). Bei einer mittleren Helligkeit werden die Blätter am größten, im tiefen Schatten und an heller Sonne kleiner. Während also die Flächengröße bei schwacher und starker Beleuchtung dieselbe sein kann, wird die innere Differenzierung unter beiden Umständen sehr verschieden, was sich äußerlich an der Farbe und Steifheit der Blätter bemerkbar macht. Nur die Flächengröße zeigt ein „Maximum" bei einer mittleren Lichtintensität, das, wie erwähnt, dem Gegeneinanderarbeiten zweier verschiedener Reizwirkungen des Lichtes zuzuschreiben ist.

Entsprechende Unterschiede wie zwischen den Blättern ein und derselben Pflanze finden wir bei typischen Sonnen- und Schattenpflanzen, nur daß sie dort erblich geworden sind, von einer Reizwirkung also nicht gesprochen werden kann. Innerhalb der Grenzen aber, die in der erblichen Organisation festgelegt sind, können noch weitgehende Unterschiede vorkommen. Natürlich sind sie am größten bei solchen Pflanzen, die in der Natur stark abweichenden Beleuchtungsbedingungen ausgesetzt sein können. Maianthemum bifolium z. B., die „Schattenblume", kann auch an recht sonnigen Standorten vorkommen. Ihre Blätter werden dann kaum ein Drittel so groß als im dichten Walde.

Fast ebenso wichtig wie für die Funktion der Blätter ist das Licht für die Aufgabe, die die farbigen Blüten zu erfüllen haben. Sie sollen die Blütenstaub übertragenden Insekten anlocken. Dazu müssen sie sichtbar sein, aus dem grünen Untergrund hervorleuchten und sich an der Sonne ausbreiten. Denn die meisten Insekten lieben die warmen Sonnenstrahlen. Abweichende Fälle treten an Zahl zurück. Die die Abendschmetterlinge anlockenden Blüten besitzen meist Farben, die auch in der Dämmerung sichtbar bleiben, oder sie strömen einen intensiven Duft aus.

So ist es begreiflich, daß Ausbildung und Entfaltung von Blüten vielfach an einen gewissen Helligkeitsgrad gebunden sind. Vöchting (1898) konnte die Gauklerblume (Mimulus luteus) bei schwachem Lichte sieben Jahre lang kultivieren, ohne daß Blüten gebildet wurden. Goebel (1898—1901, S. 209) sagt: „Setzt man mit Blütenknospen versehene Pflanzen von Brassica (Raps), Tropaeolum (Kapuzinerkresse), Papaver (Mohn), Cucurbita (Kürbis) usw. in das Finstere, so gelangen die Blütenknospen nicht zur Entfaltung, wenn sie in zu früher Jugend dem Lichte entzogen werden, ältere Knospen entfalten sich, aber oft weniger vollkommen, und bei Tropaeolum trat an einigen sich nicht entfaltenden Blüten Samenansatz ein." Der letzte Umstand zeigt schon, daß der Nahrungsmangel nicht allein für die schlechte Ausbildung der Blüten im Dunkeln verantwortlich ist. Er wird freilich auch eine Rolle spielen; aber Reizwirkungen kommen hinzu.

Blüten, die sich überhaupt nicht öffnen und durch Selbstbestäubung Samen erzeugen, kennen wir vielfach. Man nennt diese Erscheinung Kleistogamie. Beim Veilchen sind z. B. die unscheinbaren kleistogamen Blüten fruchtbarer als die bekannten sich öffnenden. Manchmal ist das Öffnen oder Nichtöffnen, wie oben für Tropaeolum erwähnt, von der Beleuchtung abhängig. Der Einfluß des Lichtes zeigt sich vor allem an den farbigen Kronblättern, die oft in schwacher Beleuchtung kaum ausgebildet werden. Dasselbe beobachtet man freilich auch bei der nicht vom Lichte abhängigen Kleistogamie z. B. des Veilchens. Manche in schwachem Lichte verkümmerte Blüten öffnen sich doch. Andere, vor allem die zur Kleistogamie neigenden, bleiben geschlossen und befruchten sich selbst. Das gilt z. B. für Stellaria media (Mäusedarm), Linaria spuria (eine Leinkraut-Art) und für Oxalisarten (Sauerklee).
Bei diesen Arten treten also je nach der Intensität der Beleuchtung sich öffnende, auf Fremdbestäubung eingerichtete oder kleistogame Blüten auf.

Im übrigen kann man (Vöchting 1893) vielfach alle Übergänge beobachten von großen und schönen Blüten am hellen Lichte, durch immer kleiner werdende bis zum völligen Verkümmern der jungen Knospen oder sogar dem Ausbleiben jeglicher Blütenanlage.

In anderen Fällen ist freilich die Blütenbildung oder doch Entwicklung vom Lichte durchaus unabhängig. Selbst an gänzlich im Dunkeln erwachsenen Keimpflanzen von Phaseolus vulgaris, Vicia Faba und Cucurbita Pepo beobachtete Sachs (1863, S. 16) die ersten

Anfänge der Blütenbildung. Aus Zwiebeln sich entwickelnde Pflanzen von Tulipa, Iris, Hyacinthus und Crocus brachten es im Finstern zur Ausbildung völlig normaler Blüten, offenbar wegen des reichen Vorrates an Reservestoffen. Blätter und Stengel vergeilten dabei natürlich stark. (Ebenda.)

Wie man sieht, verhalten sich die Blüten dem Lichte gegenüber sehr verschieden, und Ernährungsfragen machen die Sache so verwickelt, daß die sicher auch noch vorhandenen Reizwirkungen des Lichtes nach den vorliegenden Untersuchungen vielfach noch nicht klar hervortreten.

Einen starken Einfluß hat das Licht neben anderen Faktoren auch auf die eigenartige Gestalt der Alpenpflanzen. Es ist vor allem der gedrungene Bau, die dichtgedrängten, dicken, kleinen, tiefgrünen Blätter, die im Hochgebirge so charakteristisch sind, — ferner das häufige Auftreten dichter filziger oder seidiger Behaarung und die großen, farbenprächtigen Blüten, an die hier zu denken ist. Bei der Entstehung aller dieser Merkmale spielt das intensive Licht im Hochgebirge und wahrscheinlich auch sein beträchtlicher Gehalt an stark wirksamen ultravioletten Strahlen eine große Rolle. Es hemmt während des Tages das Längenwachstum der Stengel, das nachts wegen der Kälte gleichfalls gering ist. Die Blätter nehmen aus entsprechenden Gründen die extreme Sonnenform an. Immer wenn es warm genug ist und das Wachstum dadurch ermöglicht wird, wirkt die intensive Belichtung dem entgegen. Die Behaarung ist als Schutz gegen zu starke Bestrahlung aufzufassen, die Blüten sind allgemein bei den Pflanzen an höhere Lichtintensität angepaßt als die vegetativen Teile (vgl. S. 104). Allerdings mag dabei auch der Umstand eine Rolle gespielt haben, daß die im Gebirge spärlich fliegenden Insekten nur die auffallendsten Blüten besuchten und so eine Auslese bewirkten.

Durch alle diese Umstände kommen die zahlreichen rosetten- und rasenartig gewachsenen Pflanzen mit den großen Blüten zustande, die beim Versetzen in die Ebene ihre Gestalt sehr verändern und den entsprechenden Talformen ähnlich werden. Dagegen nehmen alpine Pflanzen auch in der Ebene eine ähnliche Form an wie im Hochgebirge, wenn durch dauernde Beleuchtung oder nächtliche Abkühlung dafür gesorgt wird, daß ihre Stengel nie Gelegenheit finden, sich zu strecken. „Es genügt schon, die Pflanze jeden Abend in den Eisschrank und des Morgens wieder in gute Beleuchtung zu bringen, um z. B. Edelweiß in ähnlicher Wuchsform wie an den alpinen Standorten zu erhalten (Pfeffer 1904)."[1] Was im Hochgebirge die nächtliche Abkühlung neben dem starken Licht am Tage bewirkt, kommt in ähnlicher Weise in der Nähe der Pole durch die Länge der Tage im Sommer zustande. Dadurch erklärt sich zum Teil die von vielen Beobachtern hervorgehobene Ähnlichkeit der Flora in hohen Breiten und großen Meereshöhen.

---

[1]) Nicht zu üppiger Boden dürfte dabei auch eine Rolle spielen.

Beeinflussungen der Pflanzengestalt durch Licht kommen auch sonst vielfach vor. Schöne Beispiele liefern gewisse Meeresalgen. Bei Stypocaulon scoparium unterschied Berthold (1882) Sommer- und Winterformen. „Im Winter bei schwacher Beleuchtung erscheinen die Büsche pyramidal, weil die Seitenäste der Hauptsprosse relativ wenig wachsen im Vergleich zu letzteren; im Sommer aber wird die Pflanze besenartig, weil die Hauptachsen im Wachstum zurückbleiben, während die Seitenachsen gefördert erscheinen und erstere fast überragen (Oltmanns 1905.") Derartige und noch verwickeltere Erscheinungen werden eine ganze Anzahl aufgezählt. (Vergl. auch Tobler 1904).

Manche von den Veränderungen, die Meeresalgen in hellem Lichte zeigen, sind deutlich als Schutz gegen zu starke Bestrahlung zu erkennen (Berthold 1882). Fucusarten, Codium usw. bedecken sich mit einem dichten Pelz farbloser Haare. Andere, wie z. B. Arten von Chylocladia, Chondriopsis, Cystosira, Dictyota schützen sich dadurch, daß sie gewisse Lichtstrahlen zurückwerfen. In diesem Falle können die betreffenden Algen wundervoll blau, grünlich oder weißlich schimmern. Bei Besonnung entstehen diese Schutzmittel in kurzer Zeit. Im Schatten verschwinden sie schnell wieder. Es handelt sich also offenbar um eine Reizwirkung des Lichtes. Auch ist es bei den im Wasser lebenden Algen deutlicher als bei Landpflanzen, daß nicht die zu starke Transpiration, sondern die Schädigung durch die Bestrahlung selbst es ist, welcher die Schutzanpassungen gelten.

Merkwürdig ist das Verhältnis zum Lichte auch bei manchen Pilzen. Diese Gewächse brauchen die Sonnenstrahlen nicht wie die grünen Pflanzen zur Bereitung ihrer Nahrung. Demgemäß können die meisten Pilze ihre Entwicklung in völliger Finsternis ebensogut oder sogar besser durchmachen als am Tageslichte. Die künstlichen Kulturen des Champignons z. B. werden immer im Dunkeln gehalten. Wenn wir daher sehen, daß sich einige Pilze, wenigstens in ihrer Fortpflanzung, in ein Abhängigkeitsverhältnis zum Lichte begeben haben, so können wir in diesen Fällen von vornherein auf einen besonderen Zweck schließen.

Die Pilze, an denen der Lichteinfluß am besten studiert ist, sind Mistbewohner. Diese zeigen die Abhängigkeit von der Beleuchtung am schönsten, doch kommt die Erscheinung auch bei anderen Pilzen vor.

Das Fadengeflecht, das das feuchte Substrat durchzieht, und die Nahrungsstoffe daraus an sich reißt, wächst im Finstern. Sollen aber Sporen gebildet werden, so hätte es keinen Zweck, sie im Innern des schon ausgesaugten Mistes niederzulegen. Sie sollen vielmehr ins Freie gelangen, um durch den Wind oder durch Tiere verbreitet zu werden. Hierbei ist die Lichtempfindlichkeit der Fruchtträger von Nutzen. Das Licht ist für sie, ähnlich wie für Keimlinge, das Signal, daß das Freie erreicht ist. Brefeld (1881 und

1889) zeigte, daß bei der Gestaltveränderung der Pilze im Finstern eine Art von Etiolement vorliegt, ähnlich wie bei höheren Pflanzen. Im Dunkeln verlängern sich die Fruchtträger sehr stark, am Lichte werden sie im Wachstum gehemmt. Die Sporangien und die Fruchtkörper selbst dagegen kommen vielfach überhaupt nur am Lichte zur Entwicklung.

Die Pilze, um die es sich handelt, gehören sehr verschiedenen Verwandtschaftskreisen an. Die Arten von Pilobolus gehören zu den Mucorineen. Bei dem kleinen P. microsporus z. B. werden die schlauchförmigen Fruchtträger im Lichte, z. B. am Fenster, etwa 5—8 mm lang, im Finstern aber bis 200 mm! (Gräntz 1898) (Abb. 35.) Sie tragen oben eine Blase, auf der ein schwarzes Käppchen aufsitzt: das Sporangium mit seinen klebrigen Sporen. Ist die Reife eingetreten, so öffnet sich die Blase an der Spitze, und das Sporangium wird durch ihren Saft, der unter Druck stand und nun herausspritzt, fortgeschleudert. Es kann dabei an einem entfernteren Ort am Grase hängen bleiben und vom Vieh mit gefressen werden. Da die Sporen der Verdauung widerstehen, können sie dann nach der Entleerung gleich wieder keimen. Tatsächlich findet man auf Pferde- und besonders Kuhmist, der unter einer Glocke ausgelegt wird, regelmäßig nach einiger Zeit Pilobolus.

Um diesen wunderbaren Mechanismus wirksam zu machen, ist es aber nötig, daß das Sporangium ins Freie schießt. Deshalb wächst sein Stiel so lange, bis er ans Licht tritt. Im Dunkeln wird das Sporangium gar nicht ausgebildet. Eine Belichtung von kurzer Dauer — bei hellem Lichte schon eine Viertelstunde — genügt, um die Anlage und Fortbildung des Sporangiums anzuregen Das Längenwachstum des Stieles wird dann sogleich gehemmt. Zur Funktion des Abschießens muß noch erwähnt werden, daß sich die Spitze des Fruchtträgers in die Richtung des Lichtes stellt und diesem das Sporangium entgegenschleudert. Dadurch wird bewirkt, daß die Sporen auch dann ins Freie gelangen, wenn der kurze Fruchtträger sich in einer Vertiefung entwickelt hat.

Entsprechende Verhältnisse finden sich bei gewissen, gleichfalls auf Mist wachsenden Hutpilzen, den Coprinusarten, die mit Pilobolus

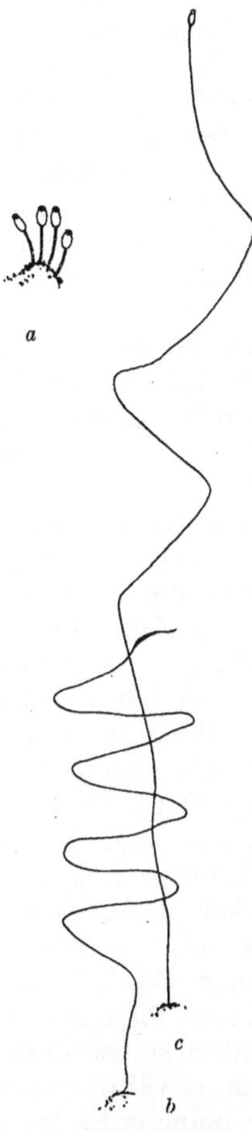

Abb. 35.

Pilobolus mikrosporus (nach Brefeld).

a) Am Lichte gewachsene normale Sporangienträger mit Wasserblase und dem schwarzen Sporenbehälter. b) Im Halbdunkel vergeilter Fruchtträger mit ganz verkümmertem Sporangium. Durch wiederholte Änderung der Lichtrichtung phototropisch hin- und hergebogen. c) Ein ebensolcher, der nachträglich am Lichte ein kleines Sporangium gebildet hat. Natürliche Größe.

nicht verwandt sind. Sie gehören vielmehr zu den Agaricineen, den Champignonpilzen. Hier finden wir alle Abstufungen der Abhängigkeit vom Lichte. Bei Coprinus ephemerus bleiben Hüte und Stiele im Dunkeln klein und schlaff, bei C. stercorarius und plicatilis vergeilen die Träger und der Hut kommt nicht über die erste Anlage hinaus, bei C. niveus und nycthemerus werden ohne Licht überhaupt keine Fruchtkörper gebildet. Ihre Zahl bleibt auch bei den anderen Arten im Finstern gering (Brefeld 1881 u. 89). Am besten untersucht ist der auf Pferde- und Kuhmist häufig vorkommende Coprinus stercorarius, ein zierlicher schirmförmiger Pilz, der am Lichte etwa 6 cm hoch wird. Im Dunkeln kann der Träger des Hutes 20—30 und bei günstiger Ernährung selbst über 70 cm lang werden! Er erreicht wie bei Pilobolus das Freie, indem er dem Lichte entgegenwächst. Natürlich kann er sich bei so großer Länge nicht mehr aufrecht halten, sondern kriecht am Boden hin und erinnert dann lebhaft an vergeilte Kartoffelsprosse. Ist es dem verlängerten Hutstiele nicht möglich ans Licht zu kommen, dann bildet er im Welken neue seitliche Träger, so daß selbst nach Monaten noch eine Sporenbildung erfolgen kann, sobald günstigere Beleuchtungsbedingungen eintreten. Am Lichte entstehen so nachträglich aufrechte, allerdings kleine Hüte, die in normaler Weise ihre Sporen verbreiten können. Auch hier genügt übrigens eine kurze kräftige Belichtung, um die Hutbildung anzuregen und das Stielwachstum zu hemmen. Daraus geht deutlich hervor, daß es sich um eine echte Reizwirkung handelt.

Noch manche andere Pilze zeigen eine Abhängigkeit vom Lichte, so Lentinus lepideus, Sphaerobolus stellatus, Xylaria Hypoxylon (Freeman 1910), die im Dunkeln keine Fruchtkörper bilden, sowie Mucor flavidus und M. racemosus, die verfinstert unter bestimmten Ernährungsbedingungen keine Sporangien oder doch keine Sporen entwickeln. Auf alle diese Fälle können wir hier nicht eingehen. Für uns war es nur von Wichtigkeit zu zeigen, daß auch bei nicht grünen Gewächsen Erscheinungen auftreten, die dem Etiolement der höheren Pflanzen ähnlich sind oder in ihrem verbildenden formativen Einfluß selbst über das dort Beobachtete hinausgehen. Es soll nur noch erwähnt werden, daß für viele Bakterien und Pilze, wie auch für manche Protozoen das Licht einen entwickelungshemmenden oder bei hoher Intensität selbst tödlichen Reiz bedeutet. Dabei wirken ganz allgemein die blauen bis ultravioletten Strahlen stärker als die roten und gelben, wie das ja auch bei höheren Pflanzen der Fall ist.

c) Photonastie.

Bei den Alpenpflanzen und den lichtempfindlichen Pilzen, wie auch bei dem — in gewisser Hinsicht zueinander gegensätzlichen — Verhalten der Blätter und Stengel war es deutlich zu sehen, daß verschiedene Organe und Organteile vom Lichte recht verschieden beeinflußt werden können. Ja, in den Blättern reagiert, wie erwähnt, sogar das Palissadenparenchym anders als das Schwammparenchym. Es verhalten sich demnach dicht nebeneinander gelagerte Gewebsschichten verschieden. Man kann sich also nicht wundern, wenn auch Zellkomplexe, die nicht sichtbar verschieden voneinander, sondern nur durch ihre Lage charakterisiert sind, also z. B. die Flanken ein und desselben Organes, durch das Licht in ihrem Längenwachstum verschieden beeinflußt werden.[1]) Die Folge ist dann eine Krümmung des betreffenden Stengels, Blattstiels usw., ähnlich, wie wir das beim Geotropismus gesehen haben. Nur daß hier die Richtung der Krümmung in keiner Beziehung zum bewirkenden Reiz steht. Vielmehr ist sie durch innere Beziehungen, wie Ansatz am Stengel u. dgl. oder auch durch die Schwerkraft gegeben. Das bleibt in jedem einzelnen Falle zu untersuchen. Äußerlich sieht man nur einen Lagewechsel des Pflanzenteils nach Verdunkelung oder Belichtung, meist ein Heben oder Senken. Man nennt das Photonastie. Eine solche ist gekennzeichnet durch eine Veränderung in der Lichtstärke als bewirkenden Reiz und eine Bewegung, die keine Beziehung zur Lichtrichtung hat, als Reizerfolg.

Die Blätter z. B. bleiben beim Etiolement nicht nur klein und innerlich weniger differenziert als am Lichte, sondern sie behalten auch die Lage länger bei, die sie in der Knospe innehatten, bleiben dem Stengel angelegt, gefaltet oder gerollt usf. Erst auf den Zutritt des Lichtes geht parallel mit ihrer sonstigen normalen Ausbildung auch die Entfaltung vor sich. Besonders auffallend und leicht zu beobachten ist das wiederum bei Keimpflanzen. Die Keimblätter haben im Samen eine bestimmte Lage, die es ermöglicht, sie auf möglichst kleinem Raume unterzubringen. Denn der Same ist ein rundliches Gebilde mit einem im Verhältnis zur Oberfläche großen Inhalt, der zur Aufspeicherung von Vorratsstoffen dient. Die Cotyledonen dagegen sind flächige Organe oder sie werden es doch, falls sie später die Funktion von Blättern übernehmen sollen. Sie müssen sich also am Licht ausbreiten. Das sieht man sehr schön bei dem Samen von Ricinus, wo die ziemlich großen, eng gefalteten, weißlichen Keimblätter im Samen dem Nährgewebe dicht anliegen und später nach Sprengung der Hüllen sich ausbreiten. Auch die Samen vieler Kreuz-

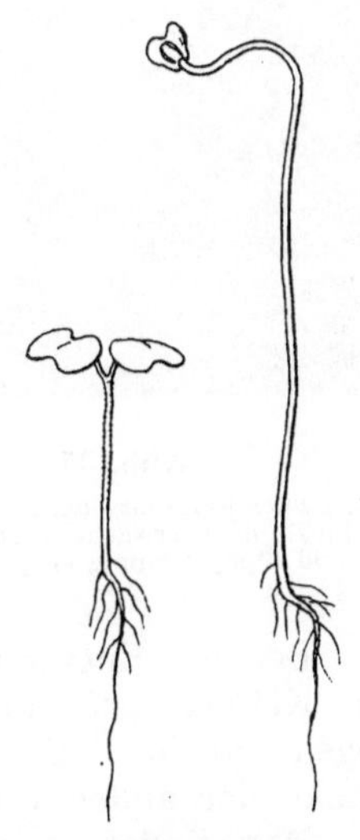

Abb. 36.

Keimlinge von Sinapis alba, links am Lichte, rechts im Dunkeln gewachsen. Verkleinert.

---

[1]) Bei diesem Vergleich darf freilich nicht vergessen werden, daß die Gestaltung der Sonnenblätter nicht durch den direkten Einfluß des Lichtes auf die Ausbildung der Gewebe zustande kommt, sondern daß die Form schon im Vorjahre durch den Lichtreiz, der die Anlage trifft, als Ganzes beeinflußt wird.

blütler, z. B. Raps (Brassica Napus) und Senf (Sinapis alba) zeigen dasselbe und mit ihnen viele andere (Abb. 36). An vergeilten jungen Pflänzchen findet man die Cotyledonen lange noch in der Knospenlage, eng zusammengelegt. Manche entfalten sich im Dunkeln nie, z. B. die vom Buchweizen (Fagopyrum esculentum) (Sachs 1863), die meisten nur sehr verspätet. Kommen sie aber nicht zu spät ans Licht, so breiten sie sich bald aus.

Bei den Bohnenkeimlingen (Phaseolus multiflorus) kann man einige besonders hübsche Erscheinungen beobachten, die die Dunkelkeimlinge von den am Licht entwickelten unterscheiden, und die offenbar das Durchbrechen irgendwelcher verdunkelnder Decken erleichtern. So wird bei ihnen nicht nur der Stengelteil, der die ersten Blätter trägt, im Dunkeln 3—4 mal so lang als am Lichte, sondern es wächst auch der Stengelteil über den Primärblättern ganz beträchtlich, so daß nach 14 Tagen eine Gesamtlänge von 40—50 cm erreicht wird, während gleichalte Lichtkeimlinge nur 10—15 cm lang sind. Die Stiele der Primärblätter wachsen gleichfalls im Dunkeln sehr viel länger. Auch bleiben sie fast vertikal aufgerichtet, während sie am Lichte nahezu horizontal stehen. Dadurch wird gleichfalls der Widerstand in Erde, abgefallenem Laub u. dgl. vermindert. Ferner ist nicht nur die Spitze des Stengels mit der Endknospe, sondern auch jedes Blatt an seinem Stiele abwärts gebogen, während sie sich am Lichte aufrichten (Abb. 37 u. 38).

Abb. 37.

Spitze eines Keimlings der **Feuerbohne**, der im Dunkeln erwachsen ist. Blattstiele und Stengel lappig eingekrümmt.

Bei der Entwickelung vieler Sämlinge ist zu beobachten, daß der Keimstengel nicht geradeaus wächst, sondern einen scharfen Bogen macht. Die Krümmung entsteht dadurch, daß die eine Flanke der anderen im Wachstum vorauseilt.

Man findet in den ersten Keimlingsstadien die Wurzel hervortreten und sich mit Hilfe der Haargebilde auf ihrer Oberfläche im Boden verankern. Auch die Samenschale liegt oft fest, was durch schleimige (Kresse, Senf) oder klebrige Stoffe (Kürbis) erreicht werden kann (Abb. 39). Der zwischen Wurzel und Samenschale befindliche Stengelteil streckt sich nun und macht dabei einen Bogen nach oben, so daß er gewissermaßen mit dem Ellbogen die Erdteile beiseite schiebt. Die Keimblätter werden dann bei weiterem Wachstum des

Stengels aus dem Boden und aus der Samenschale gezogen und nicht geschoben, wie es der Fall wäre, wenn der Stengel geradeaus aufwärts wüchse. Der Nutzen der Einrichtung ist klar. Mit den Blättern voraus Hindernisse zu überwinden wäre kaum möglich. So finden wir es sehr begreiflich, daß selbst gerade angelegte Keimlinge nachträglich noch eine aktive Einkrümmung erfahren, die die

Abb. 38.
Spitze desselben Keimlings der Feuerbohne, einige Tage im Hellen.
Blätter und Stengel aufgerichtet. Verkleinert.

Cotyledonen resp. die Endknospe in abwärts geneigte Lage bringt. Gute Beispiele sind die Sonnenrose (Helianthus annuus) oder der Flachs (Linum usitatissimum).

Die Einkrümmung oder Nutation des Sproßendes ist bei den meisten dikotylen Keimlingen und bei vielen der aus unterirdischen Wurzelstöcken u. dgl. hervorkommenden Trieben zu beobachten. Sie kann in einem kausalen Verhältnis zur Schwerkraft stehen (positiver

Geotropismus des Spitzenteils) oder allein eine Beziehung zur Richtung des älteren Stengelteils haben (autonome Nutation). Das Nicken der Knospe bei steter Verlängerung des Triebes kommt dadurch zustande, daß in einer bestimmten Zone, von der Spitze aus gerechnet, eine Krümmung auftritt. Das Verhalten der einzelnen Stengelteile bei solchen Nutationen haben wir oben (S. 82) besprochen. Hier interessiert uns nur ihr Verhältnis zum Lichte.

Wie betont, dient die Nutation in den Fällen, die wir hier im Auge haben, nur der Befreiung aus der Erde. Ist diese erreicht, so muß die Krümmung wieder ausgeglichen werden, damit das Sproßende und damit die Blätter in die normale Lage kommen. Das Signal dazu gibt das Licht, das den aus dem Boden hervorbrechenden Spitzenteil trifft.

Ein vorzeitiges Geradestrecken des gekrümmten Stengels und Ausbreitung der Blattorgane würde den Widerstand so sehr vergrößern, daß der Keimling oder junge Trieb in der Erde stecken bleiben müßte. Daß das so ist, und daß wirklich das Licht die bewirkende Ursache bei der Auflösung der Keimlingslage ist, zeigte mir ein einfacher Versuch. Ich ließ Samen in Erde hinter einer Glasscheibe keimen, die dabei ein klein wenig geneigt war, damit die hervortretenden Keimstengel sich ihr durch ihren positiven Geotropismus anpreßten und sichtbar blieben. (Ähnlich wie bei dem Sachsschen Wurzelkasten, vgl. S. 36 u. 99.) Wurde dann ein Teil der Keimlinge durch die Glasscheibe hindurch dem Tageslichte ausgesetzt, ein anderer Teil aber durch schwarzes Papier verdunkelt, so resultierte nach einiger Zeit folgendes (vgl. Abb. 39): die verdunkelten Pflänzchen zeigten schöne Nutation und durchbrachen die lockere Erde ganz leicht. Die belichteten aber suchten die Cotyledonen auszubreiten und den Stengel aufzurichten. Beides gelang ihnen nicht. Der vergrößerte Widerstand bewirkte, daß der wachsende Keimstengel sich vielfach gewunden hin- und herbog, anstatt senkrecht aufwärts zu stoßen. Natürlich hätte bei einer gewissen Tiefenlage schon die Hemmung des Wachstums bewirkt, daß der Stengel die Spitze nicht mehr ins Freie gebracht hätte. Die geschilderten Hemmungen verhinderten aber auch bei flacher Saat schon das Hervortreten. Zu solchen Versuchen eignen sich Keimlinge von Senf, Sonnenrosen, Ipomoea u. a. Auch kann man dieselbe Versuchsanstellung für Graskeimlinge benutzen, bei denen durch die Belichtung die Keimscheide vorzeitig durchbrochen wird, so

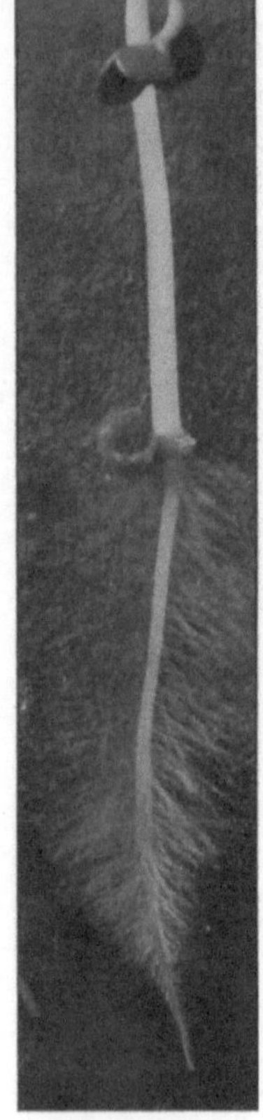

Abb. 39.
Rapskeimling, auf schwarzem Löschpapier gewachsen, aufs Doppelte vergrößert.

daß dann die zarten und flächigen Blätter hervortreten (vgl. S. 99). An diesen kann man auch beobachten, daß sie im Dunkeln länger und schmäler werden und niemals die zusammengerollte Knospenlage verlassen, am Lichte aber sich ausbreiten. Es treten also auch hier wieder am Lichte allerlei Veränderungen auf, die, falls sie in der Erde vor sich gehen, das Hervortreten aus dem Boden unmöglich machen. Wahrscheinlich wird es keinen Sämling geben, dem unter solchen Umständen das Durchbrechen einer Bodenschicht möglich wäre, die unter natürlichen Verhältnissen kein großes Hindernis ist.

Eine sehr ausgesprochene Photonastie zeigen vielfach auch die Blätter der Rosettenpflanzen. Die Abb. 41 zeigt 4 Exemplare von Sempervivum (Dachwurz). a und c wurden einige Zeit im Dunkeln, b und d währenddem im Licht gehalten. Man sieht, daß im Dunkeln die vorher mehr oder weniger aufrechten, dicht gedrängten Blätter sich herabschlagen und geradezu rückwärts zusammenpressen. Es geschieht das durch ein an der Basis einsetzendes Wachstum, das durch die helle Farbe des Zuwachses in der Photographie kenntlich wird. Um dem Einwande zu begegnen, daß die im Dunkeln herabgesetzte Transpiration die geschilderte Wirkung bedinge, wurden die Exemplare a und b möglichst trocken, c und d sehr feucht gehalten. Man sieht an der hell und feucht gehaltenen Pflanze b, daß allerdings dieser Faktor ein klein wenig mitspielen kann, ohne aber das Resultat unklar zu machen.

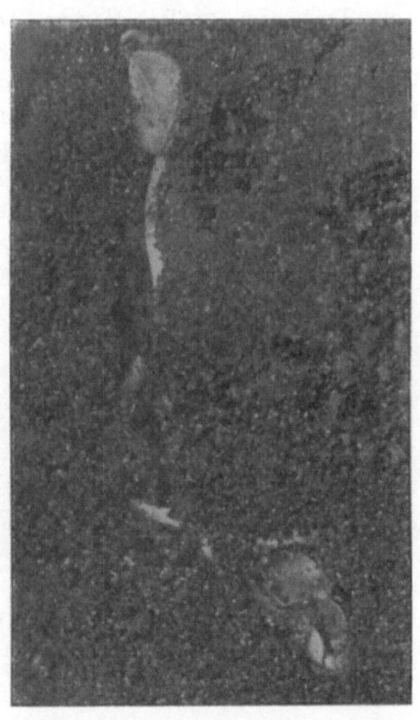

a b

Abb. 40.

Keimlinge von Ipomoea in Erde hinter einer Glasscheibe. a) dunkel gehalten, durchbricht die Erde in normaler Weise. b) belichtet, sucht die Cotyledonen auszubreiten und vermag deshalb nicht sich zu befreien. Natürliche Größe.

In allen diesen Fällen kann man einen besonderen Einfluß des Lichtes, abgesehen von seiner unmittelbaren Wirkung auf das Längenwachstum, beobachten. Die im Dunkeln erwachsene und dann beleuchtete oder umgekehrt behandelte Pflanze ändert ihr Verhalten anderen äußeren oder inneren Richtkräften gegenüber.[1] Sie breitet ihre Blätter aus, richtet ihren Stengel gerade usf.

---

[1] Daß vielfach nur eine Beschleunigung von Veränderungen vorliegt, die schließlich auch im Dunkeln, allerdings nicht in vollem Umfange, vor sich gehen, tut hier nichts zur Sache. Ob nach der Ausbreitung die alte Stellung wieder eingenommen werden kann, scheint nicht untersucht zu sein.

Kurz, sie ist in einen neuen inneren oder physiologischen Zustand übergegangen, der durch das Licht hervorgerufen wurde (Vines 1889/90). Man kann das auch so ausdrücken: Die Reizung der Pflanze durch das Licht zeigt sich hier nicht unmittelbar, sondern erst in ihrem Verhalten anderen Reizen gegenüber. Die eigentliche, rückregulierbare Photonastie, bei der ein Organ auf einen wiederholten Wechsel der Beleuchtung hin seine Stellung jedesmal ändert, scheint mir von den geschilderten Fällen nicht wesentlich verschieden (so auch Detmer 1882; Vines 1889/90 ist aber anderer Meinung). Sie ist besonders bei den sog. Schlafbewegungen jener Blätter und Blüten zu beobachten, die solche Bewegungen täglich wiederholen. Davon soll in einem besonderen Kapitel die Rede sein, zusammen mit entsprechenden Reizwirkungen der Wärme.

Man kennt aber noch weitere Fälle, in denen das Eingreifen des Lichtreizes in eine andere Reizkette besonders deutlich wird. Dieses

Abb. 41.

Dachwurzrosetten. a und c einige Zeit ins Dunkle gestellt, b und d am Lichte gehalten. Dabei a und b feucht, c und d trocken kultiviert. Verkleinert.

merkwürdige Verhalten machte bei seiner Entdeckung durch Stahl (1884) berechtigtes Aufsehen. Dieser Forscher fand, daß die im Boden kriechenden Sproßteile oder Wurzelstöcke vieler Pflanzen, z. B. die von Adoxa (Bisamkraut) und Circaea (Hexenkraut) im Dunkeln horizontal wachsen, also transversal geotropisch sind. Sobald sie aber vom Lichte getroffen werden, richten sie sich schräg abwärts und gelangen so unter natürlichen Umständen wieder in die Erde. Es beruht das nicht etwa darauf, daß diese Wurzelstöcke das Licht fliehen. Vielmehr wird durch die Beleuchtung ihr Verhalten gegenüber dem Schwerkraftreize verändert. Während sie vorher ihre geotropische Ruhelage in horizontaler Stellung fanden, stellen sie sich jetzt schräg abwärts, bis sie wieder im Dunkel der Erde sind. Bei Circaea ist noch ein anderer Punkt beachtenswert. Es ist nämlich (Goebel 1898/1901), nicht nur die Lage, sondern auch die Ausbildung der Rhizome vom Lichte abhängig. Werden sie verhindert in den Boden zu treten, so werden aus den Blattschuppen, die sie als umgebildete Stengelorgane tragen, richtige Laubblätter; aber, wie das Experiment zeigt, nur am Lichte.

Eine Veränderung der geotropischen Ruhelage durch das Licht findet sich, außer bei Wurzelstöcken, auch bei Nebenwurzeln, z. B. denen der Pferdebohne (Vicia Faba). Im Dunkeln wachsen sie nahezu horizontal oder ganz schwach abwärts. Werden sie aber belichtet, z. B. hinter der Glaswand des Sachsschen Wurzelkastens (vgl. S. 36), so verstärken sie ihre Neigung abwärts ganz beträchtlich. Es wird dadurch gleichfalls die Gefahr, aus dem Boden herauszuwachsen, etwa da, wo er nicht eben ist, wesentlich verringert. Ähnliche Fälle ließen sich wohl noch mehr finden.

Auch Änderungen der Funktion und damit des in der Wachstumsrichtung sich aussprechenden physiologischen Verhaltens durch das Licht, wie wir sie für die Ausläufer von Circaea erwähnten, kennt man noch mehr. Bei den höheren Pflanzen freilich ist meist die Funktion zu fest eingeprägt, als daß sie durch Reizwirkungen noch geändert werden könnte. Aber bei Algen sind solche Umänderungen häufiger. So werden aus den Wurzelschläuchen der Fadenalge Oedocladium protonema am Lichte grüne Assimilationstriebe (Stahl, 1892). Umgekehrt können bei schwacher Beleuchtung aus oberirdischen Teilen vieler Meeresalgen (Callithamnion, Bryopsis, Ectocarpus) (Berthold 1882) Wurzelschläuche hervorgehen, die sich positiv geotropisch abwärts richten.

Wenn wir als Photonastie definitionsgemäß solche durch Licht veranlaßte Reizbewegungen zusammenfassen, bei denen die Richtung der Strahlen gleichgültig ist, der Reizanlaß vielmehr in einem Helligkeitswechsel besteht, so müssen wir hierher auch die Öffnungs- und Schließbewegungen der Spaltöffnungen rechnen. Es sind das die Ausgänge der Durchlüftungskanäle der Pflanze, des sogenannten Interzellularsystems. Man findet sie hauptsächlich an den Blättern, aber auch sonst vielfach auf der Oberfläche der Pflanze verteilt. Die Luftwege dienen dem Austausch der Kohlensäure und des Sauerstoffes bei der Atmung und der Assimilation, sowie des Wasserdampfes bei der Transpiration. Sie stehen durch Poren in der Oberhaut, eben die Spaltöffnungen, mit der Außenwelt in Verbindung.

Diese Kommunikation wird aber geregelt und im Notfalle auch ganz unterbrochen durch einen besonderen Apparat, der von den benachbarten Epidermiszellen geliefert wird. Letztere bilden sich bei der anatomischen Ausgestaltung des Blattes zu den Schließzellen um, die die Öffnung umgeben und vermöge ihres eigentümlichen Baues einen Verschluß der Spalte herbeiführen können.

Die Spaltöffnungen schließen sich besonders dann, wenn die Pflanze aus Mangel an Wasser zu welken beginnt und bei ungehemmter Transpiration dem Vertrocknen ausgesetzt wäre. Man faßt diesen Vorgang als rein physikalisch auf, indem man annimmt, daß infolge des beim Welken verminderten Turgordruckes die Schließzellen ihre Gestalt so verändern, daß sie die zwischen ihnen befindliche Öffnung zum Verschwinden bringen (Abb. 42).

Die Abbildung zeigt einen Schnitt durch die Schließzellen von Helleborus. In dem dünn gezeichneten Umriß sieht man die Spalten unter Volumverminderung des Innenraumes der Schließzellen geschlossen. Das stark gezeichnete Schema zeigt, wie durch Wasseraufnahme das Volumen sich vergrößert und wie dadurch die Öffnung frei wird.

Der Mechanik der Spaltöffnungsbewegungen entsprechend wirken alle Ursachen, die den Turgor herabsetzen, auf Spaltenschluß hin. Zu diesen Ursachen kann auch das Licht, vermöge seiner die Transpiration steigernden Wärmewirkung, gerechnet werden. Man sollte also glauben, daß Belichtung stets die Weite der Öffnungen verminderte. Vielfach oder sogar meist findet aber gerade das Gegenteil statt, im Lichte öffnen sich die Spalten. Man muß demnach annehmen, daß die physikalische Wirkung der Bestrahlung durch eine Reizwirkung des Lichtes verdeckt und umgekehrt wird. Ob eine solche auch bei den selteneren im Dunkeln sich öffnenden Spalten vorliegt, ist nicht entschieden, da hier die Turgorerhöhung als Ursache ausreichen könnte.

Wie dem auch sei, jedenfalls kann das Licht als Reiz auf die Spaltenbewegung wirken. Der ökologische Nutzen der Einrichtung liegt offenbar in dem reichlichen Gasaustausch, der nur bei guter Beleuchtung zur Ermöglichung einer ausgiebigen Kohlensäureassimilation erwünscht ist. Freilich kann die Öffnung im Lichte auch gefährlich werden, wenn trotz reichlicher Wasserdampfabgabe kein Spaltenschluß auftritt. Assimilation und Transpiration sind ökologisch vielfach Antagonisten. Denn da die Pflanze nur ein Durchlüftungssystem besitzt, so hat sie keine Möglichkeit, die Diffusion eines Gases, etwa der Kohlensäure, zu fördern, ohne gleichzeitig die aller anderen, z. B. des Wasserdampfes, gleichfalls zu steigern.

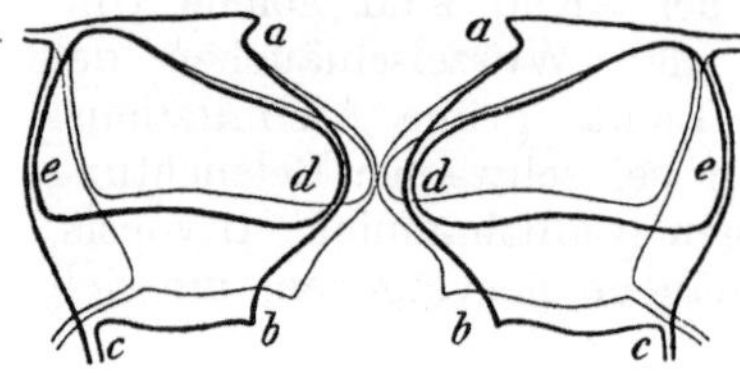

Abb. 42.

Spaltöffnung von Helleborus (Nießwurz) im offenen und geschlossenen Zustande. Querschnitt vergrößert. (Nach Schwendener aus Pfeffers Physiologie.)

Im einzelnen scheinen die Verhältnisse bei verschiedenen Pflanzen recht verwickelt zu sein und sind noch nicht genügend geklärt. Es ist auch nicht leicht, den Einfluß eines bestimmten Faktors, wie des Lichtes zu studieren, ohne dabei die anderen gleichfalls unfreiwillig zu variieren.

Soviel ist aber sicher, daß es der Wechsel in der Helligkeit ist, der die Reaktion auslöst. Auf eine Erhöhung der Beleuchtungsintensität erfolgt also Öffnung, auf eine Verminderung Schließung. So sehen wir unter natürlichen Umständen vielfach den ersten Vorgang am frühen Morgen, den zweiten am Abend vor sich gehen, was nicht ausschließt, daß dazwischen aus anderen Gründen entgegengesetzte Bewegungen ausgeführt werden, daß also z. B. in der

Nacht wegen der geringen Transpiration die Spalten sich wieder öffnen. Eine Nachwirkung der durch den Lichtwechsel direkt hervorgerufenen Periodizität konnte Fr. Darwin (1904) nur insofern finden, als die Öffnung in der Zeit, wo sonst die Schließung stattfindet, schwerer zu erzielen ist.

Wie wir gehört haben, beeinflußt das Licht nicht nur die Schnelligkeit des Wachstums und die Bahnen, in die es gelenkt wird sowie manche Turgorbewegungen, sondern auch die Bildung und Entwicklung von Pflanzenteilen und den Stoffwechsel in ihnen. In allen diesen Fällen ist nur die Stärke und die Farbe der Belichtung von Bedeutung. Noch nicht besprochen wurden aber die Reizwirkungen des Lichtes, bei denen seine Richtung ausschlaggebend für den Erfolg ist. Diesen gebührt wegen ihrer biologischen Bedeutung und der sorgfältigen Durcharbeitung, die ihnen zuteil geworden ist, eine eingehende Besprechung, die ihnen in Abschnitt V zuteil werden soll.

d) Thermonastie.

Ähnlich wie die Schwankungen der Helligkeit können auch die der Temperatur Bewegungen veranlassen. Man nennt diese Erscheinung Thermonastie. Wie Vöchting (1890) fand und Lidforss (1903) bestätigte, führen die Blütenstiele von Anemonearten auf Temperaturveränderungen Bewegungen aus, und zwar hat eine Erwärmung die Aufrichtung, eine Abkühlung eine Senkung des Stieles zur Folge. Dadurch werden die Blüten bald in eine aufrechte, bald in eine nickende Lage gebracht. Inwieweit neben Helligkeitsschwankungen derlei Temperatureinflüsse auch sonst bei den mit der Tageszeit wechselnden Stellungen der Blüten- und Blütenstände beteiligt sind, wie sie etwa Kerner (1898, S. 107ff.) beschreibt, entzieht sich aus Mangel an Versuchen unserer Kenntnis. An der angeführten Stelle werden solche Bewegungen als Schutzmittel des Pollens gegen Benässung aufgefaßt. Sie finden sich z. B. beim Storchschnabel (Geranium Robertianum), bei der Scabiose (Scabiosa lucida), bei Glockenblumen (Campanula patula) und vielen anderen Pflanzen.

Bei Anemone und wohl auch den anderen werden diese Reaktionen durch Wachstum ausgeführt. Ebenso verhalten sich manche Blätter, z. B. die vom Gänseblümchen (Bellis perennis), die sich bei tiefer Temperatur dem Boden anschmiegen, bei höherer sich erheben (Lidforss 1903). Der Zusammenhang mit dem Wechsel der Temperatur scheint hier freilich wegen der Langsamkeit der Reaktion nicht sehr deutlich zu sein. Es könnte ja auch sein, daß die Höhe der Temperatur an sich für die Wachstumsrichtung maßgebend wäre. Dieser Zweifel bleibt auch bei anderen von Vöchting und Lidforss beschriebenen Fällen.

So wächst der Stengel von Holosteum umbellatum und Lamium purpureum bei niederer Temperatur dem Boden angeschmiegt, um sich bei höherer aufzurichten. Während aber bei Anemone diese

Bewegungen auch am Klinostaten stattfinden, sind sie bei den zuletzt genannten Pflanzen als Veränderungen des geotropischen Verhaltens aufzufassen.

Solche Temperaturreaktionen finden sich vorzugsweise bei Frühlingsblumen, die schon im Herbst keimen. Sie werden ihnen helfen, sich unter dem Schnee zu bergen, um nicht von ihm zerdrückt zu werden. Auch gegen Vertrocknen können sie Schutz gewähren, denn am Boden ist es feuchter als in höheren Schichten der Luft, und die Wasseraufnahme ist bei tiefer Temperatur erschwert.

Thermonastische Bewegungen werden auch sonst noch gefunden, so bei Drosera und Aldrovanda, bei Ranken usw. Sie haben da aber wohl keine besondere Bedeutung, sondern sind mehr eine Begleiterscheinung der sonstigen Reizbarkeit dieser Objekte.

Inwieweit das Öffnen von Winterknospen einer Reizwirkung der Temperaturerhöhung zuzuschreiben ist, läßt sich nicht sagen. Es ist möglich, aber nicht nötig, daß dabei thermonastische Reaktionen mitspielen. Es könnte ja auch die Erweckung der Lebenstätigkeit durch die Wärme allein hervorgerufen werden, und das Auseinanderspreizen der Blätter einfache Folge des angeregten Wachstums sein. Genaueres wissen wir darüber bei den Blüten, über die im nächsten Kapitel berichtet werden soll.

e) Periodische Bewegungen.

An vielen Pflanzenteilen kennt man Bewegungen, die sich täglich wiederholen. Da sie vermöge ihrer Periodizität mancherlei Besonderheiten bieten, wollen wir sie im folgenden im Zusammenhang und getrennt von den übrigen Nastieen besprechen, obgleich sie, wie wir sehen werden, direkt von den mit dem Tageswechsel verbundenen Veränderungen als Reizen abhängen. Als solche kommen die Differenzen in der Beleuchtung und Temperatur, die zwischen Tages- und Nachtzeit bestehen, in Betracht. Wir haben also hier nach der wissenschaftlichen Benennung photo- und thermonastische Reizbewegungen vor uns.

Solche Lageveränderungen, hauptsächlich an Laub- und Blütenblättern, kennt man seit langer Zeit. Linné schon hat eine große Anzahl derartiger Fälle als „Pflanzenschlaf" beschrieben, und unter diesem Namen faßt man sie vielfach noch heute zusammen. Sonst nennt man die Erscheinung auch Nyctinastie.

Es ist klar, daß Lageveränderungen nach Verdunkelung auf sehr verschiedene Weise zustande kommen können. So kann am Tage eine bestimmte Richtung zum einfallenden Lichte innegehalten werden, während in der Nacht andere Richtkräfte überwiegen, entweder Geotropismus oder solche, die in der Lage der Teile einer Pflanze zu einander begründet sind. Auch kann die Reaktion eines Organes gegenüber der Schwerkraft durch das Licht und die Wärme beeinflußt werden, wie wir schon früher gesehen haben. Wären solche

Pflanzen dem Tageslichtwechsel ausgesetzt, so würden sie, bei genügend schneller Reaktionsfähigkeit, gleichfalls periodische Bewegungen ausführen müssen. Ferner kann, ganz abgesehen von äußeren Richtkräften, nur die von den verschiedenen Teilen angestrebte gegenseitige Lage mit der Belichtung und Verdunkelung wechseln. Es kann z. B. im Dunkeln die Oberseite, am Lichte die Unterseite eines Organes, Blattes oder Stengels, stärker wachsen. Welcher von allen diesen Fällen im einzelnen vorliegt, kann nur durch besondere Untersuchungen festgestellt werden. Was man darüber weiß, will ich später erzählen.

Trotz aller dieser und noch vieler anderer Verschiedenheiten in den Reizanstößen und dem äußeren Verlauf ist es doch zweckmäßig, die periodischen Bewegungen zusammen zu besprechen, da gewisse gemeinsame Züge sie zusammenhalten.

Beginnen wir mit den Blüten, die in mancher Beziehung einfachere Verhältnisse bieten! Äußerlich gewinnt man folgendes Bild von den „Schlafbewegungen" der Blüten:

Im allgemeinen öffnen sie sich am Morgen und schließen sich am Abend, bei Nachtblühern auch umgekehrt. Damit verbunden ist häufig eine Krümmung des Blütenstiels, die die Blüte für die Nacht in eine geneigte Lage bringt. Auch können sich ganze Blütenstände, wie z. B. die der Compositen und Umbelliferen (Köpfchen- und Doldenblütler) wie Einzelblüten verhalten. Sehr empfindlich ist z. B. Oxalis Acetosella, der Sauerklee, bei dem die Blüten sich in der Nacht, aber auch auf vorübergehende Beschattung, etwa durch Wolken, schließen und gleichzeitig sich so senken, daß der Blütenstiel abwärts gekrümmt ist. Wie wir weiter sehen werden, führen auch die Blätter dieser Pflanze periodische Bewegungen aus.

Zunächst wollen wir das Öffnen und Schließen der Blüten betrachten, soweit es hierher gehört. Als bewirkende Ursache solcher Schlafbewegungen kommen die Veränderungen in der Belichtung und Temperatur in Betracht, die mit dem Wechsel von Tag und Nacht verbunden sind.[1]) Am besten untersucht ist der Einfluß des Lichtes und der Temperatur bei Blüten, die tags geöffnet, nachts geschlossen sind.

Die Erscheinung des wiederholten Öffnens und Schließens ist sehr verbreitet, aber nicht allgemein. Man kann danach Blüten resp. Blütenstände unterscheiden, die sich nur einmal, beim Aufblühen, öffnen und später schließen und solche, die es im Tageswechsel wiederholt tun. Im ersteren Falle kann die Blütezeit kurz sein und nur wenige Stunden dauern, wie bei Hibiscus Trionum, wo sie nur 3 und Portulaca oleracea und Spergula arvensis, wo sie 5 Stunden dauert, bis zu Blüten wie denen des Schneeglöckchen (Galanthus nivalis)

---

[1]) Bei besonders empfindlichen Pflanzen kann schon ein Gewitterregen, wie erwähnt, entsprechende Reaktionen auslösen.

wo sie bei ausbleibender Bestäubung über einen Monat oder von tropischen Orchideen, wo sie fast ein Vierteljahr betragen kann. Auch bei den sich periodisch öffnenden und schließenden Blüten kommen alle Abstufungen vor, von den Blüten der größten Seerose, der Victoria regia, die sich nur an zwei aufeinander folgenden Tagen öffnen und dann versinken, bis zu den Köpfchen von Bellis perennis, die 8 bis 14 Tage lang das Spiel wiederholen.

Wie Pfeffers Untersuchungen (1873b) gelehrt haben, findet das Öffnen und Schließen der Blüten durch ungleiches Wachstum der Innen- und Außenseite am Grunde der Blütenblätter oder Kronblattzipfel statt. Besonders genau hat Pfeffer Herbstzeitlosen-, Crocus- und Tulpenblüten untersucht (Abb. 43 u. 44). Entsprechendes gilt aber auch von den Strahlblüten der Kompositen, soweit sie sich periodisch öffnen und schließen. So findet beim Gänseblümchen (Bellis perennis), der Ringelblume (Calendula officinalis) und dem Löwenzahn (Leontodonarten) die Bewegung durch ungleiches Wachstum einer Zone am Grunde der Zunge oder in der Röhre statt.

Abb. 43.
Herbstzeitlose.   Mittags in der Sonne geöffnet.

Pfeffer stellte die Messungen so an, daß er auf der Innen- und Außenseite der Bewegungszone am Grunde der Blütenzipfel Punkte mit schwarzem Lack auftrug und deren Abstand mit Hilfe des Mikroskopes maß. Dabei bildete irgend eine leicht kenntliche Ecke, wie sie bei derartigen Klexen stets vorkommen, die Meßmarke. Nachdem eine Krümmung stattgefunden hatte, die im Versuche durch Erwärmung oder Abkühlung hervorgerufen wurde, fand eine neue Messung statt. Auf diese Weise ergab sich bei seinen und späteren Messungen [z. B. Wiedersheim 1904], daß immer die bei der Krümmung konvex werdende Seite sich verlängerte, die andere aber kaum an Länge zu-, manchmal auch abnahm. Aktiv ist also die Flanke, von der die Bewegung wegführt. Das ist sowohl beim Öffnen wie beim Schließen so. Daß wirklich aktives Wachstum stattfand, und nicht etwa eine Dehnung von Zellen durch Erhöhung des Innendrucks oder dergleichen, ergab sich daraus, daß die Verlängerung nie wieder rückgängig gemacht wurde, auch nicht bei der Ausführung der entgegengesetzten Bewegung. Eine sich wiederholt

öffnende und schließende Blüte erleidet also eine stetige Verlängerung
der Bewegungszone, die aber schließlich ein Ende haben muß. Der
wirksame Teil ist dabei das unter der Oberhaut liegende Gewebe
aus kugeligen Zellen. Das wurde dadurch bewiesen, daß die Krümmungen noch ausgeführt wurden, als die Haut vorsichtig abgezogen
worden war. Die Bewegung verläuft sowohl beim Öffnen wie beim
Schließen unter . Wachstumsbeschleunigung der Mittelzone, was besonders dann deutlich wird, wenn man die. Krümmung mechanisch
verhindert (Wiedersheim 1904).

Diese Messungen wurden an Blüten gemacht, die vorzugsweise
durch Temperaturschwankungen beeinflußt werden. Genau ebenso
aber verhalten sich diejenigen, bei denen das Licht stärker wirkt. Solche
sind z. B. die genannten Köpfchenblütler, der Sauerklee (Oxalis),

Abb. 44.

Herbstzeitlose. Bei Sonnenuntergang, als es kühler wurde, geschlossen.

Mesembryanthemum, Seerose (Nymphaea) u. a. Bei diesen ist zwar
auch eine Temperaturveränderung wirksam, ebenso wie bei den erst
genannten das Licht, aber in geringerem Maße, so daß in dem einen
Fall eine geringe Veränderung der Lichtstärke eine verhältnismäßig
ansehnliche der Temperatur, die an sich entgegengesetzt wirken würde,
überwindet und umgekehrt.

Der Grad des Öffnens und Schließens wurde von Pfeffer in der
Weise bestimmt, daß er an den Blütenblättern leichte Zeiger befestigte, die an einem Gradbogen spielten. Auf die Weise wurde
der Winkel durch Vergrößerung des Ausschlages genauer meßbar. Es
ließ sich dann zeigen, daß bei Crocus schon eine Temperaturveränderung von $\frac{1}{2}$ ° C eine Bewegung auslöste.

Will man nun solche Versuche austellen, so findet man, daß
sie nicht zu jeder Tageszeit gleich gut gelingen. Die periodischen
Bewegungen nämlich sind nicht nur von den augenblicklichen Umständen abhängig, sondern in weitem Maße auch von den vorausgegan-

genen. Am deutlichsten wird das ersichtlich, wenn die Objekte in konstante Bedingungen, also in dauerndes Licht oder Dunkelheit und gleichbleibende Temperatur gebracht werden. Man findet dann nämlich in vielen Fällen, daß die Öffnungs- und Schließbewegungen einige Zeit, wenn auch mit abnehmender Stärke, weiter verlaufen. Es ist dies etwas ähnliches, wie wir es bei der Periodizität des Wachstums gesehen haben, die ja auch unter konstanten Bedingungen mehr oder weniger lange andauert. Daß es sich nicht um eine der Pflanze immer innewohnende, erbliche Erscheinung handelt, schließt Pfeffer aus dem Unterbleiben derartiger Bewegungen an Blüten, die er im Dunkeln und in gleichmäßiger Temperatur hat aufblühen lassen. Das gelang Pfeffer vorzüglich beim Gänseblümchen und beim Crocus, die sich im Dunkeln nur unvollkommen öffneten und in dieser Lage bis zum Verblühen blieben.

Demnach hätte man in den Bewegungen solcher Blüten, die nach einem Aufenthalt in dem wechselnden Licht der Sonne ins Dunkle gebracht worden sind, eine Nachwirkung zu sehen, die periodisch wiederkehrt. Unter natürlichen Umständen verlaufen die Nachwirkungen in gleichem Sinne wie die direkt durch das Licht hervorgerufenen, sie werden sie also verstärken. Versucht man aber zu einer Zeit, wo sonst die Blüte noch im Öffnen begriffen ist oder sich erst vor einer kurzen Zeit geöffnet hat, eine Schließbewegung durch Verdunkeln hervorzurufen, so wirken die Nachwirkungen dem entgegen, und es kann vorkommen, daß man nichts erzielt. Pfeffer faßt seine Erfahrungen in folgende Worte zusammen: Nach einer Bewegung muß eine gewisse Ruheperiode innegehalten werden, ehe eine entgegengesetzte stattfindet.

Diese Abhängigkeit der Reaktion von der Tageszeit, d. h. von den Nachwirkungen früherer periodischer Reize, scheint besonders bei den vorzugsweise auf Beleuchtungswechsel reagierenden Pflanzen vorzuliegen, während bei den thermonastischen Blüten von Crocus, Tulpe usw. durch Veränderung der Temperatur jederzeit eine Reaktion hervorgerufen werden kann, die allerdings je nach der Tageszeit verschieden stark ausfallen wird. So können diese letzteren Blüten sich zu ungewohnter Zeit schließen, wenn durch einen Regen Abkühlung erfolgt oder sich nach einem kalten Tage abends öffnen, wenn die Temperatur dann steigt. Es steht diese Tatsache offenbar in Zusammenhang damit, daß die Veränderungen der Temperatur weniger regelmäßig vor sich gehen als die der Beleuchtung. Nähert sich die Tageszeit, zu der gewöhnlich Öffnen oder Schließen stattfindet, so wird ein gleichsinnig wirkender Reiz auch bei den vorzugsweise lichtempfindlichen Blüten eine Beschleunigung der Bewegung herbeiführen, während ein ungleichsinniger hier keinen Erfolg hat. So ist es begreiflich, daß photonastische Bewegungen nicht immer demonstriert werden können, z. B. nicht vormittags. Denn dann sind die Blüten offen, schließen sich auf Verdunkelung nicht und können auch nicht durch vorhergehendes Dunkelstellen geschlossen gehalten werden.

Durch künstlich hervorgerufenen Beleuchtungswechsel gelang es R. Stoppel (1910), den Rythmus innerhalb gewisser Grenzen zu verschieben, wenn die Perioden z. B. 18 oder 6 Stunden lang waren. Es verhielten sich dann die Blüten so als ob die Tage kürzer oder länger geworden wären. Ähnliches hat, wie wir noch sehen werden, Pfeffer schon früher bei Blättern erreicht. Der Stoppelschen Arbeit ist noch zu entnehmen, daß verschiedene Pflanzen sich recht verschieden verhalten können. So blüht Calendula nicht im Dauerlicht, Bellis aber nicht im Dunkeln auf.

Die unter gleichmäßigen Bedingungen aufgeblühten Köpfchen von Calendula und Bellis vollführen nach Stoppel rhythmische Bewegungen, die ungefähr dem Wechsel von Tag und Nacht entsprechen, aber hier offenbar nicht von äußeren Bedingungen abhängig sind. Daß solche selbständigen oder autonomen Bewegungen vorkommen, kompliziert die Sachlage natürlich wesentlich, die überhaupt trotz der vielen darauf verwandten Mühe noch schwer zu übersehen ist. Die Unklarheit hat ihren Grund zum Teil in der Schwierigkeit, wirklich konstante Bedingungen herzustellen, z. B. bei Beleuchtungswechsel die Veränderungen in der Temperatur auszuschalten oder doch unwirksam zu machen. Pfeffer half sich in diesem Falle dadurch, daß er eine geringe Verschiebung der Temperatur im umgekehrten Sinne künstlich erzeugte, deren Wirkung dann durch den entgegengesetzt wirkenden Einfluß des Beleuchtungswechsels überwunden werden mußte. Gelang das, dann war er seiner Sache um so sicherer. Nicht immer ließen sich diese Schwierigkeiten ganz ausschalten. Wir kommen darauf noch bei Besprechung der Schlafbewegungen bei den Blättern zurück.

Kombiniert mit den Bewegungen der Blütenblätter oder unabhängig von ihnen sind häufig solche des Blütenstiels. So steht die Blüte von Oxalis acetosella am Tage aufrecht, nickt aber in der Nacht. Ähnlich verhalten sich Fingerkrautarten (Potentilla), Erdbeeren (Fragaria), Flachs (Linum), Bachwurz (Geum), Storchschnabel (Geranium) u. a. Das gleiche findet man an vielen Kompositenköpfchen, so beim Gänseblümchen (Bellis), Huflattich (Tussilago), Sonchus, Lactuca u. a. Bei Umbelliferen kommt der Fall vor, daß sich die Schirme nachts schließen und gleichzeitig durch Krümmung des Stengels, der sie trägt, senken. So ist es bei der Mohrrübe (Daucus Carota), beim Kümmel (Carum Carvi) usf.

Ob diese Bewegungen, die oft auch am Tage bei schlechtem Wetter eintreten, von der Temperatur oder dem Lichte abhängen, ist meist nicht bekannt. Für die Blütenstiele von Anemone stellata hat Voechting (1890) nachgewiesen, daß sie thermonastisch sind, und so wird es wohl meist sein. Was schließlich den Nutzen dieser Blütenbewegungen betrifft, so ist wohl anzunehmen, daß es sich hauptsächlich um einen Schutz handelt, der für die empfindlichen Teile, vor allem den Pollen angestrebt wird. Dieser wird z. B. bei sich nachts schließenden oder senkenden Blüten vor dem Tau geschützt sein, vielleicht aber auch vor unliebsamen Blütenbesuchern. Ob die sich nachts öffnenden Blüten zur Zeit der morgendlichen Tauperiode schon wieder geschlossen sind, dürfte wohl nicht eingehend beobachtet sein. Jedenfalls zeigt die Zeit, zu der die Blüten geöffnet sind, Übereinstimmung mit dem Flug der bestäubenden Insekten. Bei den auf Wärmeherabsetzung reagierenden Blüten der Frühlingspflanzen, wie Tulpe, Crocus wird man auch an einen Schutz gegen zu starke Abkühlung denken können; bei denen, die sich bei einem Gewitterregen schließen oder senken und bei ungünstigem Wetter gar nicht öffnen, wie dem Sauerklee, den Anemonearten u. a., mehr an Schutz gegen Benässung. Bei Drosera öffnen sich die Blüten überhaupt nur auf sehr intensive Besonnung. Im einzelnen können also die angestrebten Vorteile sehr verschiedener Natur sein. Vorläufig weiß man darüber noch nicht viel.

Gehen wir nun zu den Schlafbewegungen der Blätter über. Auch hier stammt die Grundlage und die Hauptmasse unserer Kenntnisse von Pfeffer. In zwei umfangreichen Arbeiten beschäftigte er sich (1875 und 1907) mit den periodischen Blattbewegungen. Diese sind wiederum sehr verbreitet im Pflanzenreiche, besonders bei den mit Gelenken versehenen Blättern, wo

Abb. 45.
Junge Erbsenpflanzen „Tagstellung". Die Blättchen ausgebreitet.

sie durch Turgorveränderungen zustande kommen. Doch gibt es auch genug Pflanzen, bei den durch ungleiches Wachstum entsprechende periodische Krümmungen verursacht werden, in diesem Falle natürlich nur, so lange das Blatt jung ist. Bis auf die Ausführung der Bewegung scheinen sich beide Gruppen ganz gleich zu verhalten, so daß sie hier gemeinsam besprochen werden dürfen.

Turgorbewegungen in Abhängigkeit vom Tageswechsel führen

von bekannteren Pflanzen besonders schön aus: Bohnen (Phaseolus-Arten), Mimosen, falsche Akazien (Robinia Pseudacacia), Sauerklee (Oxalis acetosella) u. a. Wachstumsbewegungen findet man bei der Sonnenrose (Helianthus annuus), den Balsaminen (Impatiensarten), bei Amaranthus usf.

Sehr einfach sind die Bewegungen bei den Blättern der Erbse (Pisum), die sich in der Nacht einfach herunterschlagen (Abb. 45 u. 46).

Abb. 46.
Junge Erbsenpflanzen „Schlafstellung". Die Blättchen
heruntergebogen.

Bei Oxalils (Sauerklee) senken sich die Teilblättchen der kleeartigen Blätter in ihren Gelenken, gleichzeitig falzen sie sich in der Mittelrippe ein (vgl. Abb. 48, S. 135). Beim Steinklee (Melilotus) drehen sich die ebenfalls kleeartigen Blättchen so, daß sie die Kante nach oben wenden. Das Endblättchen legt sich dann mit seiner Oberseite dem Seitenblättchen an, dem diese zugekehrt ist. Die Bewegung ist sehr kompliziert, wie man bei Darwin ([1880] 1899, S. 294) nachlesen kann. Beim gewöhnlichen Klee (z. B. Trifolium repens) legen sich die Seitenblättchen aneinander, das Endblättchen deckt sich dachartig darüber. Bei der Erdnuß (Arachis hypogaea) legen sich alle vier Blättchen aufeinander, bei der Mimose (Mimosa pudica) decken sie sich schuppenförmig, während der Hauptblattstiel sich senkt und die Nebenblattstiele, die am Tage fingerförmig spreizen, sich einander nähern. Und so ist fast jeder Fall neu und merkwürdig. Nur einige wenige seien noch beschrieben, so die Gattung Lupinus. Bei manchen Arten, wie L. pilosus, senken sich alle die sternförmig angeordneten Blättchen, bei L. pubescens aber senkt sich merkwürdigerweise nur der nach außen liegende Teil, während der andere sich hebt. Die Blättchen sind schließlich annähernd in einer senkrechten Ebene ausgebreitet.

Eine Übersicht über die verschiedene Art, in der die Schlafbewegungen ausgeführt werden können, hat Darwin ([1880] 1899) gegeben. Danach sind sie besonders häufig bei Keimblättern und hier wieder bei denen mit Gelenk, wie sie bei Oxalideen und Leguminosen oft vorkommen. Meist heben sich die Cotyledonen des Nachts und nähern sich einander. Es gibt Pflanzen, bei denen die Blätter schlafen, die Cotyledonen aber nicht und umgekehrt. Ob daraus etwas für die Bedeutung dieser Erscheinung zu entnehmen ist, kann ich nicht ersehen. Es kommt auch vor, daß Keim- und Laubblätter in verschiedener Weise Bewegungen ausführen. So heben sich die Cotyledonen von Oxalis valdiviana, die Blätter aber senken sich. Ebenso bei Cassia marylandica. In diesem Falle sind die Blattbewegungen noch besonders interessant. „So biegen sich bei Cassia die (paarig gefiederten) Blättchen, welche während des Tages horizontal sind, nicht nur des Nachts senkrecht abwärts und das terminale Paar ist beträchtlich rückwärts gerichtet, sondern sie rotieren auch um ihre eigenen Achsen, so daß ihre unteren Flächen nach außen gewendet werden." Dabei hebt sich noch der Hauptblattstiel, so daß die ganze Pflanze sich gewissermaßen in sich zusammenschmiegt (Abb. 47).

Das Gemeinsame aller dieser Einrichtungen sieht Darwin darin, daß durch sie die Blätter nachts in eine aufrechte oder gesenkte Lage kommen, in der nicht die Fläche, sondern die Kante nach oben gekehrt ist. Gleichzeitig findet dabei häufig ein Zusammenlegen in Paketen oder doch eine Annäherung der Teile aneinander statt, wie das besonders bei Cassiaarten und Desmodium gyrans auffällig hervortritt, wo die Blattstiele sich heben und dem Stengel nähern.

Die zuletzt erwähnten Pflanzen besitzen alle Gelenke, in solchen allein finden während der Schlafbewegung Torsionen statt. Bei den durch Wachstum zustande kommenden Bewegungen beschränken sich die möglichen Unterschiede darauf, daß bald Hebungen, bald Senkungen auftreten. Im ganzen werden, wie bei den Blüten, durch dieselben Einflüsse verschiedene Reaktionen hervorgerufen. So senken sich die Blätter von Impatiens in der Nacht, während sich die von Chenopodium (Gänsefuß) heben, und bei Lupinus pubescens hebt sich, wie wir gehört haben, ein Teil der Blättchen, ein Teil senkt sich.

Was die Mechanik der Bewegungen betrifft, so hat Pfeffer sie durch mikrometrische Messungen an operierten Gelenkhälften und an sich durch Wachstum krümmenden Stielen aufzuklären gesucht. Aus seinen Versuchen schließt er, daß auf eine Verdunkelung hin die Dehnung der Gelenkhälften, resp. das Wachstum der Flanken im Blattstiel oder am Grunde der Spreite gleichsinnig, aber ungleich schnell steige, bei Erhellung aber sinke. Es eile also die Dehnung der einen Gelenkhälfte voran und rufe so eine Krümmung hervor. Die Volumvergrößerung der anderen Hälfte erreiche erst dann ihr Maximum, wenn die erste schon wieder zurückgehe. Dadurch werde bewirkt, daß erst ein Hin-, dann ein Hergang

Abb. 47.
Schlafbewegung der Blätter von Cassia pubescens (nach Darwin [1881] 1899).

erfolge, die eben das Heben und Senken der Blätter hervorriefen. Dem ist von Schwendener (1898) und Jost (1898) widersprochen worden. Beide fanden bei isolierten Gelenkhälften nicht ein gleichsinniges, sondern ein entgegengesetztes Verhalten, indem die eine Hälfte sich dehnte, während die andere sich zusammenzog.

Jedenfalls kommen die Bewegungen in Gelenken durch Veränderungen des Innendruckes in den Zellen zustande, das nach Lepeschkin (1908, S. 729) durch unmittelbaren Einfluß der Lichtintensität auf die Durchlässigkeit des Plasmas bewirkt wird. Die Resultate im einzelnen wären nicht so wichtig, wenn nicht davon die Deutung der Gegenbewegung abhinge, die immer auf einen einmaligen Helligkeitswechsel und die durch ihn bewirkte primäre Bewegung folgt.

Es ist ein theoretisch wichtiger Unterschied, ob die Gegenbewegung direkt durch den Beleuchtungswechsel hervorgerufen wird, wie es Pfeffer will, oder ob sie erst eine Folge der ersten Bewegung ist. Man sieht, daß genaue Messungen nicht nur über die Mechanik, sondern auch über den Sinn eines Vorganges unterrichten können. Im vorliegenden Falle aber scheint die Frage noch nicht entschieden zu sein, kommt es doch nach Wiedersheim (1904) auch auf den Grad der Operation an. Daß man auf eine solche angewiesen ist, ist überhaupt ein großer Übelstand, da man nicht weiß, was dadurch alles verändert wird.

Von diesen Fragen unbeeinflußt bleibt aber wohl die Feststellung, daß auf den Reiz hin bei der Wachstumsbewegung entweder, bei Verdunkelung, eine Zunahme oder, bei Belichtung, eine Abnahme der durchschnittlichen Zuwachsschnelligkeit gegenüber der in konstanter Finsternis erzielt wird, die auf Ober- und Unterseite ungleich schnell verläuft. Auch konnte Wiedersheim an Blättern von Impatiens parviflora, die an der Krümmung verhindert worden waren, und ähnlich bei Perigonblättern von Tulpen und Crocus nachweisen, daß der auf Verdunkelung erfolgenden ungleich schnellen Zunahme des Wachstums der beiden Flanken eine zweimalige Wachstumssteigerung des Gesamtblattstiels oder der Mittelzone entspricht. Das kommt hier wieder dadurch zustande, daß die der einen Seite erteilte Beschleunigung schon ausgeklungen ist, wenn die der anderen beginnt.

Auch bei Blättern folgt wie bei Blüten sowohl bei den Wachstums- wie bei den Turgorbewegungen auf den einmaligen Hin- und Hergang (Pfeffer 1875) ein mehrmaliges Pendeln, das allmählich bei konstanten Umständen immer schwächer wird und schließlich aufhört. Die Stärke und Länge der Nachwirkung hängt von der Größe des Helligkeitssprunges ab, der die erste Bewegung veranlaßt hat.

Die Resultate solcher einmaligen Sprünge wurden an Pflanzen konstatiert, die vorher durch den Aufenthalt in dauernder Finsternis oder in künstlichem Lichte ihre periodischen Bewegungen eingebüßt hatten. Bei solchen Versuchen mußte natürlich von bewegungslosen Objekten ausgegangen werden. Im Dunkeln sind solche aus Samen nicht zu erziehen, auch ist es bisher nicht gelungen, Pflanzen mit Blättern, die niemals Tagesbewegungen ausgeführt haben, etwa durch Kultur in dauernder Beleuchtung zu erzielen. Daher mußte man das unter konstanten Bedingungen schließlich erfolgende Ausklingen der periodischen Nachwirkungen abwarten. Das kann bei manchen Arten ziemlich lange dauern. So wiederholen sich z. B. bei Mimosa und anderen die Schlafbewegungen viele Tage lang auch im Dunkeln zur selben Zeit wie bei den dem natürlichen Helligkeitswechsel ausgesetzten Pflanzen.

Pfeffer zog aus seinen früheren Untersuchungen (1875) den Schluß, daß die täglichen periodischen Bewegungen dadurch zustande kommen, daß die Nachwirkungsbewegungen, die wenigstens anfangs ungefähr zur selben Zeit verlaufen wie die direkt durch den Tageswechsel hervorgerufenen, sich mit jenen kombinieren. Neuerdings (1907,

S. 447) ist er aber zu der Anschauung geführt worden, daß die direkten thermo- und photonastischen Bewegungen zum Zustandekommen der normalen Schlafbewegungen vollkommen ausreichen. Der frühere Irrtum ist durch das eigentümliche Verhalten seines Hauptversuchsobjektes, der Feuerbohne (Phaseolus multiflorus), hervorgerufen worden. Bei dieser schien ihm nämlich die Wirkung einer einmaligen Verdunkelung nicht stark genug, um die Tagesbewegung zu erklären. In Wirklichkeit liegt die Sache so, daß diese Pflanze mehr auf Erhellung als auf Verdunkelung reagiert, und zwar wird durch die Erhellung am Morgen die Schlafstellung abends erzielt,[1]) während andere Objekte, wie z. B. die Blättchen der Mimose u. a. auf Erhellung und Verdunkelung sehr bald mit einer entsprechenden Bewegung antworten.

Solche verwickelte Einzelheiten wurden durch Pfeffer (1907) besonders in der neueren Arbeit eine große Menge aufgedeckt, was dadurch möglich war, daß dem Autor nun alle modernen Hilfsmittel zur Verfügung standen. So wurden nicht nur völlig gleichmäßige Temperatur und bessere Beleuchtung erzielt als in der älteren Arbeit (1875), sondern auch die Bewegungen mit Hilfe selbstregistrierender Apparate aufgezeichnet. Durch fein erdachte, zarte Kombinationen von Fäden und Hebeln gelang es, die Hebungs- und Senkungsbewegungen auf eine sich drehende berußte Trommel aufzuzeichnen, selbst bei den nicht gerade eine große Kraft entfaltenden Blättchen der Mimose! Diese Aufzeichnungen bildeten dann ein schönes Material, da sie natürlich lückenloser, zuverlässiger waren und über größere Zeiträume sich erstrecken konnten als alle durch direkte Ablesung erzielbaren.

Durch diese neuen Untersuchungen erscheint Pfeffers Meinung, daß die Schlafbewegungen thermo- oder photonastischer Natur sind, noch mehr gesichert. Besonders sprechen in dem Sinne auch die Versuche, in denen es ihm gelang, durch einen vom gewöhnlichen abweichenden Rhythmus von hell und dunkel periodische Bewegungen hervorzurufen, die diesem neuen Rhythmus entsprachen. Das gelang bei den schnell reagierenden Blättchen von Mimosa und Albizzia nicht nur bei einem 6:6stündigen, sondern sogar noch bei einem 2:2stündigen Wechsel. Nicht so bei Phaseolus, das aber wie die anderen zu einer 18:18stündigen periodischen Bewegung gebracht werden konnte.

Zur Erziehung solcher photonastischen und thermonastischen Bewegungen ist nicht ein plötzlicher Wechsel der Helligkeit erforderlich. Vielmehr wirkt auch ein allmählicher, wie er ja in der Natur immer gegeben ist. Immerhin scheint die Wirkung mit der Größe der Veränderung und in umgekehrtem Verhältnis zu der Zeit, in der sie erfolgt, zuzunehmen. In der Tat aber kann die Veränderung sehr langsam vor sich gehen, ohne daß die nastische Bewegung aufhört; so hatte

---

[1]) Es ist damit etwas ähnliches konstatiert, wie es Oltmanns (1895) bei Blüten beobachtete.

bei Pfeffer noch ein allmählicher Übergang von Hell zu Dunkel, der 2 Stunden brauchte, eine volle Schlafbewegung zur Folge.

Nicht bei allen Pflanzen ist ein völliges Ausklingen der Bewegung in konstanter Beleuchtung oder Finsternis zu beobachten. Bei manchen finden dauernd Hebungen und Senkungen statt, die aber nichts mit äußeren Reizen zu tun haben, sondern auf einem inneren Rhythmus beruhen müssen. Ihre Länge fällt daher auch nicht immer mit den Tagesperioden zusammen. Doch scheint nach den Versuchen von Semon mit Blättern (1905) und denen von Stoppel mit Blüten (1910) ein Rhythmus von 12 : 12 Stunden bevorzugt zu werden, was offenbar in der Konstitution der Pflanzen begründet ist. Ein paar Worte werden wir darüber noch zu sagen haben.

Auch die Nachschwingungen nach irgend einer aufgezwungenen Periodizität brauchen in ihrer Länge nicht mit dieser übereinzustimmen, und fallen z. B. bei Phaseolus und einigen anderen auch nach einem 18 : 18stündigen Rhythmus annähernd in den 12 : 12stündigen zurück. Es muß also, wie das auch Pfeffer (1907, S. 471) zugibt, dieser Rhythmus eine besondere Grundlage in den inneren Eigenschaften der Pflanzen haben. Fallen die Nachschwingungen zeitlich nicht mit den direkt hervorgerufenen Bewegungen zusammen, so werden sie normalerweise von diesen völlig unterdrückt.

Welches mag nun die Ursache für die offenbar bestehende „Vorliebe" für einen dem Tageswechsel entsprechenden Rhythmus sein? Sollte sie vielleicht darauf beruhen, daß die Pflanze in die Bewegung zurückfällt, die sie zuerst „gelernt" hat oder sollte ihr diese Tendenz erblich überkommen sein? Bei gewissen Blüten muß wohl letzteres der Fall sein, weil z. B. Calendula auch nach dem Aufblühen im Dauerlichte, also ohne vorher periodische Bewegungen ausgeführt zu haben, einen solchen Rhythmus zeigte. Bei Blättern sind Versuche mit solchen, die nie Schlafbewegungen ausgeführt haben, schwieriger, weil die Pflanzen unter Ausschaltung von Licht- und Temperaturwechsel erzogen werden müßten.

Die Temperatur könnte man allenfalls konstant halten. Für die Beleuchtung aber ist das sehr schwierig; und doch beeinflußt diese gerade die Schlafbewegungen der Blätter noch mehr als die Wärme.

Denkbar sind zwei Möglichkeiten, die Helligkeit konstant zu halten, nämlich völlige Verfinsterung oder künstliches Licht. Andauernde Dunkelheit vertragen grüne Blätter, wie wir gesehen haben (vgl. S. 94), sehr schlecht. Jedenfalls ist es auch bei solchen, die nicht abgeworfen werden, zweifelhaft, ob das unter solchen Umständen beobachtete Aufhören der Bewegungen, wie es Jost (1898, S. 601) will, auf Schädigungen beruht oder, Pfeffers Meinung entsprechend, ein Ausklingen des Anstoßes bedeutet, der durch den vorhergehenden Lichtwechsel gegeben war. Es gibt freilich ein Mittel, auch im Dunkeln bis auf die Farbe normale Blätter zu erziehen. Es besteht darin, daß man ihnen durch Entfernen der fortwachsenden Zweigspitzen mehr Nahrung zukommen läßt (Jost 1895). Auch durch Kultur im roten Licht, das Chlorophyllbildung und Ernährung erlaubt ohne auf die Bewegungen einzuwirken, ließe sich wohl ähnliches erreichen.[1] Solche Hilfsmittel sind bis jetzt zum Studium der Schlafbewegungen nicht angewendet worden. Auch Blüten entfalten sich vielfach im Dunkeln nicht, so z. B. die des Gänseblümchens. Seit Sachs bezeichnet man diese Erscheinungen als Dunkelstarre, ohne daß dadurch über die Ursache etwas ausgesagt wäre.

Konstante Beleuchtung herzustellen, war früher ganz besonders schwierig. Aber auch die neueren Mittel, andauerndes helles Licht anzuwenden, wie z. B. das einer Quecksilberbogenlampe oder von elektrischen Tantallampen (Pfeffer 1907), sind für solche Zwecke nicht ausreichend. Denn die Zusammensetzung des künstlichen Lichtes ist von der des Tageslichtes doch immer verschieden (Pfeffer 1907, S. 301). So gelingt es noch kaum, normale Pflanzen im elektrischen Lichte aufzuziehen (Stoppel 1910, S. 444)[2].

Wenn also auch Blätter, die sonst periodische Bewegungen ausführen, noch nie ganz ohne solche aufgezogen worden sind, so gelingt es immerhin bei manchen Objekten (Pfeffer 1875), durch konstante Beleuchtung die periodischen Bewegungen zu unterdrücken. Ein Gleiches sieht man nach einer alten Mitteilung in denjenigen nordischen Ländern eintreten, in denen im Sommer eine Zeit lang die Sonne überhaupt nicht untergeht. In diesen Fällen ist es also klar bewiesen, daß der im Dunkeln andauernde Tagesrhythmus eine Nachwirkung darstellt und keine ererbte Eigentümlichkeit ist, wie das auch Pfeffer (1909) gegenüber Semon (1905 und 1908) betont hat.

In anderen Fällen aber treten 12 zu 12 stündige Rhythmen auch bei solchen Pflanzenteilen, und zwar Blüten, auf, die nie dem Wechsel der Tagesbeleuchtung ausgesetzt gewesen sind (Stoppel 1910). Sonst kommen Bewegungen aus inneren Gründen ohne äußeren Anstoß auch in anderen, zum Teil viel kleineren Perioden vor. Ob aus diesen sog. autonomen Bewegungen die dem Tagesrhythmus nahekommenden durch Selektion entstanden sind, bleibe dahingestellt. Jedenfalls kann man in diesen Befunden nicht mit Semon (1905) einen Beweis für eine Vererbung erworbener Eigenschaften sehen. Außerdem geht ja auch aus Pfeffers neueren Versuchen klar hervor, daß die Nachwirkungen überhaupt kaum irgendwelche Bedeutung für die normalen Schlafbewegungen haben. Diese werden also auch weiterhin als thermo- oder photonastische Reaktionen zu gelten haben.

------

[1] Doch genügt nach Pfeffer die Belichtung mit roten und gelben Strahlen, die Schlafbewegungen auszulösen. Ob hier aber nicht Wärmewirkungen vorgelegen haben? (1904, S. 533).

[2] Auch ist sie dann wieder nicht anwendbar, wenn der für die Versuche nötige Zustand bei Dauerbeleuchtung nicht erreicht wird. Beispielsweise öffnen sich die Blüten von Calendula in konstantem Lichte nicht.

Wie wir gesehen haben, werden die Schlafbewegungen der Blätter und Blütenteile durch Veränderungen in der Belichtung oder der Temperatur hervorgerufen. Die äußere Erscheinung kann dabei sehr verschieden sein, denn es kommen Hebungen, Senkungen und Drehungen vor. Die Richtung steht in keiner Beziehung zu der des Lichtes[1]), wie das für nastische Reaktionen charakteristisch ist, und bei den durch Temperaturveränderungen hervorgerufenen Bewegungen ist eine Richtwirkung des Reizmittels von vornherein ausgeschlossen. Dennoch finden die Krümmungen in einer ganz bestimmten Ebene, die Torsionen in einer bestimmten Richtung statt. Wodurch mag diese festgelegt sein? Wir greifen damit auf eine im Anfang dieses Kapitels gestellte Frage zurück.

Bei der Bewegung der Blütenblätter kann man kaum im Zweifel sein. Es wird entweder die Außen- oder die Innenseite im Wachstum gefördert. Das heißt, die Lage der Teile zueinander bestimmt die Bewegungsrichtung. Das Öffnen und Schließen würde genau ebenso zustande kommen, wenn die Lage der Blüte künstlich verändert würde. Ebenso wird ja das erste Aufblühen der Knospe oder das Abheben der Blätter vom Stengel, dem sie im Jugendzustande meist anliegen, durch innere Kräfte bewirkt, sobald die Zeit dazu gekommen ist.

Es fragt sich aber, ob das auch für die periodischen Bewegungen der Blätter gilt, und falls es der Fall ist, ob für alle? Die Abhängigkeit der Veränderungen vom Tageswechsel sagt noch nichts darüber aus, warum die Bewegung gerade so und nicht anders verläuft. Die Art der Reaktion könnte durch innere oder äußere Verhältnisse festgelegt sein.

Tatsächlich kommt beides vor. Als äußere Richtkräfte kommen Licht und Schwerkraft in Betracht. So wird die natürliche Lage der Blätter, wie wir gezeigt haben, am Tage vorwiegend durch die Richtung der Beleuchtung bestimmt. Die anderen Orientierungsreize treten dagegen zurück. Damit ist aber nicht gesagt, daß keine vorhanden sind. Sobald durch Verdunkelung dafür gesorgt wird, daß sie wirksam werden können, wird das Blatt, sofern es bewegungsfähig ist, eine andere Lage einzunehmen suchen. Z. B. kann dann der Blattstiel sich geotropisch aufrichten, während er am Tage vielleicht durch seitlich einfallendes Licht eine andere Stellung gehabt hat. Das kann man an reaktionsfähigen Pflanzen beobachten, die an einer Mauer gewachsen und dadurch von einer Seite beschattet sind. Oder, was häufiger ist, es dominieren in der Nacht die inneren Richtkräfte, das Blatt legt sich in die Knospenstellung oder biegt sich rückwärts, weil nun die (phototropische) Orientierung durch das Licht wegfällt. All das würde man nicht Photonastie nennen, und solche Bewegungen, auch wenn sie sich täglich wiederholten, wohl nicht den Schlafbewegungen zuzählen (A. Fischer 1890, Vines 1889/90).

---

[1]) Wenigstens im Prinzip. Denn bei einseitig einfallendem Lichte finden bei manchen Blättern am Tage heliotropische Bewegungen statt, die sich mit den Schlafbewegungen kombinieren.

Die echten Schlafbewegungen werden dadurch bewirkt, daß durch den Wechsel der Temperatur oder der Helligkeit die die Lage der Teile zueinander oder zur Außenwelt bestimmenden Richtkräfte beeinflußt werden. Richtend wirkt z. B. die Schwerkraft. So kann man bei einer ganzen Gruppe von nyctinastischen Pflanzen die Schlafbewegungen der Blätter im Verhältnis zum Stengel umkehren, wenn man sie in inverser Lage befestigt. Dieses wurde von Pfeffer (1875) z. B. für die Bohne nachgewiesen. Die Blätter heben und senken sich dann in bezug auf die Richtung im Raume, d. h. ihre Schlafbewegungen sind geotropisch beeinflußt. Man darf sie vielleicht sogar als echte geotropische Reaktionen bezeichnen. Die Richtung, in die sie sich zur Schwerkraft stellen, wird aber durch das Licht verändert. Ihre innere geotropische Disposition hängt von der Beleuchtung ab, ihr Schweresinn wird durch das Licht verschoben, ganz ebenso wie wir das für die Rhizome von Adoxa (S. 114) gesehen haben.

Später hat Fischer (1890) versucht, diese Frage weiter aufzuklären. Er zeigte, daß es Pflanzen gibt, bei denen die Schlafbewegungen in Beziehung zur Richtung der Schwerkraft und andere, bei denen sie in Beziehung zum Stengel ausgeführt werden. Die letztere Gruppe, die der „autonyctinastischen" Pflanzen, ist die bei weitem größere. Zu ihr gehören von Gelenkpflanzen z. B. Klee (Trifolium pratense), Sinnpflanze (Mimosa pudica), Portulac (Portulaca oleracea), Sauerklee (Oxalis lasiandra), Acacia lophanta u. a.; von solchen, die sich durch Wachstum bewegen, z. B. Helianthus annuus, die Sonnenrose (Vines 1889). Von der Richtung der Schwerkraft abhängig, „geonyctinastisch" sind Bohnen (Phaseolus multiflorus), Lupinen (Lupinus albus), Baumwolle (Gossypium arboreum). Festgestellt wurde das durch Umkehrversuche, die in einigen Fällen interessante Besonderheiten ergaben. So richteten sich an einer umgekehrten Lupinuspflanze die Blätter geo- und heliotropisch so, daß die Blattflächen und die Gelenke vertikal standen. Sie reagierten nun nicht mehr auf Beleuchtungswechsel. Bei Cassia marylandica blieben die komplizierten, von Darwin beschriebenen Bewegungen (S. 126) auch an den umgekehrten Blättern bestehen. Außer den Umkehrversuchen führte Fischer auch solche Experimente durch, in denen mit Hilfe des Klinostaten die einseitige Schwerkraftswirkung ausgeschlossen war. Die Resultate stimmten mit denen der anderen Versuche insofern überein als bei der Drehung um die horizontale Achse die autonyctinastischen Bewegungen fortdauerten, die der geonyctinastischen Blätter aber aufhörten. Das Aufhören geschah freilich nicht sofort, sondern erst nach einiger Zeit. Fischer schließt daraus, daß hier zur Ausführung der Bewegung eine Art Polarisation durch die Schwerkraft nötig sei, die allmählich abklinge, wenn sie nicht ständig erneuert würde. Es läge dann nicht eine durch Belichtung in ihrer Richtung beeinflußte geotropische Reaktion vor.

Doch sind diese Versuche nicht beweisend, weil, wie wir heute wissen (Fitting 1905), auch bei dauernder Drehung um die horizontale Achse eine Schwerkraftreizung stattfindet. Bei ringsgleichen Organen heben sich zwar die einzelnen Impulse auf, sie müssen es aber nicht bei zweiseitig symmetrischen, sog. dorsiventralen tun, wie es die Blätter sind (Kniep 1910). Warum also am Klinostaten ein allmähliches Ausklingen der Schlafbewegungen bei den geonyctinastischen Pflanzen stattfindet, läßt sich noch nicht übersehen, ja es wird auch äußerst schwer herauszubekommen sein. Vorläufig kann man sich nur an die Versuche halten, in denen die Gelenke um 180° herumgedreht oder in wagerechte Lage gebracht wurden, wie es für Lupinus beschrieben wurde. Danach bleibt aber der Unterschied der beiden Gruppen von Schlafbewegungen an Blättern, die Fischer beschrieben hat, bestehen. Er ist freilich mehr von theoretischem als ökologischem Interesse, da, wie Stahl (1897, S. 86) hervorhebt, bei den „autonyctinastischen“ Pflanzen oder genauer Gelenken, in der Natur auf andere Weise, nämlich durch geotropische Einstellung der Stengel oder der Blattstiele dafür gesorgt wird, daß das Heben und Senken der Blätter die entsprechende Orientierung zur Erde bewirkt, wie sie bei den geonyctinastischen Bewegungen durch deren direkte Abhängigkeit von der Richtung der Schwerkraft gesichert ist.

Wie wir eben gesehen haben, ist es bei den thermo- und photonastischen Bewegungen schwer zu entscheiden, inwieweit dabei äußere Richtkräfte mitwirken.

Entsprechende Schwierigkeiten liegen auch bei den Erscheinungen vor, die man als „Tagesschlaf“ zusammenfaßt. Es gibt viele Pflanzen, deren Blätter bei intensiver Beleuchtung oder Erwärmung eine annähernd senkrechte Lage einnehmen oder deren Blüten sich unter solchen Umständen schließen. Also genau das umgekehrte von dem, was sie unter mäßigem Einfluß derselben Agentien tun. So zeigte Pfeffer (1873, S. 78; 1875, S. 135), daß die Blättchen von Oxalis auf eine Erwärmung auf etwa 30° hin sich senken, die Blüten von Crocus und Tulipa sich schließen (1873, S. 190), und Darwin ([1880] 1899, S. 283) beobachtete, daß die Blättchen mancher Pflanzen (z. B. Averrhoa bilimbi) sich senken, andere (z. B. das Endblatt von Desmodium gyrans) sich heben, wenn die Temperatur steigt. Jost fand (1898, S. 384) Schließen der Blättchen von Mimosa und Acacia nach plötzlicher Erwärmung, während sie bei langsamer sich öffnen. Oltmanns (1895) zeigte, daß die Köpfchen von Lactuca sich auf starke Belichtung hin schließen. Schon lange vorher hatte Cohn (1859) darauf hingewiesen, daß die Blättchen von Oxalis nicht nur im Dunkeln, sondern auch in grellem Tageslichte Schlafstellung einnehmen (Abb. 48), was dann Pfeffer (1875, S. 591 ff) genauer untersuchte. Er fügte hinzu, daß Tages- und Nachtschlaf nicht immer in derselben Weise stattfinden. Es können nämlich in greller Sonne die Blättchen nicht nur solcher Pflanzen, die sich abends aufwärts legen, wie die von Acacia und Mimosa, sondern auch solcher, die in der Nacht gesenkt sind, wie bei Robinia und Phaseolus, eine aufgerichtete Stellung einnehmen.

Dieser letzte Umstand deutet darauf hin, hin, daß „Tages-" und „Nachtschlaf" zwei verschiedene Dinge sind, wie sie ja auch biologisch verschiedene Wirkungen, resp. „Zwecke" haben dürften. Übrigens kann die irreleitend als Tagesschlaf bezeichnete aufrechte oder Profilstellung der Blätter in greller Mittagssonne auch eine andere Ursache haben als Thermo- oder Photonastie (Oltmanns 1892, S. 231). Sie kann nämlich heliotropischer Natur sein, denn wir wissen (S. 182), daß viele Blättchen und gerade die genannten, sich nur bei schwächerem Lichte senkrecht zu dessen Richtung stellen, bei stärkerem aber mehr oder weniger parallel dazu.

Abb. 48.
Oxalis Acetosella an einem Baumstumpf. In der Sonne klappen die Blättchen herunter und bieten dann den Strahlen hauptsächlich die Kante dar. Verkleinert.

Die ökologische Bedeutung dieser Bewegungen ist klar, sie kehren die Fläche des Blattes von der Sonne ab und bewirken somit dasselbe was bei den aufrechten Blättern von Schwertlilien (Iris), Kalmus (Acorus) oder den senkrecht herabhängenden vom Fieberbaum (Eucalyptus) usw. durch deren dauernde Stellung erreicht wird, nämlich eine verminderte Transpiration und Erwärmung, die sonst bei greller Sonne recht beträchtlich werden kann. Weniger klar ist der Nutzen der eigentlichen Schlafbewegungen für die Pflanze. Darwin wies darauf hin ([1880] 1899, S. 239 ff.), daß die Lage der schlafenden Blätter ganz allgemein mehr der senkrechten Richtung genähert ist, sowie daß die Blätter und Blättchen sich vielfach aneinanderlegen, ja sogar die ganzen Pflanzen durch diese Bewegungen und die der Battstiele eine geschlossenere Stellung einnehmen. Dadurch soll in kalten, klaren Nächten eine geringere Abkühlung durch

Strahlung bewirkt werden, die sonst den Pflanzen gefährlich werden könnte. Er hat diese Auffassung auch durch eine ganze Reihe mühsamer Versuche gestützt, in denen er die Blätter an ihren Bewegungen verhinderte und dann konstatierte, daß bei einer gewissen Einwirkungsdauer die schlafenden einer Kälte von 2—4° häufig besser standhielten als die in der Tagesstellung festgehaltenen.

Demgegenüber betont Stahl (1897, S. 82), daß in so kalten Nächten wohl die Schlafbewegungen an dauernd im Freien gehaltenen Pflanzen unterblieben wären. Aus Darwins Wiedergabe der Versuche ist trotz aller Gründlichkeit gerade über die Prüfung dieser Frage nichts zu ersehen, während Stahl darüber einiges mitteilt. Allerdings ist es kaum glaublich, daß Darwin einen solchen Fehler gemacht haben sollte. Auch ist noch folgendes zu bedenken: Es kann gerade an den Tagen, auf die klare, kalte Nächte mit starker Strahlung folgen, vor Sonnenuntergang die Temperatur hoch genug sein, so daß schon vor der nächtlichen Abkühlung Schlafbewegung eintritt, — und in kalten trüben Zeiten wird garnicht die Tagesstellung wiederhergestellt. Stahl sagt, daß gerade im Frühling die Blätter von Papilionaceen nach kalten regnerischen Tagen, auf die heitere kalte Nächte folgen, in Tagstellung von der Nacht überrascht werden. Das ist aber doch wohl eine nicht zu häufig vorkommende Wetterkombination.

Wir wissen leider nichts darüber, ob der eventuelle Nutzen der periodischen Bewegungen jede Nacht erzielt wird. Ist einmal ein photo- oder thermonasitisches Reaktionsvermögen gegeben, so werden die Bewegungen außer unter extremen Umständen jeden Tag gemacht, weil eben ein Wechsel in der Helligkeit und Temperatur mit dem Wechsel von Tag und Nacht verknüpft ist. Mit der Deutung darf man sich also nicht an die Periodizität der Erscheinung halten. Auch daß die Bewegung manchmal oder oft ohne Nutzen ausgeführt wird, ist also kein Argument gegen eine ökologische Deutung. Für Darwin spricht ferner der Umstand, daß besonders bei den Keimblättern Schlafbewegungen so häufig sind. Diese werden früher im Jahre entwickelt, also eher Kältewirkungen ausgesetzt sein.

Ein anderer, gewichtigerer Einwand gegen Darwin, den er selbst auch schon erwogen hat, ist der, daß auch Tropenflanzen, die einer Beschädigung durch Strahlung nie ausgesetzt sind, entsprechende Erscheinungen zeigen. Stahl (1897) hat auf Grund seiner Einwände gegen Darwin eine andere Deutung versucht, dahingehend, daß in der aufrechten Lage eine geringere Betauung stattfindet, die für die Pflanze sonst durch Verstopfung der Spaltöffnungen schädlich werden könnte. Er hat auch Experimente in dieser Richtung gemacht, die überzeugend wirken. Die Vermeidung der Betauung wäre übrigens auch wieder eine Wirkung der geringeren Strahlung, ein Punkt, den Darwin [(1880) 1899, S. 250] durchaus nicht übersehen hat. So bleibt wohl die Grundlage von Darwins Deutung bestehen, wenn auch die Strahlung sehr verschiedene Gefahren bringen kann.

Stahl sieht die Schädlichkeit der durch stärkere Strahlung bei ausgebreiteten Blättern auftretenden Betauung hauptsächlich in der Verhinderung der Transpiration am Morgen. Die Wasserverdunstung hat aber die Aufgabe, ein Nachsaugen von Bodenflüssigkeit zu bewirken, durch das der Pflanze die nötigen Nährsalze zukommen. Ob die Verhinderung dieser Funktion für kurze Zeit wirklich so schädlich ist, das bedarf noch genauerer Untersuchung. So ist leider über die Ökologie der Schlafbewegungen bei den Blättern wenig Zuverlässiges bekannt. Diese Ungewißheit steht in auffallendem Gegensatz dazu, daß sie so leicht zu beobachten und daher auch so lange bekannt sind. Ihre weite Verbreitung spricht entschieden dafür, daß sie der Pflanze irgendwelchen Nutzen bringen. Ob es freilich in allen Fällen derselbe ist, bleibt fraglich. Das Vorhandensein von gemeinsamen Zügen, wie der Senkrechtstellung und des Zusammenklappens der Blattflächen während der Nacht deutet vielleicht auf eine einheitliche Funktion hin. Diese Auffassung wird auch nicht dadurch zunichte gemacht, daß die Wasserblätter von Myriophyllum proserpinacoïdes Schlafbewegungen ausführen (Stahl 1897, S. 85). Denn hier ist diese Erscheinung offenbar von der Landform erworben und wird im Wasser nutzlos fortgesetzt.

V. Richtungsbewegungen auf Lichtreiz.

a) Allgemeines über Phototropismus.

Wenn man die Bewegungen einteilen will, die auf einen Lichtreiz hin vor sich gehen, so kann man sich dabei verschiedener Prinzipien bedienen. Man unterscheidet z. B. nach dem Anlaß, der die Richtung der Bewegung bestimmt. Dafür kennen wir drei Möglichkeiten: die Orientierung kann 1. durch die Lage der Teile zueinander, 2. durch eine andere Richtkraft (die Schwerkraft), oder 3. durch den Reizanlaß selbst gegeben sein. Die ersten beiden Fälle pflegt man als Photonastie zusammenzufassen. Sie wurden an anderer Stelle behandelt.

Den nastischen Reaktionen werden die zu der dritten Gruppe gehörigen, für die der Reizanlaß die Richtung angibt, als die tropistischen Reaktionen gegenübergestellt. Wir behalten diese letzterwähnte Einteilung als zweckmäßig bei, obgleich wir finden werden, daß bei den freien Ortsbewegungen die Scheidung keineswegs scharf ist. In dem letzten Satze wurde schon ein weiteres Einteilungsprinzip angedeutet. Die Richtungsbewegungen lassen sich nach der Art der Ausführung unterscheiden in solche, bei denen eine Lageänderung der Teile zueinander vollzogen wird, und solche, bei denen der ganze Organismus den Ort wechselt. Die erste Gruppe umfaßt die tropistischen Reaktionen im engeren Sinne (inbegriffen die Orientierungstorsionen), die zweite die taktischen. Wir müssen also entsprechend der beim Schwerkraftreiz gebrauchten Unterscheidung von Phototropismus und Phototaxis sprechen. Da die phototropischen Erscheinungen besser erforscht, weiter verbreitet und leichter zu beobachten sind als die phototaktischen, so beginnen wir mit ihnen.

Ein einfaches Experiment zeigt besser als eine Definition, um was es sich handelt. Wir stellen junge, gerade gewachsene Pflänzchen von Senf, Wicken oder dergleichen so auf, daß sie einseitig vom Lichte getroffen werden, also z. B. in einiger Entfernung von einem Fenster. Nach 1—2 Stunden bemerken wir, daß der Gipfel der Pflanzen nicht mehr aufrecht steht. Seine Spitze beginnt sich dem Fenster zuzuneigen. Sehen wir am nächsten Tage wieder zu, so steht der Stengel genau in der Richtung, in der am meisten Licht einfällt. Richten wir den Versuch etwas exakter ein, nämlich so, daß die Lichtstrahlen die Pflanze nur von einem Punkte aus treffen können, dann finden wir, daß die Einstellung in die Lichtrichtung mit außerordentlicher Präzision stattfindet (Abb. 49).

Zu solchen exakten Experimenten können wir entweder lichtdichte, innen schwarze Kästen mit einer kleinen Öffnung, durch die natürliches oder künstliches Licht einfällt, benutzen, sogenannte phototropische Kammern. Oder wir arbeiten in einem völlig dunklen Zimmer mit mattschwarzen Wänden, in dem eine entfernt stehende elektrische Lampe als Lichtquelle dient. Gas- oder Petroleumlicht ist nur mit Vorsicht zu verwenden, weil es für Pflanzen schädliche Stoffe entwickelt.

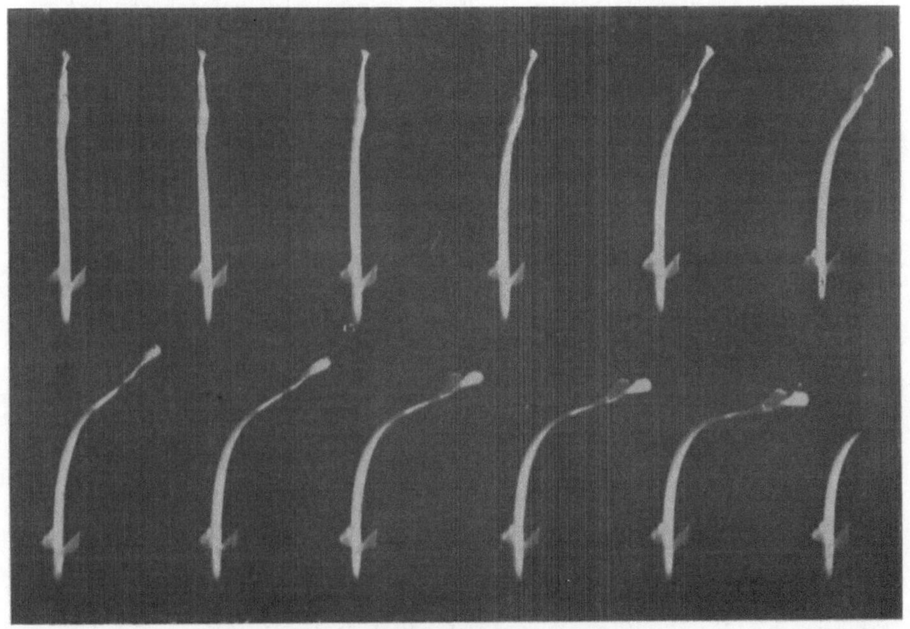

Abb. 49.

Phototropische Krümmung eines im Dunkeln gewachsenen Erbsenkeimlings. Erste Aufnahme 20 Min. nach Beginn der Reizung, dann je 10 Min. Pause. Lichteinfall horizontal. Genaue Einstellung in die Lichtrichtung. Verkleinert.

Das Mittel, das die Pflanze anwendet, um solche Orientierungskrümmungen auszuführen, ist wiederum dasselbe wie beim Geotropismus, nämlich ungleich schnelles Wachstum auf zwei gegenüberliegenden Flanken.

Bei der weitgehenden Analogie zwischen geotropischen und phototropischen Erscheinungen ergeben sich nun hier auch ähnliche Probleme wie bei jenen. Was wir früher über die Nachwirkung des Reizes nach Aufhören des Reizanlasses gesagt haben, sowie die allgemeinen Erörterungen über Schwellenwerte, Präsentationszeit und Reaktionszeit könnten hier mit denselben Worten wiederholt werden. Ferner gilt das über die einzelnen Glieder der Reizkette, die sensorischen,

duktorischen, rektorischen und motorischen Prozesse Gesagte, ebensogut für den Phototropismus wie für den Geotropismus. Nur daß
hier immer das Licht das Reizmittel und sein einseitiger Einfall den
Reizanlaß darstellt.

Versuchsanstellung und Beweisführung sind der Verschiedenheit
der bewirkenden Kraft entsprechend vielfach von dem beim Geotropismus Geschilderten abweichend. Auch kommen ganz neue Erscheinungen hinzu. Deshalb bedarf es zum vollen Verständnis noch
eingehenderer Erörterungen; umsomehr als sich die Forschung auf
beiden verwandten Gebieten vielfach gegenseitig befruchtet hat.
Auch dürfte manches durch Vergleichung der Ähnlichkeiten und
Verschiedenheiten klarer werden.

Was zunächst die Reaktionszeit anbelangt, so kann man
über sie beim Phototropismus keine allgemeinen Angaben für bestimmte Pflanzenteile machen, da sie neben Temperatur, Alter und
dergleichen vor allem von der Beleuchtungsintensität[1]) abhängig ist.
Man kann aber beim Lichte nicht wie bei der Schwerkraft von
einer normalerweise konstanten Reizintensität sprechen. Demnach
bleibt nichts anderes übrig, als für möglichst einheitliches Material
und auch sonst gleichartige Bedingungen die jeder Beleuchtungsstärke entsprechende Reaktionszeit zu bestimmen. Dabei kommen
aber so verwickelte Resultate zustande, daß wir sie später einer
besonderen Betrachtung unterziehen müssen. Hier sei deshalb nur
gesagt, daß verschiedene Objekte in ihrer Reaktionszeit auch unter
gleichen Bedingungen sich sehr verschieden verhalten. Es gibt
schnell reagierende, wie z. B. den ofterwähnten Pilz Phycomyces
nitens und viele Keimlinge, und langsam reagierende, wie die meisten
älteren Pflanzen. Man hat danach von verschiedenen Graden der
phototropischen Empfindlichkeit gesprochen. Das Wort Empfindlichkeit hat aber zu viele Bedeutungen und die Reaktionszeit ist eine
viel zu zusammengesetzte Größe, als daß wir uns mit dieser Gleich-
setzung von Empfindlichkeit und Schnelligkeit der Reaktion zufrieden
geben könnten. Wenigstens können wir ihr keinen exakt physiologischen, sondern nur einen ökologischen Wert beimessen.

Die Präsentationszeit hängt gleichfalls in gesetzmäßiger
Weise von der Beleuchtungsintensität ab, soll also ebenso bei Besprechung der quantitativen Verhältnisse Berücksichtigung finden.

Wir wollen nun versuchen, in den phototropischen Reizvorgang
tiefer einzudringen. Zu dem Zwecke zerlegen wir ihn wie beim
Geotropismus zunächst theoretisch in Teilprozesse und führen dann
die Mittel auf, die bisher zu einer experimentellen Trennung ange-

---

[1]) In der Literatur wird fast durchgehends Lichtintensität (anzugeben
in Hefnerkerzen usw.) mit Beleuchtungsintensität oder induzierter Helligkeit
verwechselt (das Maß ist die Meterkerze).

wendet worden sind. Das erste ist immer, zu zeigen, daß der Anfangs- und Endvorgang, also Perzeption und Reaktion, gesondert existieren. Dieser Nachweis gelingt nur unter besonderen Umständen, nämlich dann, wenn eine räumliche Trennung vorhanden ist oder beide Teilprozesse sich äußeren Einflüssen gegenüber verschieden verhalten.

Eine Unterbrechung der Reizkette läßt sich z. B. durch Sauerstoffentziehung bewirken. Correns (1892, S. 137) fand, daß Senfkeimlinge bei einem verminderten Sauerstoffdrucke, der noch Wachstum und geotropische Nachkrümmung ermöglicht, weder eine vorher in Gang gesetzte phototropische Reaktion zu vollenden imstande sind, noch auch einen phototropischen Reiz aufnehmen können, der sich durch eine nachher an der Luft und im Dunkeln erfolgende Krümmung hätte bemerkbar machen müssen. Besonders der erste Befund ist merkwürdig. Denn da durch die geotropische Reaktion bei der betreffenden Luftverdünnung die Bewegungsfähigkeit erwiesen ist, so muß man annehmen, daß es Zwischenglieder der phototropischen Reizkette (vielleicht die hypothetischen „rektorischen" Prozesse) sind, deren Störung durch die Sauerstoffentziehung die Ausführung einer eingeleiteten Lichtkrümmung verhindert.

Ein anderes Mittel zur Trennung der Aufnahme- von den Krümmungsvorgängen hat Rothert (1896) angewendet. Er zeigte, daß bei Haferkeimlingen nach Entfernung der Spitze keine phototropische Reaktion erfolgt. Reizt man aber die Keimlinge vor dieser Operation durch einseitiges Licht, so führen sie nachher im Dunkeln auch ohne Spitze eine Nachwirkungskrümmung aus. Somit wird die Bewegungsfähigkeit durch die Verwundung nicht gestört. Das Abschneiden der Spitze muß also entweder die Reizaufnahme unmöglich machen oder einen Zwischenprozeß verhindern. Endlich konnte Steyer (1901) bei Phycomyces nitens in einer Ätherdampfatmosphäre, die kein Wachstum gestattete, eine phototropische Erregung induzieren, auf die nach Entfernung des Äthers eine Reaktion folgte.

Diese Versuche sind ein Beweis für das gesonderte Bestehen sensorischer und motorischer Prozesse beim Phototropismus. Wir wenden uns nun dem Nachweis der räumlichen Trennung beider zu. Dabei spielen die Eigentümlickheiten, die das Licht als Reizmittel gegenüber der Schwerkraft auszeichnen, eine große Rolle. Durch die Möglichkeit, den Lichtreiz zeitlich und örtlich scharf umgrenzt zu applizieren, sind Methoden anwendbar, die beim Geotropismus nicht in Betracht kamen. Vor allem gelang es verhältnismäßig leicht, die Aufnahmefähigkeit für den phototropischen Reiz in den einzelnen Teilen des Pflanzenkörpers und den Zonen seiner Glieder zu untersuchen. Ch. Darwin führte schon ([1880] 1899, S. 402 ff.) den einwandfreien Nachweis, daß die phototropische Erregung fortgeleitet werden kann. Er bedeckte die Spitzen gut phototropischer Graskeimlinge (Phalaris canariensis, Kanariengras) mit Kappen aus

Glasröhrchen, von denen einige geschwärzt, die anderen durchsichtig gelassen wurden. Dann setzte er sie einseitiger Beleuchtung aus. Die sich sonst zuerst krümmenden Spitzen waren so mechanisch an der Reaktion verhindert. Falls sie aber vom Lichte getroffen werden konnten, krümmten sich die Keimlinge stark an der nicht eingeschlossenen Basis. Dagegen blieben die, deren Spitze verdunkelt war, nahezu gerade. Umgekehrt fand in der durch Erde verdunkelten Basis von Keimlingen eine Krümmung statt, wenn die Spitzenregion einseitig beleuchtet wurde.

Daraus geht hervor, daß die Belichtung der Spitze für die Reaktion an der Basis wesentlich ist. Man muß daher eine Leitung der phototropischen Erregung von oben nach unten hin annehmen.

Darwin hat noch eine Reihe anderer Versuche angestellt, in denen er verschiedene Keimlingsarten prüfte, die Verdunkelungen mit Stanniol, geschwärzten Häutchen usw. vornahm usf. Immerhin blieben noch manche Fragen offen, die später von Rothert (1896) eine eingehende Behandlung erfuhren. Neben einer Analyse des Krümmungsverlaufes lieferte dieser Forscher noch für viele andere Objekte als die von Darwin herangezogenen den Nachweis einer phototropischen Reaktion in nicht direkt gereizten Regionen. Während aber Darwin angenommen hatte, daß bei den von ihm benutzten Keimlingen die Spitze allein den Lichtreiz aufnähme und der übrige Teil nur krümmungs-, aber nicht perzeptionsfähig sei, wies Rothert bei ihnen eine nur dem Grade nach verschiedene Aufnahmefähigkeit der einzelnen Zonen nach. Bei Haferkeimlingen z. B. sind die obersten 3 mm besonders empfindlich. Nach unten nimmt die Perzeptionsfähigkeit stark ab, erlischt aber erst in den auch nicht mehr krümmungsfähigen untersten Regionen.

Den Nachweis führte Rothert so, daß er verschieden lange Teile der Keimlinge, und zwar meist vom Hafer, verdunkelte und den Einfluß dieser Maßnahme auf die Reaktion studierte. Besonders hübsch gelang ihm aber die Lösung der Aufgabe in Experimenten, bei denen er Spitze und Basis von Keimlingen in entgegengesetzter Richtung gleichstark belichtete. Dies führte er aus, indem er durch besonders geformte und gekniffene Stücke von schwarzem Papier eine teilweise einseitige Verdunkelung der Objekte bewirkte und sie zwischen zwei Lichtquellen aufstellte. Das Resultat war, daß die Krümmung im unteren Teile zwar zunächst im Sinne der direkten Belichtung auftrat, später aber nach der entgegengesetzten Seite umschlug, dem Impulse entsprechend, der von der Spitze aus herabgeleitet worden war. Daraus geht hervor, daß die von der empfindlichen Spitze hinuntergeleitete Erregung die direkte Reizung der Basis zu überwinden imstande ist, daß aber die Leitung eine gewisse Zeit braucht, bis sie die Strecke von oben nach unten durchlaufen hat. Wieviel größer die Reizempfänglichkeit der Spitze gegenüber der der Basis sein muß, kann man daraus schließen, daß der geschilderte

Effekt auch erzielt wurde, wenn die untere Region sehr viel größer
war und selbst wenn sie stärker beleuchtet wurde, als der obere
Teil. Vielleicht kann man auch annehmen, daß der zugeleitete Impuls bei seiner Ausbreitung abgeschwächt wird. Dann würde die
Differenz in der Empfindlichkeit von Spitze und Basis noch größer
ausfallen.

Bei den von Darwin untersuchten Keimscheiden der Gräser,
also morphologisch einheitlichen Organen, existiert demnach keine
völlige räumliche Trennung von Perzeptions- und Aktionszone.
Rothert gelang es aber doch, Objekte zu finden, bei denen eine solche
Trennung verwirklicht ist. Es sind das die von uns schon früher geschilderten Keimlinge der hirseartigen Gräser (Arten von Panicum
und Setaria). Diese bestehen aus der für die
Gräser charakteristischen Keimscheide, die die
junge Knospe einschließt und einem sie tragenden
Stengelorgane, das aber nur im Dunkeln entwickelt wird (vergl. S. 97). Bei den Keimlingen
von Panicum und Setaria erlischt das Wachstum in der Scheide verhältnismäßig früh. Die
Verlängerung des Ganzen beruht dann allein
auf dem Wachstum einer Zone des Stengels
kurz unter dem Ansatze der Scheide. Werden
diese Keimlinge einseitigem Lichte ausgesetzt, so
krümmen sie sich energisch, aber nur in der
Wachstumszone des Stengels (Abb. 50). Wird
jedoch die Scheide verdunkelt, so unterbleibt
die Reaktion. Die einseitige Belichtung der
Krümmungszone hat demnach keinen phototropischen Reizerfolg! Wird dagegen die Spitze
der Scheide belichtet und die Wachstumszone
verdunkelt, so erfolgt eine Krümmung, die hinter
der ganz belichteter Keimlinge nicht zurücksteht.
Es muß demnach eine Reizleitung stattfinden. Der zugeleitete Impuls muß eine Veränderung in der Wachstumszone zur Folge haben,
die durch direkte einseitige Belichtung nicht erzielt werden kann:
Der Keimstengel ist zwar phototropisch reizbar, aber nicht selbst
perzeptionsfähig. Die ausgewachsene Keimscheide kann den Reiz
aufnehmen, aber sie kann nicht reagieren.[1]

Aus diesen Befunden kann man theoretisch wichtige Schlüsse
ziehen: Vor allem ist es nun klar ersichtlich, daß phototropische
Perzeptionsfähigkeit und phototropische Erregbarkeit zwei verschiedene
Eigenschaften der lebenden Substanz sind. Dem Keimstengel der
Paniceen kommt, wie gezeigt, nur die zweite von ihnen zu. Fügen

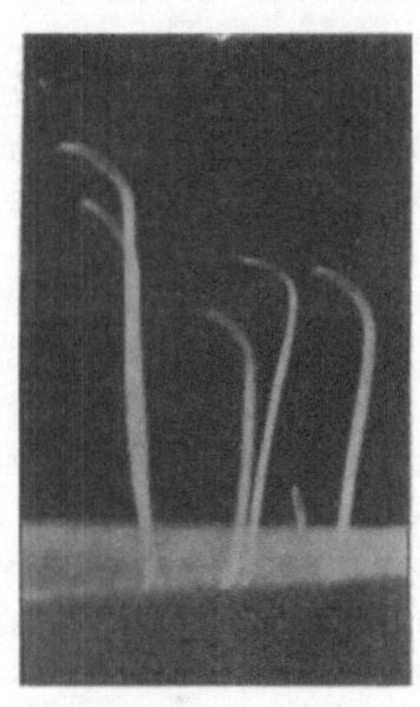

Abb. 50.

Keimlinge von Panicum
miliaceum. Phototropische
Krümmung unterhalb der
Scheide im Keimstengel.
Auf die Hälfte verkleinert.

---

[1] Dem phototropischen und dem das Wachstum hemmenden Lichtreiz
gegenüber verhalten sich demnach die Paniceenkeimlinge verschieden. Bei
dem letzteren findet zwar auch eine Leitung statt; das Stengelorgan ist aber
außerdem direkt reizbar. (Vgl. S. 98.)

wir noch hinzu, daß die Keimscheide in ihrer Jugend, solange sie wächst, nicht nur perzeptions-, sondern auch reaktionsfähig ist, so wird es wahrscheinlich, daß sie im ausgewachsenen Zustande nur deshalb sich nicht mehr krümmt, weil ihr die motorischen Hilfsmittel genommen sind. Man ersieht daraus, daß man aus dem Ausbleiben einer Reaktion niemals auf mangelnde Reizbarkeit schließen darf. In solchen Fällen fehlen durchaus die Erkennungszeichen für die sensorischen Fähigkeiten. Bei den Paniceen ist die phototropische Aufnahmefähigkeit der ausgewachsenen Scheidenspitze aber aus der Krümmung im Nachbarorgan ersichtlich. Daraus, wie überhaupt aus der räumlichen Trennung der Zone der Perzeption und der Reaktion ergibt sich ferner wiederum, daß diese beiden Teilprozesse der Reizkette sowie auch die duktorischen Prozesse wirklich für sich existieren. Die rektorischen dagegen wurden von uns nur theoretisch gefordert, aus Gründen, die früher erörtert worden sind (vgl. S. 48). Ihre Existenz experimentell zu erweisen, dürfte äußerst schwierig sein.[1] Einige Belege zur weiteren Begründung unserer hypothetischen Anschauung werden wir noch bei Besprechung des regulatorischen Zusammenwirkens der Teile beibringen.

Man hat sich nun nicht mit der Feststellung der Tatsache begnügt, daß gesonderte Aufnahme-, Leitungs- und Bewegungsvorgänge existieren, sondern man hat versucht, tiefer in ihr Wesen einzudringen. Beginnen wir zunächst mit der Frage, welchen Bedingungen die Perzeption eines Richtungsreizes in phototropischen Organen unterliegt? Was haben wir uns als Reizanlaß vorzustellen?

Die äußere Ursache für das Eintreten einer phototropischen Reaktion ist, allgemein ausgedrückt, die einseitige Beleuchtung des Pflanzenteiles. Damit sind aber die physikalischen Bedingungen in der Pflanze selbst noch nicht genügend gekennzeichnet. Sehen wir genauer zu, so finden wir, daß die Lichtstrahlen den Pflanzenteil seitlich treffen und ihn in einer bestimmten Richtung, entsprechend seiner optischen Durchlässigkeit, durchsetzen. Je durchscheinender er ist, umso geringer wird die Differenz in der Helligkeit auf der Vorder- und Hinterflanke sein.

Es fragt sich nun, vermöge welcher Umstände das Licht als Reiz wirkt, was also den eigentlichen Reizanlaß darstellt? In der Literatur finden sich zwei Möglichkeiten diskutiert. Man fragte: Ist das Wirksame die Richtung des Lichtes, oder ist es die Differenz in der Beleuchtung der Vorder- und Hinterseite des Pflanzenteils, der Helligkeitsabfall? Diese Frage wurde wohl zuerst von Sachs aufgestellt und zugunsten der Lichtrichtung beantwortet (vergl. Müller-Thurgau 1876, S. 92 und Sachs 1880, S. 487). Später haben Ch. Darwin (1880 [1899]) und Oltmanns (1892) sich für die andere

---

[1] Vielleicht sind es diese Prozesse, die durch verminderten Luftdruck ausgeschaltet werden. (Vgl. S. 141.)

Auffassung erklärt. Seitdem ist viel für und wider gesagt worden, ohne daß die Frage als entschieden gelten kann.

Das Problem: Lichtrichtung oder Lichtabfall ist experimentell schwer anzugreifen. Ehe wir es diskutieren, müssen wir versuchen, es schärfer zu präzisieren. Da fragt es sich zunächst, soll die Alternative in vielzelligen Objekten für das ganze Organ oder für die einzelne Zelle gelten? Soll die Lichtrichtung den Reizanlaß darstellen, so kann sie wohl nur in dem lebenden Plasma der Einzelzelle perzipiert werden. Dieses müßte irgendeine Struktur haben, die durch die Lichtschwingungen eine vorher nicht bestehende Polarität erhielte. So etwas ist denkbar, wenn auch schwer auszumalen. Vorbedingung für eine Entscheidung in dieser Richtung ist der Nachweis, daß nicht das ganze Organ mit allen seinen Gewebschichten zur phototropischen Perzeption notwendig ist. Dieser ist allerdings durch Fitting und Nordhausen für gewisse Objekte geführt worden (vgl. S. 147 u. 181). Eine Entscheidung ist dadurch aber begreiflicherweise nicht getroffen, da immer noch vielzellige Gewebepartien zurückblieben, für die alle Möglichkeiten ebenso bestehen wie für das ganze Organ. Man könnte dann weiter fragen, ob der Lichtreiz in bestimmten Zellen aufgenommen wird und in welchen? Darüber wissen wir gar nichts.

Wird der Helligkeitsabfall für die Reizung in Anspruch genommen, so hat man dabei gewöhnlich nicht die Einzelzelle als Perzeptionsorgan im Auge. Es ist auch nicht wohl anzunehmen, daß die minimale Differenz in der Beleuchtung der beiden Plasmaschichten an den Gegenseiten einer Zelle den Reizanlaß abgebe. Deshalb stellt man sich vor, daß die Verschiedenheit in der Beleuchtungsintensität auf Vorder- und Rückseite des ganzen Organes als Reiz empfunden wird.

Demgegenüber wurde betont, daß wir in den schlauchförmigen Fruchtträgern mancher Pilze, wie Pilobolus, Mucor, Phycomyces und in den Wurzelhaaren der Lebermoose ausgesprochen phototropische Objekte kennen, die fast glasklar durchsichtig sind. Die Absorption des Lichtes muß bei ihnen, zumal bei der geringen Dicke, sehr gering sein. Und doch perzipieren sie den Lichtreiz. Dazu ist zu sagen, daß der Reizanlaß hier nicht derselbe sein muß wie bei den Stengeln und Blättern höherer Pflanzen.

Bei den genannten durchsichtigen Objekten wird die Helligkeitsverteilung im Innern bei einseitiger Belichtung jedenfalls weniger durch die Absorption als durch die Lichtbrechung beeinflußt. Und zwar muß in einem durchsichtigen zylindrischen Organe eine Konzentration der Strahlen in Form einer Brennlinie auf der von der Lichtquelle abgewandten Seite entstehen. Damit würde also das perzipierende Protoplasma der Rückseite der intensivsten Belichtung ausgesetzt sein, ein Umstand, der für die tropistische Reizung sehr wohl in Betracht kommen kann.

In geringerem Maße bestimmt die Lichtbrechung neben der

Absorption auch in weniger durchsichtigen Objekten die optischen Verhältnisse. Die Art der Helligkeitsverteilung in phototropischen Organen darf jedenfalls bei den Theorieen über die Art der Perzeption nicht vernachlässigt werden, wie das bisher geschah. Sie wird von Fall zu Fall verschieden sein und mit ihr vielleicht der physikalische Reizanlaß.

Versuche unter Berücksichtigung der Lichtbrechungs- und Zerstreuungsverhältnisse in den Organen sind aber bisher nicht ausgeführt worden. Man kann darüber also nichts Bestimmtes aussagen, so wichtig dieser Gesichtspunkt möglicherweise ist. Bei den weniger durchsichtigen Objekten spricht von vornherein auch nichts gegen die Auffassung, daß der Abfall der Beleuchtung den Reizanlaß darstelle. Es brauchen keineswegs gleiche oder ähnliche Resultate stets durch dieselben Mittel erzielt zu werden. Eine Entscheidung aber läßt sich rein theoretisch nicht treffen.

Es sollen nun die wichtigeren Versuche kritisch besprochen werden, die zur Lösung des Problems unternommen worden sind. Sie werden uns am besten zeigen, worin die Schwierigkeiten liegen und nach welcher Seite sich die Wagschale neigt.

Sachs führte, ohne Experimente und ohne das Problem weiter zu zergliedern, nur Wahrscheinlichkeitsgründe für seine Auffassung an, daß der Lichtrichtung die entscheidende Rolle zukomme. Sein Hauptargument ist die Analogie zum Geotropismus. Bei jenem ist aber tatsächlich heute die Unterschiedsempfindlichkeit wahrscheinlich gemacht. Auf ihr fußt ja die Statolithenhypothese.

Ch. Darwin ([1880] 1899, S. 398) bemühte sich zum ersten Male, das Problem durch einen Versuch zu lösen. Er bemalte die eine Längshälfte phototropischer Keimlinge mit schwarzer Tusche und stellte die Pflänzchen in die Nähe eines Fensters. „Das Resultat war, daß sie, anstatt sich in einer direkten Linie nach dem Fenster hin zu biegen, vom Fenster weg und nach der nichtbemalten Seite abgelenkt wurden.“ „Diese Abbiegung vom Fenster ist verständlich, denn die ganze nichtbemalte Seite muß etwas Licht erhalten haben, während die entgegengesetzte bemalte keines erhielt; es wird aber eine schmale Zone auf den nicht bemalten Seite direkt vor dem Fenster das meiste Licht und sämtliche hinteren Partien in verschiedenen Graden immer weniger und weniger Licht erhalten haben; und wir können folgern, daß der Ablenkungswinkel die Resultante der Wirkung des Lichts auf die ganze nichtbemalte Seite ist.“ Diese Auffassung scheint mir noch immer sehr annehmbar, falls das Resultat sich bestätigen läßt. Man hat allerdings eingewendet (z. B. Jost 1908, S. 561), daß bei Darwins Versuchsanstellung Licht von der beleuchteten zur beschatteten Längshälfte gelangen kann. Es dürfte aber doch wohl die zerstreute Lichtmenge zu gering sein, als daß sie die durch direkte Bestrahlung hervorgerufene Reizung merklich beeinflussen könnte, falls wirklich die Lichtrichtung das Reizagens wäre. Denn nach der Sachsschen Auffassung, die durch neuere Erfahrungen gestützt wird, sollen die „intensiveren Strahlen durch ihre Richtung entscheidend wirken" (1887, S. 736). Darwins Versuch ist nicht ganz klar zu übersehen, weil diffuse Beleuchtung verwendet wurde, und weil über die Lichtbrechungsverhältnisse im heliotropischen Stengel nichts bekannt ist. Die Methode dürfte aber bei Berücksichtigung dieser Fehlerquellen geeignet sein, Anhaltspunkte zu liefern.

Oltmanns (1892) schlug einen anderen Weg ein. Er stellte sich spitzwinkelige Keile aus Glasplatten her, die mit trüb-grau gefärbter Gelatine gefüllt waren. Am dicken Ende der Keile wurde mehr Licht absorbiert als am dünnen. Fiel das Licht annähernd senkrecht auf die Glasfläche und wurden dahinter phototropische Keimlinge aufgestellt, so reagierten sie schräg seitlich. Daraus schloß Oltmanns auf die Unabhängigkeit der phototropischen Reizung von der Richtung des Lichtes, weil die Krümmung nach der helleren Seite des Raumes hinter dem Absorptionskeile erfolgte und nicht nach der Lichtquelle hin. Da aber durch die trübe Gelatine das Licht nach allen Seiten zerstreut wurde, sind die Verhältnisse schwer zu übersehen, und man kann das Resultat vielleicht auch so auffassen, daß die Keimlinge in der Richtung reagierten, in der sie die meisten Lichtstrahlen trafen. Eine sichere Entscheidung ist also auch damit nicht gewonnen.

Nur über eins sind wir genau unterrichtet, nämlich darüber, daß die Differenz in der Beleuchtung der Vorder- und Hinterseite des ganzen Organes jedenfalls nicht immer für die Perzeption eines phototropischen Reizes erforderlich ist. Fitting (1907a) zeigte, daß isolierte Längsstreifen der hohlen Keimscheide von Avena sativa sich noch in der Lichtrichtung krümmen. Dabei ist es gleich, ob diese Streifen von außen, von innen oder von der Seite her beleuchtet werden. Sie dürfen nur nicht gar zu schmal sein und müssen ein Stück der Spitze enthalten. Für andere orthotrope Objekte[1]) ist dergleichen nicht versucht worden.

Aus dem Vergleich aller angeführten Versuche geht hervor, daß die Argumente für die Bedeutung der Lichtrichtung als Reizanlaß nicht stichhaltig sind. Aber auch die andere Auffassung, die das Wesentliche in Helligkeitsdifferenzen sieht, ist nur wahrscheinlich gemacht, nicht bewiesen. Ob die Perzeption des tropistischen Reizes in der einzelnen Zelle geschieht, oder ob dafür das Zusammenwirken verschiedener Gewebe nötig ist, diese Fragen sind noch gar nicht in Angriff genommen.

Wir wenden uns nun zu dem zweiten der bisher nachgewiesenen Teilprozesse der Reizkette, nämlich den die Perzeption mit der Reaktion verknüpfenden Leitungsvorgängen. Eine Leitung der Erregung findet in sehr vielen phototropischen Pflanzenteilen statt, immer aber

---

[1]) Wie wir gehört haben, nennt man orthotrop solche Objekte, die sich in die Richtung der einwirkenden Kraft zu stellen suchen. Man kann somit wie von geo-, so auch von photoorthotropen Organen sprechen.

nur in der Richtung von der Spitze nach dem Grunde zu (Rothert 1896, S. 62).

Einen tieferen Einblick in die Reizleitungsvorgänge beim Phototropismus gewinnen wir außer aus Rotherts Arbeit (vgl. S. 142) besonders durch Fittings eigens hierauf gerichtete Untersuchungen (1907a). Dieser Forscher zeigte, daß beliebig gerichtete Einschnitte in die Keimscheide von Avena (Hafer) die Reizleitung nicht beeinträchtigen. Andere Objekte ließen sich wegen ihrer größeren Empfindlichkeit gegen Verwundungen für derartige Versuche nicht verwenden. Beim Hafer aber konnte gezeigt werden, daß eine phototropische Krümmung im Sinne der Lichtrichtung auch dann ausgeführt wurde, wenn der Zusammenhang zwischen der einseitig belichteten Spitze und der verdunkelten, sich krümmenden Basis nur durch eine schmale Brücke aufrecht erhalten wurde.[1]) Die Richtung, in der der trennende Einschnitt gemacht wurde, beeinflußte die Richtung der Krümmung in keiner Weise. Wurden in verschiedener Höhe von entgegengesetzten Seiten Einschnitte gemacht, die bis etwas über die Mitte gingen, so erfolgte auch dann noch eine Leitung, die also nicht auf geraden Bahnen verlaufen konnte.

Daraus geht hervor, daß die phototropische Erregung das ganze Organ ergreift und nicht etwa nur von der Licht- oder Schattenseite geradlinig nach unten geleitet wird.

Fitting schließt aus diesen (und anderen) Befunden, daß durch die einseitige Beleuchtung in allen Teilen, wahrscheinlich in allen Zellen ein „polarer Gegensatz" geschaffen wird. Dieser wird auf beliebig verlaufenden lebenden Bahnen in die an sich physiologisch ringsgleiche Bewegungszone geleitet und ruft dort, wie in allen Zellen der Reizleitungsbahnen, eine gleiche Polarisation hervor. Dadurch wird die Reaktionszone zu einer Krümmung veranlaßt, deren Richtung durch die Richtung des polaren Gegensatzes bestimmt ist.[2]) Diese Befunde liefern somit neben ihrer Bedeutung für die Kenntnis des

---

[1]) Dabei mußte durch besondere Vorrichtungen das Vertrocknen von der Wunde aus verhütet werden. Auch mußten gewisse Krümmungen, die die Verletzung zur Folge hatte, berücksichtigt werden.

[2]) Boysen-Jensen (1910) ist inzwischen Fitting entgegengetreten. Er schließt aus seinen Versuchen, daß die phototropische Reizleitung ein chemischer Prozeß sei, der sich auf der Schattenseite ausbreite. In Fittings Versuchen sollen die Einschnitte nicht isolierend gewirkt haben, weil ein Feuchtigkeitstropfen an der Wunde genüge, die Leitung herzustellen. Werde in den Einschnitt ein Glimmerblättchen gesteckt, so würde dadurch die Reizleitung unterbrochen. Jensen gibt sogar an, in der Basis eines Avenakeimlinges, dessen Spitze ganz abgeschnitten und dann mit Gelatine wieder aufgeklebt worden sei, bei alleiniger Beleuchtung dieser Spitze phototropische Krümmungen erzielt zu haben. Jensens Versuche sind zu knapp mitgeteilt, als daß sich schon jetzt eine klare Einsicht ermöglichte. Auch stimmen seine Angaben mit den äußerst genauen, gerade die von Jensen behauptete Möglichkeit berücksichtigenden Angaben Fittings nicht überein. So hat z. B. Fitting schon Stanniolblättchen in einen hinteren Einschnitt gesteckt, auch breitere Stücke herausgeschnitten, ohne die Reizleitung zu verhindern. Diese wichtige Angelegenheit bleibt also noch zu entscheiden.

Leitungsvorganges auch einen weiteren Beitrag zur Aufklärung der
Prozesse bei der Reizaufnahme.

Weiter hat dann Fitting in derselben Arbeit auch die äußeren
Bedingungen für die Reizleitung untersucht. Um bestimmte Einflüsse scharf lokalisieren zu können, wurde quer über die benutzten
Keimscheiden junger Haferpflänzchen ein durchlochter Gummischlauch
gesteckt. Durch den Schlauch konnten Flüssigkeiten geleitet werden,
die die Keimscheide an einer bestimmten Stelle unterhalb der Spitze
umspülten. Bei Benutzung von warmen Wasser ergab sich folgendes: „Die phototropische Reizleitung wird durchschnittlich völlig gehemmt, wenn man eine Strecke der Reizleitungsbahn auf etwa 39⁰
bis 41⁰ erwärmt, schon geschwächt in Temperaturen von 34⁰ an,
während die Tötungstemperatur (der Keimscheide) etwa 43⁰ beträgt.

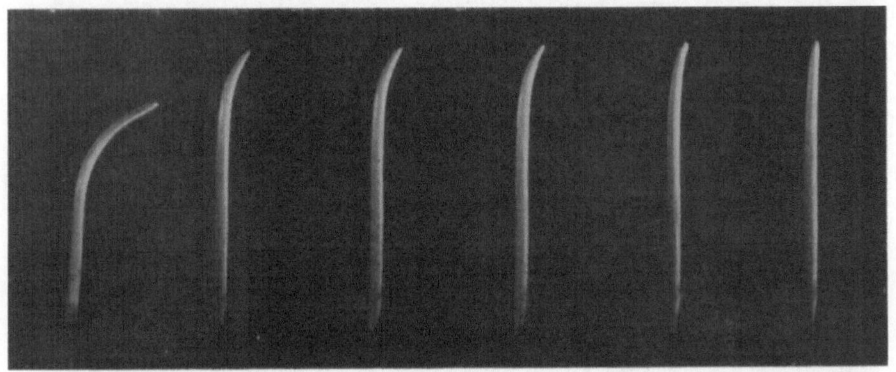

Abb. 51.

Die Reizleitungsvorgänge unterliegen also der Wärmestarre! In
gleicher Weise werden sie durch Kochsalz-, Kalisalpeterlösungen,
Äthylalkohol und Chloroform gehemmt.“

Über die Geschwindigkeit der Reizleitung hat Rothert (1896)
einige Erfahrungen gesammelt. Die schnellste Ausbreitung der Erregung fand er an Blütenschäften von Brodiaea congesta. Wurde
deren unterer Teil durch Erde verdunkelt, der obere einseitig belichtet, so fand sich, daß die Krümmung nach 3 Stunden 5—6¹/₂ cm
tief unter die Oberfläche der Erde zu verfolgen war. Bedenkt man,
daß für den Anstieg der Erregung bis zu der Höhe, die die Krümmung auslöst, mindestens eine halbe Stunde abgezogen werden muß,
so ergibt sich eine Fortpflanzung der Erregung von mindestens 2 cm
in der Stunde. Meist geht die Reizleitung allerdings langsamer
vor sich.

Das scheint im Vergleich zu den Leitungsvorgängen in den Nerven höherer Tiere sehr langsam. Es muß aber bedacht werden, daß bei niederen Tieren unter Umständen die Reizleitungsvorgänge auch gar nicht so schnell verlaufen, und daß außerdem der oben angegebene, von Rothert bestimmte Wert nur die obere Grenze darstellt. Nachdem wir jetzt wissen, wie niedrig die Zeitschwelle für die Erregungsvorgänge sein kann, liegt es nahe, für die Ausbreitung der Erregung gleichfalls eine größere Geschwindigkeit zu vermuten, die nur mit den bisherigen Mitteln nicht nachzuweisen war (Fitting 1907a, S. 98).

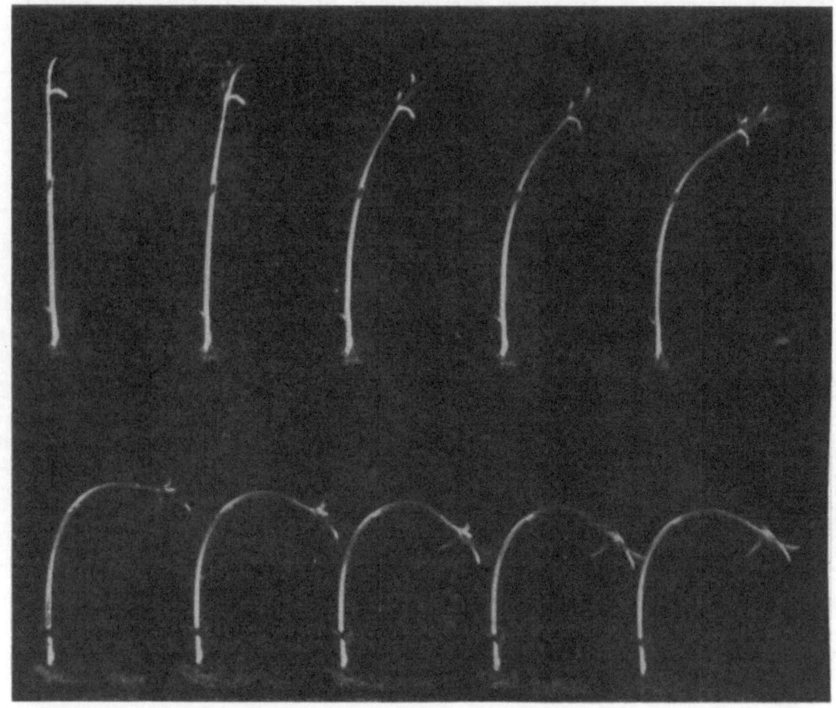

Abb. 52.

Einseitig hell beleuchteter, am Lichte gewachsener Wickenkeimling in Pausen von 10 Min. photographiert, zeigt die Entstehung der phototropischen Krümmung und Überkrümmung. Letztere sieht man zuletzt schon wieder zurückgehen. Der Versuch dauerte bis zur Horizontalstellung (Beginn der zweiten Reihe) 1 Stunde, bis zur letzten Aufnahme 1 Stunde 40 Min.

Was die Ausführung der phototropischen Reaktionen betrifft, so kann in der Hauptsache auf das verwiesen werden, was im allgemeinen über die Bewegungen sowie über die geotropischen Krümmungen gesagt worden ist. Auch bei der phototropischen Krümmung sind alle wachstumsfähigen Zonen eines Organes beteiligt, ohne daß aber die Reaktion immer an der sich am schnellsten streckenden Zone beginnen muß. Diese liegt z. B. bei der Keimscheide der Gräser ein ganzes Stück unter der Spitze. Der Erfolg einer phototropischen Reizung macht sich aber zuerst an der äußersten kegelförmigen Spitze bemerkbar (Abb. 51, S. 149). Das beruht offenbar auf deren besonderer Reizempfänglichkeit. Später rückt die Zone maximaler Krümmung nach unten, während die Spitze sich gerade streckt, ganz entsprechend dem über die geotropische Reaktion Gesagten.

Ist an der Basis ein nicht mehr wachsender Teil vorhanden, so behält er die frühere aufrechte Richtung bei und bildet zuletzt mit dem gerade gestreckten jüngeren Ende einen ziemlich scharfen Winkel. Der zuerst gekrümmte Spitzenteil bekommt vielfach durch das Fortschreiten der Reaktion vorübergehend eine geneigte Stellung. Er geht also über die Lichtrichtung hinaus und zeigt eine Überkrümmung. Sehr stark kann sie z. B. an Keimpflanzen der Futterwicke (Vicia sativa) werden, weil bei ihnen die Reaktion besonders schnell fortschreitet (Abb. 52). Schließlich aber wird die Überkrümmung durch eine rückläufige Bewegung wieder ausgeglichen und das Ende geradegestreckt. Es steht dann in der Lichtrichtung.

b) Zusammenwirken von Phototropismus und Geotropismus.

Das zuletzt Gesagte bedarf einer Einschränkung. Die genaue Einstellung in die Richtung des Lichtes wird nicht bei allen orthotropen Pflanzenteilen erreicht, weil der Geotropismus dem entgegenarbeitet. So nehmen die meisten Pflanzenstengel, z. B. junge Keimlinge der Sonnenrose (Helianthus annuus), der Lupine (Lupinus albus u. a.), der Bohne (Phaseolus) usw. bei einseitiger Beleuchtung eine Stellung ein, die zwischen der senkrechten und der Lichtrichtung liegt. Manche nähern sich mehr der ersteren, manche der letzteren. Es gibt aber auch Pflanzen, die sich wirklich genau oder fast genau in die Lichtrichtung einstellen. So z. B. die Keimlinge von Hafer (Avena sativa), Futterwicken (Vicia sativa), Kressen (Lepidium sativum), Raps (Brassica Napus) sowie die Sporangienträger der Mucorineenpilze (Phycomyces nitens, Mucor Mucedo usw.), also gerade diejenigen Objekte, die mit Vorliebe zu phototropischen Versuchen verwendet werden. Alle diese Pflanzenteile folgen auch einem von unten auf sie fallenden Lichtreize, können sich also senkrecht abwärts biegen, als ob für sie gar kein Geotropismus existierte. Und doch wachsen sie im Dunkeln sehr schön aufrecht.

Das Überwiegen des Lichtreizes blieb lange rätselhaft, denn die phototropische Reaktion schien an sich nicht energischer als die geotropische. Wie aber Guttenberg (1907) gezeigt hat, ist es nicht erlaubt, aus der Intensität der Krümmung oder der Länge der Reaktionszeit auf die Stärke der Erregung zu schließen.[1]) Schwächt man nämlich den Lichtreiz ab, so wird schließlich auch bei den genannten stark phototropischen Objekten der Einfluß des Schwerkraftsreizes äußerlich bemerkbar. Bei einer gewissen, sehr geringen Be-

---

[1]) Vgl. auch das auf S. 60 beim Geotropismus Gesagte.

leuchtungsstärke (für Avena z. B. 0,0475 Meterkerzen) werden beide
Reize gleich stark. Das zeigt sich darin, daß umgelegte, von unten
beleuchtete Keimlinge ihre Ruhelage in der Horizontalen finden.
Dabei wirken Geotropismus und Phototropismus einander genau entgegen und heben sich auf. „Läßt man das Licht in gleicher Stärke
senkrecht zur Schwerkraft einwirken (Pflanze vertikal, Licht horizontal), so erhält man eine resultierende Stellung, die zwischen beiden Richtkräften annähernd die Mitte hält, also um ca. 45° von
diesen abweicht. Bei Ausschluß einseitiger Schwerewirkung (am
Klinostaten) erfolgt dagegen Einstellung in die Lichtrichtung." Das
letztere wird am Klinostaten auch bei den Pflanzenteilen erreicht, die
selbst durch starke einseitige Beleuchtung nur wenig von der senkrechten Stellung abgelenkt werden. Das verschiedene Verhalten der
phototropischen Pflanzen beruht also nicht auf einer Beeinflussung
des Geotropismus durch das Licht, wie man früher wohl annahm
(Noll 1892), sondern auf dem verschiedenen Verhältnis von geotropischer und phototropischer Erregbarkeit. Nur dieses Verhältnis
ist aus den von Guttenberg bestimmten Werten für die zur Kompensation des geotropischen Reizes nötige Beleuchtungsstärke zu entnehmen. In die geo- und phototropische Empfindlichkeit selbst kann
man auf diese Weise keinen Einblick gewinnen.

Die Erscheinung der phototropischen Reaktion, so wie sie sich
gewöhnlich bei verschiedenen Objekten darstellt, konnte nicht geschildert werden, ohne auf dies Hineinspielen geotropischer Beeinflussungen einzugehen. Bei der Erforschung des Verhältnisses von
Photo- und Geotropismus haben sich nun mancherlei weitere neue
Tatsachen ergeben, von denen ein Teil schon Erwähnung fand. So
neben dem eben Besprochenen die verschiedene Widerstandsfähigkeit
der Teilprozesse gegen schädliche Einflüsse. Es bleibt aber noch
von weiteren Erfahrungen zu berichten. Wir haben das Thema der
Übereinstimmungen und Verschiedenheiten beider Reizvorgänge noch
nicht erschöpft. Will man diese studieren, so muß man suchen, den
phototropischen Effekt vom geotropischen experimentell loszulösen.
Ausschalten kann man den Schwerkraftreiz nicht; wohl aber kann
man ihn, mit Hilfe des Klinostaten, praktisch unwirksam machen.
Soll gleichzeitig ein einseitiger Lichtreiz einwirken, so muß der betreffende Pflanzenteil senkrecht zur horizontalen Drehungsachse befestigt und in deren Richtung beleuchtet werden. Dabei ergibt sich,
daß jede Belichtung, die ausreicht, um überhaupt einen phototropischen Effekt hervorzurufen, schließlich zur Einstellung in die Lichtrichtung führt (Müller-Thurgau 1876). Wenn das bei aufrechtstehen-
den Pflanzen nicht erreicht wird, so liegt der Grund hierfür in der Gegenwirkung des Geotropismus. Diese macht sich aber erst bemerkbar,
wenn eine Abweichung von der senkrechten Stellung durch die
phototropische Reaktion begonnen hat; sie beeinflußt vor allem die
schließliche Ruhelage. Der Beginn der Krümmung wird durch die
geotropische Erregung nicht beeinflußt, da diese erst mit der Ab-

weichung von der geotropischen Ruhelage einsetzt. Deshalb wird die phototropische Präsentations- und Reaktionszeit durch den Gebrauch des Klinostaten meist nicht beeinflußt, wohl aber die Stärke der Nachkrümmung.

Oben haben wir berichtet, daß Guttenberg für jedes Objekt zu bestimmten Beleuchtungsintensitäten kam, die den geotropischen Effekt gerade kompensieren. Er ist der Meinung (1907, S. 230), daß das für alle orthotropen Pflanzenteile gelingen müsse. Das ist aber ein Irrtum, denn die phototropische Erregung läßt sich nicht durch die Intensität des Reizmittels beliebig steigern. Es gibt Objekte (einige wurden oben genannt), die sich durch das Licht nur wenig von der senkrechten Stellung abbringen lassen. Bei diesen würde sich die Kompensation nur mit Hilfe schwächerer geotropischer (Zentrifugal-) Reize erreichen lassen. Von Guttenberg wurde der geotropische Reiz nicht variiert. Das würde auch die Sache zu sehr komplizieren. An dieser Stelle lege ich aber Wert darauf, zu betonen, daß es berechtigt bleibt, von Pflanzen zu sprechen, die stärker geotropisch und solchen, die stärker phototropisch sind. Das Verhältnis muß durch eine Zahl ausgedrückt werden, in der die Intensität des Schwere- und des ihn kompensierenden Lichtreizes enthalten ist.

Czapek (1895a) hat früher versucht Pflanzen zu finden, die gleich stark photo- und geotropisch reagieren; er hat dabei aber die Reaktionszeit als Maß benutzt. So schienen ihm z. B. Haferkeimlinge dieser Forderung zu entsprechen. Auf Grund dieses Mißgriffes kam er zu der Ansicht, daß ein phototropischer Reiz einen gleich starken geotropischen völlig zu überwinden vermag. Wie die Erklärung für dieses Resultat zu geben ist, hat Guttenberg gezeigt. Er fand, daß bei Benutzung einer kompensierenden Beleuchtungsintensität der geotropische Reizprozeß in seinen Objekten viel schneller verlief als der phototropische. Die Ausgleichung beider war deshalb nicht von Anfang an zu bemerken. Vielmehr krümmten ich die benutzten Keimlinge zuerst geotropisch, später ging diese Krümmung zurück, und schließlich trat die Gleichgewichtslage ein. Somit bedarf es zur Erzielung einer phototrophischen Reaktionszeit, die gleich der geotropischen ist, einer viel höheren Lichtintensität als zur Kompensation der Endstellung. Eine solche hat Czapek benutzt, und deshalb wurde in seinen Versuchen der Geotropismus überwunden. Nicht immer muß, wie mir scheint, bei gleicher Reizstärke der geotropische Erregungsvorgang schneller ablaufen als der phototropische. Hätte Guttenberg Objekte mit ungefähr gleichlanger geotropischer und heliotropischer Reaktionszeit benutzt, die durch seitliches Licht nur wenig aus der senkrechten Lage abgelenkt werden können, also die Kompensation nur durch Herabsetzung des Schwerereizes ermöglichen, so hätte er in bezug auf das zeitliche Fortschreiten der Erregungsvorgänge wahrscheinlich das umgekehrte Resultat erzielt. Dies zur theoretischen Klarstellung des Verhältnisses von geotropischer und phototropischer Erregung.

Der Reizerfolg ist beim Phototropismus derselbe wie beim Geotropismus. Deshalb ist es möglich, den einen Reizerfolg durch den anderen auszugleichen. Es fragt sich aber, ob dieses rein mechanisch geschieht, ob also nur die beiden Krümmungsbewegungen sich gegenseitig aufheben oder ob schon frühere Glieder der Reizkette sich beeinflussen? Die Frage, an welcher Stelle der Reizkette bei dem Gegeneinanderwirken zweier Impulse die Vergleichung stattfindet, muß übrigens bei jedem Kompensationsvorgang, also auch bei gleichartigen gegeneinanderwirkenden Reizen gestellt werden. In diesem Falle ist aber bisher kein Mittel zur Lösung des Problems ausfindig gemacht worden. Anders ist das bei verschiedenartigen Reizen. Läßt sich nämlich nachweisen, daß bestimmte Glieder der beiden Reizketten verschieden voneinander sind, so können diese für den Vergleich der gegeneinanderwirkenden Reize nicht in Betracht kommen. Für den Perzeptionsvorgang versteht sich die Verschiedenheit beim Geo- und Phototropismus von selbst. Und da das Endresultat, die Krümmung, in beiden Fällen dasselbe ist, so fragt es sich, bis zu welchem Gliede der Reizkette Differenzen bestehen.

Schon früher haben wir gesehen, daß in der phototropischen Reizkette ein Teilvorgang vorhanden sein muß, der gegen Sauerstoffentziehung empfindlicher ist als der entsprechende Prozeß bei der geotropischen Reizung (vgl. S. 141). Umgekehrt wird durch gewisse chemische Stoffe (z. B. Verunreinigungen der Luft, wie sie in Laboratorien meist vorhanden sind) bei Keimlingen von Wicken, Erbsen usf., wie Richter zeigte (1906), die negativ-geotropische Reaktion unterdrückt. Die phototropische dagegen (Guttenberg 1910), wird nur wenig beeinflußt. Bei der geotropischen ist es nicht der Vorgang der Krümmung, sondern der der Reizaufnahme, der eine Beeinflussung erfährt.

Das sind einige von den Befunden, die auf eine tiefergehende Verschiedenheit der beiden Reizprozesse schließen lassen. Noch deutlicher wird das aus eigens darauf gerichteten Versuchen von Frl. Pekelharing (1910). Diese stützte sich auf die Möglichkeit, gleichartige Reize, die an sich nicht die Schwelle erreichen, zu summieren. Zwei solche, nur wenig unter der Präsentationszeit bleibende Impulse, bewirkten, falls sie schnell aufeinander folgten, eine geotropische oder phototropische Krümmung als Nachwirkung. Wurde aber ein Schwere- und ein Lichtreiz kombiniert, so blieb der Erfolg aus. Die Perzeption beider Reize muß geschehen sein, denn sonst könnten sie auch durch einen gleichartigen Impuls nicht zur Wirksamkeit gebracht werden. So muß man annehmen, daß in mittleren Gliedern der Reizkette Verschiedenheiten vorhanden sind, die eine Summation unmöglich machen. Da somit geotropische und phototropische Erregungen, die fast bis zur Reaktion führen, sich nicht summieren lassen, so wird es wahrscheinlich, daß auch das Gegeneinanderwirken erst bei der Ausführung der Krümmung stattfindet.

Damit hätten wir schon eine ganze Anzahl von den Differenzen, die bisher zwischen geotropischen und phototropischen Reizerscheinungen gefunden worden sind, kennen gelernt. Zwei sehr wesentliche Unterschiede bleiben uns aber noch zu besprechen. Sie sind, wie wir zu zeigen haben, nur im Zusammenhange mit der Tatsache zu verstehen, daß die Beleuchtung der Intensität nach stets wechselt, während die Schwere konstant ist. In Kürze kann man diesen Tatsachenkomplex folgendermaßen bezeichnen: Der phototropische Effekt ist von den vorausgegangenen Beleuchtungsverhältnissen abhängig, und es können je nach der Stärke der Erregung positive oder negative phototropische Krümmungen entstehen.

c) Veränderlichkeit des phototropischen Verhaltens.

Positiver und negativer Phototropismus.
Phototropische Stimmung.

Bisher haben wir nur von einer Art von Phototropismus gesprochen, während wir vom Geotropismus gleich erwähnten, daß er sich bei verschiedenen Pflanzenteilen in verschiedener Weise äußert. Die negative Reaktionsweise spielt beim Phototropismus lange keine so große Rolle wie die positive. Auch ist das Verhältnis beider hier ganz anders als beim Geotropismus. In bezug auf diesen verhält sich ein und dasselbe Objekt meist dauernd gleich. Nur wenige Fälle konnten wir aufzählen, in denen die geotropische Ruhelage durch anderweitige Einflüsse verändert wurde. Man kann daher ohne weiteres von positiv und negativ geotropischen Organen reden. Beim Phototropismus hätten solche Bezeichnungen nur sehr begrenzten Wert. Allerdings reagieren bei mittlerer Beleuchtungsintensität die Stengel und andere oberirdische phototrope Organe meist positiv phototropisch. Für die Wurzeln läßt sich selbst eine so bedingte allgemeine Aussage nicht machen. Die meisten sind phototropisch indifferent, die übrigen reagieren zum Teil positiv, zum Teil negativ. Außerdem aber ist wohl bei allen Pflanzenteilen der Sinn des Phototropismus, also die Entscheidung, ob die Krümmung nach der Lichtquelle hin oder von ihr fort erfolgen soll, von der Stärke der Beleuchtung abhängig. Wie das zu verstehen ist, werden wir bald sehen.

Die Beobachtung selbst ist nicht neu:

N. J. C. Müller erzielte schon 1872 (1877, S. 57), als er durch eine Linse konzentriertes Sonnenlicht auf Kressekeimlinge (Lepidium sativum) fallen ließ, negative Reaktionen bei diesen, sonst positiv reagierenden Objekten. In größerer Entfernung von der Sammellinse, also bei schwächerer Beleuchtung, traten positive Krümmungen auf; an der Grenze zwischen beiden blieben die Pflänzchen gerade. Diese Entdeckung wurde zuerst nicht genügend gewürdigt. Aber im Jahre 1880 fand Stahl entsprechende Verhältnisse für die Alge Vaucheria und 1882 Berthold für verschiedene Meeresalgen. Oltmanns hat dann 1892 und 1897 mit verschiedenen Objekten systematische Versuche über die phototropische Reaktionsweise bei verschiedenen Lichtintensitäten angestellt. Zuerst verwendete er, wie seine Vorgänger, das Licht der Sonne, später das einer elektrischen Bogenlampe. Mit diesem Hilfsmittel und unter Benutzung des stark phototropischen Pilzes Phycomyces nitens als Objekt gelang es ihm, einige sehr bedeutungsvolle Beobachtungen zu machen.

Oltmanns stellte in verschiedener Entfernung von der Bogenlampe auf Brot gewachsene Kulturen von Phycomyces mit jungen Sporangienträgern auf, die er durch Glaskästen vor dem Vertrocknen schützte. Die Entfernung der ersten Kultur betrug 20 cm, die der letzten 80 cm von dem leuchtenden Punkte. Nach einer halben Stunde bogen sich die Fruchtträger bei 20 bis 30 cm (ca. 100000 Meterkerzen) Entfernung vom Lichte ab, bei 75 bis 80 cm (10 bis 80000 Meterkerzen) nach dem Lichte zu; die mittleren waren noch gerade. Später verstärkten sich die positiven und negativen Krümmungen. Auch nahm die Zahl der gerade gebliebenen Fruchtträger ab, indem die an der Grenze stehenden sich ihren Nachbarn anschlossen und sich je nach der Lichtintensität positiv oder negativ zu krümmen begannen. Dazwischen blieb aber immer noch eine „Indifferenz"-Zone mit ungekrümmten Sporangienstielen. Ähnliche Resultate erhielt Oltmanns auch mit Keimlingen; doch waren bei diesen negative Krümmungen schwerer zu erzielen.

Danach kann also ein und dasselbe Pflanzenorgan je nach der Beleuchtungsstärke positiv, negativ oder gar nicht reagieren. Diese drei Möglichkeiten werden aber bei den meisten phototropischen Pflanzenteilen nur unter Anwendung sehr starken Lichtes erzielt. Bei schwächerem beobachtet man gewöhnlich nur positive Krümmungen. Deshalb ist es für die Reaktionen aber doch nicht gleich, ob man mittlere oder ganz schwache Beleuchtung wählt. Es muß ja ein Minimum der Helligkeit geben, unterhalb dessen überhaupt keine Reaktion auftritt: die absolute Intensitätsschwelle. Sie liegt freilich oft sehr tief. Wird von da die Beleuchtung verstärkt, so werden die erst sehr schwachen und langsamen Krümmungen stärker und schreiten schneller voran. Damit wird dann auch schließlich die Wirkung des Geotropismus bei geeigneten Objekten völlig überwunden (vgl. oben S. 152). Bei noch viel stärkerer Beleuchtung muß aber ein Punkt kommen, wo man sich der Intensität nähert, die „Indifferenz" bewirkt. Damit wird die phototropische Krümmung wieder schwächer.

Einen guten Ausdruck für diese Verhältnisse ist die Reaktionszeit bei verschieden starker Belichtung, die Wiesner (1878) und der Verfasser (E. Pringsheim 1907) bestimmt haben. Sie nimmt mit steigender Lichtintensität bis zu einem Minimum ab und dann wieder zu. Ein Einblick in die Ursachen dieser Erscheinungen wurde durch Untersuchungen gewonnen, die zunächst ein ganz anderes Ziel verfolgten.

Oltmanns (1897, S. 6) hatte gefunden, daß bei Phycomyceskulturen, die nicht wie gewöhnlich, vor dem Versuche dauernd im Dunkeln gehalten worden, sondern zeitweilig beleuchtet gewesen waren, die „indifferente Zone" nach der Lichtquelle hin, also nach größeren Helligkeiten, verschoben war. Ferner hatte sich in seinen Versuchen gezeigt, daß von normal am Licht gewachsenen und etiolierten Keimlingen der Gerste die ersteren bei starker Beleuchtung wesentlich schneller reagierten. Es kommt dabei, wie wir sehen

Abb. 53.

Wickenkeimlinge. Der Topf links ganz im Dunkeln gewachsen, der rechts einen Tag lang dem zerstreuten Tageslicht ausgesetzt gewesen (wodurch auch die Spitzenkrümmung sich gestreckt hat). Die Pflänzchen wurden 40 cm von einer Auerlampe aufgestellt und zeigten nach einer Stunde das im Bilde festgehaltene Verhalten. Die hochgestimmten haben sich stark gekrümmt, die niedriggestimmten blieben „indifferent". Verkleinert.

werden, nicht auf die durch das Licht bedingte Gestalt und Färbung, sondern auf den veränderten physiologischen Reizzustand an. Man drückt das so aus, daß man sagt, durch die Belichtung wird die „phototropische Stimmung" der Objekte erhöht. Diese Erscheinung habe ich dann weiter studiert.

In meinen ersten Versuchen (1907, S. 275) setzte ich am Lichte und im Dunkeln gezogene Keimlinge einiger Pflanzenarten einer stufenweise verschieden starken Beleuchtung aus. Die größte Helligkeit war dabei geringer als die geringste von Oltmanns verwendete. Trotzdem zeigte sich eine für gewisse Schlüsse ausreichende Verschiedenheit in den Reaktionszeiten. In der Nähe der Lampe reagierten, wie bei Oltmanns, die „Lichtkeimlinge" schneller als die „Dunkelkeimlinge" (Abb. 53). Bei schwächerer Beleuchtung aber war das

Verhältnis umgekehrt. Also sind im Dunkeln gezogene Keimlinge, alten Erfahrungen entsprechend, „empfindlicher" für schwaches Licht; sie werden aber auch durch starkes mehr affiziert als normale. Am Lichte gewachsene Pflänzchen werden erst durch eine verhältnismäßig stärkere Beleuchtung in der positiven Reaktion gehemmt; aber auch ihre Schwelle ist höher. Alle Beleuchtungsintensitäten müssen bei ihnen gesteigert werden, wenn derselbe Effekt erzielt werden soll, kurz: ihre Stimmung ist höher als die von gänzlich im Dunkeln erwachsenen Keimlingen. Man denke zum Vergleich daran, daß auch ein Mensch, der aus dem Hellen ins Finstere tritt, zunächst schwach beleuchtete Gegenstände weniger gut erkennt, als ein ans Dunkle Gewöhnter; daß aber letzterer wieder beim Heraustreten ins Helle leichter geblendet wird.

Alle Erscheinungen, die an phototropischen Pflanzen, je bei einer bestimmten Beleuchtungsstärke, auftreten, wie Reizschwelle, schnellste Reaktion, „Indifferenz", negative Krümmung, werden bei vorher am Licht gezogenen Objekten erst durch eine größere Helligkeit hervorgerufen als bei solchen, die im Dunkeln gewachsen sind. Sie sind also außer von der Beleuchtungsstärke, von der jeweiligen Stimmung abhängig. Der durch das geschilderte Verhalten gekennzeichnete physiologische Zustand ist aber nicht nur bei Keimlingen, die im Dunkeln oder am Lichte gezogen sind, verschieden, sondern er läßt sich schon durch kurzwährende Veränderung der Beleuchtung beeinflussen. Wir lernen in der Beeinflussung der Stimmung eine neue Reizwirkung des Lichtes kennen, die von der eigentlichen phototropischen ihrem Wesen nach verschieden ist. Über das Verhältnis beider Klarheit zu erlangen, ist freilich nicht ganz leicht.

Daß die Perzeption für die phototropische und die für die Stimmungsreizbarkeit nicht identisch sein können, ergab sich am klarsten aus Versuchen mit Keimlingen von Panicum miliaceum. Wie wir wissen, ist deren Stengel nicht direkt phototropisch reizbar, sondern nur von der daran sitzenden Keimscheide her (vgl. S. 143). Die Empfänglichkeit für Stimmungsreize zeigte nun eine andere Verteilung als die tropistische. Ausschließliche Beleuchtung der Scheide wirkte nämlich ungefähr ebenso stark wie Beleuchtung des Stengels allein; beide einzeln aber hatten nur die halbe Wirkung, verglichen mit der durch Belichtung des ganzen Keimlings erzielten (E. Pringsheim 1907, S. 288).

Ob sonst noch Verschiedenheiten zwischen den beiden photischen Reizen in den Bedingungen der Perzeption oder in späteren Gliedern der Reizketten nachweisbar sind, wird die Zukunft lehren. Auch ist es vorläufig kaum zu entscheiden, ob die Stimmungsveränderung den Aufnahmeapparat für die phototropische Reizung beeinflußt oder ob sie in spätere Glieder der Reizkette eingreift.

Den besten Einblick in den Einfluß der Stimmung auf den Gang der Erregung ergibt wieder die Bestimmung der Reizschwelle. Man kann einmal die absolute Intensitätsschwelle, d. h. die bei langer Einwirkung geringste Helligkeit, die noch eine Reaktion hervorruft, in ihrer Abhängigkeit von der Stimmung untersuchen. Man findet dann, daß sie bei Lichtkeimlingen höher ist als bei Dunkelkeimlingen. Die Methode hat aber den großen Fehler, daß während der langen Belichtung eine Veränderung der Stimmung eintreten muß. Oder besser, man kann die Zeitschwelle messen, wozu nur eine verhältnismäßig kurze Belichtung nötig ist. Man bestimmt dann die Präsentationszeit beliebig vorbelichteter Pflänzchen bei gegebener Beleuchtungsstärke. Sie steigt gleichfalls mit der Stimmung, und zwar läßt sich, wie ich fand, die Präsentationszeit als Maß der Stimmungshöhe verwenden (E. Pringsheim 1909). Auf diese Weise kann man nicht nur den Einfluß verschieden starker Beleuchtung auf die Stimmung messen, sondern auch den Verlauf der Veränderung verfolgen, die durch den Einfluß des Lichtes in zunächst niedrig gestimmten Pflanzen vor sich geht. Man findet dann, daß die Stimmung durch die Belichtung erst schnell, dann immer langsamer ansteigt, ganz ähnlich wie die durch die Reizschwelle gemessene Adaptationshöhe (-Stimmung) der Netzhaut. Die Verschiebung der Helligkeitswerte für die anderen phototropischen Erscheinungen, als schnellste Reaktion, Indifferenz usf. mit der Stimmung haben wir schon besprochen.

Die Stimmung ist also am niedrigsten bei völlig etiolierten Keimlingen und steigt mit der Belichtung an. Da dieser Vorgang ziemlich schnell verläuft, jedenfalls nach wenigen Minuten beginnt, so muß er auch während der phototropischen Reizung von Dunkelkeimlingen stattfinden. Beide Einflüsse können aber getrennt werden, wenn man die Pflänzchen während des Ansteigens der Stimmung durch Drehung um eine vertikale Achse allseitig belichtet und dadurch phototropische Krümmungen verhindert. Nach einer gewissen Zeit hat sich dann das Objekt der herrschenden Beleuchtung angepaßt, die Stimmung ist konstant geworden. Wird nun einseitig belichtet, so kann keine Stimmungsveränderung mehr eintreten. Es sind also die durch sie bedingten Komplikationen ausgeschaltet.

Wurden derartige Versuche bei verschiedenen Helligkeiten ausgeführt, so zeigte sich ein beständiges Abnehmen der Reaktionszeiten mit der Beleuchtungsintensität. Das ging allerdings nur bis zu einem durch die Trägheit des Reizprozesses bedingten Minimum. Jedenfalls aber trat nicht die Verzögerung der Reaktion auf, die bei niedriger Stimmung durch starke Beleuchtung veranlaßt wird. Vgl. Tabelle S. 166.

Das Auftreten langer Reaktionszeiten bei niedrig gestimmten Pflanzen, die hellem Lichte ausgesetzt werden, fordert eine theoretische Deutung. Dem vorliegenden Tatsachenmaterial glaube ich gerecht werden zu können, wenn ich annehme, daß die Verzögerung der Reaktion durch die Annäherung an jene Lichtintensität bedingt seien, die negative Reaktionen hervorruft, also durch einen Kampf der positiven und negativen Krümmungstendenzen. Je höher die

Stimmung, desto weniger ist die Neigung zur negativen Reaktion vorhanden. Deshalb krümmen sich hochgestimmte Pflanzen bei hellem Lichte früher positiv als niedrig gestimmte (vgl. S. 157 u. Abb. 53). Daß bei größeren Helligkeiten auch anfangs niedrig gestimmte Keimlinge schließlich positiv reagieren, hat nach meiner Auffassung seinen Grund einzig in der allmählich eintretenden Stimmungserhöhung, durch die die negativen Tendenzen nachträglich wieder an Kraft verlieren. So konnte in neueren Versuchen beobachtet werden, daß auch langandauernde scheinbare Indifferenz und sogar negative Krümmungen zuletzt in positive umschlagen.

Man darf aber nicht annehmen, daß bei allen phototropischen Organen die Stimmungserhöhung soweit gehen muß. Es existieren solche, die auch bei langer Belichtung mit nicht zu schwachem Lichte immer negativ reagieren. Das sind die gewöhnlich kurzweg als negativ phototropisch bezeichneten Objekte, wie z. B. die Keimwurzeln von Sinapis (Abb. 58, S. 174). Bei schwächerer Beleuchtung reagieren auch sie positiv (Linsbauer und Vouk 1909). Damit ist die Unterscheidung von positiv und negativ phototropischen Pflanzenteilen theoretisch auf das verschiedene Verhältnis im Anstieg von Stimmung und Erregung zurückgeführt.

Ist meine Erklärung der langen Reaktionszeiten bei starker Beleuchtung richtig, so muß die Verzögerung der Krümmung etiolierter Keimlinge auf vorübergehender „Indifferenz" (unentschiedenem Kampf positiver und negativer Tendenzen) beruhen. Der auf die eigentliche Reaktion hinarbeitende Reizprozeß muß dann erst nach einiger Zeit, während deren die Stimmung steigt, beginnen. Wirklich wurde die phototropische Reaktionszeit, vom Beginn der Belichtung an gerechnet, bei Dunkelkeimlingen und hellem Licht nicht verzögert, wenn die Pflänzchen anfangs eine Zeitlang durch Drehung an der tropistischen Perzeption gehindert wurden. Dabei stieg die Stimmung, und nachher bedurfte es bis zum Beginn der Reaktion einer um eben soviel kürzeren einseitigen Belichtung wie die Vorbelichtung gedauert hatte, vorausgesetzt, daß diese nicht zu lang ausgedehnt worden war. Dieses Experimentum crucis beweist, daß während eines Teiles der verlängerten Reaktionszeit die schließlich zur positiven Krümmung führende phototropische „Polarisation" noch nicht vorhanden ist.

Eine noch bessere Einsicht in die angedeuteten Probleme ergab sich aus Versuchen von Fröschel (1908) und Blaauw (1908 u. 1909). In diesen wichtigen Arbeiten wurde zum ersten Male gezeigt, daß zur Erzielung einer tropistischen Krümmung ein konstantes Minimum der „Reizmenge" nötig ist, also der entsprechende Nachweis, wie er für den Geotropismus in den früher erwähnten, aber später erschienenen Arbeiten von Maillefer und Pekelharing geglückt ist. Fröschel und Blaauw fanden gleichzeitig, daß die phototropische Präsentationszeit sinkt, wenn die Beleuchtungsstärke steigt, und zwar proportional. Das heißt: An der Reizschwelle ist das Produkt aus Beleuchtungsintensität und Präsentationszeit, die „Lichtmenge", konstant. Ein ganz entsprechendes Gesetz ist für die Helligkeitsempfindungen des Menschen seit langem bekannt.

Tabelle nach Blaauw (1909, S. 20).

Helligkeit in Meterkerzen	Präsentationszeit in Stunden, Min. u. Sek.		Lichtmenge in Sekunden-Meter-Kerzen
0,000 17	43	Stunden	26,3
0,000 439	13	„	20,6
0,000 609	10	„	21,9
0,000 855	6	„	18,6
0,001 769	3	„	19,1
0,002 706	100	Minuten	16,2
0,004 773	60	„	17,2
0,01 018	30	„	18,3
0,01 640	20	„	19,7
0,0249	15	„	22,4
0,0498	8	„	23,9
0,0898	4	„	21,6
0,6156	40	Sekunden	24,8
1,0998	25	„	27,5
3,0281	8	„	24,2
5,456	4	„	21,8
8,453	2	„	16,9
18,94	1	„	18,9
45,05	$^2/_5$	„	18,0
308,7	$^2/_{25}$	„	24,7
511,4	$^1/_{25}$	„	20,5
1255	$^1/_{55}$	„	22,8
1902	$^1/_{100}$	„	19,0
7905	$^1/_{400}$	„	19,8
13 094	$^1/_{800}$	„	16,4
26 520	$^1/_{1000}$	„	26,5

In der ersten Reihe stehen die verwendeten Beleuchtungsintensitäten. Die zweite Reihe zeigt die zur Erzielung einer phototropischen Reaktion nötigen Reizzeiten an. (Die hohen Helligkeiten wurden in verschiedenen Entfernungen von einer Bogenlampe, die mittleren und schwächeren unter Verwendung von Auerlicht und Abdämpfung desselben erzielt. Die kurzen Belichtungszeiten wurden mit Hilfe eines photographischen Momentverschlusses erhalten). Die dritte Reihe zeigt das Produkt aus den Werten der beiden ersten. Sie sind für physiologische Versuche und unter Berücksichtigung der Abrundungen in der zweiten Reihe als gut konstant zu bezeichnen.

Aus diesen Befunden müssen nun noch einige weitere Konsequenzen gezogen werden. Wie man sieht, ergeben sich für hohe Beleuchtungsintensitäten sehr kurze Präsentationszeiten. Nun war aber oben aus Versuchen über Reaktionszeiten geschlossen worden, daß die Verzögerung der Krümmung bei größeren Helligkeiten ihre Ursache in einer vorübergehenden „Indifferenz“ hat. Hält man beides zusammen, so wird es wahrscheinlich, daß der „Indifferenzzustand“, d. h. der physiologische Zustand, in dem auf einseitige Belichtung keine Krümmung erfolgt, nicht von der Stärke der Beleuchtung als solcher abhängig ist und mit dieser selbst einsetzt, sondern daß er erst nach einer gewissen Belichtungszeit beginnt. Erst dann kommen die negativen Tendenzen zur Geltung, die bei größeren Helligkeiten das anfangs allein wirksame positive Krümmungsbestreben auslöschen. Wir müssen daher in einer, starker einseitiger Beleuchtung ausgesetzten phototropischen Pflanze mit niedriger Anfangsstimmung eine ganze Anzahl von Reizzuständen annehmen, die einander ablösen. Durch rechtzeitige Unterbrechung der Belichtung kann man experimentell die Wirkung dieser Stadien isoliert zur Beobachtung bringen. Wird ganz kurz belichtet, so tritt später im Dunkeln positive Krümmung auf. Auf etwas längere Reizung erfolgt gar keine äußerlich sichtbare Reaktion. Noch längere Belichtung hat negative Krümmung zur Folge, und schließlich geht diese wieder in positive Krümmung über (Blaauw 1909, E. Pringsheim 1909).

Die erste physiologische Veränderung, die in der Pflanze durch Belichtung bewirkt wird, nennen wir die primäre photische Erregung. Sie muß ein gewisses Maß erreichen, damit irgendein Reizerfolg, also z. B. eben sichtbare phototropische Krümmung, erzielt wird. Da schwache Reize länger einwirken müssen, als starke, um eine bestimmte Wirkung zu haben, so muß die Erregung mit der Dauer der Einwirkung ansteigen. Das geht nicht endlos so weiter, sondern es wird bei jeder Reizintensität schließlich ein spezifisches Maximum erreicht. Man kann das einmal daraus entnehmen, daß unterschwellige Reize auch bei längster Einwirkung keine Reaktion zur Folge haben, obgleich die auf die Pflanze fallende Lichtmenge schließlich ein hohes Maß erreichen muß, dann auch daraus, daß beim Entgegenwirken eines zweiten Reizanlasses, z. B. der Schwerkraft, ein konstanter Endzustand erreicht wird (siehe oben S. 152).

Die Schnelligkeit des Anstieges der Erregung ist um so größer, je höher die Intensität des Reizanlasses und je niedriger die Stimmung ist. Das geht aus den Messungen der Präsentationszeiten hervor. Je schneller der Anstieg, ein desto größeres Erregungsmaximum wird auch erzielt werden, denn um so größer ist die vor Einsetzen der Gegenreaktionen applizierte Lichtmenge. Also wird auch das Maximum der Erregung von der Lichtintensität und der Stimmung abhängig sein.

Um nun über die Bedeutung der negativen Tendenzen klarer zu werden, die bei steigender Beleuchtungsintensität Verzögerung der Reaktion oder wirklich negative Krümmungen hervorrufen, ist noch folgendes zu beachten. Ihr Einsetzen, wie es sich zuerst in dem Auslöschen des anfänglichen positiven Krümmungsbestrebens bemerkbar macht, ist, wie Blaauw und ich fanden, ebenso wie die Reizschwelle für die positive Reaktion, abhängig von einer gewissen Reizmenge, also wohl auch von einer bestimmten Höhe der primären Erregung. Dasselbe dürfte für die völlige Überwinduug der positiven Tendenzen, also für die Reizschwelle der sichtbaren negativen Krümmung gelten.

Doch ist die Erzielung irgendeines Reizeffektes, wie noch einmal allgemein betont werden soll, nicht schlechthin von der Lichtmenge abhängig, die einen phototropischen Pflanzenteil trifft, sondern diese Lichtmenge muß auch innerhalb einer gewissen Zeit appliziert werden. Geschieht das nicht, so bewirkt die einsetzende Gegenreaktion ein Stehenbleiben bei dem der Helligkeit entsprechenden jeweiligen Erregungsmaximum, dem konstanten Endzustande. Als erregungsminderndes Moment kommt ferner bei mittleren und großen Beleuchtungsstärken die Stimmungserhöhung hinzu, deren Anstieg anfangs langsamer vonstatten geht als der der Erregung, schließlich aber diese herabdrückt.

Nun wissen wir, daß negative Tendenzen, und erst recht negative Krümmungen, nur bei höheren Helligkeiten erzielt werden. Diesen Verhältnissen scheint mir die folgende schon angedeutete Vorstellung am einfachsten gerecht zu werden:

Die erste physiologische Veränderung, die in der phototropischen Pflanze bei Belichtung vor sich geht, die primäre photische Erregung, muß eine gewisse Höhe erreicht haben, die an eine bestimmte Reizmenge geknüpft ist, damit ein weiteres Glied der Reizkette betätigt wird. Es sei der Beginn der Vorgänge, die zu einer positiv phototropischen Krümmung führen. Mit Fitting können wir diese Stufe die tropistische Polarisation nennen. Steigt diese primäre photische Erregung weiter, so wird bei einer sehr viel größeren Lichtmenge das Maß für die Anregung der negativ phototropischen Krümmungstendenzen erreicht und damit die Stufe, auf der die positiven Krümmungen wieder schwächer, also die Reaktionszeiten länger werden. Vielleicht wird hierbei die „Polarisation" umgekehrt. Bleiben wir bei diesem Bilde, so würde die völlige Umkehr der Polarisation die äußerliche negative Reaktion im Gefolge haben. Diese kann dann natürlich nur bei sehr hoher Lichtintensität zustande kommen, weil bei geringerer die Reizlichtmenge und damit die für negative Krümmung notwendige Höhe der primären Erregung nicht erzielt wird, bevor durch das Ansteigen der Stimmung die Reizwirkung des Lichtes sich wieder vermindert. Geschähe das, so träten wieder nur positive Reaktionen auf.

So wird es auch begreiflich, daß eine durch starke Beleuchtung erzielte negative Reaktion sofort zurückzugehen beginnt, wenn man die Belichtung ausschaltet (Blaauw 1909). Denn beim Aufhören des Reizes sinkt die primäre Erregung durch die nun allein wirksame Gegenreaktion sehr bald auf das für positive Reaktion notwendige Maß. Das positive Krümmungsbestreben wirkt dann dem negativen entgegen. Negative Reaktionen sind dementsprechend nur schlecht als Nachwirkungen zu erzielen, ganz im Gegensatz zu den positiven.

Die entwickelte Hypothese wirft auch einiges Licht auf die bei Unterbrechung der Beleuchtung vor Beginn der Reaktion beobachteten Erscheinungen. (Vgl. S. 162.) Bei einer die Präsentationszeit nur wenig übersteigenden Belichtung erfolgt positive Krümmung, wie es der geringen Höhe der primären Erregung entspricht. Diese steigt aber weiter, wenn länger mit genügend starkem Licht gereizt wird. Die negativen Tendenzen setzen ein und vernichten zunächst das positive Krümmungsbestreben. Das Resultat ist äußerliche Indifferenz, wenn in diesem Stadium die Reizung aufhört. Wird aber noch länger belichtet, so steigt bei hoher Beleuchtungsintensität die primäre Erregung so weit, daß negative Reaktionen erfolgen. Ist die Helligkeit nicht so groß, so wird die hierfür notwendige Lichtmenge nicht erreicht, bevor die Stimmung Zeit hat anzusteigen und die Erregung auf das Maß für positive Reaktion herabzudrücken. Auch schon realisierte negative Krümmungen gehen bei gewissen Objekten nach sehr langer Belichtung durch die Stimmungserhöhung wieder zurück und schlagen in positive um.

Bisher wurde der Beweis dafür, daß schwächere Belichtung länger einwirken muß als stärkere, um einen gewissen physiologischen Effekt zu erzielen, nur für die Reizschwelle der positiven und negativen Reaktion gegeben und zwar auf Grund der Arbeiten von Fröschel und Blaauw. Dasselbe wurde aber schon früher, freilich auf einem ganz anderen Wege, auch für die späteren Stadien des positiven Reizprozesses nachgewiesen. (Nathansohn und Pringsheim 1908.) Über den Erregungszustand bei dauernder Einwirkung eines Krümmungsreizes läßt sich nur dann etwas aussagen, wenn ihm ein anderer von bekannter Größe entgegenarbeitet. Denn sonst tritt schließlich Einstellung in die Richtung der wirkenden Kraft ein, und man hat dann kein Anzeichen für die Reizstärke des betreffenden Reizanlasses. Zur Lösung solcher Fragen ist also nur die Kompensationsmethode (siehe oben S. 59) zu brauchen.

In der erwähnten Arbeit handelte es sich zunächst um das Problem, welchen Reizwert eine periodisch unterbrochene einseitige Belichtung von bekannter Intensität hat. Um es zu lösen, wurde nun so vorgegangen, daß phototropische Pflänzchen zwischen zwei Lichtquellen gestellt werden. Sie krümmten sich dann nach der Seite hin, auf der sie stärker beleuchtet waren. Waren die beiden Lampen gleich hell, so fand sich genau in der Mitte zwischen beiden eine Stelle, an der die Krümmung unentschieden war; aber schon dicht daneben reagierten bei geeignetem Material die Pflänzchen nach der einen oder anderen Seite. Bedingung für die Verwendbarkeit zu solchen Versuchen ist eine niedrige Unterschiedsschwelle der betreffenden Keimlinge, wie sie z. B. bei denen des Rapses sich findet. Es entstand eine scharfe „Scheitelung". Somit zeigte die phototropische

Reaktion selbst den Ort an, an dem die Reizwirkungen beider Lichtquellen sich die Wage hielten (Abb. 54). Nun wurde die eine der beiden Lampen durch eine rotierende Scheibe mit Ausschnitten periodisch verdunkelt. Dadurch wurde die von der „intermittierenden" Lichtquelle ausgehende phototropische Wirkung verringert, und der Scheitelungspunkt rückte nach ihr hin.

Berechnete man die in gleicher Zeit auf die unentschieden gebliebenen Pflänzchen von beiden Seiten fallenden Lichtmengen, so fand man, daß sie stets gleich waren. Das heißt, die Reizwirkung des Lichtes war wie an der Reizschwelle, so auch bei langer Einwirkung proportional dem Produkt aus Beleuchtungsintensität und Belichtungszeit. Dasselbe Ergebnis ist für das menschliche Auge

seit langem als Talbotsches Gesetz bekannt. Nur muß der Wechsel von Licht und Dunkelheit sehr schnell vor sich gehen, wenn ein einheitlicher Gesichtseindruck erzielt werden soll, während für die Pflanze noch ein alle 45 Minuten erfolgender Wechsel nicht die Grenze zur Erzeugung eines Durchschnittsreizwertes darstellte. Dies gilt allerdings nur für geringe Helligkeiten. Bei größeren wird die Grenze, bis zu der das Talbotsche Gesetz gilt, sowohl für die Pflanze wie für das Auge nach höheren Frequenzen hin verschoben.

In diesen Versuchen wurde aus dem Ausbleiben

Abb. 54.

Rapskeimlinge, von zwei entgegengesetzten Seiten beleuchtet. Man sieht die Stelle, an der die Wirkungen sich durch gleiche Stärke aufheben. Dieser Punkt wurde von dem Versuche durch photometrische Messung bestimmt und durch das Brettchen unten bezeichnet.

der Reaktion an einer bestimmten Stelle zwischen der periodisch verdunkelten und der konstanten Lichtquelle geschlossen, daß der Reizwert beider oder die durch sie bewirkte Erregung gleich stark war. Die unterbrochene, also kürzer einwirkende Beleuchtung mußte dabei entsprechend intensiver genommen werden als die dauernde, um deren Wirkung auszugleichen. Damit ist der Beweis für den aufgestellten Satz, daß ein kurzer Reiz, um dieselbe Wirkung zu haben, stärker sein muß als ein langer aber schwacher, auch für solche Reize erbracht, welche die an der Reizschwelle herrschende Erregung übersteigen.

Oben haben wir gesehen, daß die Reaktionszeit von einem gewissen Punkte an mit der Beleuchtungsintensität wächst. Bei genauerer Analyse erwies sie sich als aus zwei Stücken zusammengesetzt, von denen das erste durch die anfängliche Indifferenz infolge der niedrigen Stimmung bedingt war. Wurde bei konstanter Stimmung gearbeitet, so fiel es weg, und es blieb die kürzere „eigentliche Reaktionszeit" übrig. Diese nahm innerhalb gewisser Grenzen ab, wenn die Helligkeit wuchs. Schon durch die so erreichbare kürzeste Reaktionszeit ist nun offenbar dem in der Trägheit des Reizprozesses gelegenen Verzögerungsmoment ausreichend Rechnung getragen. Daß die Reaktion bei schwacher Beleuchtung länger auf sich warten läßt, muß daher andere Gründe haben. Aus solchen Überlegungen heraus hat Tröndle (1910) für den Phototropismus ebenso wie für den Geotropismus (vgl. oben S. 67) die Hypothese aufgestellt, daß diese Verspätung der Reaktion dem langsamen Ansteigen der Erregung bei schwachem Reizanlaß zuzuschreiben sei.

Er zerlegt daher die „eigentliche Reaktionszeit", wie sie bei konstanter Stimmung erzielt wurde, wiederum in zwei Teile, von denen der eine konstant und gleich der kürzesten erzielbaren Reaktionszeit ist, während der andere mit steigender Reizstärke an Länge abnimmt und bei der kürzesten Reaktionszeit verschwindend kurz wird. Tröndles Berechnung mit Hilfe der beim Geotropismus erwähnten Formel unter Zugrundelegung meiner früheren Messungen ergab wiederum gute Übereinstimmung.

Reaktionszeiten von Haferkeimlingen
bei verschiedenen Beleuchtungsintensitäten.

Entfernung von einer 30 kerzigen Nernstlampe	I Reaktionszeit etiolierter Keimlinge (Pringsheim 1907)	II Reaktionszeit am Orte vorbelichteter Keimlinge	III Nach Tröndles Formel berechnete Reaktionszeit für die letzteren (Tröndle 1910)
30 cm	57 Min.	28 Min.	30,1 Min.
60 „	52 „	30 „	30,2 „
90 „	50 „	32 „	30,4 „
120 „	46 „	32 „	30,8 „
150 „	46 „	32 „	31,3 „
200 „	48 „	36 „	32,4 „
300 „	45 „	36 „	35,4 „
400 „	46 „	41 „	40,0 „
500 „	48 „	45 „	45,0 „
600 „	51 „	50 „	52,2 „
700 „	59 „	60 „	60,0 „
800 „	69 „	70 „	70,0 „

Wie man sieht, ist die Reaktionszeit im Dunkeln gewachsener Keimlinge etwa bei 300—400 cm Entfernung von der Lampe am kürzesten und nimmt von da nach beiden Seiten zu (I. Reihe). Bei konstanter Stimmung dagegen sinkt die Reaktionszeit bei wachsender Helligkeit erst stark, dann weniger, um etwa bei 30—60 cm ihr Minimum zu erreichen (II. Reihe). Die III. Reihe hat Tröndle auf Grund seiner Formel berechnet und dabei als „Trägheitskonstante" 30 Minuten angenommen, was etwa der kürzesten Reaktionszeit entspricht.

Über die Abhängigkeit der phototropischen Erregung von der Intensität und Dauer des Lichteinflusses sind wir nun unterrichtet. Die Bedeutung verschiedener Winkellagen des gereizten Objektes zur Richtung der reizenden Kraft aber, die beim Geotropismus der Gegenstand eingehender Studien gewesen ist, hat beim Phototropismus bisher gar keine Beachtung gefunden.[1])

Möglicherweise hängt die Reizwirkung nur von der Helligkeit auf der Oberfläche der Pflanze ab. Nach optischen Gesetzen müßte sie dann umgekehrt proportional dem Sinus des Winkels der Strahlen gegen die Fläche sein. Das entspräche dem beim Geotropismus gefundenen Verhalten. Mit Recht hebt Wiesner (1878 S. 29) hervor, daß Versuche von Müller-Thurgau (1876) ungefähr dieser Erwartung entsprechen. Genaues aber kann man infolge der unausgebildeten Versuchsmethodik der damaligen Zeit aus ihnen nicht entnehmen. Sie zeigen nur, daß senkrecht auffallendes Licht stärker wirkt als schräges. Würde man Versuche mit der Schwellen- oder der Kompensationsmethode anstellen, so könnten sich möglicherweise Abweichungen von der obigen mathematischen Formulierung ergeben. Hinge aber wirklich die Reizwirkung nicht allein von der induzierten Helligkeit ab, so könnte das für unsere Auffassung vom Wesen der phototropischen Perzeption bedeutungsvoll werden. Treffen nämlich die Lichtstrahlen ein zylindrisches Organ schräg zu seiner Längsachse, so wird ihr Weg durch die Pflanze länger und die Differenz in der Helligkeit der Vorder- und Hinterseite relativ größer sein als bei senkrechtem Einfall. Wäre der letztgenannte Umstand ausschlaggebend für die Perzeption, so könnte man eine höhere Reizwirkung schrägen Lichtes erwarten als sie der Oberflächenhelligkeit entspricht. Gilt dagegen das Sinusgesetz genau, so wird es wahrscheinlich, daß die Reizaufnahme in den einzelnen Zellen und zwar denen der äußeren Schichten stattfindet.

Ebensowenig wie diese Frage ist bisher genauer untersucht worden, welchen Einfluß die Größe der beleuchteten Fläche auf die Reizintensität hat.

Man weiß freilich, daß die Krümmung am stärksten wird, wenn der ganze perzeptionsfähige Teil beleuchtet ist, sowie daß es empfindlichere und weniger empfindliche Regionen gibt. Auch über die Verteilung der Empfindlichkeit würden übrigens Präsentationszeitversuche genaueren Aufschluß geben. Die Frage, die ich hier im Auge habe, ist aber eine andere, nämlich die, ob bei teilweiser Verdunklung der perzipierenden Fläche, unter Ausschaltung jener Verschiedenheiten in der Empfindlichkeit, die Reizwirkung proportional sänke. Solche Versuche würden sich exakt anstellen lassen, wenn man kleine beleuchtete Flächen mit verdunkelten abwechseln ließe. Bei der menschlichen Netzhaut hat man mit derartigen Methoden in der Tat eine einfache proportionale Abhängigkeit der Erregung von der Größe der beleuchteten Fläche gefunden.

d) Einfluß der Lichtfarbe.

Genauer als über die zuletzt erwähnten Variationen in der Art der Belichtung sind wir über die Bedeutung der qualitativen Verschiedenheit des Reizmittels, also über die der Lichtfarben unter-

---

[1]) Bei dem folgenden gedenke ich mit Dank früherer Anregungen von Herrn Prof. A. Nathansohn-Leipzig.

richtet. Aus älteren von Wiesner (1878) eingehend besprochenen und ergänzten Versuchen geht hervor, daß im allgemeinen die langwelligen Strahlen, etwa von Rot bis Grün, weniger wirksam sind als die kurzwelligen von Grün bis Violett. Darin stimmt also die Wirkung farbigen Lichtes auf den Phototropismus mit der auf das Wachstum überein. Jedoch scheint sich der Unterschied der Wellenlänge beim Phototropismus stärker bemerkbar zu machen als bei der Hemmung des Längenwachstums. Gelbes Licht wirkt z. B. sehr wenig auf die Krümmung von Keimlingen, dagegen noch beträchtlich auf ihre Streckung (vgl. z. B. Wiesner 1880 S. 11), und dunkelrotes Licht, das kaum noch Phototropismus hervorruft, kann das Wachstum merklich beeinflußen (eigene Versuche).

Über die genauere Verteilung der phototropischen Reizwirkung im Spektrum lauten jedoch die älteren Angaben, die sich auf die Beobachtung des Krümmungsverlaufes stützen, sehr verschieden.

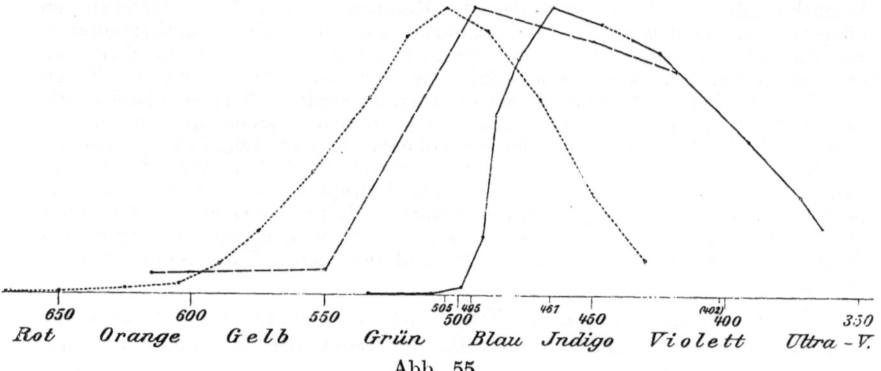

Abb. 55.
Kurven für die Wirkung farbigen Lichtes nach Blaauw 1909.

Die kurzgestrichelte Kurve gibt das Resultat entsprechender Messungen am menschlichen Auge, die langgestrichelte Blaauws Messungen an Phycomyces und die ausgezogene die an Avenakeimlingen wieder. Die Zahlen unten bedeuten die Wellenlängen in Milliontelmillimetern = $\mu\mu$.

Dreißig Jahre ruhte das Problem. Genauere Resultate wurden dann auch hier erst unter Benutzung der Präsentationszeit als Maß der Erregungsstärke erzielt. Blaauw (1909) stellte etiolierte Haferkeimlinge sowie Phycomyceskulturen in ein objektives Spektrum und bestimmte, wie lange sie in den einzelnen Farbenbezirken belichtet werden mußten, damit nachher im Dunkeln eine Krümmung auftrete. Es zeigte sich, daß das Maximum der Reizwirkung im Indigo liegt und sowohl nach dem Ultraviolett als besonders nach dem Rot zu abnimmt.

Eine größere Bedeutung und bessere Vergleichbarkeit bekommen diese Befunde erst durch Berücksichtigung der Energieverteilung und Dispersion im Spektrum. Diese Momente sind früher stets unberücksichtigt geblieben, oder vielmehr, man hatte nicht die physikalischen Mittel ihre Wirkung festzustellen. Erst neuerdings hat man ein objektives Maß zur Vergleichung der Wirksamkeit der Spektralbezirke in ihrer Wärmewirkung gewonnen und die Methoden ausgebildet sie zu messen. Nahm nun Blaauw die entsprechenden Umrechnungen vor, so ergaben sich bestimmte Zahlen für den Reizwert (das Reziproke der Präsentationszeit) der einzelnen Wellenlängen, die in der beigedruckten Kurventafel eingetragen sind. (Abb. 55).

Als Resultat der Untersuchungen ergibt sich für Avena: „daß die Empfindlichkeit für die schwächer brechbaren Strahlen bis ins Grün äußerst gering ist, und zwar in dem Maße, daß dieselbe bei 534 $\mu\mu$ (Grün) 2600mal geringer ist als für die Wellenlängen, wobei die maximale Empfindlichkeit liegt, daß diese Empfindlichkeit bis etwa 500 $\mu\mu$ (Blaugrün) gering bleibt, aber von 500 $\mu\mu$ an sehr groß wird, um ihr Maximum noch im Indigo bei etwa 465 $\mu\mu$ zu erreichen; daß sie im Violett abnimmt, auf der Grenze des Violettes und Ultraviolettes bei 390 $\mu\mu$ nur halb so groß ist als bei dem Maximum, aber doch im Ultraviolett bei 365 $\mu\mu$ noch ungefähr den vierten Teil ihres Maximalwertes beträgt." Im Rot bis Grün ist die Wirkung sehr gering, aber bei starkem Licht nicht gleich Null.

Die Kurve für Phycomyces zeigt eine ähnliche Form, ist aber nach der langwelligen Seite verschoben, so daß z. B. hinter Farbstofflösungen, die alle Strahlen von Violett bis Grün absorbieren, noch gute phototropische Krümmungen auftreten können. Das phototropische Pilze noch hinter Kaliumbichromatlösungen reagieren können, Keimlinge aber nicht, war übrigens schon früher bekannt. (Beispiele bei Pfeffer 1904 S. 577). Für das Auge ist die Kurve noch weiter nach Rot hin vorgeschoben.

Man ersieht daraus, daß verschiedene phototropische Pflanzen sich in bezug auf ihre Farbenempfindlichkeit recht verschieden verhalten können.

Für viele Lichtreizversuche ist es bedeutungsvoll, die Pflanzen beobachten zu können, ohne sie mit wirksamem Lichte zu beleuchten. Die Möglichkeit hierzu ergibt sich aus der geringen Empfindlichkeit der meisten phototropischen Pflanzen für rotes Licht, das auf unser Auge noch stark einwirkt. Es muß aber für jeden Fall erst geprüft werden, ob das benutzte Farbfilter auch sicher genug ist (Pringsheim 1908).

Wenn oben das Wort Farbenempfindlichkeit angewendet wurde, so darf man es nicht etwa mit Farbenunterscheidungsvermögen verwechseln. Ein solches, also eine qualitativ verschiedene Reizwirkung der einzelnen Spektralbezirke, ist bei Pflanzen nicht nachgewiesen und auch nicht wahrscheinlich.

Im Übrigen treten in farbigem Lichte, vorausgesetzt, daß es stark genug ist, dieselben Reizwirkungen auf wie in gemischtweißem. Es mag nur noch bemerkt werden, daß die Verteilung der phototropischen Reizwirkung im Spektrum nicht mit der Assimilationsenergie der einzelnen Strahlengattungen übereinstimmt. So wirken rote Strahlen phototropisch fast gar nicht, bewirken aber starke Kohlensäurezerlegung. Das ist deshalb auffällig, weil das phototropische Reaktionsvermögen vielfach als eine Hilfsanpassung zur Erreichung der für die Kohlensäureassimilation geeigneten Lichtverhältnisse anzusehen ist. Für grüne Blätter freilich sind die phototropisch wirksamsten Spektralbezirke noch nicht ermittelt worden. Sie dürften sich aber darin den anderen phototropischen Organen anschließen. Die Einrichtungen in der Pflanze sind eben auf die natürlichen Bedingungen zugeschnitten, unter denen eine Zerlegung des weißen Lichtes, wie sie für theoretische Zwecke vorgenommen werden muß, nicht vorkommt,

Damit hätten wir einen gewissen Einblick in die verwickelten Verhältnisse des Orthophototropismus und der ihn beeinflussenden Faktoren gewonnen. Im nächsten Abschnitte werden wir die vorläufig allein berücksichtigten experimentellen Ergebnisse durch Betonung der ökologischen Gesichtspunkte zu ergänzen haben. Hierauf wenden wir uns dann den übrigen Erscheinungsformen des Phototropismus zu, ähnlich, wie das beim Geotropismus geschehen ist.

e) Verbreitung und Ökologie des Phototropismus.

Bisher haben wir die phototropischen Erscheinungen hauptsächlich nach der theoretischen Seite hin besprochen. Wir haben uns zu dem Zwecke auf möglichst einfach reagierende Versuchsobjekte beschränkt, wie sie gewöhnlich zur Lösung reizphysiologischer Fragen Verwendung finden. Diese wurden dann unter mannigfaltige, teilweise recht unnatürliche Versuchsbedingungen gebracht, um aus ihnen die Antwort auf irgendeine theoretische Fragestellung hervorzulocken.

Über die Erscheinungsformen des Phototropismus in der Natur und ihre Bedeutung für die Pflanze läßt sich aus solchen Experimenten nicht unmittelbar etwas entnehmen, so wertvoll sie sich schließlich auch für die Deutung des im Freien Beobachteten erweisen werden. Wir wollen uns nun danach umsehen, welche Verbreitung die phototropische Reizbarkeit hat, und welchen Nutzen sie den verschiedenen Gewächsen bringt.

Die meisten aufrecht wachsenden Stengel sind positiv phototropisch. Fällt das Licht vorzugsweise von oben auf sie, so wirken Geo- und Phototropismus im gleichen Sinne und unterstützen sich gegenseitig. Man sieht dann nichts von der Mitwirkung des Lichtes. Anders, wenn die Beleuchtung, wie so häufig, hauptsächlich von der Seite kommt. Am Waldrande, z. B., an Hecken und im Gebüsch, findet man sehr oft solche Fälle. Die dort wachsenden Pflanzen streben fast ausnahmslos schräg aus dem Schatten hervor. Sie neigen sich von der dunklen Fläche ab, gleichgültig, in welcher Himmelsrichtung diese liegt, weil das meiste Licht jedenfalls von der offenen Seite kommt. Jeder Spaziergang zeigt uns solche Fälle. Sehr schön kann man die Erscheinung z. B. an Schwalbenwurz (Vincetoxicum officinale), Schwalbenwurzenzian (Gentiana asclepiadea), Weidenröschen (Epilobium angustifolium) und anderen sehen. Hier dient offenbar der Phototropismus der Stengel dazu, die Blätter und Blüten in bessere Beleuchtung zu bringen. Sehr deutlich wird das auch an vielen Zimmerpflanzen, deren Zweige einseitig dem Lichte zustreben, während die Schattenseite kahl wird (Abb. 56).

Nicht immer ist der Heliotropismus älterer Stengel so merklich ausgebildet. Aus der Monographie von Wiesner (1880), die viele Beobachtungen wiedergibt, kann man ersehen, daß im allgemeinen die Abweichung von der durch den Geotropismus bedingten senkrechten Stellung nicht groß ist. Im freien Felde, wo die Beleuchtung mehr gleichmäßig ist, finden wir kaum ausgesprochen phototropische Stengel. Die an solchen Stellen wachsenden Pflanzen lassen auch im Experiment ein starkes Überwiegen der geotropischen Reizbarkeit über die phototropische erkennen. Andere folgen in gewissen Grenzen dem Laufe der Sonne, so besonders die Tragachsen vieler Kompositenköpfchen, wie die der „Sonnenrose" (Helianthus), der Schwarzwurz (Tragopogon) u. a.

Ein abweichendes Verhalten zeigen kriechende Stengel. Freilich ist ihr phototropisches Verhalten nicht so gut untersucht wie das geotropische. Manche in hellem Lichte am Boden liegenden Pflanzen richten sich im Dunkeln oder bei schwachem Lichte auf (Vöchting 1882). Das zeigt uns z. B. die Abbildung von Epilobium Hectori auf S. 71.

Abb. 56.
Zimmerpflanze von Euphorbia splendens. Alle Zweige streben dem von links kommenden Lichte zu. Verkleinert.

Die im Freien horizontal kriechende Pflanze wurde einige Zeit bei schwächerer Beleuchtung kultiviert und reagierte nun negativ geotropisch. Man kann aber nicht ohne weiteres sehen, ob die normale Horizontallage auf negativem resp. transversalem Heliotropismus beruht oder ob nicht die Beleuchtung die geotropische Ruhelage verändert, ähnlich wie wir das für gewisse Rhizome oben (S. 114) besprochen haben. Bei Glechoma hederacea (Günsel) und Lysimachia Nummularia (Pfennigkraut) hat Oltmanns (1897) das letztere sehr wahrscheinlich gemacht.

Genauer sind wir über das Verhalten der vegetativen Efeusprosse unterrichtet (Sachs 1879). Die am Fenster kultivierten Keimpflanzen beugen sich zuerst nach diesem hin, sind also positiv phototropisch. Später machen aber die Stengel eine Biegung in der entgegengesetzten Richtung, und die wachsenden Sprosse wachsen in horizontaler Richtung ins Zimmer hinein. Sie sind demnach nun negativ phototropisch. Wachsen sie z. B. in der Nähe einer Mauer, so krümmt sich der Laubsproß nach ihr hin, weil von dieser Seite am wenigsten Licht kommt. An der vertikalen Wand klettert er dann mit seinen Haftwurzeln vermöge seines negativen Geotropismus in die Höhe und schmiegt sich ihr negativ phototropisch an (Abb. 57). Ist die obere Kante erreicht, so kriecht der Sproß auf ihr hin, um jenseits wagerecht weiter zu wachsen und schließlich im Bogen abwärts zu hängen. Der Geotropismus verhindert dann die Pflanze, etwa an der Mauer wieder hinunter zu klettern. Die Nebenzweige verhalten

Abb. 57.

Efeu an einem Baumstumpf. Die Triebe kriechen erst senkrecht empor und dann horizontal auf der oberen Fläche weiter.

sich phototropisch wie der Hauptsproß; geotropisch aber wachsen sie an Mauern transversal schräg aufwärts. Dadurch, daß der Geotropismus beim Efeu nicht sehr stark ausgebildet ist, wird erreicht, daß die Sprossen sich auch schräggestellten Unterlagen anzupressen vermögen.

Ähnlich wie der Efeu verhält sich die Kapuzinerkresse (Tropaeolum majus). Der Keimsproß mit seinen gegenständigen Blättern ist wiederum positiv phototropisch. Später aber wendet sich die fortwachsende Spitze vom Lichte fort und kriecht bei genügend intensiver Beleuchtung am Boden hin. Die Ansatzstellen der Blätter sind nun spiralig am Stengel zerstreut. Die Blätter selbst richten sich aber, vermöge des negativen Geotropismus ihrer Stiele auf. In nicht sehr starkem Lichte strebt die Spitze des Stengels bogenförmig in die Höhe.

Der Kürbis (Cucurbita Pepo) unterscheidet sich von den letzten beiden Pflanzen dadurch, daß der positive Phototropismus dauernd erhalten bleibt. Der Keimsproß ist auch hier orthotrop. Nach der Ausbildung der ersten Laubblätter aber entsteht eine scharfe Abwärtskrümmung im Stengel. Von da an wächst die Pflanze am Boden entlang, bildet Wurzeln und schiebt sich in der Richtung des Lichtes weiter. Blatt- und Blütenstiele sind wieder orthotrop, negativ geotropisch und positiv phototropisch.

Bei vielen kriechenden Sprossen, von denen die des Efeus am besten untersucht sind, kommt ein verwickeltes Verhalten dadurch zustande, daß die Entstehung der Dorsiventralität selbst schon von der Einwirkung des Lichtes abhängig ist. Was Rücken- und was Bauchseite werden soll, wird nämlich durch die Lichtrichtung bestimmt. Auf der Schattenseite entstehen die Wurzeln, während die Blätter nach der Lichtseite hinüberrücken. .Beim Efeu läßt sich die Dorsiventralität durch Belichtung von unten jederzeit umkehren. Bei anderen Pflanzen ist sie zwar im Jugendzustand auch durch das Licht, also durch äußere Einflüsse bestimmbar, dann aber unveränderlich festgelegt.

Das erste Niederlegen des orthotropen Keimstengels kriechender Gewächse hat nichts mit Phototropismus zu tun, sondern ist die Folge der Ausbildung einer Bauch- und einer Rückenseite. Nur die Richtung des Fortkriechens hängt zuweilen, wie beim Efeu, aber auch nicht immer, von der Lichtrichtung ab. Diese Abhängigkeit macht sich z. B. beim Günsel (Glechoma) gar nicht bemerklich, die Sprosse kriechen nach allen Richtungen. Daß die Horizontalstellung nicht auf Phototropismus beruht, zeigt sich bei Lysimachia Nummularia und Tropaeolum auch darin, daß sie an einer älteren Stelle. des Stengels erfolgt als etwaige phototropische (positive) Krümmungen (Sachs 1879, Oltmanns 1897).

Wir haben nun schon einige Fälle kennen gelernt, in denen (bei gleichmäßiger mittlerer Lichtintensität) ein Wechsel im Sinne des Phototropismus eintritt. Es kann also ein und derselbe Pflanzenstengel von einer bestimmten Altersstufe an sein Verhalten dem Lichte gegenüber verändern, ganz ebenso, wie wir das bei der Einstellung gegenüber der Schwerkraft (S. 82) kennen gelernt haben. Auch bei Blütenstielen finden wir hier wie dort solche Richtungsveränderungen. Die vollentwickelten Blüten streben ganz allgemein dem hellen Lichte zu, in dem sie ja auch ihre Aufgabe, Insekten anzulocken, besser erfüllen können als im Schatten. Wie bei vielen anderen Pflanzen ist das auch bei Linaria Cymbalaria, einem an Mauern wachsenden Pflänzchen mit lila Blüten sehr schön zu sehen. Die Stiele der Blüten streben aus dem der Mauer angeschmiegten Blattwerk hervor. Nach dem Verblühen aber machen die Blütenstiele dieser Pflanze einen scharfen Bogen einwärts, vom Lichte fort. Dabei treffen sie, vermöge ihres ausgeprägten negativen Phototropismus, so genau beschattete Stellen, daß die Früchte häufig in Ritzen der Mauer gelangen (Hofmeister 1867). Fallen später die Samen aus der reifen Kapsel, so haben sie sofort einen zum Keimen geeigneten Platz.

So wie die Frucht von Linaria Cymbalaria, so werden auch viele Ranken und Wurzeln von Kletterpflanzen durch ihren negativen Phototropismus nach einer Stütze hin und selbst in Vertiefungen der Rinde, Ritzen zwischen Steinen und dergleichen geführt. Negativ phototropisch sind z. B. die Ranken vom Weinstock (Vitis vinifera), wilden Wein (Ampelopsis quinquefolia) und anderen. Abweichend verhalten sich jedoch die entsprechenden Organe der kleineren, gewöhnlich im Gebüsch kletternden Pflanzen. Die Ranken der Erbse (Pisum sativum) sind gar nicht, die der Passionsblume (Passiflora) schwach positiv phototropisch, was im Zusammenhange mit ihrer Lebensweise begreiflich erscheint, denn die Stützzweige werfen wenig Schatten und sind auf allen Seiten zu finden. Diese Ranken werden deshalb auch allein von ihrer Tastreizbarkeit gelenkt.

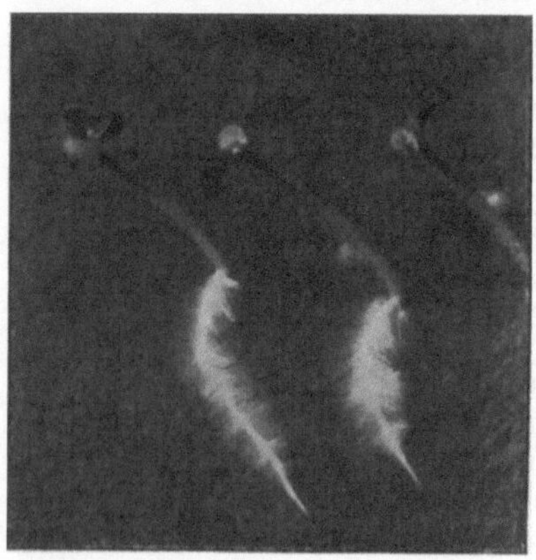

Abb. 58.

Keimpflanzen vom Senf auf Löschpapier. Sowohl die Stengel wie die Wurzeln in der Richtung der von links oben einfallenden Lichtstrahlen gestellt.

Von Wurzeln der Kletterpflanzen ist negativer Phototropismus beim Efeu, bei der Vanille (Vanilla planifolia) und anderen Orchideen, sowie bei vielen Aroideen bekannt. Desgleichen bei Hartwegia comosa (Wiesner 1878 bis 1880). Die Erdwurzeln dagegen sind fast durchwegs phototropisch indifferent. Sie stecken ja auch für gewöhnlich in der Erde und haben keine Gelegenheit, auf Licht zu reagieren. Daß sie nicht aus dem Boden hervorwachsen, wird schon durch ihren Geotropismus erreicht, sowie dadurch, daß sie trockene Stellen vermeiden.

Einige wenige Erdwurzeln freilich sind als phototropisch bekannt; aber unter diesen sind wohl gleich viele, die positiv, wie solche, die negativ reagieren. Zur ersten Gruppe gehören die Wurzeln von Hyazinthen (Hyacinthus orientalis) und Knoblauch (Allium sativum), zur zweiten die Keimwurzeln von Senf (Sinapis alba), Raps (Brassica Napus) und anderen Cruciferen. An letzteren beiden läßt sich der negative Phototropismus gut beobachten, sowohl in Wasserkultur, wie auch besonders beim Wachsen auf feuchtem Fließpapier (Abb. 58). Läßt man negativ phototropische Wurzeln im Sachsschen Wurzelkasten

hinter einer Glasscheibe in Erde wachsen, so wachsen sie im Dunkeln
der Scheibe angepreßt. Am Lichte aber verschwinden sie alle in die
Tiefe (Abb. 59). Danach kann die phototropische Reaktionsweise
für diese Wurzeln wohl ein Hervortreten aus dem Boden verhindern.
Die Seltenheit der Erscheinung in dieser Form warnt aber vor Ver-
allgemeinerungen. Übrigens wissen wir ja, daß der negative Phototropismus auch diesen Wurzeln nur bei einer bestimmten Helligkeit
zukommt (vgl. S. 160).

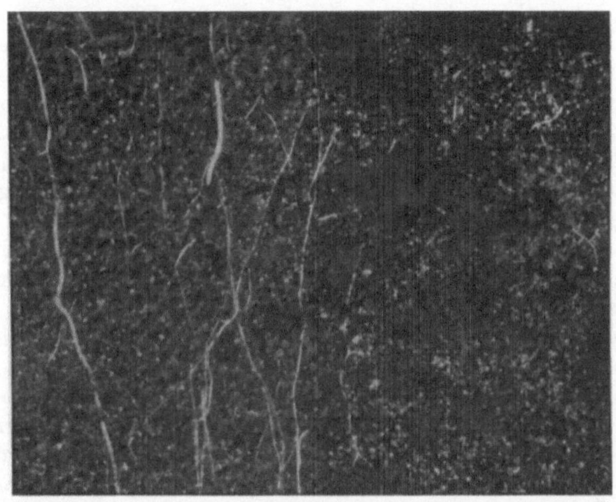

Abb. 59.

Rapswurzeln hinter Glas in Erde. Die linke Hälfte war verdunkelt.
Man sieht die Wurzeln an der Glasscheibe entlang wachsen. Die
rechte Hälfte belichtet. Die Wurzeln sind in die Tiefe verschwunden.
[Die dunkeln Flecke rechts sind Algen.] Etwa $^1/_2$ der natürl. Größe.

Eine sehr große Rolle spielt der Phototropismus bei der Keimung der Samen. Wir haben gehört, daß die Keimstengel sowie die
Keimscheiden der Gräser und ähnliche Organe die Aufgabe haben,
die jungen Blätter oder die assimilationsfähigen Cotyledonen möglichst
schnell ans Licht zu bringen. Sind die Samen bei der Keimung
verdunkelt oder beschattet, so strecken sich die genannten Organe
so lange, bis sie ausreichendes Licht erreicht haben. Erst dann
breiten sich die Blattorgane aus. Das Hervorkommen aus dem Boden
oder aus bedeckenden Blättern u. dgl. wird durch die Form der
vorangehenden Teile und den negativen Geotropismus ermöglicht.
Als wesentliches Hilfsmittel kommt aber der positive Phototropismus
hinzu.

Stärkere Keimstengel, wie die von Bohnen, Sonnenrosen, Kasta-
nien, Pferdebohnen u. dgl. werden aus eigener Kraft viele Hindernisse hinwegräumen können und daher am schnellsten ihr Ziel er-

reichen, wenn sie senkrecht nach oben stoßen. Sie stehen deshalb auch ganz vorwiegend unter dem orientierenden Einflusse der Schwerkraft. Ebenso werden sich die aus Zwiebeln, Knollen, Wurzelstöcken u. dgl. hervorbrechenden Triebe verhalten. Sie sind denn auch gleichfalls gewöhnlich nur schwach phototropisch. Man denke an die Wedel der Farne, treibende Hyazinthen, Kartoffelkeime. Erst wenn diese Objekte längere Zeit im Dunkeln ohne Stütze fortwachsen, können die langen etiolierten Triebe sich nicht mehr aufrecht halten. Sie legen sich dann auf den Boden und schieben sich dem Lichte zu. Der Geotropismus kann in diesem Zustande dem Phototropismus nicht entgegenwirken. Aufrechte Triebe der genannten Gewächse aber wachsen auch bei einseitiger Beleuchtung fast senkrecht in die Höhe.

Im Gegensatz hierzu stehen die Keimlinge der meisten kleinsamigen Pflanzen. Wenn sie entsprechend gebaut sind, können sie zwar auch recht beträchtliche Schichten lockerer Erde durchbrechen. Haferkeimlinge sah ich noch hervorkommen, als sie 30 cm tief gepflanzt waren. Das können sie aber nur in völliger Dunkelheit. Sobald sie auch nur von schwachem Lichte getroffen werden, brechen, wie wir gesehen haben, die Blätter durch und hindern das Fortkommen. Die dikotylen Keimlinge sind wegen ihrer Keimblätter in der Beziehung noch ungünstiger gestellt. Deshalb ist es begreiflich, daß alle schwächeren jungen Pflänzchen nicht der Schwerkraft folgen, sondern sich in die Richtung des Lichtes stellen. So können sie jede, auch seitlich liegende Spalte zwischen Steinen, Blättern, Wurzeln benutzen, um hervorzukommen. Es ist also für sie von großem Nutzen, daß ihr Phototropismus stärker ist als ihr Geotropismus. Nun gewinnt das, was wir oben (S. 152 u. 153) rein theoretisch betrachtet haben, einen ökologischen Sinn.

Alle die als stark phototropisch bekannten unter den häufig benutzten Keimpflanzen sind ziemlich zart, wie die der Kresse (Lepidium sativum), des Raps (Brassica Napus), des Mohn (Papaverarten), der Gräser usw. Natürlich ist diese Regel nicht ohne Ausnahmen. So können auch zarte Keimstengel schwach phototropisch sein. Doch ist der kräftigste unter den stark phototropischen Keimlingen, der mir bis jetzt vorgekommen ist, der von Ipomoea (blaue Winde) noch ziemlich zart. Jedenfalls glaube ich, daß der hier angedeutete ökologische Zusammenhang mehr Bedeutung hat als der von Figdor (1893) angenommene, nach dem die im etiolierten Zustande phototropisch empfindlichsten Keimlinge Schattenpflanzen angehören sollen. Eine gewisse Berechtigung hat dieser Gedanke wohl auch, denn neben dem Hervorfinden aus finsteren Keimorten kommt ja dem Phototropismus noch eine zweite Aufgabe zu, nämlich die schon angedeutete, günstige Assimilationsbedingungen aufzufinden.

Diese beiden Gesichtspunkte hat schon Darwin [(1880) 1899, S. 387 u. 399] unterschieden. Durch die Lichtstellung des Keimstengels werden die an ihm befestigten jungen Assimilationsorgane passiv in eine geeignete Lage zum Auffangen des Lichtes gebracht.

Über die ökologische Bedeutung des negativen Phototropismus, wie er an im Dunkeln erwachsenen Keimpflanzen in grellem Lichte auftritt, läßt sich nichts sehr Überzeugendes sagen. Es ist zwar möglich, daß bisher bedeckt gewesene Pflänzchen einen Vorteil daraus ziehen, wenn sie zu starker Beleuchtung aus dem Wege gehen. Denn bis ihre Stimmung so weit gestiegen ist, daß sie positiv reagieren, können sie sich vielleicht durch Ausbildung von Schutzmitteln gegen zu starke Wasserverdunstung und andere Veränderungen vor den für etiolierte Pflanzen schädlichen Folgen intensiver Bestrahlung retten (Pringsheim 1907, S. 293). Ob aber diesem theoretisch konstruierten Zusammenhange eine größere Bedeutung in der Natur zukommt, läßt sich vorläufig kaum übersehen.

Eine Sonderstellung unter den Keimpflanzen nehmen dem Lichte gegenüber die der Mistel (Viscum album) ein. Die Samen dieser Schmarotzerpflanze haften mit Hilfe des klebrigen Fruchtfleisches an Zweigen der Bäume, wohin sie von Vögeln verschleppt werden. Bei der Keimung tritt ein Stengelorgan hervor, das negativ phototropisch ist (Wiesner 1878 u. 80) und sich infolgedessen an die Rinde anlegt. Darauf bildet es ein Haftorgan, und von diesem aus werden dann Fortsätze ins Innere der Wirtspflanze getrieben. Um überhaupt zu keimen, braucht der Mistelsame gleichfalls Licht. In ihren ersten Stadien zeigt also die Pflanze eine starke Abhängigkeit von der Hilfe des Lichtes. Später ist sie dann weder phototropisch, noch geotropisch. So erklärt sich der gleichmäßig gerundete Wuchs der Mistelbüsche.

Abb. 60.
Wilder Wein an einem Zaune. Das Licht kommt hauptsächlich von vorn, daher die Blättchen senkrecht gestellt.

Bei der Mistel, wie auch bei manchen anderen Pflanzen (z. B. Ericaarten) sind auch die Blätter unabhängig von der Richtung des Lichtes; sie wachsen in der Stellung weiter, die ihnen durch ihre Lage zum Stengel gegeben ist. Die Blätter der meisten Pflanzen aber suchen, entsprechend ihrer Hauptfunktion, der Ausnutzung der Sonnenenergie, eine dafür geeignete Orientierung auf. Und zwar stellen sie im allgemeinen bei schwacher und mittlerer Lichtintensität ihre Fläche senkrecht zur Richtung der einfallenden Strahlen (Abb. 60). Sie sind transversalphototropisch.

Die Orientierungsbewegungen der sitzenden Blätter werden am Grunde der Spreite ausgeführt. Ist ein Stiel vorhanden, so bewirkt er durch Krümmung und Drehung die Lichtstellung des Blattes. Bei den Blättern endlich, die mit Gelenken versehen sind, vollführen diese die notwendigen Orientierungsbewegungen, Biegungen wie Torsionen. Der Bewegungsmechanismus ist demnach derselbe wie beim Geotropismus.

Man könnte einen Transversalphototropismus der Blattspreiten, die schon durch die positiv phototropischen Reaktionen der Stiele oder Gelenke in die richtige Lage gebracht werden, überhaupt für überflüssig halten. Der Fall, daß er fehlt, kommt in der Tat vor: So krümmt sich das Gelenk der Bohne (Phaseolus) und der Stiel von Fuchsienblättern, wenn diese Tragorgane allein einseitig beleuchtet werden; eine ausschließliche Beleuchtung der Blattfläche hat hier dagegen keine Orientierungsbewegung zur Folge (Krabbe 1889). In ähnlicher Weise ist bei den meisten Blättern die eigene Lichtreizbarkeit des Stieles von Bedeutung für die Orientierung der Spreite. Oft kommt aber noch etwas anderes hinzu. Sehr klar zeigt das der von Vöchting (1888) genau beschriebene Fall der Blätter einiger Malven. Diese haben einen langen, durch Wachstumskrümmungen gut beweglichen Stiel. Dicht unter der Ansatzstelle des Blattes befindet sich außerdem noch ein besonderes Bewegungsorgan. Es ist zwar äußerlich nicht scharf gegen den Stiel abgesetzt, stellt aber doch einen besonderen, sehr wirksamen Orientierungsmechanismus dar. Seine Krümmungen führen nicht zu dauernden Verlängerungen. Es liegt also ein typisches Gelenk mit Turgorbewegungen vor.

Vöchting stellte nun einige Experimente an, in denen er durch ausschließliche Beleuchtung des Stieles, des Gelenkes und der Spreite die Perzeptionsfähigkeit dieser Teile zu erkunden suchte. Die dabei notwendigen Verdunkelungsvorrichtungen wurden so angebracht, daß sie die Bewegung möglichst wenig hemmten. Es ergab sich, daß Stiel und Gelenk positiv phototropisch sind und die Blattspreite, auch wenn diese selbst verdunkelt ist, in die richtige Lage bringen. Andrerseits erfolgen ganz entsprechende Krümmungen, wenn Stiel und Gelenk verdunkelt werden und nur die Blattfläche Licht empfängt. Selbst wenn das Licht senkrecht von unten kommt, krümmt sich der verdunkelte Stiel im großen Bogen herab und bringt die Spreite in verkehrte wagerechte Lage. Eine soweit gehende phototropische Krümmung wird dagegen von Stielen, die des Blattes beraubt worden sind, nicht mehr ausgeführt, obgleich sie sich durchaus nicht als indifferent erweisen. Werden Gelenk und Blattfläche von entgegengesetzten Seiten beleuchtet, während der Stiel an der Bewegung verhindert wird, so krümmt sich das Gelenk im Sinne des auf die Spreite fallenden Lichtes und bringt diese in eine zu den Strahlen senkrechte Lage.

Aus allen diesen Versuchen geht hervor, daß neben der direkten Beleuchtung von Stiel und Gelenk für die Bewegungen des Blattes auch die von der Speite ausgehenden Impulse für die Lichtstellung

maßgebend sind; ja sogar, daß letztere mächtiger sind als die Reize,
die die Bewegungsorgane selbst treffen. Die Blattspreite muß somit
einen phototropischen Reiz aufnehmen können, und zwar muß sie
transversalphototropisch sein. Außerdem ist hier eine Leitung der
Erregung über recht beträchtliche Strecken nachgewiesen. Später
hat Haberlandt (1904) ähnliche Versuche an Blättern der Kapuzinerkresse (Tropaeolum) ausgeführt. Diese sind besonders schön phototropisch, entbehren aber des Gelenkes unter der Spreite (Abb. 61). Wird
der Blattstiel allein beleuchtet, die Blattfläche aber verdunkelt, so
erfolgt, wie schon Darwin gefunden hatte, gleichwohl eine phototropische Bewegung. Darwin hatte daraus geschlossen, daß die Beleuch-

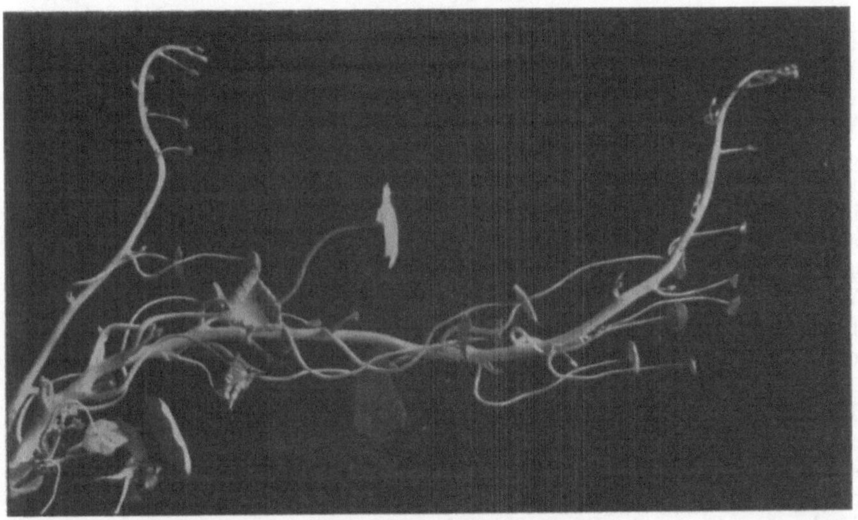

Abb. 61.

Eine Pflanze der Kapuzinerkresse wurde einige Tage in einem Kasten gehalten, der nur durch
eine offene Querwand Licht erhielt. Die Blätter sind in dem schwachen Lichte klein geblieben
und haben sich phototropisch eingestellt. Verkleinert.

tung der Blattfläche selbst bei Erreichung der Lichtlage nicht maßgebend ist. Demgegenüber konnte Haberlandt feststellen, daß auch
der verdunkelte Stiel die Spreite in die richtige Lage bringt, wenn
diese dem einseitigen Lichte ausgesetzt ist. Es findet also auch
hier eine Leitung der tropistischen Erregung statt.

Bei der Bewegung der Tropaeolumblätter zur Erreichung der
Lichtlage sind somit sowohl die Spreite wie der Stiel als perzipierende
Organe beteiligt. Haberlandt beobachtete aber, daß bei Beleuchtung
des Stieles allein die Einstellung nicht sehr genau ist, während ausschließliche Beleuchtung der Blattfläche oft keine ausreichende Krüm-
mungsweite zur Folge hat. Daraus schloß Haberlandt, daß „der
positiv heliotropische Blattstiel gewissermaßen die grobe Einstellung

in die Lichtlage bewirkt, die Lamina (Spreite) dagegen die feinere Einstellung reguliert".

Schließlich fand Haberlandt in Begonia discolor (Schiefblatt) noch eine Pflanze, bei der der Blattstiel nur sehr schwach phototropisch ist, und die Perzeption der Spreite allein die recht genaue Einstellung in die Lichtlage bewirkt. Er unterscheidet demnach drei Fälle: 1. Die Lamina wirkt bei der Perzeption nicht mit (Phaseolus). 2. Lamina und Stiel sind sensibel (Tropaeolum und Malva). 3. Die Lamina allein dirigiert die Bewegung (Begonia).

Schon lange hatte man daran gedacht, ob nicht der Blattspreite (und ähnlichen Gebilden) eine besondere physiologische Struktur zukomme, die sie befähigt sich quer zu den Lichtstrahlen zu stellen (De Vries 1872, Stahl 1877 und Sachs 1879). Diese Hypothesen können wir hier nicht besprechen, um so weniger als ihnen falsche Voraussetzungen zugrunde lagen. Man wollte nicht an einen Transversalphototropismus glauben. Aber auch jetzt, wo wir von dessen Vorhandensein überzeugt sind, erscheint der Fall schwieriger deutbar als der des Transversalgeotropismus. Jedenfalls kommt wohl bei den flächigen, sich quer zum Lichte stellenden Organen nicht die Differenz in der Beleuchtung von Vorder- und Hinterseite als Reizanlaß in Betracht, wie das bei orthotropen Pflanzenteilen vielleicht der Fall ist, sondern ausschließlich (?) die auf die Oberseite fallenden Lichtstrahlen. Wie sich Blätter verhalten, die von unten, z. B. genau senkrecht zur Fläche oder von oben und unten gleich stark beleuchtet werden, ist nicht genau untersucht worden.

In neuerer Zeit hat dann Haberlandt (zuerst 1904) eine neue Theorie des Transversalphototropismus aufgestellt, die in zahlreichen Arbeiten von ihm und seinen Schülern weiter ausgebaut und gestützt worden ist. Man kann das Problem wohl nicht anders als durch eine besondere Perzeptionsform lösen wollen. Diese wird nach Haberlandt durch die Lichtbrechungsverhältnisse der Epidermis ermöglicht. Durch linsenartige Vorwölbungen und Verdickungen der Außenwände, durch Reflexion an Scheidewänden und dergleichen werden nach den zahlreichen eingehenden Untersuchungen (Literatur bei Haberlandt 1909a) bei senkrechter Beleuchtung eigentümlich angeordnete Licht- und Schattenflecke auf dem der Innenwand der Epidermiszellen anliegenden Protoplasma erzielt. Bei schiefer Beleuchtung rücken diese Flecke seitlich, treffen andere Partien der Plasmaschicht und bewirken so nach Haberlandt die Perzeption der Lichtrichtung durch bloße Unterschiedsempfindlichkeit der lebenden Substanz. Die ganze Vorstellung ist äußerst anschaulich und einleuchtend. Auch sind die beschriebenen Einrichtungen für jeden Beobachter überraschend. In manchen Fällen sind die linsenartigen Verdickungen in den Epidermisaußenwänden so regelmäßig gebildet, daß sie wirkliche kleine Bilder von Gegenständen erzeugen, die Haberlandt photographieren konnte. Aber man weiß vorläufig nicht, ob der Zweck dieser Gebilde der von Haberlandt vermutete ist.

Hypothetisch ist vor allen die Funktion der Epidermis als Lichtperzeptionsorgan und die Notwendigkeit der beschriebenen Lichtbrechungsverhältnisse für die Reizaufnahme. Diese beiden Lücken wurden denn auch benutzt, um Angriffe gegen die Theorie zu eröffnen.

Kniep (1907) gelang es, durch Benetzung mit dem stark lichtbrechenden Paraffinöl die Beleuchtungsverhältnisse in der Epidermis verschiedener Blätter ganz zu verändern. Er benutzte dazu solche Pflanzen, bei denen die Konzentration des Lichtes auf der Mitte der Hinterwand der Epidermiszellen allein durch die linsenartige Vorwölbung der Außenwände zustande kommt (Tropaeolum- und Begoniaarten). Durch Bedeckung mit Paraffinöl kehrte sich bei ihnen die Lichtverteilung auf der nach Haberlandt reizempfangenden Plasmaschicht um: Die Mitte wurde dunkel, der Rand hell. Gleichwohl rückten die Blätter in die normale Lichtlage. Haberlandt hält dem entgegen, daß es „lediglich auf die Unterschiedsempfindlichkeit für zentrische und exzentrische Beleuchtung der Epidermisinnenwände" ankomme (1909a S. 573). „So wie ein Mensch mit seinem Auge das betreffende Objekt zu fixieren vermag, sei es nun ein helles Feld auf dunklem Grunde oder umgekehrt ein dunkles Feld auf hellem Grunde, so vermag auch das Laubblatt die optischen Achsen seiner Epidermiszellen parallel zur Lichtrichtung zu orientieren und so die Lichtquelle gewissermaßen zu fixieren" (1909b S. 415).

Diese Auffassung steht im Zusammenhang mit dem Haberlandt naheliegenden Vergleich seiner Lichtperzeptionsorgane bei den Blättern mit den Augen von Tieren. Es wurde ihm aber eingewendet, daß das Fixieren eines Gesichtsobjektes ein erst bei höheren Tieren auftretendes, recht verwickeltes Verhalten sei, das für die Erklärung der Funktion primitiv gebauter pflanzlicher „Sinnesorgane" nur mit Vorsicht herangezogen werden sollte.

Neuerdings nun (1910) zeigte Nordhausen, daß die Annahme Haberlandts, die Epidermis der Blätter perzipiere die Lichtrichtung, für ein bestimmtes Objekt (Arten von Begonia) nicht richtig sein kann. Er zerstörte die sehr großen Zellen der Oberseite durch Abreiben mit Glaspulver. Trotzdem stellten sich die Blätter senkrecht zum Lichte. Gerade Begonia war eins von Haberlandts Objekten. Für dieses kann seine Theorie somit nicht gelten. Man wird deshalb auch für die anderen Blätter weitere Experimente abwarten müssen. Doch selbst wenn man Haberlandts Theorie in der ursprünglichen Form fallen lassen müßte, bliebe noch die Möglichkeit, daß die Einrichtungen zur Konzentration des Lichtes vermöge lokaler stärkerer Reizung die Lichtperzeption auch bei sonst zu schwacher oder zu schräger Beleuchtung möglich machen (Nordhausen 1910 S. 487).

Ein Einstellen der Blattspreite zum Auffangen von möglichst viel Licht findet man bei den meisten Blättern, besonders denen der Schattenpflanzen. Man muß aber nach ökologischen Gesichtspunkten zwei Fälle unterscheiden. Es gibt erstens Blätter, die sich in kurzer Zeit, der augenblicklich herrschenden Lichtrichtung entsprechend, einstellen und deshalb nach der Tageszeit verschieden orientiert sind. Hierzu sind hauptsächlich die mit Gelenken versehenen, vermöge ihres schnellen Reaktionsvermögens, und in etwas geringerem Grade junge Blätter mit rasch wachsendem Stiel befähigt. Ist deren Wachstum dem Erlöschen nahe, so pendeln sie mit immer geringeren Ausschlägen um ihre tägliche Mittelstellung und bleiben schließlich in ihr stehen. Noch langsamer reagierende orientieren sich von vornherein nur so, daß sie eine feste Lichtlage einnehmen, in der sie von den täglich auf ihren Standort fallenden Strahlen möglichst viele auffangen. Diese Blätter mit „fixer" Lichtlage bilden die zweite von unseren beiden ökologischen Gruppen.

Wiesner (1880 S. 41) drückte das Verhalten der zweiten Gruppe so aus, daß er sagte: „Die Blätter stellen sich in der Regel so gegen das Licht, daß die Blattfläche senkrecht auf das stärkste denselben gebotene zerstreute Licht zu liegen kommt." Er wollte damit betonen, daß das im Laufe des Tages auf sie fallende stärkste direkte Licht nicht das ausschlaggebende ist. Das ist auch sicher richtig; Wiesners Versuche reichen aber nicht aus, um quantitative Aussagen über den Einfluß der Lichtintensität auf den Bewegungsvorgang zu machen. Da wir jetzt wissen, daß für die Reizwirkung die Menge des gesamten auffallenden Lichtes maßgebend ist, und zudem auch Wiesners Messungen eher in dem Sinne sprechen, muß man wohl annehmen, daß die Blätter sich so einstellen, daß von den am ganzen Tage gebotenen Lichte möglichst viel auf sie fällt.[1])

Das stärkste auf Blätter mit fixer Lichtlage fallende Licht wird vielleicht über ihren Bedarf hinaus gehen und sie eventuell sogar schädigen. Aber sie haben kein Mittel, ihm durch Bewegungen zu entgehen, sondern sie müssen auf andere Weise geschützt sein. Anders ist das bei den Blättern der ersten Gruppe. Diese sind andauernd in Bewegung. Man beobachte eine Bohnenpflanze oder einen Robinienbaum. Ständig wird von den Blättern die Richtung eingenommen, in der sie die günstige Beleuchtung finden. Bei schwächerem Lichte stellen sie sich senkrecht zu den Strahlen. Bei direkter Sonne aber vermögen sie einer Schädigung (durch zu starke Erwärmung, Wasserverdunstung usw.) zu entgehen (vgl. die S. 135), indem sie sich mehr oder weniger schräg zum Lichte stellen und dadurch die auf ihre Fläche fallende Lichtmenge regulieren (Oltmanns 1892). Bei vielen Pflanzen mit Gelenkblättern kann man sehen, daß sie sich selbst senkrecht aufrichten und ihre Kante der hochstehenden Sonne zukehren (Apios, Phaseolus usw.) oder durch Herunterklappen das-

---

[1]) Ob dabei etwa auf sie fallendes direktes Sonnenlicht nicht einwirkt, vielleicht Indifferenz bewirkt, müssen wir dahingestellt sein lassen. Mir scheint es aber wahrscheinlicher, daß wirklich der Durchschnitt des gesamten Lichtes die Orientierung bestimmt. Gegen kurz einwirkendes starkes Licht sind ja auch orthotrope Organe nicht indifferent.

selbe zu erreichen suchen (Robinia, Oxalis) (Abb. 48, S. 135). Es liegt hier vielleicht ein ähnliches Verhältnis der einzelnen Reaktionsweisen vor, wie beim positiven und negativen Phototropismus der orthotropen Organe. Nur daß bei den Blättern die Zwischenstellungen nicht Durchgangslagen, sondern eine besondere Reaktionsweise darstellen, was dort nicht der Fall zu sein scheint. Besondere Versuche, z. B. in betreff der Frage, ob nicht doch die „Indifferenz" der orthotropen Organe, wie es Pfeffer (1904 S. 573) will, in Wirklichkeit wie bei den Blättern Transversalphototropismus ist, wären erwünscht.

Gerade bei den Gelenkblättern, die sich senkrecht zu schwächerem Lichte stellen, und überhaupt meist zart sind, wird eine solche Einrichtung von großem Nutzen sein. Jede Abweichung von der zu den Strahlen senkrechten Richtung hat eine Abschwächung der Beleuchtung zur Folge. Diese Blätter sind somit befähigt, aufs feinste die Lichtmenge zu gewinnen, die ihnen zuträglich ist.

Andere stehen ihr ganzes Leben lang aufrecht und bieten der Mittagssonne ihre schmale Kante dar. Wir kennen das von den Blättern vieler Monokotylen, z. B. der Gräser, besonders aber denen von Schwertlilien (Irisarten), Kalmus Acorus Calamus) und ähnlichen. Bei allen diesen ist im Übrigen die Orientierung der Fläche nicht von der herrschenden Beleuchtung abhängig. Bei den sogenannten „Kompaßpflanzen" aber, zu denen

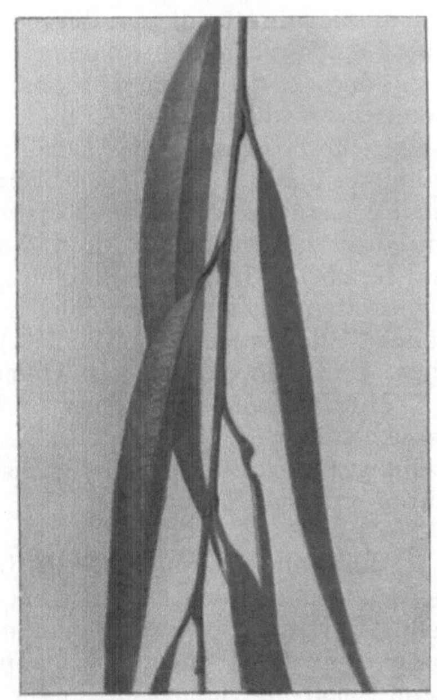

Abb. 62.
Hängender Zweig einer Trauerweide mit gedrehten Blattstielen.

von einheimischen der wilde Lattich (Lactuca Scariola) gehört, sind die Blätter an sonnigen Standorten einander annähernd parallel, senkrecht zum Boden und in der Süd-Nordrichtung orientiert (Stahl 1881). So fangen sie das Morgen- und Abendlicht voll auf, lassen aber die Strahlen der Mittagssonne an sich vorbei. Da bei dieser Pflanze an schattigen Orten und in der Jugend die Blätter die gewöhnliche zerstreute Lage haben, müssen sie zur Erreichung der beschriebenen Anordnung verwickelte Bewegungen ausführen, die aus Krümmungen und Drehungen zusammengesetzt sind.

Drehungen, deren Ursache das Licht ist, kommen an den Blättern überhaupt genau so vor, wie die entsprechenden geotropischen Torsionen. Sehr hübsch sind sie z. B bei den „Trauerweiden" zu sehen, weil bei ihnen die Blätter durch das Herabhängen der Zweige in verkehrter Lage sich entwickeln müssen. Auch scheinen sie nicht geotropisch zu sein. Wenigstens hängen sie immer abwärts und kehren nur durch Torsionen die Oberseite dem Lichte zu (Abb. 62).

Man war früher der Meinung, daß eine einzelne Kraft keine Drehungen hervorrufen könne, wohl aber zwei oder mehrere (Krabbe 1889). Dann zeigten Schwendener und Krabbe (1892), daß auch das nicht möglich sei. Rein mechanisch können allerdings Torsionen, wie mir scheint, nur durch den beständigen Wechsel der Richtung einer Kraft zustande kommen. Der Fehler der älteren Autoren liegt darin, daß Geotropismus, Phototropismus usw. keine mechanisch wirkenden Kräfte sind. Vielmehr reagiert die Pflanze vermöge ihrer eigenen physiologisch dorsiventralen Struktur durch Drehungen auf äußere Richtkräfte. Damit sind freilich die Rätsel nicht gelöst. Die Arbeit muß vielmehr hier erst einsetzen. Kompliziert wird das Problem noch dadurch, daß in manchen Fällen (Schwendener und Krabbe 1892) bei Aufhebung der einseitigen Schwerewirkung am Klinostaten keine phototropischen Torsionen auftreten. In anderen Fällen (Blütenstiele vom Veilchen) kommen aber auch unter dem alleinigen Einflusse des Lichtes Torsionen der Stiele zustande.

Hier soll nur noch hervorgehoben werden, daß das Licht auch bei den früher (S. 77 ff.) beschriebenen Drehungen der Zweige und Einstellungen der Blätter beteiligt ist. Einzelbeobachtungen anzuführen würde zu weit führen.

Wir kommen nun zu den durch Licht verursachten Richtungsbewegungen niederer Organismen, zunächst der festgewachsenen. Bei den Pilzen sind, wie wir schon erwähnten, zahlreiche Fälle bekannt, in denen ausgesprochene phototropische Reaktionen ausgeführt werden, wenn auch die Mehrzahl dieser Gewächse nichts derartiges zeigt. Unter den Mucorineen sind besonders zahlreiche Fälle von phototropischer Reizbarkeit bekannt. Diese Pilze bestehen aus einem wurzelartigen Geflecht, daß das Substrat aussaugt, also gewöhnlich im Dunkeln vegetiert, und den sich von der Unterlage erhebenden schlauchförmigen Fruchtträgern. Es ist nun bemerkenswert, daß letztere negativ geotropisch und positiv heliotropisch sind, während das Fadengeflecht keine solche Reizbarkeit besitzt, obgleich das ganze Pilzindividuum gewissermaßen eine einzige Zelle ist. Das Protoplasma ist bei den Mucorineen nämlich nicht wie bei den höheren Pflanzen durch Scheidewände in einzelne Portionen geteilt, sondern das ganze Innere des Pilzes stellt einen zusammenhängenden Hohlraum dar.

Der Phototropismus der Fruchtträger ist z. B. bei Phycomyces nitens, Mucor Mucedo, Pilobolusarten u. a. sehr stark ausgebildet, so daß sie sich genau in die Lichtrichtung stellen. Pilobolus schießt, wie wir gehört haben (S. 107), sein Sporangium ab, das nun nach dem

Lichte hin fliegt. Wie genau der Pilz sein Ziel trifft, zeigt sehr hübsch ein Versuch von Noll (1893). Das Substrat mit sich entwickelnden Sporangienträgern wird in eine Kiste getan, die ein dem Licht zugekehrtes, mit einer Glasscheibe verschlossenes Fensterchen besitzt. Alle Fruchtträger richten sich nun phototropisch nach den einfallenden Lichtstrahlen und treffen beim Abschleudern dies Fenster, an dem die klebrigen Sporenmassen hängen bleiben.

Bei den übrigen phototropischen Mucorineen bleibt das zerfließende Sporangium zunächst am Fruchtträger hängen, um, wenn möglich, vorüberstreichenden Tieren angeklebt zu werden. Die Möglichkeit aus Hindernissen hervorzukommen, wird hier ähnlich wie bei den phototropischen Keimstengeln durch die Lichtreizbarkeit erhöht. Widerstände mit Gewalt zu überwinden, ist diesen zarten Gebilden gar nicht möglich. Deshalb würde der Geotropismus allein sie nicht zweckmäßig leiten können. Er muß gegenüber dem Phototropismus, wenn beide einwirken, durchaus zurücktreten. Noch viele andere Pilze aus verschiedenen Gruppen sind phototropisch empfindlich, so vor allen die oben bei Besprechung des Etiolements angeführten Hutstiele der Coprinusarten, dann die Stromata von Xylaria Hypoxylon, die Apothecienstiele von Peziza Fuckeliana, die Conidienträger von Aspergillus maximus usf. (Literatur bei Pfeffer 1904, S. 103). In allen diesen Fällen tritt wohl die Leichtreizbarkeit in den Dienst der Sporenverbreitung.

Bei Algen kommen phototropische Bewegungen sehr häufig vor, jedenfalls wohl häufiger als geotropische. Ist doch bei solchen auch zum ersten Male ganz überzeugend die Umkehr der positiven in negative Reaktion durch Verstärkung der Lichtintensität gezeigt worden. Die Algen vegetieren im allgemeinen bei verhältnismäßig schwacher Beleuchtung. Deshalb hat bei ihnen schon weniger intensives Licht eine gewisse Reizwirkung als z. B. bei Keimstengeln, und negativer Phototropismus tritt schon bei mittelstarker Beleuchtung auf. Berthold (1882) fand an den Meeresalgen Derbesia marina, Ectocarpus humilis und Antithamnion cruciatum in der Nähe des Fensters negative Krümmungen, weiterhin blieben die Algen aufrecht, und im Hintergrunde des Zimmers krümmten sie sich nach dem Fenster zu. Auch die mit der Tageszeit wechselnde Lichtintensität beeinflußte die Richtung des Wachstums, so daß also die Krümmungen recht schnell vor sich gehen müssen. Ähnliches fand Oltmanns (1892) für die Süßwasseralge Vaucheria. Phototropisch sind aber noch viele andere Algen, so Spirogyra, Chara, Nitella, Caulerpa, Bryopsis usw., auch die Vorkeime von Laub- und Lebermoosen. Schon bei geringer Lichtintensität negativ phototropisch sind vielfach die Wurzelschläuche, z. B. bei Marchantia, bei den Prothallien von Farnen und Equiseten, bei Bryopsis usf. (Literatur bei Pfeffer 1904, S. 576).

Ähnlich wie Blätter verhalten sich die Prothallien von Farnen, der Thallus von Marchantia und anderen Lebermoosen. Sie stellen sich senkrecht zur Richtung des Lichtes. An diesen Objekten sind über den Transversalphototropismus gerade sehr eingehende Studien angestellt worden (Sachs 1879), die überhaupt die Grundlage für unsere Kenntnis der Reaktionsweise blattartig dorsiventraler Gebilde geliefert haben. Laubmoose habe ich wiederholt positiv phototropisch gesehen. Genauere Untersuchungen fehlen aber m. W. sowohl bei ihnen wie bei Farnwedeln.

Wir wollen damit unsere Besprechung der phototropischen Reizbarkeit schließen. Die letzten Abschnitte haben uns gelehrt, daß sie im Dienste der Fortpflanzung bei Blütenstielen und Pilzfruchtträgern steht, die Stengel und Blätter aber in eine für die Kohlensäureassimilation geeignete Lage bringt.

f) Phototaxis.

Wie wir gehört haben, ist die Fähigkeit zu freier Ortsbewegung unter den Pflanzen verbreiteter als der Laie gewöhnlich denkt. Allerdings treten die beweglichen Stadien mit der Höherentwicklung der Pflanzen schon frühzeitig gegen die festgewachsenen zurück. Nur die Fortpflanzungszellen erhalten sich noch weiterhin die Schwimmfähigkeit. Aber auch unter ihnen hat die parallel mit der geschlechtlichen Differenzierung gehende reichlichere Ausstattung der weiblichen Keimzelle mit Reservestoffen den Verlust der Eigenbewegung zur Folge. Nun bleibt nur noch die männliche Keimzelle beweglich. Das Ziel ihres Schwimmens aber ist allein das weibliche Ei. Sie wird daher auch nur durch von ihm ausgehende Reize gelenkt. Durch die Unbeweglichkeit der Eizelle ist das aktive Aufsuchen eines geeigneten Standortes unmöglich geworden. Solange aber noch die freie Ortsbewegung eine größere Rolle spielt als in den eben erwähnten Fällen, ist ihre Hauptaufgabe gerade das Erreichen günstiger Lebensbedingungen.

Die grüne[1]) Pflanze ist nun vor allem vom Lichte abhängig. So ist es begreiflich, daß fast stets den freibeweglichen Stadien der auf Kohlensäureassimilation angewiesenen Organismen ein Empfindungs- und Reaktionsvermögen gegenüber den Unterschieden der Beleuchtung gegeben ist. Das gilt auch für vorübergehend schwimmfähige Stadien sonst unbeweglicher grüner Pflanzen, die ungeschlechtlichen sogenannten Algenschwärmsporen[2]). Im Gegensatz dazu sind die männlichen „Samenfäden" der verschiedensten Gewächse indifferent gegen Lichteinfluß, wie oben schon angedeutet wurde. Außer den dauernd freibeweglichen grünen Organismen und den Schwärmsporen gibt es noch einige wenige schwimmende, nicht grüne pflanz-

---

[1]) Wenn hier wie an anderen Stellen von „grünen" Pflanzen gesprochen wird, so soll damit nur auf ihren Gehalt an Chlorophyll hingewiesen werden. Ist außerdem, wie häufig, ein anderer Farbstoff vorhanden, so kann die Gesamtfarbe auch braun oder rot sein.

[2]) Die wenigen bekannt gewordenen Ausnahmen bei Strasburger (1878, S. 41—43).

liche Lebewesen, die eine Lichtreizbarkeit besitzen. Bei ihnen ist sie, wie wir sehen werden, durch besondere ökologische Verhältnisse bedingt.

Die Hauptaufgabe der Lichtreizbarkeit freibeweglicher pflanzlicher Lebewesen ist jedenfalls das Aufsuchen günstiger Assimilationsbedingungen. Um diese zu erreichen, müssen Orte geeigneter Helligkeit durch bestimmt gerichtete Bewegungen aufgefunden werden. Solche, durch das Licht gelenkte Richtungsbewegungen freibeweglicher Organismen, faßt man unter der Bezeichnung Phototaxis zusammen, ganz gleich, auf welche Weise sie im übrigen zustande kommen. Wie man sieht, liegt hier ein Parallelfall zu der Geotaxis vor, in ähnlicher Weise wie bei festgewachsenen Organismen der Phototropismus dem Geotropismus gegenübersteht. Jedoch spielt, wie wohl aus den obigen Darlegungen schon hervorgeht, die Phototaxis eine viel größere Rolle als die entsprechenden Schwerkraftreizreaktionen. Wir müssen ihr daher ein eigenes Kapitel widmen. In diesem werden wir gleichzeitig mehrere Erscheinungen genauer kennen lernen, die bei der Reaktion freibeweglicher Organismen auf einseitige Reize auch anderer Art allgemein auftreten.

Wir wollen mit den Schwimmern beginnen, weil ihre Reaktionsweise am besten bekannt ist. Machen wir uns zunächst mit der Erscheinung der Phototaxis in der Form bekannt, in der sie am häufigsten beobachtet wird:

Oft erscheint das Wasser von Teichen und Pfützen ganz grün von darin umherwimmelnden kleinen Organismen. Meist handelt es sich dann um Flagellaten, wie die Arten von Euglena oder um einzeln lebende und koloniebildende Volvocaceen, wie Chlamydomonas, Volvox, Pandorina usf. Tut man eine Probe von dem organismenhaltigen Wasser auf einen Teller und stellt diesen ans Fenster, so beobachtet man schon nach kurzer Zeit, daß die grüne Farbe nicht mehr gleichmäßig verteilt ist. Es bildet sich nämlich ein tiefergrün aussehender Fleck an der Fenster- oder Zimmerseite, während der übrige Teil des Wassers farblos wird. Dreht man den Teller herum, so ist bald die alte Anordnung wieder hergestellt, die grünen Organismen haben sich wiederum an der entsprechenden Stelle gesammelt.

Einen Einblick in die Bewegungsweise, durch die das Zusammendrängen an günstig beleuchteten Orten zustande kommt, gewinnt man am leichtesten bei den Volvoxarten. Ihre kugelförmigen Kolonien erreichen Stecknadelkopfgröße und sind deshalb schon mit bloßem Auge, besser mit einer Lupe, zu verfolgen. Haben sich z. B. alle Kugeln an der Fensterseite gesammelt und dreht man nun den Teller um, so sieht man bei Betrachtung einer bestimmten Stelle der flachen Wasserschicht die Kolonien in parallelen Bahnen von neuem auf die Lichtquelle zu vorüberwandern. Es liegt somit positive Phototaxis vor.

Legt man quer über den Teller ein Brettchen oder dergleichen, so daß ein Schattenstreif im Wasser entsteht, so sammeln sich die jenseits befindlichen phototaktischen Organismen an der Zimmerseite des Schattens und können nicht hinüber. (Ältere Literatur und Versuche bei Strasburger 1878). Stellt man den Teller in den Sonnenschein, so findet man alle Erscheinungen umgekehrt. Die Volvoxkugeln sammeln sich jetzt auf der vom Lichte abgekehrten Seite oder im Schatten eines Brettchens, sie sind nun negativ phototaktisch.

So oder ähnlich stellen sich die phototaktischen Erscheinungen bei sehr vielen Volvocaceen, Flagellaten und den Schwärmsporen der Algen dar. Über die letzteren besonders unterrichtet uns die erwähnte Arbeit von Strasburger. Die Algenschwärmer sind ihrer Kleinheit wegen nur unter dem Mikroskop einzeln zu erkennen. Ihr Verhalten ist im großen ganzen ebenso wie das von Volvox. Beobachtet man sie bei mittlerer Vergrößerung in einem Tropfen Wasser, so kann man die Bewegungen direkt verfolgen. Bei Beurteilung des Sinnes ihrer Phototaxis muß man aber die Lichtverteilung in einem Wassertropfen berücksichtigen. Da der Tropfen optisch wie eine Linse wirkt, ist die hellste Stelle nun auf der Zimmerseite zu finden (Chmielewsky 1904). Dort sammeln sich somit die positiv phototaktischen Schwärmer an (Abb. 63). Verwendet man aber helleres Licht, so findet man sie bald an der dunkelsten Stelle, nämlich auf der Fensterseite. Auch in flachen Schalen kommt die Linsenwirkung zustande (Abb. 64). Und sogar in rechteckigen Gefäßen wird oft durch Reflex an den Wänden ein besonders heller Fleck auf der Zimmerseite erzeugt. Die Nichtbeachtung dieser Erscheinung macht die meisten älteren Beobachtungen wertlos.

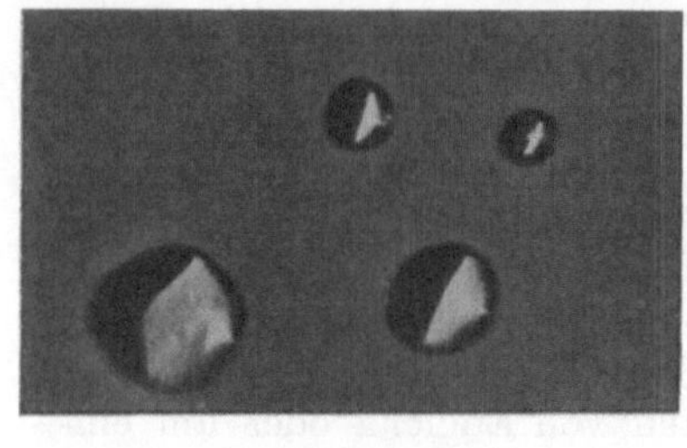

Abb. 63.

Tropfen auf einer Glasplatte, unter der photographisches Papier lag. Das Licht kommt von links oben, der hellste Punkt ist rechts unten.

Wie man sieht, ist das Verhältnis von positiver und negativer Reaktion bei der Phototaxis ganz entsprechend dem beim Phototropismus: Intensive Beleuchtung bewirkt Abkehr, schwächere Zuwendung zu der hellsten Stelle. Dazwischen liegt eine mittlere Intensität, gegen die die phototaktischen Organismen indifferent sind. Bei welcher Helligkeit positive oder negative Reaktion erfolgt, das ist von Art zu Art verschieden. Daneben aber wechselt das Verhalten auch mit dem Alterszustande und durch äußere Einflüsse. Unter ihnen spielt das Licht selbst eine große Rolle. Denn auch hier ist, ebenso wie beim Phototropismus, die Stärke der Erregung nicht nur von der Intensität der Beleuchtung, sondern auch von der Lichtstimmung abhängig. Hat zuvor starkes Licht eingewirkt, so ist die Stimmung hoch, im Dunkeln sinkt sie. Niedrige Stimmung und starkes Licht hat negative Reaktion zur Folge, hohe Stimmung und schwächeres

Licht bedingt positive Ansammlung. Ist das Licht aber gar zu schwach, so erfolgt gar keine Reaktion, der Reiz bleibt unter der Schwelle. Allerdings kann man nicht bei allen phototaktischen Organismen alle diese Erscheinungen gleich schön beobachten.

Neben dem Lichte wirken noch andere Faktoren auf den physiologischen Zustand, wie er sich im phototaktischen Verhalten kund gibt (Literatur bei Oltmanns 1905, S. 222 und Jost 1908, S. 654). Bei vielen Schwärmern wechselt die „Stimmung" periodisch in kurzen Abständen, so daß sie ständig hin und her schwimmen. Ob die Stimmungsveränderung durch den Wechsel von Hell und Dunkel erfolgt, der durch ihre eigenen Bewegungen hervorgerufen wird oder aus inneren Gründen, darüber ist nichts bekannt.

Manchmal ist der Grund für abweichende Befunde noch schwerer zu fassen. So z. B. wenn die Jahreszeit, das Alter u. dgl. die Art der Phototaxis beeinflussen. Leichter zu studieren ist schon die Bedeutung der chemischen Zusammensetzung der Nährlösung. Klebs (1896) fand z. B., daß eine 0,2 bis 0,5 % ige Nährlösung die Lichtempfindlichkeit der Mikrosporen von Ulothrix zonata fast völlig aufhebt. Loeb (1906) zeigte, daß manche Tiere, sowie auch Volvox, durch Kohlensäure und schwache organische Säuren stärker positiv phototaktisch gemacht werden können als sie in neutralen Flüssigkeiten sind.

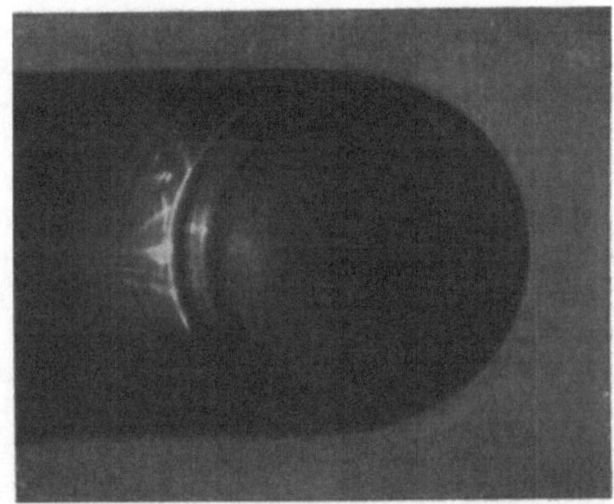

Abb. 64.
Beleuchtungsverhältnisse, wie sie in einer wassergefüllten, runden Glasdose bei horizontalem Lichtausfall von rechts zustande kommen, festgehalten durch Unterlegen von photographischem Papier. Die hellste Stelle auf der Zimmerseite, d. h. links.

Rothert (1904) hat den Einfluß von Chloroform und Äther auf die Phototaxis studiert. Er fand, daß bei manchen Organismen (Gonium pectorale und Pandorina morum) durch Narkotika die Lichtreizbarkeit aufgehoben werden kann, bevor die Beweglichkeit aufhört, bei anderen (Euglena viridis und Chlamydomonas) dagegen nicht. Ferner zeigte sich bei einer gewissen Konzentration von Chloroform, aber nicht von Äther, eine Umkehrung des Sinnes der Phototaxis[1]), worin vielleicht eine spezifische chemische Wirkung gesehen werden muß, die von der Narkosewirkung zu unterscheiden ist. Bei Gonium wurde außerdem eine Nachwirkung der Narkotika, und zwar sowohl

---

[1]) Die vorher an der Zimmerseite des Tropfens sich sammelnden Schwärmer gingen nun nach dem Fensterrande. Wo aber die größere Helligkeit geherrscht hat, läßt sich nicht ohne weiteres ersehen.

bei Äther wie bei Chloroform beobachtet. Diese bestand in einem vorübergehenden stärkeren Bestreben, den Zimmerrand des Tropfens aufzusuchen. Man sieht, daß recht verwickelte Verhältnisse vorliegen.

Auch die Temperatur hat oft einen Einfluß auf den Sinn der Lichtbewegung (Strasburger 1878). Eine neue Durcharbeitung aller dieser Angaben mit Berücksichtigung der Lichtbrechungsverhältnisse ist aber vonnöten.

Daß bei der Phototaxis das Licht selbst und nicht etwa die Erwärmung oder andere Einflüsse der Bestrahlung das Reizmittel darstellen, das hat Strasburger sicher erwiesen. Damit ist aber die Frage nach dem Reizanlaß noch nicht erledigt. Vielmehr bleibt, wie beim Phototropismus, so auch hier, noch die Entscheidung zu treffen, ob die Richtung des Lichtes oder Helligkeitsdifferenzen den Reizerfolg bedingen? Verhältnismäßig leicht ist zu beobachten, daß die Schwimmrichtung bei parallelstrahligem Lichteinfall mit dessen Richtung zusammenfällt. Anders aber verhält es sich, wenn Helligkeitsdifferenzen vorliegen, die nicht in der Richtung der Lichtstrahlen, sondern quer dazu abgestuft sind. Besonders über die Deutung der Versuche mit teilweiser Beschattung des Gefäßes konnte man sich bisher nicht einigen.

Bei positiv phototaktischen Organismen, die schräg von oben beleuchtet wurden, fand man, daß ein quergestellter Schattenstreif bald ein unüberwindliches Hindernis für die Bewegung in der Lichtrichtung darstellte, bald aber ohne weiteres durchschwommen wurde. Das eine schien für die Bedeutung der Helligkeitsdifferenzen, das andere für die der Lichtrichtung zu sprechen. Ferner sammelten sich negativ phototaktische Schwärmer auch im Schatten eines in der Richtung der Lichtstrahlen über das Gefäß gelegten Brettchens. Wurde aber ein Helligkeitsgefälle senkrecht zur Lichtrichtung erzeugt, indem ein mit gefärbter Lösung gefüllter Glaskeil über einen schwärmerhaltigen Flüssigkeitstropfen gelegt wurde, so fand die Bewegung allein nach dem Fenster zu statt (Strasburger 1878). Hier spricht wieder der erste Versuch für die Bedeutung der Helligkeitsdifferenzen, der zweite für die der Strahlenrichtung.

Strasburger war der Meinung, daß der Lichtabfall keinen Reiz bedinge. Die Schwärmer sollen sich vielmehr deshalb in oder vor einem Schatten ansammeln, weil „die seitlich beleuchteten Wassermassen die dominierenden Lichtquellen für die Schwärmer abgeben". Die phototaktischen Organismen sollen sich stets in der Richtung der Strahlen bewegen, aber entweder der steigenden oder der fallenden Lichtintensität (soll heißen Beleuchtungsstärke) folgend.

Nach Oltmanns (1892) dagegen sind es gerade die Intensitätsdifferenzen der Beleuchtung, die die Bewegungsrichtung bestimmen. Er experimentierte mit Volvox. Leider müssen wir es uns versagen, auch nur kurz alle die merkwürdigen Beobachtungen wiederzugeben, die Oltmanns anstellte. Das Hauptresultat seiner Versuche war die Erkenntnis, daß die Volvoxkugeln eine mittlere Helligkeit aufsuchen und sich deshalb positiv oder negativ phototaktisch verhalten, je nachdem die herrschende Beleuchtung schwächer oder stärker ist als die ihnen zusagende. Bei hellem Licht sammeln sie sich im Schatten, bei schwachem kommen sie hervor und suchen gut beleuchtete Stellen auf.

An dem Versuche von Strasburger mit dem Absorptionskeil bemängelt Oltmanns (1892, S. 204) mit Recht, daß die Differenzen der Helligkeit in dem Kulturtropfen voraussichtlich zu klein waren, als daß sie eine Wirkung hätten haben können. Aber auch Oltmanns' entsprechende Versuche, in denen eine stärkere Helligkeitsabstufung über einem größeren Gefäße mit Volvox eine Ansammlung in mittlerer Beleuchtung bewirkte, sind nicht einwandfrei. Denn der Gang der Lichtstrahlen ist schwer zu übersehen, mannigfaltige Reflexe trüben das Resultat (Jost 1908, S. 655).

Besonders schwer zu deuten scheinen aber alle Versuche, bei denen in einem gleichmäßig stark beleuchteten Kulturgefäß die phototaktischen Organismen sich im Halbschatten eines darübergelegten Brettchens sammelten. „Nun können aber die in allseitig gleicher Helligkeit befindlichen Schwärmsporen unmöglich eine Kenntnis davon haben, daß in einer gewissen Entfernung von ihrem augenblicklichen Aufenthaltsort eine ihnen mehr zusagende Helligkeit herrscht" (Jost 1908, S. 656).

Hier hilft uns eine zuerst von Engelmann (1882) beobachtete Erscheinung weiter. Dieser Forscher projizierte mit Hilfe eines unter dem Tische des Mikroskopes angebrachten Linsensystemes einen hellen Lichtfleck auf dunklem Grunde in die Ebene eines Euglenenpräparates. Die phototaktischen Flagellaten sammelten sich dann bald in dem Lichtkreise an. Die Art und Weise ihrer Reaktion, die mikroskopisch verfolgt werden konnte, war aber höchst merkwürdig. Außerhalb des hellen Fleckes machte sich keinerlei bestimmte Bewegungsrichtung bemerkbar. Nur zufällig kam ein und das andere Individuum beim Hin- und Herschwimmen über die Lichtgrenze. Dabei zeigte es keinerlei Anzeichen, das auf eine Reizwirkung des plötzlichen Wechsels von dunkel zu hell hätte schließen lassen. Wollte aber eine Euglene aus dem hellen Kreise heraus, so fuhr sie, im Augenblick des Überschreitens der Grenze oder wenig später, wie erschreckt zurück. Allein durch dies Zurückfahren wurde es bewirkt, daß mehr und mehr Individuen sich in dem als „Falle" wirkenden Lichtfleck sammelten. Die „Schreckbewegung" wird aber nicht durch lokale Beleuchtungsdifferenzen, etwa zwischen Vorder- und Hinterende hervorgerufen, sondern allein durch den zeitlichen Wechsel der Helligkeit. Sie finden nämlich auch bei diffuser Beschattung statt. Die Ansammlung an hellen Stellen in einem sonst dunklen Raume kann man sehr schön demonstrieren, wenn man ein Kulturgefäß mit viel beweglichen Euglenen durch schwarzes Papier verdunkelt, in dieses aber Löcher nach Art einer Schablone schneidet. Die Abbildung wurde auf diese Weise durch Photographieren nach Abheben der Schablone gewonnen. Die dunklen Buchstaben werden durch lauter Euglenen gebildet (Abb. 65).

Abb. 65.
Phototaktisch angesammelte Euglenen bilden das Wort „Licht".

In ähnlicher Weise wie das Fangen in der Engelmannschen „Lichtfalle" sind die oben beschriebenen Ansammlungen an hellen oder beschatteten Orten zu erklären. Nur zufällig treffen z. B. die hin- und herfahrenden Schwärmer im intensiv beleuchteten Kulturgefäße die dunklen Stellen. Hier aber finden bei der Rückkehr ins Helle „Schreckbewegungen" statt, deshalb sammeln sich die Organismen in den dunklen Flecken an. Strasburger beobachtete schon (1878) bei manchen seiner Algenschwärmer eine „Erschütterung" auf plötzliche Verdunklung, bei anderen auf Verstärkung des Lichtes. Dabei bewegten sich Botrydiumschwärmer auf starke und schnelle Verminderung der Helligkeit selbst im Kreise.

Dasselbe konnte ich (Pringsheim 1908) besonders hübsch an Euglenen sehen, denen ich bei mikroskopischer Beobachtung durch Vorschalten einer gelbroten Glasscheibe plötzlich alles wirksame (grüne-violette Licht) entzog. Will man eine ebenso wirksame Reizwirkung durch bloße Abdämpfung des weißen Lichtes erreichen, so muß man das mikroskopische Gesichtsfeld so weit verdunkeln, daß nichts mehr zu erkennen ist. Mit derselben Methode läßt sich gut beobachten, daß unter solchen Umständen, die eine negativ phototaktische Reaktion der Euglenen bewirken, die Schreckbewegung durch den umgekehrten Helligkeitswechsel wie oben, also durch plötzliche starke Belichtung ausgelöst wird. (Vgl. auch Jennings [1905] 1910 S. 214).

Durch die Engelmannsche Entdeckung wäre wenigstens für diejenigen Organismen, die eine Schreckbewegung zeigen, die Ansammlung an hellen oder dunklen Orten erklärt. Wir haben aber gesehen, daß dieselben Schwärmsporen und grünen Flagellaten sich außerdem bei einseitiger Beleuchtung in die Richtung der Strahlen einstellen und so der Lichtquelle entgegenschwimmen. In diesem Falle scheint eine ganz andere Reaktionsweise vorzuliegen. Bis vor kurzem ging nun die herrschende Meinung dahin, daß in einem und demselben Individuum zwei verschiedene Arten von Lichtreizbarkeit vereinigt seien. Für die eine sollte der Intensitätswechsel, für die andere die Richtung des Lichtes ausschlaggebend sein (Jost 1908 S. 656). Dabei sind aber Arbeiten von Jennings nicht genügend berücksichtigt worden, die bis ins Jahr 1897 zurückgehen[1]). Diesem Forscher gelang es durch eingehende Beobachtungen an verschiedenen (chemo-

---

[1]) Die ersten von ihnen finden sich bei Rothert 1901 aufgeführt und sind 1905 zu einem einheitlichen Bilde zusammengefaßt worden (Jennings [1905] 1910).

und) phototaktischen Organismen, deren Richtungsbewegungen auf
Reizung durch Intensitätswechsel zurückzuführen.

Er fand bei seinen Untersuchungen die „Schreckbewegungen"
weit verbreitet. Sie gehen ganz allgemein in der Weise vor sich,
daß auf eine plötzliche Veränderung hin eine Reaktionsbewegung erfolgt, deren Art und Richtung durch die Organisation des betreffenden Lebewesens bedingt ist. Jeder Reiz, der überhaupt eine Bewegung veranlaßt, hat nach Jennings dieselbe Reaktionsweise zur
Folge. Nur die Intensität der Reaktion ist durch die Größe der
veranlassenden Veränderung bestimmt.

Um das verstehen zu können, betrachten wir die Gestalt einer
Euglene (Abb. 2, S. 9). Sie sieht ungefähr fischförmig aus. An ihrem
Vorderende befindet sich eine Einkerbung, in der die Geißel befestigt
ist. Durch die Vertiefung wird vorn eine größere und eine kleinere
Lippe erzeugt. Seitlich an der ersteren liegt der sogenannte Augenfleck, eine etwa schalenförmig gestaltete rote Pigmentmasse. Engelmann (a. a. O.) hatte gefunden, daß allein der vor dem „Augenfleck"
befindliche Teil des Plasmas lichtempfindlich ist. Wurde nämlich über
eine Euglene von hinten ein kleiner Lichtfleck geführt, so fand eine
Reaktion erst statt, wenn der Pigmentfleck überschritten ward. Wurde
der Lichtpunkt von vorn kommend vorgeschoben, so erfolgte die
Bewegung schon vor Berührung des roten Fleckes. Demnach steht
der Augenfleck selbst offenbar nur in einem mittelbaren Zusammenhange mit der Lichtreizbarkeit. Wahrscheinlich hat er, wie auch das
Pigment bei tierischen lichtempfindlichen Organen, nur den Zweck,
Seitenlicht abzuhalten und so eine gewisse Lokalisation des Licht-
eindruckes zu ermöglichen.

Wird eine ruhig dem Lichte entgegenschwimmende Euglene
plötzlich beschattet, so stockt sie sofort und macht gleich darauf
eine lebhafte Drehung mit dem Vorderende nach der Seite des
größeren Lippenfortsatzes hin. Ist die Herabsetzung der Helligkeit
sehr stark, so erfolgt selbst ein mehrmaliges Kreisen unter Kontraktion des biegsamen Körpers. Hält die schwächere Beleuchtung
an, so streckt sich die Euglene wieder gerade und schwimmt weiter,
als wäre nichts geschehen. Daraus ist ersichtlich, daß die Schreckbewegung auf einem Übergangsreize beruht, also nicht durch schwache
oder starke Belichtung an sich, sondern durch den Wechsel hervorgerufen wird.

Betrachten wir nun eine bei gleichmäßiger Seitenbeleuchtung
geradeaus dem Lichte entgegenschwimmende Euglene etwas genauer,
so finden wir, daß sie sich während des Fortschreitens gleichzeitig
um ihre Längsachse dreht. Dabei beschreibt das Vorderende gewöhnlich nach der Seite des größeren Lippenfortsatzes hin eine
Schraubenlinie, während das Hinterende annähernd gradlinig fortschreitet. Unter diesen Umständen ist der lichtreizbare Plasmateil
trotz der Drehung dauernd gleichmäßig beleuchtet. Lassen wir nun
aber das Licht seitlich zur bisherigen Bahn einfallen, so ändert sich

das. Denn durch die Rotation der Euglene muß dabei die etwas seitlich liegende empfindliche Körperstelle bald dem Lichte zugekehrt, bald von ihm abgewendet sein. In letzterer Stellung ist sie aber durch den Körper selbst und besonders durch den Pigmentfleck beschattet. Auf diesen Verdunkelungsreiz erfolgt nun wiederum die „Schreckbewegung" unter Drehung des Vorderendes, d. h. eine Erweiterung der auch beim ruhigen Schwimmen beschriebenen Schraubenlinie. In einer der dabei zustande kommenden Stellungen zum Lichte fällt die Verdunkelung durch den Pigmentfleck fort. Sogleich wird die normale Vorwärtsbewegung wieder aufgenommen, aber in einer von der früheren abweichenden Richtung. Fällt diese schon mit der neuen Lichtrichtung zusammen, so ist der lichtempfindliche Teil trotz der Drehung wieder gleichmäßig beleuchtet, somit ist keine Ursache für erneute „Schreckbewegung" vorhanden. Genügt die erste Richtungsänderung nicht, so wiederholt sich das Spiel, bis die Euglene in der Lichtrichtung schwimmt. Mit entsprechenden Umstellungen kann ganz das Gleiche für die negative Phototaxis bei starker Beleuchtung gesagt werden. Somit sind die Richtungsbewegungen der Euglenen unter Berücksichtigung ihres Körperbaues auf dieselbe Reizbarkeit zurückgeführt, die die Schreckbewegungen zur Folge hat.

Die genaue Analyse der komplizierten Art zu schwimmen und auf Reize zu antworten oder des „Aktionssystems", wie es Jennings nennt, hat zu einer einleuchtenden Lösung des alten Problemes geführt. Gerade die Rotation um die Längsachse, die Jost (1908 S. 649) wegen des dadurch bedingten Wechsels des Reizangriffes noch eine Erschwerung des Verständnisses für die Art der Perzeption zu bedeuten schien (er erinnert an die Klinostatendrehung), ist durch Jennings als wesentliches Hilfsmittel beim Aufsuchen der geeigneten Helligkeit erkannt worden.

Nachdem so gezeigt worden ist, daß die verschiedenen Formen, in denen die Lichtreaktionen bei den Euglenen auftreten, auf dieselbe Art der Reizbarkeit zurückgeführt werden können, ergibt sich die Berechtigung, den Reizanlaß einheitlich zu definieren. Man kann sagen: Bedingung für das Auftreten einer Reizbewegung ist der zeitliche Wechsel in der Intensität der Beleuchtung des perzeptionsfähigen Vorderendes. Die Reaktion verläuft dann in einer Richtung, die durch die Organisation des Körpers gegeben ist. Diese Sätze entsprechen aber durchaus der Definition, die oben (S. 109) für nastische Reizvorgänge gegeben wurde. Die Reaktionsweise der Euglenen ist eine Art der Photonastie. Ihr Erfolg ist jedoch oft eine tropistische Bewegung, deren Richtung durch den Einfall der Lichtstrahlen bedingt ist.

Es fragt sich nun, wie weit die Erfahrungen an Euglenen verallgemeinert werden dürfen. Nur für wenige phototaktische Organismen läßt sich vorläufig hierauf eine Antwort geben. Am genauesten untersucht hat Jennings mit entsprechendem Resultat einen lichtempfindlichen Stentor. Das ist aber zweifellos ein Tier.

Von pflanzlichen Objekten kommen zum Vergleich zunächst die anderen grünen Flagellaten, dann die Schwärmsporen in Betracht. Rothert (1901 S. 396 ff.) hat die Beobachtungen zusammengestellt, die für das Vorhandensein einer Übergangsreizbarkeit sprechen. Hierher gehören vor allem die „Erschütterungen", die Strasburger bei manchen Schwärmsporen usw. beobachtete (vgl. oben S. 192). Daß er sie bei anderen vermißte, kann an der zu geringen Größe des Helligkeitssprunges gelegen haben. Ferner spricht für die hier dargelegte Auffassung die Beobachtung Strasburgers, daß bei schwachem Lichte die Einstellung in die Lichtrichtung nur sehr unvollkommen und die Schwimmbahn vielfach gewunden ist. Denn bei geringer Intensität der Beleuchtung wird eine größere Abweichung von der Lichtrichtung nötig sein, die Reaktionsbewegung auszulösen als bei größerer Helligkeit. Wegen der Kleinheit der betreffenden Objekte sind genaue Beobachtungen nicht ganz leicht anzustellen. Man darf aber doch wohl annehmen, daß da, wo ein Augenfleck und auch sonst ein ähnlicher Bau, und dazu ein äusserlich ähnliches Verhalten vorliegt wie bei Euglena, auch die Art der Reizbarkeit dieselbe ist.

Ein genaueres Studium erfordern freilich noch die radiären Volvocaceen, Kolonieen und Einzelformen. Da bei ihnen nicht wie bei Euglena durch die Assymmetrie des Körpers die Richtung der Schreckbewegung festgelegt ist, so können sie vielleicht einen abweichenden Typus repräsentieren. Deshalb braucht man aber für sie noch keine echte tropistische Reaktionsweise anzunehmen. Denn erstens sammeln sie sich bei gleichmäßiger Beleuchtung von oben gleichfalls an belichteten Stellen und zweitens haben Pfeffer (1884 S. 444/45) und Massart (1889 S. 559/60) bei ihnen auf chemische Reize hin eine echte Schreckbewegung beobachtet. Bei den annähernd kugelförmigen Kolonieen von Volvox fand ich auf plötzliche Verdunkelung eine erweiterte Drehung des rotierenden Körpers. Außerdem wird die Bewegung um so geradliniger, je stärker der einseitige Lichteinfall ist. Bei Chlamydomonas ist durch die seitliche Lagerung des Augenfleckes eine physiologische Assymmetrie gegeben, der zufolge sie sich wie Euglena verhalten.

Im ganzen glaube ich sagen zu dürfen, daß bei den sehr notwendigen weiteren Untersuchungen wohl Verschiedenheiten im Aktionssystem zu erwarten sind; daß aber eine prinzipielle Unterscheidung zwischen zwei verschiedenen phototaktischen Reizarten bei pflanzlichen Objekten nicht mehr geboten ist. Eine Einstellung in die Richtung der Lichtstrahlen, etwa auf Grund von lokalen Differenzen der Beleuchtung an verschiedenen Teilen des Körpers, dürfte nicht existieren. An Stelle dieser Vorstellung ist die Reaktionsweise mit einer zur Gestalt des Körpers in Beziehung stehenden Richtungsänderung und auf Grund von zeitlich wechselnder Beleuchtungsintensität zu setzen. Das Überschreiten eines quergestellten Schattens durch Schwimmen in der Lichtrichtung (und ähnliche Erscheinungen) wäre dann so zu erklären, daß die Abweichung von der Richtung der

Strahlen eine stärkere Verdunkelung der lichtempfindlichen Plasmapartieen bewirkte als der Schatten selbst.

Am übersichtlichsten von allen phototaktischen Reaktionen ist das Verhalten der lichtreizbaren Purpurbakterien. Bei diesen fand Engelmann (1882) zum ersten Male die Schreckbewegung auf plötzliche Verdunkelung, die sich hier in einer vorübergehenden Umkehrung der Bewegungsrichtung, in einem Zurückschießen mit dem Hinterende voran, bemerkbar macht. Bleiben nach dem Helligkeitswechsel die Verhältnisse konstant, so schwimmt das Bakterium bald wieder mit dem Vorderende voran, aber in einem etwas anderen Winkel. Auf Grund dieser Reaktionsweise sammeln oder „fangen‟ sich die betreffenden Bakterien ganz ähnlich wie das oben für Euglenen erzählt wurde, an hellen Stellen, indem sie über deren Grenze wohl hin, aber nicht zurückschwimmen können. Eine durch die Lichtstrahlen bestimmte Bewegungsrichtung konnte Engelmann (a. a. O. S. 121/22) nicht finden. Die Bakterien gelangen also bei einer Beleuchtung von oben oder unten und dazu senkrechter Helligkeits-

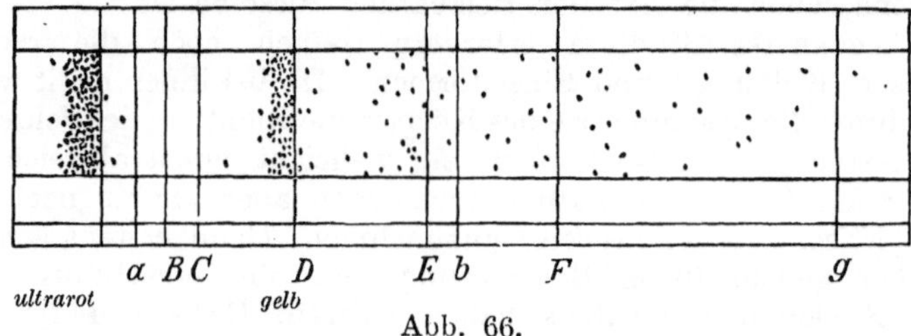

Abb. 66.

Verteilung von phototaktischen Purpurbakterien im Mikrospektrum.
(Nach Engelmann.)

abstufung nur zufällig an Stellen anderer Beleuchtungsstärke ganz so wie Euglenen u. a. Flagellaten, Schwärmsporen usw.

Die Bakterien, um die es sich handelt — Engelmann nannte die Art Bakterium photometricum, es war aber ein Chromatium —, sind auch sonst in ihren Lebensverhältnissen vom Lichte abhängig, da sie nur im Hellen gedeihen. Allerdings weiß man nicht genau, worauf diese Förderung beruht. Für uns ist es aber nur wichtig, daß auch hier, wie bei den grünen Organismen, die Lichtreizbarkeit eine Anpassung an die Lebensweise darstellt.

Bei den Purpurbakterien sind es nicht wie bei den grünen Organismen die kurzwelligen Strahlen, die die phototaktische Reaktion bedingen, sondern im Gegenteil hauptsächlich die unsichtbaren ultraroten und etwas weniger die gelben. (Abb. 66). Engelmann sah die Chromatien sich an diesen Stellen eines kleinen Spektrums im Mikroskope sammeln. Nach ihm sind die wirksamen Strahlen dieselben, die von dem roten Farbstoffe absorbiert werden und die gleichzeitig auch für die Stoffwechselprozesse am günstigsten sind.

Diese Bakterien haben nun keinen Augenfleck und keine asym-

metrische Gestalt. Ihr Aktionssystem gestattet ihnen nur ein Vorwärts- oder Rückwärtsschwimmen. Eine, auch nur mittelbar hervorgerufene Einstellung in die Lichtrichtung, etwa wie bei Euglena, ist
ihnen nicht gegeben. Sie gelangen also nur durch zielloses Hin- und
Herschwimmen in Zonen günstiger Beleuchtung. Das Aufsuchen
einer zusagenden Helligkeit wird demnach (ganz abgesehen von der
Schnelligkeit der Bewegung) weniger sicher vor sich gehen als bei
einer Reaktionsweise nach Art der Euglenen. Denn die letztere gestattet unter natürlichen Verhältnissen meist die Ausnutzung der
von hellen Stellen ausgehenden seitlichen Strahlung zur Lenkung
der Bewegung. Es wird daraus ersichtlich, daß das Aktionssystem
des Bakterium photometricum eine niedrigere Stufe darstellt als das
der phototaktischen Flagellaten, Algenschwärmer und Volvocineen.

Der Unterschied beruht aber nicht, oder nicht allein, auf dem
Fehlen des den drei eben genannten Gruppen zukommenden Augenfleckes
(oder gar des Chlorophylls). Das lehren uns einige weitere nicht grüne
Organismen, deren Reizbewegungen Strasburger (1878, S. 18 u. 19)
und Rothert (1901, S. 372) äußerlich ganz übereinstimmend mit dem
der grünen Schwärmer fanden, obgleich sie keinen Augenfleck besitzen. In den drei bekannten Fällen handelt es sich um Organismen,
die auf phototaktischen Flagellaten schmarotzen und mit Hilfe ihrer
Lichtreizbarkeit dieselben Stellen wie diese aufsuchen. Darin stimmen
die Schwärmer dieser drei Organismen überein, obgleich sie sehr
verschiedenen Verwandtschaftskreisen angehören. Zwei von ihnen,
nämlich Chytridium vorax, das auf Haematococcus lacustris, und
Polyphagus Euglenae, der auf Euglenen parasitiert, gehören zu den
niedrigen Pilzen, der dritte, eine Bodoart, die sich von Chlamydomonas
multifilis nährt, ist ein Flagellat. Es ist somit deutlich, daß auch
hier wieder die Lebensweise zur Ausbildung der zweckentsprechenden
Reizbarkeit geführt hat. Denn die nächsten Verwandten dieser drei
Räuber, die entweder gar nicht oder auf unbeweglichen Pflanzen
schmarotzen, besitzen keine phototaktischen Fähigkeiten.

Wie bei diesen farb- und augenflecklosen Organismen die beobachtete Einstellung in die Lichtrichtung zustande kommt, ist nicht
genauer untersucht worden. Es ist auch nicht bekannt, wie sie auf
einen Intensitätswechsel reagieren. Ein Einwand gegen die Allgemeingültigkeit der oben bei Euglena dargelegten Auffassung von der
Phototaxis kann aber vorläufig aus ihrem Bau und Verhalten nicht
entnommen werden. Denn der Augenfleck vergrößert nur die Differenz in der Beleuchtung des lichtempfindlichen Plasmas je nach
der Stellung des Körpers zum Lichte. Selbst wenn die Perzeptionsfähigkeit bei den farblosen Schwärmern gleichmäßig über den ganzen
Körper verteilt sein sollte, ist doch durch die Abweichung von der
Kugelgestalt eine Differenz in der Menge des aufgefangenen Lichtes je
nach der Stellung gegeben. Diese Differenz könnte aber als Reizanlaß
genügen und das Schwimmen in der Lichtrichtung ermöglichen. Doch
muß die Entscheidung weiteren Untersuchungen vorbehalten bleiben.

Wenden wir uns nun zu den übrigen freibeweglichen Organismen, die eine Lichtreizbarkeit besitzen. Unter diesen ist das Verhalten besonders von einigen Desmidiaceen durch Untersuchungen von Stahl (1880) u. a. bekannt (Literatur Pfeffer 1904, S. 776). Der früher besprochene Bewegungsmechanismus beruht auf der Ausscheidung von verquellenden Stoffen. Mit Hilfe dieser heften sich die länglichen Pleurotaenien, Closterien u. a. mit einem Ende fest, während das andere, schräg aufgerichtet, schwächerem Lichte entgegen oder von starkem fortgekehrt ist. Die Fortbewegung geschieht durch Rutschen des festgehefteten Endes auf der Unterlage, wobei ein Hin- und Herschwanken des aufgerichteten Teiles zu beobachten ist. Bei Closterium überschlägt sich außerdem der ganze

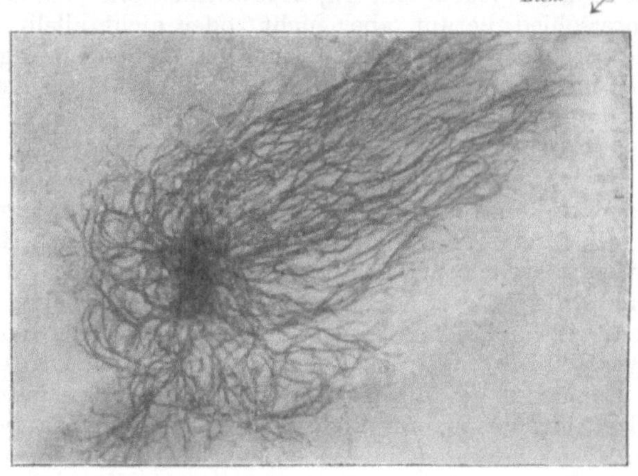

Abb. 67.

Kolonie von einer Nostocart an der Wand eines Kulturgefäßes.
Die Fäden haben sich den durch den Pfeil angedeuteten Lichteinfall
entsprechend phototropisch angeordnet.

Körper unter abwechselndem Festkleben der beiden Enden, wobei gleichfalls eine Annäherung oder Entfernung von der Lichtquelle, je nach der Helligkeit stattfindet (vgl. Abb. 8, S. 18).

Die Diatomeen scheinen, soweit sie chlorophyllhaltig und bewegungsfähig sind, gleichfalls alle phototaktisch zu sein (Literatur Pfeffer 1904, S. 776). Eine Ansammlung an hellen oder beschatteten Stellen kommt aber nur durch scheinbar regelloses Hin- und Herschieben zustande, wobei jede Richtungsumkehr nicht genau in die alte Bahn zurück, sondern in einem kleinen Winkel von ihr abführt. Ähnlich verhalten sich die Oscillarieen, die sich zudem phototropisch krümmen können (Abb. 67).

Das Aktionssystem ist bei Desmidiaceen und Diatomeen recht verschieden. Gemeinsam ist ihnen aber die mangelnde Einstellung ihrer Körperachse in die Lichtrichtung, ähnlich wie bei den Bakterien.

Offenbar hilft auch bei ihnen ein häufiger Wechsel der Bewegungsrichtung, Stellen geeigneter Beleuchtung aufzusuchen. Sicherlich würde man bei genauerer Beobachtung eine Bevorzugung gewisser fördernder Bewegungsrichtungen finden. Vielleicht wird auch unter Bedingungen, die der Phototaxis günstig sind, die Bewegung geradliniger, ähnlich wie das für Euglenen und Schwärmsporen gefunden wurde. Die zuletzt genannten Organismengruppen, Desmidiaceen, Diatomeen und Oscillarien werden durch ihre Lichtreizbarkeit befähigt, aus bedeckendem Schlamm hervor oder bei zu starkem Lichte in ihn zurück zu kriechen und auch sonst ihnen zuträgliche Beleuchtungsverhältnisse aufzusuchen. Das Gleiche gilt für manche Fadenalgen, (z. B. Spirogyren), die sich schiebend auf einer Unterlage und auch im Wasser aufrecht stehend phototropisch zu bewegen vermögen.

Schließlich ist noch für die Plasmodien mancher Schleimpilze bekannt, daß sie das Licht fliehen und deshalb am Tage sich meist im Substrat verkriechen. Nach Pfeffer (1904, S. 777) „dürfte diese einseitige Wanderung wesentlich dadurch verursacht werden, daß die Ausgestaltung an der stärker beleuchteten Partie verhältnismäßig ansehnlicher beeinträchtigt wird. Es ist deshalb wohl anzunehmen, daß in diesem Falle die negativ phototaktische Bewegung durch die Lichtdifferenz, also nicht durch die Lichtrichtung veranlaßt wird."

Durch ihre negative Phototaxis entgehen diese ungeschützten, nackten Plasmamassen dem Austrocknen an besonnten Standorten. Erst kurz vor der Fruktifikation kommen sie ans Licht hervor. Dann ist aber auch der Zeitpunkt gekommen, wo die trocken verstäubenden Sporen gebildet werden.

So steht die Lichtreizbarkeit der freibeweglichen pflanzlichen Lebewesen überall in deutlichem Zusammenhange mit ihrer Lebensweise. Sie wird in den Dienst der Ernährung oder der Fortpflanzung gestellt.

Bei den Purpurbakterien sahen wir die phototaktische Wirkung hauptsächlich von den ultraroten Strahlen ausgehen, d. h. von denjenigen, die wegen ihrer hohen thermischen Wirkung gemeinhin Wärmestrahlen genannt werden. Man könnte da schon mit einem gewissen Rechte von Thermotaxis sprechen, wenn es auch nicht wahrscheinlich ist, daß gerade die Wärmewirkung die Ansammlung bedingt. Solange wir aber nicht die eigentliche Reizursache, also die die Erregung bedingende physikalische Veränderung im Organismus kennen, tun wir gut, die durch „strahlende" und die durch „geleitete" Wärme erzielten Reizwirkungen auseinanderzuhalten.

Von frei beweglichen Organismen ist eine echte thermotaktische Reaktionsweise am besten für Infusorien bekannt. Haben diese die Wahl, so fliehen sie sowohl kaltes wie warmes Wasser und sammeln sich bei mittlerer Temperatur, die bei den einzelnen Arten zwischen 23 und 30° variiert (Mendelssohn zitiert nach Jennings [1905] 1910). Ähnliches gilt für Euglenen.

Sonst ist bei freischwimmenden kleinen Lebewesen Thermotaxis kaum zu finden. Den Grund dafür kann man mit Pfeffer (1904, S. 767) darin sehen, daß die ungleiche Erwärmung im Wasser Strömungen hervorruft, denen nur kräftigere Schwimmer widerstehen können, während die schwächeren, wie z. B. Bakterien, mitgerissen werden.

Dagegen konnte Stahl (1884b) bei Schleimpilzen eine ausgesprochene Thermotaxis nachweisen. Er setzte Plasmodien von Aethalium auf Fließpapierstreifen, deren beide Enden in Wasser von verschiedener Temperatur eintauchten. War die Auswahl zwischen 8 und 30° gegeben, so wurde das letztere vorgezogen. In Versuchen von Wortmann (1885b) mit derselben Methode erfolgte auch dann noch positive Reaktion, wenn die Temperaturen 15 bis 20° einerseits und 35° andererseits waren. Bei 40° dagegen trat der Pilz den Rückzug an und blieb an der Grenze zwischen warmem und lauem Wasser zwischen 35 und 40° stehen. Auch zwischen 18 und 37° wurde die Mitte aufgesucht, nicht aber bei 18 und 36°, wo nur positive Reaktion auftrat. Hier liegt also offenbar das Optimum der Temperatur. Ähnliche Resultate erzielte Clifford (1897), der auch mit engeren Intervallen, von nur 10°, arbeitete. Er erzielte eine Repulsion schon bei 33 bis 34°. Vielleicht gehörte sein Plasmodium einer anderen Art an. Die Umkehr der Bewegung fand er plötzlich und scharf. Sie bestand in einem raschen Wegströmen des Plasmas von der gefährdeten Stelle, während die positive Reaktion schon bei 30° langsam wurde.

In der Natur wandern die Plasmodien bei der Abkühlung des Bodens im Herbst in die Tiefe und bilden dort Dauerformen. Erwärmen sich im Frühling die oberen Schichten, so beleben sie sich wieder und steigen höher. Wird die Temperatur aber zu hoch, so daß eine Schädigung eintreten könnte, so fliehen sie wieder abwärts.

g) Bewegungen der Chlorophyllkörper.

Wie wir gesehen haben, sind die grünen Pflanzen vielfach befähigt, die für die Kohlensäureassimilation günstige Beleuchtung aufzusuchen, sei es nun durch Krümmungsbewegungen oder durch freie Ortsveränderung. Mit der Aufgabe der letzteren ist die Pflanze trotz aller tropistischen Fähigkeiten doch zu einer gewissen Trägheit verdammt, die ihr nur in beschränktem Maße gestattet, den rasch wechselnden Beleuchtungsverhältnissen zu folgen. Deshalb wird ihn eine rasche und auch in älteren Blättern noch sich vollziehende feinere Einstellung auf die augenblickliche Belichtung von großem Nutzen sein können. Eine solche ist nun durch die Möglichkeit gegeben, die eigentlichen Träger der Assimilation, die grünen Chlorophyllkörper, innerhalb der Zelle zu verlagern.

Bei den freibeweglichen phototaktischen Organismen ist im Gegensatz zu den festgehefteten entsprechend dem angedeuteten öko-

logischen Zusammenhange in der Tat eine Verlagerungsfähigkeit der
Chlorophyllkörper meist nicht zu beobachten. Unter den Fadenalgen
hat z. B. die bewegungsfähige Spirogyra Chromatophoren, die sich nicht
umlagern, der unbewegliche Mesocarpus aber
bewegliche. Bei dieser Alge haben die Chlorophyllträger bandförmige Gestalt und liegen
gerade ausgestreckt in einer Längsebene der
zylindrischen, fädig aneinandergereihten Zellen.
Durch Protoplasmafäden sind sie an der Schmal-
seite der Zelle angeheftet (Abb. 68). Die Chlorophyllplatten von Mesocarpus haben nun die
Fähigkeit, sich bei mittlerer Beleuchtung senkrecht auf die Richtung der Strahlen zu stellen,
bei stärkerer aber eine schräge und bei direkter Besonnung parallele Stellung zum einfallenden Lichte einzunehmen. Auf diese Weise
regulieren sie die Menge des auf sie fallenden
Lichtes ganz ähnlich wie die phototropischen
Blätter (Stahl 1880, Senn 1908).

Nicht immer reagiert übrigens die ganze
Chlorophyllplatte als starres Ganzes. Fällt auf
ihre eine Hälfte das Licht in anderer Richtung als auf die andere, so dreht sich jeder
Teil für sich und in der Mitte entsteht eine
Torsion. Das kommt besonders dann vor,
wenn durch eine Biegung des ganzen Meso-
carpusfadens eine gekrümmte Zelle in ihren
Teilen verschieden gerichtetes Licht auffängt.
— Merkwürdig ist die Beobachtung von Senn,
daß die Stellung quer zum Lichte nur durch
die rotgelben, die Parallelstellung dagegen durch
starke blauviolette Strahlen bewirkt wird. Allerdings stimmt es mit den sonstigen Erfahrungen
überein, daß die ersteren vor allem die Assimilation unterhalten, die letzteren aber bei
hoher Intensität schädigend wirken (Senn
a. a. O. S. 31). Wäre aber die Beobachtung
richtig, so wäre hier zum ersten Male ein
Farbenunterscheidungsvermögen bei Pflanzen,
d. h. der Art nach verschiedene Reizung durch
die einzelnen Spektralbezirke, festgestellt! Bei
den Chloroplasten der anderen untersuchten
Pflanzen fand Senn stets, daß vorzugsweise die
blauen und violetten Strahlen die Bewegung auslösen, ganz so wie das
für Phototropismus und Phototaxis allgemein gefunden worden ist.

Bei den meisten Pflanzen sind die Chlorophyllkörper nicht, wie
bei den erwähnten Fadenalgen, bandförmig, sondern kugelig, ei- oder

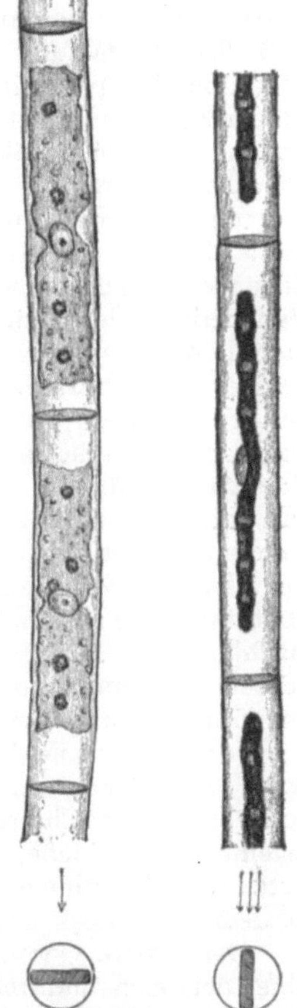

Abb. 68.

Fäden von Mesocarpus
senkrecht zur Papierebene
beleuchtet gedacht; links in
Licht mittlerer Helligkeit,
rechts in direkter Sonne.
Darunter schematische Querschnitte mit dem Strahlen-
gange. (Nach Senn 1908.)

linsenförmig, und nicht wie bei Mesocarpus in Einzahl, sondern in größerer Menge vorhanden. Früher (Stahl 1880) nahm man aber an, daß trotzdem der gesammte Chlorophyllapparat einer Zelle, bestehend aus einer ganzen Anzahl von Chlorophyllkörpern, als einheitliches Ganzes reagiere, ähnlich wie bei Mesocarpus die grüne Platte. Senn verdanken wir nun den bedeutungsvollen Nachweis, daß diese Auffassung nicht richtig sein kann. Vielmehr sucht jeder Chlorophyllkörper mit einer gewissen Selbständigkeit denjenigen Platz in der Zelle auf, an dem geeignete Beleuchtungsverhältnisse herrschen, ähnlich wie phototaktische Schwärmsporen in einem Gefäße. Ist das Licht stark, so reagieren die Chlorophyllkörper negativ, ist es von mittlerer Intensität, positiv. Dabei müssen für die Beurteilung des Ortes der Ansammlung die Lichtbrechungsverhältnisse in der Zelle berücksichtigt werden, die z. B. in untergetauchten Fäden von Vaucheria anders sind als an der Luft. Im ersteren Falle beobachtet man in dieser Alge eine Anhäufung nur an der dem Lichte zugekehrten Seite. An der Luft aber tritt eine zweite auf der Rückseite auf, an der Stelle, wo die Strahlen sich treffen, die beim Übertritt aus einem schwach lichtbrechenden in das stärker lichtbrechende durchsichtige zylindrische Organ hinten in diesem eine Brennlinie bilden. In starkem Lichte suchen die Chlorophyllkörper die schwächer beleuchteten Flanken auf, während Vorder- und Rückseite von ihnen frei bleiben. Vaucheria zeigt noch eine andere Erscheinung, die das phototaktische Verhalten der grünen Körper besonders deutlich macht. Wird nämlich der Faden stellenweise verdunkelt und belichtet, so sammeln sich die Chlorophyllkörper an den hellen Stellen an, führen also Bewegungen in der Längsrichtung des Fadens aus[1]).

Senn unterscheidet nach der Reaktionsweise sieben Bewegungstypen, von denen der erste der von Mesocarpus mit seiner einzelnen, sich drehenden Chlorophyllplatte ist. Diesem stehen alle anderen gegenüber, bei denen Ortsveränderungen der Chlorophyllkörper auftreten. Unter ihnen ist der erste der besprochene Vaucheriatypus, zu dem auch noch gewisse Meeresalgen, Moosvorkeime u. a. gehören.

Der dritte Typus ist der von Chromulina, einer einzelligen Alge, der sich dadurch auszeichnet, daß das Licht auf der Hinterwand kugeliger Zellen konzentriert wird, wo dann auch die Chlorophyllkörper liegen. Er wurde zuerst bekannt für die Vorkeime des Mooses Schistostega (Leuchtmoos) durch Noll (1888). Diese Vorkeime finden sich vorzugsweise in der Tiefe von Höhlungen, in die nur wenig Licht dringt. Durch die Konzentration der Strahlen auf den der Hinterwand anliegenden Chlorophyllkörpern wird die für die Assimilation nötige Helligkeit erzielt. Das Licht, das die grünen Körper durchsetzt hat, tritt vermöge der eigentümlichen Lichtbrechungsverhältnisse parallel mit dem einfallenden wieder aus. Deshalb erscheinen die

---

[1]) Ein entsprechendes Verhalten bei der Meeresalge Bryopsis beobachtete als erster Winkler (1900).

Stellen, die von dem Moose besiedelt sind, dem in die Erdhöhle hineinblickenden Beobachter grünleuchtend. Der Chromulinatypus stellt eine Anpassung an stets gleich gerichtetes Licht dar.

Der vierte Typus Senns ist der von Eremosphaera. Er unterscheidet sich von dem Vaucheriatypus allein durch die Lage der Bewegungsbahnen. Während nämlich bei den zu diesem letzteren gehörigen Zellen nur ein dünner Plasmabelag der Wand anliegt, in dem die Bewegung vor sich gehen muß und so ein Überschreiten beschatteter Wandpartieen unmöglich ist, verlaufen bei den eremosphaeraartigen Objekten Protoplasmafäden mitten durch den Zellsaftraum und gewährleisten eine größere Bewegungsfreiheit. Es gehören hierher neben der genannten kleinen Alge hauptsächlich Diatomeen.

Die übrigen drei Typen umfassen die Assimilationsgewebe vielzelliger Pflanzen, das einschichtige Blattgewebe vieler Moospflanzen und das Schwamm- und Palissadengewebe der Blätter höherer Pflanzen. Auch bei diesen herrscht das Prinzip der Lagerung an günstig beleuchteten Stellen innerhalb der einzelnen Zellen.

Bei den im Gewebe zusammengeordneten Zellen sind die Verhältnisse schwerer zu übersehen als bei den einzelnen lebenden oder in Fäden aneinandergereihten Einzellern. Einmal sind in dickeren und von Lufträumen durchsetzten Organen die Lichtbrechungsverhältnisse oft recht verwickelt, und dann kommt für die Anordnung der Chloroplasten im Plasmabelag neben der Lichtverteilung die Lage der Zellenwände in Betracht, nämlich der Umstand, ob sie an andere Zellen, an freie Oberflächen oder an Interzellularen grenzen.

Beim einschichtigen Assimilationsgewebe, wie es die meisten Blätter von Moosen und Lebermoosen, sowie die Vorkeime der Farne aufweisen, ist die Abweichung von einfachen Zellenreihen noch sehr gering. Bei den erst fadenförmigen und später flächig werdenden Farnkeimlingen geht der „Vaucheriatypus“ direkt in den „Moosblatttypus“ über. Stahl (1880) konnte an diesem Materiale zeigen, daß sich beide nicht wesentlich unterscheiden, soweit die Lichtreaktionen in Betracht kommen. Am Lichte breiten sich die Chloroplasten möglichst aus. Im Dunkeln aber macht sich ein Unterschied bemerkbar, denn die Chlorophyllträger suchen dann die an Nachbarzellen stoßenden Wände auf, offenbar durch irgendwelche von ihnen ausgehende chemische Reize angelockt (Abb. 69 b). Etwas derartiges war bei den früheren Typen der einzelnen oder in Fäden angeordneten Zellen nicht zu beobachten. Vielmehr bleiben bei ihnen meist die Chloroplasten im Finstern in der zuletzt innegehabten Lage (Mesocarpus, Vaucheria, Hormidium). Höchstens gehen vom Zellkern Richtkräfte aus (Eremosphaera und Diatomeen), die die Dunkellage bestimmen.

Bei greller Besonnung lagern sich die Chlorophyllkörper in den Moosblättern u. ä. an die Wände, die den Strahlen parallel gehen. Dadurch wird im Ganzen die Menge des aufgefangenen Lichtes geringer, und die einzelnen Chloroplasten entgehen durch gegenseitige Beschattung, durch Profilstellung und durch die in den optischen Verhältnissen der Zelle begründete Beschattung der betreffenden Wände der Schädigung durch zu intensive Belichtung (Senn 1908 S. 78).

Dadurch, daß sowohl bei senkrechter Besonnung wie auch bei Beschattung in den Moosblättern die zur Fläche senkrechten Scheidewände der Zellen aufgesucht werden, ist die Schutzstellung bei starkem Licht von der Dunkelstellung nicht zu unterscheiden (Abb. 69b u. c). Das gilt aber nur für einschichtige Organe. Bei zwei- und mehrschichtigen Geweben wird die Dunkelstellung sofort dadurch kenntlich, daß auch die zur Fläche parallelen Zellwände von Chloroplasten besetzt werden, während sie in der Sonne frei bleiben (Abb. 70) (Lemna trisulca. Stahl 1880 S. 334/35).

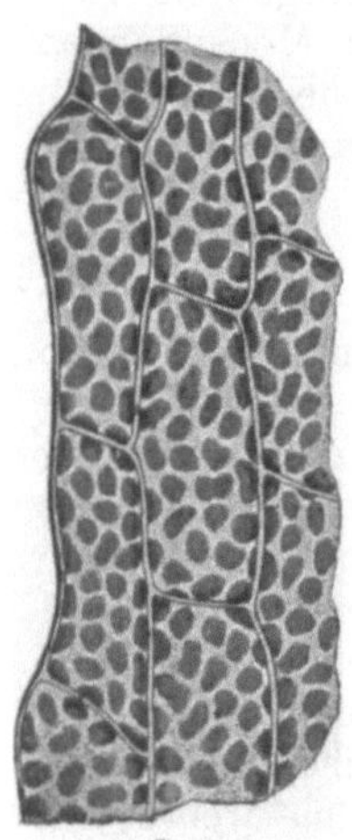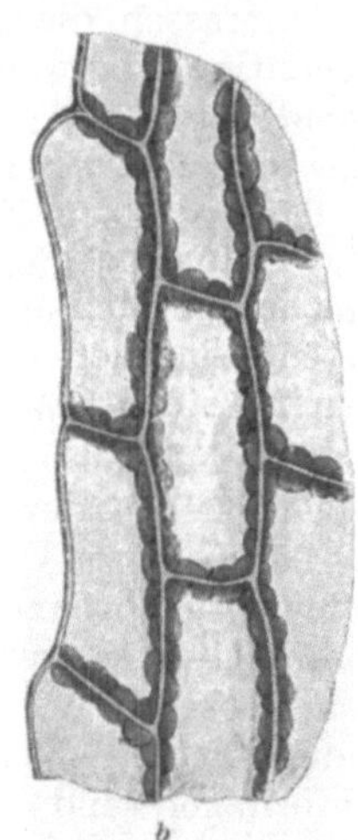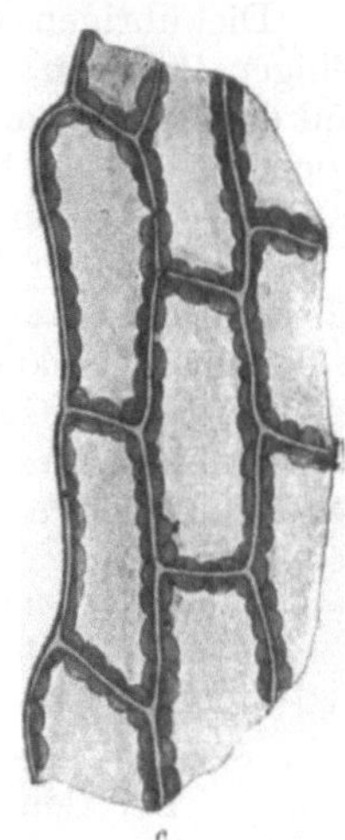

Abb. 69.
Stück eines Laubmoosblattes (Funaria hygrometrica).
a Aus diffusem Licht; b verdunkelt gewesen; c senkrecht zur Blattfläche besonnt.
(Nach Senn 1908.)

In den weit differenzierteren Blättern der höheren Landpflanzen finden wir fast durchweg zwei Arten von grünen Geweben. Die Hauptmasse der Chloroplasten ist in den der Oberseite genäherten und senkrecht zu ihr angeordneten länglichen Palissadenzellen enthalten, die das eigentliche Assimilationsgewebe darstellen, während das sogen. Schwammparenchym, das mit seinen großen Luftlücken dem Gaswechsel dient, weniger Chlorophyllkörper enthält. Ihm schließt sich die in Stengeln, fleischigen Blättern usf. verbreitete Masse des Grundgewebes an, soweit sie überhaupt chlorophyllhaltig ist.

Für das Grund- und Schwammparenchym gilt nach Senn das für einschichtige Gewebe Gesagte, nur daß hier das Bild der Dunkelstellung wegen der größeren Zahl der an benachbarte Zellen stoßenden Wände etwas anders ist als beim Moosblattypus, und daß auch bei normaler Belichtung solche Zwischenwänden von Chloroplasten besetzt sein können, falls sie eine geeignete Beleuchtung aufweisen. Ferner wäre zu bemerken, daß bei manchen Objekten, wie z. B. den blattartigen Sprossen der untergetauchten Wasserlinse (Lemna trisulca) und den fleischigen Blättern der Dachwurz (Sempervium) in starkem Lichte auf die anfängliche Querwandstellung Zusammenballungen der Chlorophyllkörper folgen, die deren gegenseitige Beschattung noch wirksamer machen.

Die Chloroplasten des Palissadenparenchyms sind genau so phototaktisch wie die bisher besprochenen. Das geht z. B. aus einem Versuche von Stahl (1880 S. 378) hervor, in dem bei starkem Schieflicht eine einseitige Lagerung der grünen Körper in den oberen Enden der schlauchförmigen Zellen beobachtet wurde. Sonst liegen sie stets den Seitenwänden der zylindrischen Zellen an. Die Eigentümlichkeiten in der Anordnung der Farbstoffträger im Palissadenparenchym müssen daher auf die optischen Verhältnisse zurückgeführt werden. Für diese ist es hauptsächlich bezeichnend, daß große Verschiedenheiten in der Verteilung der Helligkeit nicht möglich sind, weil seitliches Licht nicht tief eindringen kann.

Gewöhnlich werden die transversalphototropischen Blätter durch ihre Lichtlage bewirken, daß die Strahlen ungefähr in der Längsrichtung der Palissadenzellen einfallen. Nur so ist auch eine wirksame Durchleuchtung des Assimilationsgewebes möglich, da einigermaßen schräges Licht an den Interzellularen reflektiert, sowie bei der

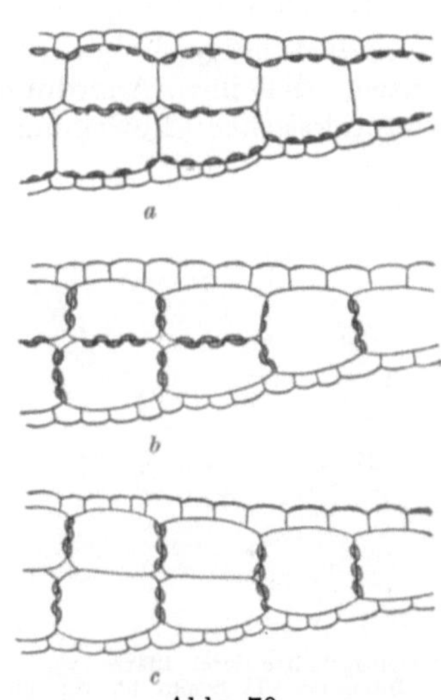

Abb. 70.

Querschnitte durch die blattartigen Sprosse von Lemna trisulca. a In Licht mittlerer Intensität; b verdunkelt; c besonnt. (Nach Stahl 1880.)

wiederholten Durchdringung von Zellwänden mit ihrem Protoplasma- und Chloroplastenbelage zu stark geschwächt wird. Man sieht hieraus auch, daß die normale Lichtstellung der Blätter senkrecht zum einfallenden Lichte nicht nur für die Gesamtmenge des aufgefangenen Lichtes von Bedeutung ist, sondern der inneren Struktur der Gewebe entspricht.

Doch sind es nach Senn (1908 S. 107) nicht die genau senkrecht auf die Blattfläche fallenden Strahlen, die in den Palissadenzellen ausgenutzt werden, denn diese durchsetzen sie genau in der Längsrichtung ohne auf die den Seitenwänden anliegenden Chloroplasten zu treffen. Sie kommen deshalb fast ungeschwächt dem Schwammparenchym zugute. Nur im künstlich parallel gemachten Lichte von mittlerer Intensität begibt sich ein Teil der grünen Körper auf die

Schmalseiten der Palissaden. Die wenig schrägen Strahlen des diffusen Lichtes aber sind es hauptsächlich, auf deren Ausnutzung das Assimilationsgewebe der Laubblätter angewiesen ist. Durch sie werden hauptsächlich die seitlichen Wände der lichtschacht-ähnlichen Palissadenzellen beleuchtet, an denen sich dann auch normalerweise die Chlorophyllkörper befinden. Bei greller Besonnung dagegen suchen sie die beschatteten Partien auf und stellen sich auch so ein, daß sie möglichst viel Licht durchlassen[1]). Die Chloroplasten in Schwammparenchymen liegen bei diffuser Beleuchtung der beleuchteten Vorderseite der Zellen an, in der Sonne jedoch bergen sie sich im Schatten hinter denen der Palissaden (Abb. 71).

Im Ganzen reagieren, wie man sieht, die Blattgrünträger genau wie selbständige Lebewesen, und zwar sind es die Helligkeitsdifferenzen, die ihre Anordnung bestimmen. Es „beanspruchen diese phototaktischen Bewegungen der Chromatophoren im Hinblick auf

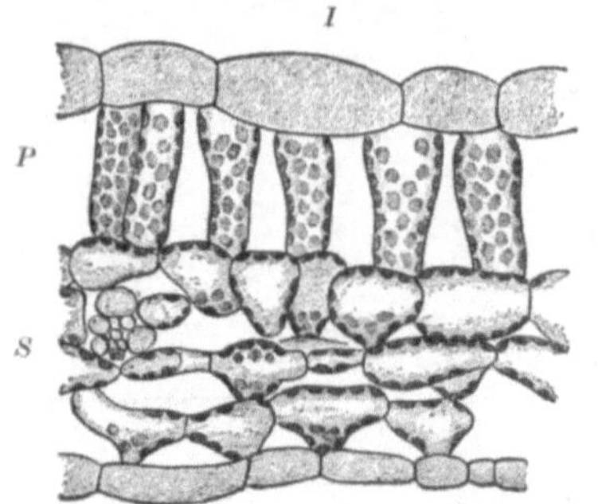
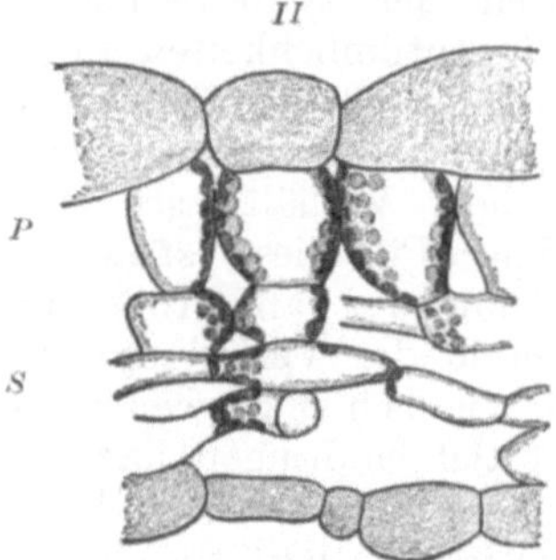

Abb. 71.

Querschnitte durch Blätter von Phaseolus vulgaris. I In diffusem Licht mittlerer Intensität. II [Senkrecht von oben besonnt. P Palissadenparenchym. S Schwammparenchym. (Nach Senn 1908.)

diejenigen der frei lebenden Organismen deshalb besondere Beachtung, weil sie einwandfrei allein auf die Unterschiedsempfindlichkeit für die Intensität des Lichtes zurückgeführt werden können, sich somit von dessen Richtung als unabhängig erweisen.“ (Senn, 1908 S. 117).

Bei Verdunkelung verändert sich allgemein die Anordnung der Chlorophyllkörper, indem nach Ausschaltung äusserer Richtungsreize innere Verhältnisse, wie es scheint, chemische Reize, ausschlaggebend werden. Dadurch, daß die grünen Körper in Blättern bei intensiverer Besonnung dem Lichte möglichst aus dem Wege gehen, erscheint das ganze Organ heller und weniger lebhaft grün als nach einem Aufenthalt im Dunkeln oder in schwachem Lichte. Durch teilweise Bedeckung der Blattfläche bei der Besonnung kann man sich leicht davon über-

---

[1]) Diese Anordnung ist nach Senn nur durch besondere Hilfsmittel zu bewirken, die eine senkrechte Durchstrahlung gewährleisten.

zeugen (Sachs 1859). Da in den Palissadenzellen die Umlagerung
der Chloroplasten nicht sehr groß ist, wird die Farbenveränderung
an Schattenblättern, in denen diese zurücktreten, deutlicher sein
(Stahl 1880).

Im Ganzen wirken alle die besprochenen Einrichtungen dahin,
daß die Pflanze schwaches Licht möglichst ausnutzt, starkes aber zum
Teil wieder austreten läßt. Neben der direkten Schädigung des
Chlorophylls durch intensive Beleuchtung wird dadurch auch eine
zu starke Erwärmung vermieden, die hauptsächlich durch die Absorption des Lichtes in den grünen Geweben zustande kommen
könnte. Leicht ersichtlich ist hieraus auch, wie zweckmäßig die
Verteilung des Chlorophylls auf relativ selbständige, bewegliche Organe
der Zelle ist.

Da die Art der Reaktion durchaus dem phototaktischen Verhalten der freibeweglichen Organismen entspricht, so muß man annehmen, daß jedes Chlorophyllkorn einzeln den Lichtreiz perzipiert.
Nachwirkungen einer vorangegangenen Induktion konnte Senn nur
bei Mesocarpus konstatieren. Mit dieser Alge hatte schon vor ihm
Lewis (1898) experimentiert. Er setzte Mesocarpusfäden mit aufrecht stehendem Chlorophyllband verschieden lange dem von unten
kommenden Lichte des Mikroskopspiegels aus und beobachtete die
im Dunkeln eintretende Nachwirkung. Dabei fand sich, daß die
Bewegung erst nach einiger Zeit schwach einsetzte und später schneller
wurde, also Andeutungen einer Latenzperiode. Eine volle Drehung
um 90° konnte bei einer Beobachtungszeit von 20 Minuten erst durch
eine 2 Minuten dauernde Belichtung erzielt werden. Die kürzer belichteten Zellen waren zu der Zeit in der Bewegung noch zurück.

Ähnlich waren die Resultate, wenn die im diffusen Lichte horizontal gestellten Chlorophyllplatten mit intensivem Sonnenlichte von
unten beleuchtet wurden und sich nun wieder um 90° drehten. Auch
hier wurde nach kurzer Belichtung eine Nachwirkung beobachtet.
Merkwürdig ist, wie Jost (1908 S. 658) bemerkt, daß die Drehung
auf einen vorhergehenden Reiz in der „richtigen“ Stellung aufhört.
Es ist das aber schließlich ein Problem, wie es in ähnlicher Weise
für alle Nachwirkungen tropistischer Reize aufgeworfen werden muß.
Immerhin wären an Mesocarpus noch eine ganze Anzahl wichtiger
Fragen in Angriff zu nehmen, zu denen die Chloroplasten dieser
Alge als schnell reagierendes transversalphototropisches Objekt geeignet erscheinen. Die Abhängigkeit der Bewegung von der Zeit und
Intensität der Reizung ist durch die Versuche von Lewis durchaus
nicht geklärt. — Der Beginn der Bewegung ist so allmählich, daß
eine Reaktionszeit kaum zu bestimmen ist. Für die Zellen mit
vielen Chloroplasten gilt das in noch höherem Maße. Bei ihnen
gehen zudem die Bewegungen kaum je so schnell vor sich wie bei
Mesocarpus.

Die Art, wie die Bewegung der Chlorophyllkörper zustande kommt,
ist noch nicht aufgehellt. Am wahrscheinlichsten erscheint der

Transport durch differenzierte plasmatische Gebilde, die in engerer Verbindung mit den Chlorophyllkörpern stehen. Jedenfalls haben die grob sichtbaren Plasmaströmungen, wie sie hauptsächlich auf Strömungen hin in vielen Zellen auftreten, nichts mit den phototaktischen Bewegungen der grünen Körper zu tun. Denn findet die Strömung langsam statt, so bleiben die Chlorophyllkörper an ihrem Platze, wird sie aber sehr lebhaft, so reißt sie jene ungeordnet mit fort. Sehen kann man leider von Bewegungsorganen nichts sicheres, und solange man über die Mechanik der Plasmabewegung nichts weiß, liegt kein Grund vor, irgendwelche Möglichkeiten näher auszumalen.

VI. Die Folgen mechanischer Reizung.

a) Allgemeines über mechanische Reizbarkeit.

An uns selbst und am tierischen Organismus erscheint uns die Reizbarkeit für mechanische Eingriffe, wie Schlag, Stoß, Berührung, als das einfachste, selbstverständlichste und deshalb ursprünglichste Empfindungsvermögen. Ein Tier, das auf direktes Anfassen nicht reagierte, würde uns schon einen ganz besonders stumpfsinnigen Eindruck machen. Und hören wir, daß im Verlaufe gewisser Krankheiten ein Glied empfindungslos für mechanische Reize wird, so können wir es uns kaum mehr als lebend vorstellen. — Anders als der tierische Organismus verhält sich dem Anschein nach die festgewachsene Pflanze, deren Tastreizbarkeit wenig offensichtlich ist. Leicht kenntlich ist diese Fähigkeit nämlich nur in besonderen Fällen, meist in Verbindung mit speziellen Anpassungen, so daß ihr Nutzen ohne weiteres einzusehen ist. Man muß aber trotzdem wohl annehmen, daß ihr die Anlage zur Empfindung von Berührungen von ihren Vorfahren überkommen ist.

Dadurch, daß die Pflanze sich nicht von der Stelle bewegt, spielt das Zusammentreffen mit festen Körpern für sie keine so große Rolle wie für das beweglichere Tier. Es gibt aber eine Gruppe von Pflanzen, bei denen ein solches Zusammentreffen durch eigentümliche Bewegungen geradezu herbeigeführt wird. Das sind die Rankengewächse, die darauf angewiesen sind sich durch besondere Organe, die Ranken, an anderen Gewächsen festzuhalten, weil ihr eigener Stamm zu schwach ist die Last der Blätter zu tragen.[1]) Zum Ergreifen der Stützen führen die Ranken Bewegungen aus. Und um diese zweckmäßig zu lenken, bedürfen sie einer Tastreizbarkeit, die ihnen anzeigt, wann und wie sie zupacken müssen.

Bei den übrigen Gewächsen mit einer ausgeprägten mechanischen Reizbarkeit sind es nicht Bewegungen der Pflanzen selbst, die die Berührung herbeiführen, sondern Tiere, die in irgend welchem ökologischen Verhältnis zu ihnen stehen.

So vermögen die sogenannten Sensitiven auf eine Berührung hin besondere, rasche Schutz- oder Abwehrbewegungen auszuführen,

---

[1]) Es wird also bei ihnen etwas biologisch ähnliches wie bei den früher besprochenen Schlingpflanzen auf andere Weise erreicht. Dem abweichenden Bewegungsmodus entspricht eine andere Reizbarkeit.

durch die sie ihre Blätter zwischen Dornen bergen (Mimosa nach Stahl 1897) oder kleine Tiere erschrecken und abschütteln.[1])

Sehr viele Pflanzen haben bekanntlich die Insekten, ihre Feinde, zu Dienstleistungen bei der Bestäubung der Blumen herangezogen. Je weiter die Ausbildung der Blüte und ihre Anpassung an die Bestäuber getrieben ist, desto sparsamer wird sie mit den gebotenen Lockstoffen, desto mehr müssen die Insekten bei ihrem Besuche zu einem ganz bestimmten Benehmen gezwungen werden, bis schließlich die Pflanze mit eigenen Bewegungen die des Tieres ergänzt und regelt. Daß dann beide äußerst fein ineinander gepaßt werden müssen, damit die Bestäubung richtig zustande komme, ist klar. Hierzu aber bedarf die Pflanze einer Empfindung für die mechanischen Reize, die von dem Insekt ausgehen. Wir finden solche daher in Blütenorganen häufig und in den verschiedensten Verwandtschaftskreisen der Pflanzenwelt.

Manche Pflanzen endlich vermögen nicht nur die Insekten zu Dienstleistungen zu zwingen, sondern werden sogar selbst die Angreifer. Sie fangen und töten kleine Tierchen, um gewisse für ihre Ernährung nützliche Stoffe zu gewinnen. Dabei sind ihnen die Bewegungen von großem Nutzen, die auf Berührungen hin stattfinden. Kombiniert mit der mechanischen Reizbarkeit findet sich bei den Insektivoren, von denen ich hier spreche, durchwegs eine Empfindlichkeit für chemische Reize. Da diese beiden Reizmittel mannigfach ineinandergreifen und sich ergänzen, wollen wir sie auch gemeinsam besprechen und damit überleiten zu den im nächsten Kapitel zu besprechenden übrigen Erscheinungen der chemischen Reizbarkeit.

Überblicken wir die Fälle, in denen uns bei Pflanzen eine ausgeprägte Reizbarkeit für mechanische Berührung entgegentritt, so scheinen vorwiegend die Beziehungen zu anderen Organismen den Anlaß zu derartigen Anpassungen gegeben zu haben, die den meisten Gewächsen fehlen. Dabei müssen wir uns aber vor Augen halten, daß wir zwar bei genügender Vorsicht aus der Ausführung einer Reaktion auf stattgehabte Reizung, aber nicht aus ihrem Ausbleiben auf Mangel an Sensibilität schließen dürfen. Vielmehr machen verschiedene Umstände es wahrscheinlich, daß das Empfindungsvermögen für mechanische Eingriffe zu den Grundeigenschaften der lebenden Substanz gehört und immer — wenn auch in rudimentärer Form — erhalten bleibt. Dafür spricht erstens die Tatsache, daß die den beweglichen Vorfahren der höheren Pflanzen näher stehenden niederen Formen noch in weitem Maßstabe mechanische Reizbarkeit besitzen und zweitens, daß eine solche im Falle des Bedarfs vielfach in schönster Form ausgebildet wird.

---

[1]) Ich bin mir wohl bewußt, daß diese Auffassungen von dem Nutzen der Stoßreizbarkeit für die Pflanze stark hypothetisch sind, weiß aber keine bessere Deutung.

Inwieweit außerdem bei der Anlage der Gewebe und deren innerer Differenzierung auch mechanische Einflüsse mitspielen, entzieht sich vorerst fast völlig unserer Kenntnis.

Wenn wir alle oben erwähnten Fälle, nämlich das Empfindungsvermögen der Sensitiven, der Insektivoren, der reizbaren Blütenteile und der Ranken als mechanische Reizbarkeit zusammenfassen, so ist damit natürlich über das physikalische Eingreifen des Reizes ins sensible Plasma im Einzelnen keineswegs genug ausgesagt. Es könnten sehr verschiedene Möglichkeiten vorliegen, so könnte ein konstanter Druck oder ein Zug, eine Reihe von kleinen Erschütterungen, ein Wechsel von Zug und Druck oder die verschiedene Beanspruchung verschiedener Gewebspartien usw. das wirksame Agens sein. Auch könnte durch alle diese Einflüsse erst eine sekundäre Veränderung, z. B. Wasserverschiebung, chemische Veränderung u. dergl. bewirkt werden, die dann ihrerseits zur Reizursache würde. Darüber so weit als möglich Klarheit zu erlangen, hat Pfeffer versucht. Doch ehe wir auf diese feinen, unser Thema unmittelbar berührenden Unterscheidungen eingehen und uns überlegen, mit welchen der an uns selbst zu beobachtenden Empfindungen auf mechanische Reize wir die der Pflanzen in Parallele stellen können, müssen wir uns eine anschauliche Vorstellung der in Betracht kommenden Erscheinungen in ihren Einzelheiten zu verschaffen suchen.

b) Ranken.

Wir beginnen mit den Ranken, den charakteristischen Anhangsgebilden vieler Kletterpflanzen. Man versteht darunter fädig verlängerte Organe, die durch ihre Reizbarkeit für Berührung (Haptotropismus oder Thigmotropismus) geeignet sind, Stützen zu umschlingen und so das Klettern zu ermöglichen. Außer den eigentlichen Ranken, die ausschließlich die geschilderte Funktion haben, finden sich häufig Teile von Blättern, manchmal auch Stengelorgane, die außerdem ihre normalen Aufgaben erfüllen, mit Reizbarkeit und der Funktion von Ranken ausgestattet. Die typischen Ranken, von denen hier fast ausschließlich die Rede sein wird, stellen sich ihrer morphologischen Natur nach als umgewandelte Blatt- oder Achsenorgane dar, die ihre sonstigen Funktionen ganz aufgegeben haben. Man kann sie ihrerseits danach wieder in Blatt- und Achsenfadenranken einteilen (Schimper 1898 S. 210).

Der Blattstiel hat nebenher Rankenfunktion z. B. bei der Kapuzinerkresse (Tropaeolum), den Waldreben (Clematis, Atragene), den Kannenpflanzen (Nepenthes) und anderen. Die Blattspitze wird bei verschiedenen Liliaceen entsprechend verwendet (vgl. z. B. Ludwig 1895 S. 138). Durch Umwandlung der Endblättchen gefiederter Blätter kommen schon typische Ranken zustande. So bei vielen Papilionaceen, besonders Arten von Wicken (Vicia) und Erbsen (Pisum) und bei Cobaea scandens (Abb. 72). Noch mehr spezialisiert sind die ganz in Ranken umgewandelten Blätter oder Nebenblätter der Cucurbitaceen z. B. Gurke (Cucumis sativa); Kürbis (Cucurbita Pepo); Zaunrübe (Bryonia dioica) u. a.

Stengelranken sind besonders schön bei Vitaceen (Weingewächsen) und Passifloraceen (Passionsblumen) zu finden. Bei ersteren heften sie sich nicht immer nur durch Umwinden der Stütze fest, sondern oft auch oder ausschließlich durch haftscheibenartige Verbreiterung ihres Endes und Ausscheidung eines Klebestoffes, wie es z. B. beim „wilden Wein" (Arten von Ampelopsis) zu beobachten ist (Abb. 73). Diese

Abb. 72.

Zweigspitze von Cobaea scandens mit verzweigten Blattranken.
Rechts unten eine Ranke, die ein anderes Blatt ergriffen und
sich dann schraubig eingerollt hat. Man sieht die Umkehrstelle.
Verkleinert.

Haftpolster schmiegen sich aufs feinste der rauhen Oberfläche der Unterlage an, indem ihre Oberhautzellen in jede kleinste Vertiefung hineinwachsen. Finden die Ranken jedoch keine Stütze, so unterbleibt die Ausbildung der Endverdickungen und das ganze Gebilde stirbt ab. Zuweilen sind auch Wurzeln rankenartig ausgebildet. Beim Efeu ist die Klammerfunktion physiologisch noch wenig ausgeprägt. Bei der Vanillenorchidee (Vanilla aromatica) u. a. dagegen kann man schon von richtigen Wurzelranken sprechen (Literatur siehe Pfeffer 1904 S. 416).

Auch bei Algen findet sich an Gebilden, die ausschließlich der Festheftung dienen, eine Kontaktreizbarkeit, ähnlich der der Ranken

b

a

Abb. 73.

Ampelopsis heterifolia. a Junge Ranke mit knöpfchenartigen Enden. b. Alte Ranke, deren Enden durch Berührung mit der Unterlage verbreitert, abgeflacht und festgeklebt sind. Die Ranken-äste verkürzen sich schraubig und ziehen dadurch die Pflanze an die Stütze heran. Natürliche Größe.

Literatur ebenda). Schließlich ent-wickeln gewisse Mukoraceen, be-sonders Mucor stolonifer, besondere Ausläufer, die bei Berührung mit festen Körpern sich mit wurzel-artigen Gebilden festheften und dann erst Fruchtträger ausbilden. Die Klammerorgane können sich selbst an Glasflächen sehr wirksam ankleben. Sie müssen wohl die Be-rührung fester Körper als Reiz empfinden (Abb. 74).

Betrachten wir nun Entwicke-lung und Tätigkeit einer typischen Ranke, z. B. einer solchen von Bryonia oder Passiflora, etwas ge-nauer:

Die jugendliche Fadenranke ist gewöhnlich eingerollt oder doch ge-krümmt, um in der Knospe Platz zu finden. Dabei ist die Unter-

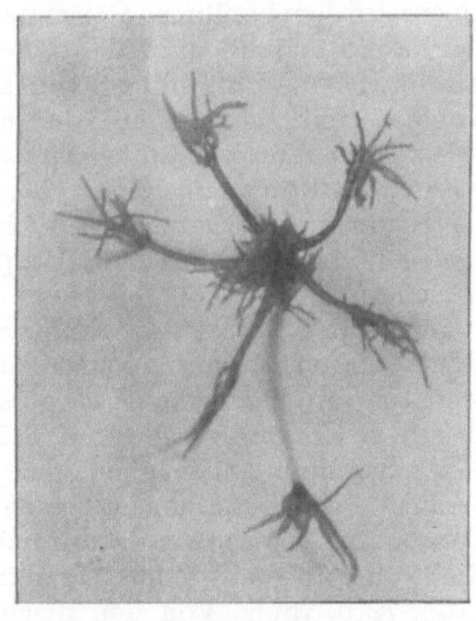

Abb. 74.

Wurzelartige Haftorgane von Mucor stolo-nifer, an der Glaswand sich festhaltend. Ein Ausläufer unscharf, weil bogig in der Tiefe verlaufend. Vergrößert.

seite in der Spirale nach außen gekehrt (Abb. 75a). Später fängt die Oberseite an sich stark zu strecken, wodurch die Ranke annähernd gerade wird (b). Sie ist nun meist schräg aufwärts gerichtet, aber nicht bewegungslos. Vielmehr beschreibt sie durch umlaufend ungleiches Wachstum an ihrer Basis einen Kegelmantel, so daß ihre Spitze annähernd einen Kreis oder eine Ellipse durchläuft (Darwin [1865] 1876).

Durch diese Bewegungen wird die Wahrscheinlichkeit sehr erhöht, einen festen Gegenstand zu berühren, der als Stütze dienen kann. Gelingt das aber nicht, so biegt sich die Ranke, die bis dahin schräg aufwärts gestanden hat, an ihrer Basis abwärts und beginnt sich schraubig einzurollen, wobei nun die Oberseite, die im jugendlichen Zustande nach innen lag, konvex wird. Findet die Ranke dauernd keine Stütze, bleibt sie also funktionslos, so stirbt sie schließlich meist ab (Abb. 75d).

Eine ungereizte Ranke zeigt somit gewöhnlich zwei Perioden ungleichen Wachstums, durch deren eine die Geradestreckung, durch deren andere die Einrollung bewirkt wird. Zwischen diesen beiden Perioden liegt eine Zeit, in der das Wachstum der Ober- und Unterseite annähernd gleich stark ist. Nur am Grunde der Ranke sind jetzt kleine Differenzen in der Streckung nachzuweisen, die ziemlich regelmäßig wechselnd zu der kreisenden „Suchbewegung" führen. Die Basis bleibt am längsten wachstumsfähig.

Anders wird das Bild, wenn die Ranke eine Stütze findet. Schon vor der völligen Geradestreckung ist sie meist für Kontakt reizbar. Durch die Berührung wird eine Krümmung bewirkt, deren Innenseite dem berührten Gegenstande zugekehrt ist. Schließlich rollt sich die Ranke spiralig um die Stütze und verbindet so die Pflanzen fest mit ihr. Diese Einrollung kann sehr viel früher geschehen als es ohne Kontakt mit einer Stütze der Fall wäre. So sah Darwin ([1865] 1876) eine gereizte Ranke von Passiflora schon am zweiten Tage nach ihrer Entfaltung eingerollt, während ohne Berührung 12 Tage bis zu diesem Vorgange verstrichen. Andere Ranken, z. B. die der Weingewächse bleiben überhaupt gerade, wenn sie keine Stütze erreichen.

Hat der Spitzenteil einer Ranke die Stütze umschlungen, so hat damit die Krümmung noch nicht ihr Ende erreicht, sondern schreitet in dem zunächst gerade gebliebenen Stück der Ranke zwischen Ursprungsstelle und Stütze fort. Dadurch rollt sich dieses Stück schraubig ein und zieht dadurch die Pflanze an die Stütze heran. Da die Ranke an beiden Enden festgehalten wird, kann die Torsion des Zwischenstückes nicht der ganzen Länge nach in einer Richtung erfolgen, sondern sie muß mindestens eine Umkehrstelle haben (Abb. 72 u. 75c). Von den mechanischen Verhältnissen hierbei kann man sich leicht an einem Modell in Gestalt eines Streifens Papier oder dergleichen überzeugen.

Eine Ranke, die eine Stütze erfaßt hat, wird durch anatomische Ausgestaltung mechanisch verstärkt. Manchmal verholzt sie sogar, sodaß sie lange Zeit, selbst nach ihrem Tode, ihre Funktion erfüllen kann. Die spiralige Einrollung erhöht dabei die Elastizität, die bei Bewegung der Rankenpflanze durch Wind stark in Anspruch genommen wird.

Damit wären wir über die wesentlichsten Erscheinungen im Leben einer Ranke unterrichtet und könnten uns zu den physiologisch interessanten Einzelheiten ihrer Reizbarkeit wenden.

Abb. 75.

Bryonia dioica; a junge eingerollte; b entfaltete und reizbare Ranke; c Ranke, welche die Stütze umfaßte; d ältere Ranke, die sich einrollte, ohne eine Stütze erfaßt zu haben. Etwas verkleinert. Nach Pfeffer 1904.

Das, was bisher gesagt wurde, gilt, soviel wir wissen, ganz allgemein für Fadenranken jeder morphologischen Herkunft, seien sie nun umgewandelte Blatteile, Stengel oder Wurzeln. Nach der Verteilung der Sensibilität aber müssen wir zwei Gruppen von Ranken unterscheiden. Nicht alle diese Organe sind nämlich auf jeder Flanke gleich reizbar. Gerade die empfindlichsten und längsten unter ihnen führen die Krümmungen nur dann aus, wenn ihre morphologische Unterseite berührt wird. Hierher gehören z. B. die Ranken der Cucurbitaceen und Passifloraceen. Ihnen gegenüber stehen die allseits gleich empfindlichen Ranken von Cobaea scandens, Eccremocarpus scaber u. a. Die Unterscheidung der beiden Gruppen von Ranken hat zuerst Darwin ([1865] 1876) durchgeführt; von Fitting (1903) ist dann die Verteilung ihrer Reizbarkeit genauer untersucht worden.

Er reizte die Ranken an lokal begrenzten Stellen durch Streichen mit einem Stäbchen. Das genügt, um eine Reaktion als Nachwirkung zu erzielen. Dabei stellte sich heraus, daß bei allen Ranken die Krümmung immer genau nach der berührten Seite hin gerichtet ist. Bei den einseitig empfindlichen hat aber nur Reizung der Unterseite, und in etwas schwächerem Maße, der Flanken, eine Reaktion zur Folge. Bei Berührung der Oberseite bleibt die Krümmung meist aus. Nur auf sehr starke Reizung wird zuweilen eine Krümmung nach oben hin ausgeführt. Aber auch, wo das nicht der Fall war, ließ sich auf einem Umwege zeigen, daß die Oberseite doch kontaktreizbar ist. Werden bei allseits empfindlichen Ranken zwei einander gegenüberliegende Flanken gereizt, so erfolgt keine Krümmung. Das gleiche ist aber auch der Fall, wenn Ober- und Unterseite einer ungleich empfindlichen Ranke mit dem Hölzchen gestrichen werden. Somit verhindert die Reizung der Oberseite die Krümmung auf einen sonst wirksamen Kontakt der Unterseite, obgleich jene selbst keine sichtbare Reaktion zur Folge hat.

Durch gleichzeitige Reizung zweier entgegengesetzter Flanken wird nicht nur deren Reaktionserfolg vernichtet, sondern auch ein senkrecht dazu gerichteter Impuls unwirksam gemacht, falls er an Stärke nicht jene wesentlich übertrifft. Wird bei einer ungleich empfindlichen Ranke gleichzeitig oder kurz hintereinander die ganze Unterseite, aber nur ein kurzes Stück der Oberseite gerieben, so bleibt dieses Stück allein gerade. Hat die Reaktion auf Reizung einer Seite hin schon begonnen, so macht sich die Hemmung, die von einer geriebenen Gegenseite ausgeht, gleichwohl sehr bald bemerkbar und die Krümmung schreitet nicht fort.

Wird durch Reiben mit einem Stäbchen auch nur kurze Zeit gereizt, so beginnt bei empfindlichen Ranken unter günstigen Umständen schon nach wenigen Sekunden die Krümmung. Sie vermehrt sich anfangs mit wachsender Geschwindigkeit, so daß man die Bewegung mit bloßem Auge verfolgen kann; weniger empfindliche Ranken dagegen bedürfen einer langen Reizung, deren Wirkung sich auch erst nach Stunden bemerkbar macht. Die Reaktion erreicht einen

Höhepunkt und nimmt dann wieder ab. Schließlich macht sich eine Gegenreaktion bemerkbar, die die Krümmung wieder ausgleicht und sogar über die Ruhelage hinaus gehen kann. Für diesen Fall wird sie ihrerseits durch eine Gegenkrümmung ausgeglichen, ganz in entsprechender Weise, wie wir das schon bei anderen Reizkrümmungen kennen gelernt haben.

Durch Reizung an räumlich beschränkten Punkten läßt sich Aufschluß über die Verteilung der Sensibilität gewinnen. Dabei findet man, daß die schnellste und energischste Krümmung auf eine Reizung nahe der Spitze erfolgt, obgleich das Wachstum, also die mechanische Grundlage der Reaktion, bei ungereizten Ranken in den der Basis benachbarten Zonen weit lebhafter ist. Daraus muß man auf größere Empfindlichkeit der Spitzenregion schließen. Ferner beobachtet man bei derartigen Experimenten, daß die Krümmung zwar nicht durchaus auf die gereizte Stelle beschränkt bleibt, sich aber nur wenig ausbreitet, selten mehr als 1—2 cm. Weiter abliegende Zonen bleiben durchaus unbeeinflußt.

Als Ursache der Krümmungsreaktion wies Fitting ein aktives Wachstum der Zellen auf der Konvexseite nach. Aus der Schnelligkeit der Krümmung hatte man früher auf eine bloße Dehnung der Zellwand durch Vergrößerung des osmotischen Innendruckes geschlossen. Fitting konnte demgegenüber zeigen, daß bei schneller Abtötung durch heißes Wasser oder Gifte die Krümmung erhalten bleibt. Ein osmotischer Druck ist aber nur in lebenden Zellen möglich. Da nun die Biegung nicht mit dem Tode verloren geht, muß die sie hervorrufende Flächenvergrößerung der Zellwände durch Wachstum fixiert sein.

Durch genaue Messungen stellte dann Fitting fest, daß die Krümmung durch stark beschleunigtes Wachstum der der Reizstelle gegenüberliegenden Region zustande kommt. Ist die Reizung von kurzer Dauer, so geht die Reaktion bald zurück, wobei nunmehr eine Beschleunigung des Wachstums der Konkavseite beobachtet wird. Sowohl bei der primären Reaktion wie beim Rückgang wird die Streckung der Mittelzone beschleunigt, während die Länge der Flanke, die der am stärksten wachsenden Seite gegenüberliegt, unverändert bleibt. Hin- und Rückgang bestehen aus zwei verschiedenen Wachstumsbeeinflussungen, zwischen denen ein Stillstand, auch der Mittelregionen, eingeschaltet ist. Diese beiden Perioden lassen sich an den zwei Streckungsphasen auch bei solchen Ranken nachweisen, die mechanisch an der Krümmung verhindert werden.

Wird auf zwei entgegengesetzten Seiten gereizt, so entsteht, wie betont, keine Krümmung. Ähnlich verhält es sich bei anderen Tropismen, unter denen diejenigen Fälle am besten vergleichbar erscheinen, in denen gleichfalls eine Beschleunigung des Wachstums der Mittelregion und damit des Gesamtzuwachses eintritt. Solches lernten wir bei den Grasknoten kennen. Wurden diese allseitig geotropisch gereizt, so setzte trotz dem Ausbleiben der Krümmung ein verstärktes Wachstum ein. In dieser Beziehung stehen die Ranken nun aber in einem bemerkenswerten Gegensatz zu den Grasknoten, da bei ihnen auf zweiseitige Reizung hin keine Veränderung des Wachstums beobachtet wurde. Offenbar muß man daraus den Schluß ziehen, daß bei den Ranken keinesfalls das Ausbleiben der Krümmung bei zweiseitiger Reizung durch das Gegeneinanderarbeiten der beiden Einzelreaktionen zustande kommt, wofür ja schon das Verhalten der ungleich empfindlichen Ranken spricht. Denn bei ihnen hatte auch eine Reizung der Oberseite, die niemals bis zur Reaktion durchlaufen würde, eine Sistierung der Krümmung zur Folge. Vielmehr müssen sich schon früher Glieder der Reizkette gegenseitig unwirksam machen. Bei den Grasknoten dagegen ist die Auffassung am einleuchtendsten, daß die verschiedenen Reizprozesse bis zum Ende gesondert ablaufen und erst die Wachstumsreaktionen selbst in Antagonismus treten. Bewiesen ist diese Anschauung freilich nicht, da auch bei den Grasknoten schon frühere Glieder der Reizkette sich gegenseitig beeinflussen können, worauf dann ein einheitlicher Reizzustand die geschilderte Reaktionsweise zur Folge haben könnte.

Nachdem wir nun die äußere Erscheinung und die Wachstumsvorgänge bei den Krümmungsbewegungen der Ranken kennen gelernt haben, wollen wir die wirksamen Reizanlässe etwas näher präzisieren. Schon Darwin [(1865) 1876] ist dieser Frage näher getreten. Er hat z. B. festgestellt, daß Fadenstückchen von minimalem Gewicht Reizung bewirken, nicht aber lebhaft aufprallende Wassertropfen. Vor allem aber verdanken wir Pfeffer (1885) eine Arbeit, die tief in das Wesen der mechanischen Reizbarkeit einführt. Schon im Jahre 1881 hat dieser Forscher, gleichzeitig mit Darwin, darauf hingewiesen, daß unter den mechanischen Einwirkungen, die Reizbewegungen auslösen, zwei Gruppen unterschieden werden können, die er Kontaktreize und Stoßreize nennt. Die ersteren sind dadurch gekennzeichnet, daß nur eine länger dauernde Berührung wirksam ist, während es bei den letzteren zur Auslösung der Reaktion einer kräftigen, wenn auch vorübergehenden Erschütterung bedarf.

Eingehende Untersuchungen zeigten Pfeffer dann später (1885), daß die Kontaktreize nicht eigentlich durch Berührung ausgelöst werden, da ein konstanter Druck, selbst bei erheblicher Energie keine Krümmung verursacht. Es ist vielmehr nötig, daß der berührende Körper mit einer gewissen Reibung bewegt wird. Sehr glatte Objekte reizen weniger stark als rauhe. Flüssigkeiten sind überhaupt nicht imstande, eine Reizwirkung auszuüben, selbst nicht ein mit großer Gewalt auftreffender Quecksilberstrahl. Sind dagegen in einer Flüssigkeit feste Partikelchen verteilt, wird also z. B. Wasser mit aufgeschlämmtem Ton und dergl. verwendet, dann tritt Reizung ein. Methodisch wie theoretisch besonders wertvoll ist die Entdeckung, daß Gelatinegallerte von nicht zu geringem Wassergehalt keine Reaktion verursacht, falls die Oberfläche feucht ist. Fängt sie an zu trocknen, so wird sie klebrig, und nun genügt die leiseste Berührung, um eine Krümmung zu veranlassen. Glasstäbe, die mit Gelatine von mehr als 75 °/₀ Wassergehalt überzogen werden, können den Ranken fest angepreßt, an ihnen hin- und hergerieben werden, ja man kann mit ihrer Hilfe die Ranken festhalten und stark biegen, ohne daß eine Reaktion eintritt.

Aus allen diesen Befunden zog Pfeffer den Schluß, daß „zur Erzielung einer Reizung in der sensiblen Zone der Ranke diskrete Punkte beschränkter Ausdehnung gleichzeitig oder in genügend schneller Aufeinanderfolge von Stoß oder Zug hinreichender Intensität betroffen werden müssen". Die Gelatine und Flüssigkeitsversuche hatten ihn gelehrt, daß ein ungefähr gleichmäßig verteilter Druck keine Wirkung hat. Daß auch Zug wirksam ist, zeigte die klebrige Gelatine. Es muß noch hinzugefügt werden, daß „eine lokale, genügend schnell verlaufende Kompressionswirkung eine Bedingung der Reizung ist". Durch langsam anwachsenden Druck auch sehr rauher Körper, wie Schmirgelpapier, wird keine Wirkung erzielt. Vielmehr muß zu dem steilen Druckgefälle ein rascher Deformationswechsel hinzukommen. Es sind also örtliche und zeitliche Intensitätsdifferenzen des mechanischen Reizes nötig, um die haptotropische Erregung zu bewirken.

Wenn Darwin durch feine Zwirnsfäden Reizung bekám, so kann das nur daran gelegen haben, daß diese nicht absolut ruhig lagen. Verfuhr Pfeffer mit aller Vorsicht, also Ausschluß von Erschütterungen und Luftströmen, so bewirkten aufgelegte Stückchen aus verschiedenem Material selbst bei verhältnißmäßig beträchtlichem Gewichte keine Krümmungen. Dagegen reizte ein Zwirnsfaden von nur 0,00025 mg Gewicht, falls er durch einen leichten Luftstrom in schaukelnde Bewegung gesetzt wurde, eine Ranke von Sicyos angulatus (Cucurbitacee) zur Krümmung. Ein halb so schwerer Faden blieb ohne sichtbare Wirkung, so daß damit die Reizschwelle erreicht ist. Jedenfalls ist aber die Empfindlichkeit der menschlichen Haut wesentlich geringer als die der Ranken. Unter den verschiedenen Empfindungen, die bei uns durch mechanische Einflüsse hervorgerufen werden, ist die Kitzelreizbarkeit nach den auslösenden Faktoren der Sensibilität der der Ranken am nächsten verwandt. Man könnte sie mit denselben Worten definieren, die oben zur Charakterisierung der Rankenreizbarkeit angewendet wurden.

Ökologisch bedeutungsvoll ist es für die Pflanze, daß ihre Ranken nicht überflüssigerweise Reizkrümmungen ausführen, wenn sie durch Wind und Regen erschüttert und gebogen werden. Auch konnte Pfeffer beobachten, daß z. B. Blattläuse nicht das zur Erreichung der Reizschwelle nötige Gewicht haben. Übrigens werden rasch vorübergehende Reizwirkungen durch größere Insekten, Reibung der Ranken an festen Körpern durch Wind, und dergl. nur eine geringe Einkrümmung zur Folge haben, die bald zurückgeht.

Soll eine Stütze umschlungen werden, so bedarf es dazu längeren Kontaktes unter gleichzeitiger sanfter Reibung. Ist ein dünner

Zweig oder dergl. der reizende Körper, so biegt sich die Ranke zunächst an der berührten Stelle. Dadurch kommen neue Oberflächenteile in Kontakt mit der zu umwickelnden Stütze, so daß schließlich das ganze freie Ende sich spiralig einrollt, wie das oben schon beschrieben wurde. Eine sanfte Erschütterung, wie sie zur Erzielung der Reizung nötig ist, wird in der Natur durch die wohl stets etwas bewegte Luft gewährleistet.

In Berührung mit festen Körpern kommt selbstverständlich immer nur die Außenseite der Epidermis. Ein wirksamer Reizanlaß muß also zunächst die Epidermisaußenwände verbiegen und dadurch mittelbar das Protoplasma treffen. Somit wird jede Einrichtung, die die mechanische Deformierung des Plasmas erleichtert, die Wirksamkeit schwacher Reize erhöhen. In der Tat konnte Pfeffer auf anatomische Differenzierungen bei einigen Pflanzen hinweisen, die in der angedeuteten Weise ausgelegt werden dürfen. Bei verschiedenen Cucurbitaceenranken nämlich finden sich in der Außenwand vieler Epidermiszellen Kanäle, die von innen her bis nahe an die Oberfläche vordringen und mit Protoplasma erfüllt sind. Es ist klar, daß dieses Protoplasma dem Druck und der Zerrung stärker ausgesetzt sein wird als das tiefer in der Zelle befindliche. Viele andere, auch besser empfindliche Ranken zeigen jedoch solche Bildungen nicht. Es ist ja auch ohnehin klar, daß die Reizbarkeit vor allem von der Empfindlichkeit des Plasmas abhängig ist und durch den Bau der Zellen nur verfeinert werden kann. Solche Erwägungen sprechen aber nicht gegen die erwähnte

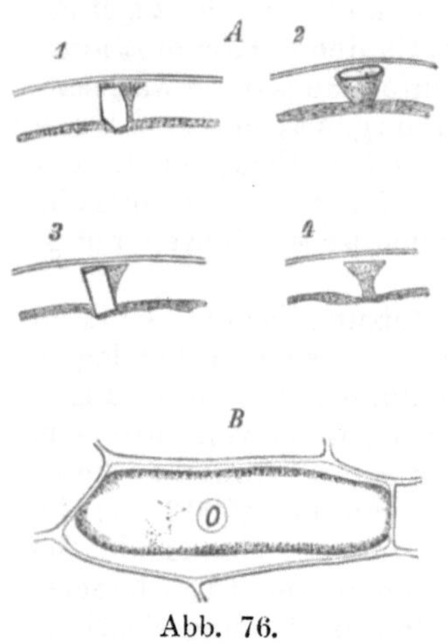

Abb. 76.

A. Fühltüpfel in den Epidermisaußenwänden der Ranken von Cucurbita. Melopepo. B. Oberflächenansicht einer Epidermiszelle der Ranke von Cuc. Pepo. In der Mitte der Fühltüpfel. (Nach Haberlandt 1909 a.)

Deutung der geschilderten anatomischen Differenzierungen. Später hat Haberlandt (vergl. 1909a) die „Fühltüpfel", wie er sie nennt, bei vielen Ranken von Cucurbitaceen gefunden und genauer beschrieben. Unterstützt wird ihre Wirkung nach ihm noch dadurch, daß in dem Protoplasma der Fühltüpfel häufig scharfkantige Kristalle liegen (Abb. 76). Andere anatomische Einrichtungen, die mit der Funktion der Ranken in Beziehung ständen, sind nicht bekannt.

Dagegen ist noch Einiges über die ökologische Deutung der geschilderten physiologischen Eigenheiten zu sagen. Das Einrollen der Ranken ist ein Vorgang, der unter natürlichen Umständen nicht rückgängig gemacht wird, sofern nur die Berührung nicht ganz vorübergehend war. Was das Greiforgan gefaßt hat, soll es auch festhalten. Daher ist es begreiflich, daß nicht eine Turgorkrümmung, sondern ein Wachstumsvorgang zu Hilfe genommen wird. Andrerseits muß die Greifbewegung schnell vor sich gehen, wenn sie ihren Zweck erfüllen soll. Damit mag es zusammenhängen, daß bei empfindlichen Ranken auf den Kontaktreiz eine starke Beschleunigung des Wachstums eintritt, wie sie sonst nur bei den Schlafbewegungen der Blüten bekannt ist.

Welchen Vorteil die ungleich empfindlichen Ranken gegenüber den allseits empfindlichen haben mögen, ist aber ganz unklar. Ein solcher muß jedoch wohl angenommen werden, da die Vorstellung kaum abzuweisen ist, daß die ungleiche Empfindlichkeit aus der gleichmäßigen hervorgegangen ist.

Im übrigen ist es zweifellos von Nutzen für die Kletterpflanzen, daß die Ranken imstande sind, Stützen in allen Winkellagen zu ergreifen, während die biologisch verwandten Schlingpflanzen nur annähernd senkrechte Objekte umwinden können. Darwin ([1865] 1876, S. 147) führt noch andere Vorzüge der Rankenpflanzen vor den Schlingpflanzen auf und ist der Meinung, daß die ersteren aus den letzteren abzuleiten sind. In der Tat gibt es Gewächse, die beide Klettermethoden miteinander vereinen. Trotzdem wird die Behauptung in ihrer Allgemeinheit nicht aufrecht zu erhalten sein. Vielmehr dürfte die Kontaktreizbarkeit, wie wir sie in höchster Ausbildung bei den empfindlichen Ranken der Cucurbitaceen, Passifloraceen und Vitaceen finden, unabhängig von verschiedenen Pflanzen erworben worden sein.

Wenn gesagt wurde, daß es Gewächse gibt, die die Fähigkeiten der Schlingpflanzen mit denen der Rankenpflanzen vereinigen, so ist dabei zunächst an Arten von Bignonia, Clematis und Tropaeolum zu denken. Diese besitzen ein, wenn auch nicht sehr ausgebildetes Windevermögen und daneben fadenförmige Organe oder empfindliche Blattstiele, die gleichfalls nicht in dem Maße an ihre Klammerfunktion angepaßt sind, wie das bei den mehr spezialisierten Rankenpflanzen der Fall ist.

In einem anderen Sinne zeigt eine Schmarotzerpflanze, nämlich die Klee- oder Flachsseide (Arten von Cuscuta), eine Vereinigung von Windevermögen und Kontaktreizbarkeit (vgl. Pfeffer 1904, S. 418, sowie Peirce 1894 und Spisar 1910). Ihr fadenförmiger Stengel verhält sich nämlich abwechselnd wie der einer Schlingpflanze und wie eine Ranke. Die Keimpflanze umschlingt gewöhnlich nur lebende Stengel, und zwar in engen Windungen mit Hilfe ihrer Kontaktreizbarkeit[1]). Sie bildet dabei sog. Haustorien, die in die Wirtspflanze eindringen und sie aussaugen. Später folgen dann steilere Windungen ohne Haustorien, die denen von Schlingpflanzen durchaus gleichen. Dabei ist die Pflanze nun auch imstande, tote Stützen zu umwinden.

---

[1]) Spisar fand keinen Unterschied zwischen lebenden und toten Stützen, während früher die Meinung herrschte, daß überhaupt nur frische Pflanzenstengel umschlungen werden. Die verschiedenen Cuscutaarten scheinen sich nicht gleich zu verhalten.

Die Reizbarkeit wechselt periodisch (Abb. 77). Nach Pfeffer veranlaßt die Inanspruchnahme durch den Kontaktreiz selbst vorübergehend eine Sistierung der Sensibilität für Berührung, was nach Spisar nicht immer zutrifft. Im Zustande der Kontaktreizbarkeit vermag der Stengel nicht nur vertikale, sondern auch stark geneigte Stützen zu umschlingen, ganz wie eine Ranke. Das freie Ende der Pflanze macht kreisende Bewegungen, die das Finden einer geeigneten Wirtspflanze erleichtern. Die Windungen erfolgen in der diesen Nutationen entsprechenden Richtung.

Peirce fand am Klinostaten ein Aufhören der kreisenden Bewegungen sowie auch der Kontaktreizbarkeit. Spisar konnte nur das Letztere bestätigen, die Nutationen wurden auch nach 8 tägigem Verweilen an der rotierenden Achse fortgesetzt. Die Gegensätze erklären sich wohl daraus, daß die Autoren verschiedene Cuscutaarten verwendet haben.

Die reizbare Zone liegt etwa in der Gegend maximalen Wachstums. Die Kontaktreizbarkeit befähigt die Pflanze, selbst einen feinen Zwirnsfaden oder ein dünnes Grasblatt zu umschlingen. Später werden die Windungen verengert, wobei ein Druck auf die Stütze ausgeübt wird. Die Ausbildung der Kontaktreizbarkeit ist offenbar für eine ganz parasitische Pflanze, die ohne Wirt nur ganz kurze Zeit existieren kann, von großem Nutzen. Es wird ihr dadurch ermöglicht, nach allen Richtungen hin zu kriechen und geeignete Pflanzen zum Aussaugen zu finden, denen sie sich dann sofort eng anschmiegt. Die Windefähigkeit wiederum, die mit negativ geotropischer Reizbarkeit verbunden ist, erlaubt der Pflanze, höhere junge und saftreiche Zweige zu erreichen.

Abb. 77.

Pflanze, die von einem Stengel der Cuscuta befallen ist. Letzterer abwechselnd rankend (a) und windend (b). Nach Pfeffer 1904.

Wie wirksam die Kombination beider Einrichtungen ist, davon überzeugt man sich leicht an einem Bestande von Weiden, Brennesseln, Klee u. dgl., die von dem Schmarotzer befallen sind und in allen Richtungen von ihm durchwuchert werden.

Eine Kontaktreizbarkeit ist unter den Stengeln von Kletterpflanzen sonst nur noch bei Lophospermum von Darwin beobachtet worden. Sie ist aber nur schwach ausgebildet. Die Pflanze ist im übrigen ein Blattkletterer.

c) Sensitive Pflanzen.

In einem bemerkenswerten Gegensatze zu den kontaktreizbaren Rankengewächsen stehen die sog. sensitiven Pflanzen, deren Blätter auf Erschütterung mit einer Bewegung reagieren. Wir wir sehen werden, ist sowohl ihr Empfindungsvermögen wie der Mechanismus ihrer Reaktion durchaus von dem der erst besprochenen Gruppe von mechanisch reizbaren Organen verschieden. Trotzdem oder vielleicht gerade deshalb empfiehlt es sich, diese beiden Gruppen einander gegenüber zu stellen.

Fangen wir mit der Sinnpflanze oder Mimose an, dem bekanntesten Beispiele einer gegen Erschütterung empfindlichen Pflanze. Sie kam um die Mitte des 17. Jahrhunderts aus Brasilien nach Europa. Das Auftreten dieser Pflanze in der Wissenschaft ist nicht nur für die Geschichte der Reizphysiologie von Bedeutung, die es nachhaltig beeinflußte, sondern wirkt noch in ihrem heutigen Zustande nach. Die sensitive Mimose erregte bei ihrer Entdeckung die größte Bewunderung, die sich bei jedem wiederholt, der sie zum ersten Male sieht. Neben sehr ausgesprochenen Schlafbewegungen besitzt sie nämlich die Eigentümlichkeit, auf jede Erschütterung hin ihre Blättchen zusammenzulegen und das ganze Blatt zu senken, so daß sie dann wie verwelkt dasteht. Und zwar geschieht das fast plötzlich, innerhalb weniger Sekunden. Auch braucht diese Bewegung nicht auf das direkt gereizte Blatt beschränkt zu bleiben, sondern kann auf die benachbarten übergreifen, falls nur der Reizanstoß kräftig genug war.

Die Blätter der hierher gehörigen halbstrauchigen Arten (Mimosa pudica, sensitiva, Speggazinii) sind doppelt zusammengesetzt, gefingert-gefiedert (Abb. 78). An dem mit einem kräftigen Gelenk versehenen Hauptblattstiel sitzen fingerförmig, ebenfalls mit Gelenken, die Sekundärstiele und an diesen gleichfalls gelenkig die paarweise angeordneten, dicht gedrängten Blättchen. Am Tage und in der Ruhelage stehen die Hauptstiele vom Zweige etwas schräg nach oben ab, die sekundären sind wie Finger gespreizt, die Blättchen etwa in einer Ebene ausgebreitet. Auf einen geeigneten Reiz hin klappen die Blättchen mit der Oberseite zusammen, der Winkel, den die Sekundärblattstiele einschließen, verringert sich, und der Hauptblattstiel senkt sich plötzlich. Alle diese Bewegungen finden in den Gelenken statt, deren Bau und Funktion im ersten Kapitel beschrieben wurde. Ist der Reiz scharf lokalisiert, so sieht man deutlich, daß die zunächst gelegenen Blättchen nach einer gewissen Zeit zuerst zusammenzuklappen beginnen. Die Bewegung greift dann auf die benachbarten Blätter über und pflanzt sich um so weiter fort, je intensiver der Anstoß war. Sehr schön gelingt der Versuch unter günstigen Vegetationsverhältnissen — bei uns am besten im Gewächshaus bei hoher Feuchtigkeit und einer Temperatur von 25^0 — wenn ein Fiederblättchen angeschnitten oder noch besser mittels einer Flamme oder eines Brennglases angesengt wird. Die Blättchen klappen dann streng der Reihe nach und paarweise zusammen, bis zur Erreichung der Ansatzstelle des Sekundärblattstieles. Die Bewegung hält dort aber nur kurze Zeit an und schreitet dann in den anderen Fingerstrahlen umgekehrt, von der Basis zur Spitze mit derselben Regelmäßigkeit fort. Darauf klappen die Sekundärblattstiele zusammen, und nach einiger

Abb. 78.

Mimosa pudica. Das Blatt A befindet sich in reizempfänglicher, das Blatt B in in gereizter Stellung. p das primäre Gelenk; s die sekundären Gelenke an der Basis der Fiederstrahlen. Nach Pfeffer 1904.

Zeit senkt sich plötzlich das ganze Blatt im Hauptgelenk. Damit nicht genug, geht die Erregung im Stengel zu den benachbarten Blättern weiter, um dort von der Basis nach der Spitze fortzuschreiten. So kann man häufig auf einen lokal beschränkten, aber intensiven Reiz hin, sämtliche Blätter einer Pflanze sich senken sehen.

Die Mimose zeigt uns ein Beispiel von außergewöhnlich schneller und intensiver Reizleitung. Man sieht bei ihr sehr deutlich, wie die ganze Pflanze in reizphysiologischer Hinsicht ein Ganzes bildet. Kann man doch sogar durch Verwundung der Blüten oder gar der Wurzeln Reizung der Blätter bewirken. Die Geschwindigkeit der Leitung ist bei Mimosa die größte bei Pflanzen beobachtete, nämlich 2—15 mm in der Sekunde, während der heliotropische Reiz sich nach Rothert höchstens 0,3 mm in der Minute fortbewegt. Sie wechselt je nach dem Organ, in dem der Reiz sich fortpflanzt, und nach den Außenbedingungen. Bei niederen Tieren ist die Nervenleitung nicht immer schneller, z. B. bei Anodonta, der Teichmuschel nur 10 mm pro Sekunde (Bethe nach Fitting 1907b), bei den Nerven höherer Tiere allerdings durchschnittlich 1000mal so groß! (Jost 1908). Die Art der Reizleitung ist vielfach untersucht worden, ohne daß bis heute Klarheit über die Grundfragen erreicht wäre. Fitting (1907b) gibt eine kritische Sichtung des vorliegenden experimentellen Materiales. Fest steht eigentlich nur, daß die Leitung in den Gefäßbündeln erfolgt, daß sie auch über narkotisierte oder abgetötete Strecken gehen kann und daß aus einer zur Reizung führenden Wunde ein Flüssigkeitstropfen hervorquillt. Pfeffer (1873b) glaubte hieraus schließen zu müssen, daß eine Druckschwankung im Wasser der Gefäße die Reizleitung besorgt, während Haberlandt (1890) bei Mimosa besondere Schlauchzellen in den Siebteilen für diese Funktion heranzog. Demgegenüber betonte wieder Fitting (1903 und 1907b), daß die Schlauchzellen wenig geeignet erscheinen, Wasserströmungen schnell weithin zu leiten, sowie daß sie anderen Pflanzen vom Reiztypus der Mimosa fehlen. Wie die Wasserbewegung bei Reizungen ohne Verwundung mechanisch zustande kommen sollte, ist überhaupt schwer einzusehen, man müßte somit jedenfalls eine plasmatische Reizleitung, die vielleicht weniger schnell und wirksam wäre, zu Hilfe nehmen und sich denken, daß erst durch irgendwelche osmotischen Prozesse die Druckschwankung erzielt würde. Doch ist es immerhin sehr wichtig, zu wissen, daß der Anstoß, der durch einen Reiz bewirkt worden ist, in totem Gewebe, also jedenfalls auf rein mechanische Weise, fortgeleitet werden kann.

Eine weitere Leitung des Reizes findet nur nach tieferen Eingriffen, also z. B. nach Verwundung statt, während die gewöhnlicher die Pflanze treffenden Erschütterungsreize mehr oder weniger auf den Ort beschränkt bleiben. Um überhaupt eine Bewegung zu erzielen, bedarf es nun durchaus nicht immer so grober Mittel. Relativ fein ist vor allem das Empfindungsvermögen an den Bewegungsgelenken selbst, und zwar auf der Seite, nach der die Beugung stattfindet. An dieser Stelle genügt eine ganz leichte Berührung, um einen wirksamen Einfluß auszuüben. Die Bewegung bleibt bei Reizung des Hauptgelenkes stets auf dieses selbst beschränkt, während eine entsprechend schwache Reizung der Gelenke an den Blättchen viel weiter um sich greifen und sogar ein Senken des Hauptblattstieles bewirken kann.

Die Stärke des Anstoßes, resp. die Empfindlichkeit der gereizten Stelle, zeigt sich also in der Länge der Strecke, über die der Reiz fortgeleitet wird. Die Größe des Ausschlages der gereizten Gelenke ist dagegen von ihr unabhängig. Unter normalen Umständen wird durch einen die Schwelle erreichenden Reiz stets die maximale Senkung erzielt, deren das Gelenk überhaupt fähig ist. Allerdings können unter ungünstigen Umständen Abweichungen von dieser Regel vorkommen. Äußere Einflüsse, die die Empfindlichkeit herabsetzen, ohne die Pflanze zu töten, können bewirken, daß auf einen Anstoß von einer gewissen Größe nur die halbe Senkung und erst auf einen zweiten stärkeren hin die volle sich vollzieht. Gleichzeitig ist dabei eine Verlängerung des Zeitraumes von der Reizung bis zur Reaktion zu beobachten. Als solche, die Reizbarkeit herabsetzende Einflüsse, sind tiefe Temperaturen, zu große Jugend des Blattes, wiederholte Reizung und außerdem gewisse chemische Mittel zu nennen, welch letztere wir als Narkotika zusammenzufassen pflegen. Hierher gehören z. B. Äther und Chloroform. Ihre gemeinsame Eigentümlichkeit ist es, die Empfindlichkeit eines Organismus zu mindern oder aufzuheben, ohne den Tod herbeizuführen. In geringer Menge, d. h. in großer Verdünnung, rufen sie den oben geschilderten Effekt hervor, in größerer heben sie die Reizbarkeit auf, ohne dauernd zu schaden; noch größere Dosen wirken schließlich tödlich. Bemerkenswert ist es, daß durch Narkose von einer gewissen Tiefe nicht die Empfindlichkeit gegen alle verschiedenartigen Reize auf einmal aufgehoben zu werden braucht. So wird z. B. bei Mimosa die Reizbarkeit für Berührungen eher sistiert als die, welche die Schlafbewegungen verursacht.

Übrigens ist auch die Mechanik der Bewegungen in beiden Fällen nicht dieselbe. Die äußere Ähnlichkeit bewirkte, daß anfangs beide Arten von Reaktionen der Gelenke zusammengeworfen wurden. Hierin hat E. Brücke (1848) Wandel geschaffen. Er fand nämlich, daß das Gelenk als Ganzes bei der Senkung durch einen mechanischen Reiz biegsamer, bei der Schlafbewegung aber straffer wird. Wie wir durch seine und Pfeffers Untersuchung (1873a) wissen, ist das auf die Art wie die Krümmung zustande kommt zurückzuführen. Die plötzliche Senkung auf einen Anstoß erfolgt nämlich durch Erschlaffung der unteren Gelenkhälfte, die langsame Abwärtskrümmung bei der nyktinastischen Bewegung aber durch stärkere Zunahme des Turgors in der oberen Hälfte. Da die Gelenkhälften in ihrem Ausdehnungsbestreben gegeneinander arbeiten, findet in beiden Fällen eine äußerlich ähnliche Bewegung statt.

Auf die Einzelheiten dieser Beweisführung, die in der Hauptsache durch Operation der Gelenkhälften und Reagierenlassen in verschiedener Stellung erbracht wurde, wollen wir hier nicht eingehen, weil uns weniger die Mittel als der Anstoß zur Bewegung interessieren, und weil erstere schon im allgemeinen Kapitel über das Bewegungsvermögen der Pflanzen besprochen wurden. Nur soll noch nachgetragen werden, daß bei den Reizbewegungen auf Stoßreiz die Wasserverschiebung, die die Ursache der Bewegung ist, nicht durch Transport von Zelle zu Zelle vor sich gehen kann, denn das würde viel zu lange dauern.

Vielmehr tritt das Wasser aus den vorher gespannten Zellen in die weithin in Verbindung stehenden Lufträume zwischen denselben, wo es keinen Druck mehr ausübt. Dadurch kommt das Erschlaffen der unteren Gelenkhälfte auf mechanischen Anstoß hin zustande, das nach Ablauf einer gewissen Zeit durch Wiederaufnahme des Wassers in die Zellen rückgängig gemacht wird. In welcher Weise durch die Reizung eine veränderte Durchlässigkeit des Plasmas verursacht wird, darüber sind wir noch nicht unterrichtet.

Einige Zeit nach der Reizbewegung wird in allen Teilen der alte Zustand wieder hergestellt. Vorher einwirkende Reize haben keine erkennbare Wirkung. Zu schwache Anstöße üben aber auch bei vollkommener Perzeptionsfähigkeit keinen sichtbaren Effekt aus. Erst mit der Erreichung eines Schwellenwertes tritt Reaktionsbewegung ein, dann aber, wie wir gehört haben, unter normalen Umständen gleich mit voller Stärke. Reize, die unter diesem Maße bleiben, bewirken also gar keine und nicht etwa eine schwächere Reizbewegung; aber sie werden, wie sich zeigen läßt, doch perzipiert. Denn läßt man mehrere dicht unter der Schwelle bleibende Anstöße aufeinanderfolgen, so summieren sie sich, bis einer die Reizbewegung auslöst. Am besten läßt sich das alles bei elektrischer Reizung ausführen, deren Stärke gut variierbar ist (Brunn 1908a). Es liegen in der Beziehung also ähnliche Verhältnisse vor wie beim Geotropismus und Phototropismus, nur daß hier die Reaktion nicht quantitativ abstufbar ist.

Wird die Pflanze nach Erzielung der Blattsenkung dauernd weiter erschüttert, so heben sich die Blättchen wieder und nehmen die normale Lage ein, so daß man von einer Art Gewöhnung sprechen könnte, denn nun sind sie unempfindlich für alle mechanischen Reize. Hört die Erschütterung auf, so werden die Pflanzen nach einer Zeit der Ruhe wieder in der alten Weise reizbar. Daraus, daß das Gelenk die alte Lage einnimmt, ohne daß die Reaktionsfähigkeit wiederkehrt, sieht man, daß diese nicht nur vom mechanischen Zustande des Bewegungsorganes abhängt, sondern vor allem von der Perzeptionsfähigkeit des lebenden Plasmas. Das gleiche geht aus dem Umstande hervor, daß Blätter, die durch andauernde Erschütterung unempfindlich für mechanische Reize geworden sind, doch heliotropisch, geotropisch usw. reagieren.

Wenn wir schließlich die Art der mechanischen Eingriffe noch weiter präzisieren wollen, die bei Mimosa eine Reizbewegung auslösen, so werden in der Natur hauptsächlich Erschütterungen in Betracht kommen. Durch sie wird das besonders empfindliche weiche Gewebe der Gelenke deformiert. Hierin haben wir offenbar den Hauptreizanlaß zu sehen. Daß Anstöße, die zur Reizung führen, auch schon durch aufkriechende Insekten bewirkt werden, wird durch steife Borsten, besonders an den Gelenken, ermöglicht. Denn ihre Verbiegung hat einen erhöhten lokalen Druck an der Basis der Borsten zur Folge, der die Reaktion auslöst (Haberlandt 1909a mit der Einschränkung von Renner 1908 und 1909).

Von den beiden Polsterhälften ist nur die untere zur Perzeption kleiner Stöße imstande. Stärkere bewirken auch dann eine Reaktion, wenn sie die Oberseite des Gelenkes treffen, aber nur dadurch, daß dabei auch die untere Hälfte mechanisch in Mitleidenschaft gezogen wird. Wird daher die obere Polsterfläche durch einen Schnitt entfernt, so kann das Blatt noch Reizbewegungen ausführen; nicht aber nach Entfernung der unteren Hälfte.

Oben wurde erwähnt, daß die typische Reizauslösung bei Mimosa nicht nur durch mechanische Erschütterung, sondern auch durch Verwundung und Hitze bewirkt werden kann. Ferner können noch chemische und elektrische Einflüsse, sowie schnelle Erwärmung und Abkühlung der ganzen Pflanze die plötzliche Senkbewegung auslösen. Die Reaktionsweise ist in allen diesen Fällen die gleiche wie die auf mechanische Reize. Das schließt nicht aus, daß die Blätter daneben auch nyctinastisch, sowie geotropisch und phototropisch reagieren können. Diese letzteren Bewegungen heben sich aber bei Mimosa schon durch ihre Langsamkeit scharf gegen die durch Erschütterungen u. dgl. ab.

Das natürliche Reizmittel für die schnelle Senkung der Blätter ist zweifellos der mechanische Anstoß; die anderen wirksamen Faktoren spielen außerhalb des Laboratoriums kaum eine Rolle.

Der Unterschied im Perzeptionsvermögen gegenüber den gleichfalls mechanisch reizbaren Ranken ist groß. Denn während jene durch die kräftigsten mechanischen Einwirkungen, wenn sie von flüssigen Körpern ausgehen, und auch durch starke Verbiegungen nicht gereizt werden, dagegen wohl durch eine leichte, aber wiederholte Berührung mit festen Körpern, reagiert die Mimose auf jede beliebige Erschütterung durch Stoß, Wind und Regen (Pfeffer 1904, S. 150). Auf die Verschiedenheit der Krümmungsmechanik braucht hier nicht mehr hingewiesen zu werden.

Trotz diesen Verschiedenheiten gegenüber allen tropistischen Reaktionen zeigt aber doch die plötzliche Bewegung der Blätter von Mimosa dieselben Züge, die allen Reizwirkungen gemeinsam sind. So findet man auch hier eine Reaktionszeit, eine Nachwirkung, Gegenreaktion und eine Summation unterschwelliger Reize. Allerdings ist die Reaktionszeit so kurz, daß sie nur mit besonderen Hilfsmitteln bestimmt werden kann, und die Präsentationszeit wird offenbar schon durch den kürzesten, realisierbaren mechanischen Anstoß überschritten.

Ähnlich wie die Mimosa pudica, deren Reaktionsweise beschrieben wurde, verhalten sich die anderen reizbaren Mimosaarten (M. sensitiva und Speggazinii) sowie gewisse Oxalideen, von denen die empfindlichste Biophytum sensitivum ist. Die Arten der Gattung Oxalis, z. B. die einheimische O. Acetosella, bedürfen schon wesentlich stärkerer Reizung, um überhaupt eine Wirkung zu zeigen. Schließlich erweisen sich auch noch einige weitere Leguminosen, so besonders Amicia Zygomeris und in geringerem Maße z. B.

Robinia Pseudacacia u. a. als durch Stoß reizbar (Fitting 1907b, Brunn 1908a).

Von allen diesen aber steht nur Biophytum den Mimosen an Empfindlichkeit nicht wesentlich nach. Diese Pflanze ist es wohl, von der Theophrast als erster erwähnt, daß sie ihre gefiederten Blätter bei Berührungen, wie welk zusammengeklappt, sinken lasse, sich dann aber wieder erhole. Gleichfalls sie ist es, deren Verhalten von allen Sensitiven zuerst ausführlicher beschrieben wurde und zwar von Christobal Acosta 1578, während von F. Lopez de Gomara Mimosa schon früher erwähnt worden war (Brunn 1908b).

Biophytum hat einfach gefiederte Blätter, die Blättchen legen sich nach einer Reizung nicht wie bei Mimosa nach oben, sondern nach unten zusammen, wobei wieder die Gelenke der Blättchen die aktiven Teile sind. Der Hauptblattstiel aber ist starr.

Noch in einer Beziehung verhält sich Biophytum anders als Mimosa. Während nämlich bei letzterer nach Pfeffers Untersuchungen unter normalen Umständen jeder Reizanstoß, falls er überhaupt wirksam ist, den maximalen Effekt auslöst, ist das bei der Oxalidee nicht der Fall. Auf Erschütterung oder Verwundung hin wird von den Blättchen ein gewisser Winkel nach unten zurückgelegt, worauf wieder eine Erhebung stattfindet, der ein neuer Impuls in der ersten Richtung folgt. War der Reiz schwach, so ist die zweite Bewegung, sowie die weiteren rhythmisch folgenden schwächer als die erste, war er aber stark, so sind die jeweiligen Senkbewegungen für eine gewisse Zeit stärker als die vorangegangenen Hebungen, und es findet eine fortschreitende Vergrößerung des Ausschlages statt bis zum Maximum, in dem die Fiederblättchen sich mit den Unterseiten zusammenlegen (Haberlandt nach Fitting 1907b). Um das zu erreichen, bedarf es allerdings schon einer tiefgreifenden Verwundung, z. B. Durchschneiden des Mittelnervs.

Die Reizbarkeit für mechanische Eingriffe ist, wie wir gesehen haben, nicht auf die besonders empfindlichen Gewächse beschränkt, sondern zeigt sich in verschiedenem Grade bei den verschiedensten Gelenkpflanzen. Bei allen diesen gehört freilich ein starkes und wiederholtes Stoßen oder Schütteln dazu, eine Reizbewegung auszulösen. Immerhin ist es von Interesse zu sehen, daß die besonders reizbaren Pflanzen nicht ganz für sich stehen, sondern nur die Steigerung einer auch sonst vorhandenen Fähigkeit aufweisen. Der Nutzen dieser Reizbarkeit für die Pflanze kann in diesen Fällen vielleicht darin liegen, daß bei Wind und Regen durch die Erschütterungen eine Bewegung ausgelöst wird, die die Blättchen in eine mehr der senkrechten Stellung und einander genäherte, also weniger gefährdete Lage bringt.

Ökologisch betrachtet läge dann eine Einrichtung vor, welche die auf Beschattung oder Abkühlung hin eintretenden äußerlich ähnlichen Schutzbewegungen[1]) in ihrer Wirkung zu unterstützen bestimmt ist.

---

[1]) Vgl. das Kapitel über die Schlafbewegungen, S. 135 ff.

Alle drei Anlässe, Sinken der Temperatur, Verminderung der Helligkeit und mechanische Erschütterung treffen z. B. bei Gewittern zusammen.

d) Reizbare Blütenteile.

Wir kommen nun zu den reizbaren Blütenteilen. Unter ihnen gibt es solche, deren Bewegungen in ihrer Schnelligkeit nicht hinter denen der Mimose zurückbleiben, und die sich gleichzeitig leicht im Freien beobachten lassen. Wären sie nicht durch ihre Kleinheit weniger auffällig, so hätte der Anstoß, der der Forschung durch das Bekanntwerden der Mimose zuteil wurde, sicherlich nicht so lange auf sich warten lassen (vgl. S. 5).

Unter den einheimischen Pflanzen führen besonders die Staubfäden der Cynareen, einer Unterfamilie der Compositen, und die von Berberis schnelle Bewegungen auf einen Stoßreiz hin aus.

Zu der ersten Gruppe gehören von bekannten und häufigen Pflanzen die Kornblume (Centaurea Cyanus) und die Flockenblumen (andere Centaureaarten, z. B. C. Jacea usw.). Über sie sind wir gut unterrichtet, weil Pfeffer (1873a) die Aufklärung ihrer Reaktionsweise gleichzeitig mit der von Mimosa unternommen hat. Auch sind sie seitdem noch der Gegenstand mannigfacher Untersuchungen geworden.

Abb. 79.

Blütenköpfchen einer Flockenblume. An den mittleren Blüten sieht man die herausragenden Staubbeutelröhren, an den älteren auch den Griffel.

Die in einem Körbchen vereinigten Blüten von Centaurea besitzen eine geschlossene Kornröhre, die bei den hier allein in Betracht kommenden inneren Blüten bauchig erweitert ist (vgl. Abb. 80a). Die fünf Staubblätter sind der Röhre eingefügt. Die Staubfäden sind frei, die Beutel aber zu einer Röhre verwachsen, die den Griffel umschließt. Berührt man die Staubblätter einer eben geöffneten Blüte, so sieht man die Staubbeutelröhre sich nach dem Grunde der Blüte zu bewegen. Dadurch wird die Spitze des Griffels freigelegt, und gleichzeitig quillt etwas Pollen oben aus der Röhre heraus. Nach einiger Zeit gewinnen die Teile ihre alte Lage zueinander zurück. Auf eine neue Berührung erfolgt dann das alte Spiel.

Untersucht man die Einrichtung der Blüte etwas genauer, in-

dem man ihre Teile vorsichtig abpräpariert, so findet man, daß die
Staubbeutel sich nach innen öffnen, und daß der eingeschlossene
Griffel mit Haaren besetzt ist, die bei Verschiebung der Röhre den
Blütenstaub herausbürsten. Die Bewegung kommt durch Verkürzung
der Staubfäden zustande. Diese also stellt die eigentliche Reizreaktion

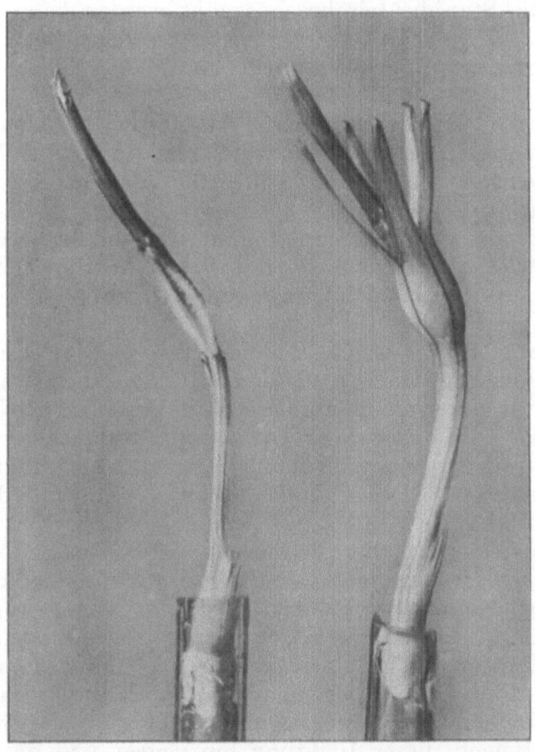

b Abb. 80. *a*

Blüten aus einem Körbchen von Centaurea. a mit der
Blumenkrone, aus der die noch geschlossene Staubbeutelröhre
hervorsieht; b Blumenkrone entfernt. Man sieht die weißen,
behaarten Staubfäden, die sich auf einen Reiz hin verkürzen,
die Röhre herunterziehen und dadurch den oben sichtbaren,
behaarten, mit Blütenstaub bedeckten Griffel freilegen.

dar. Deutlich sieht man das an Blüten, deren Kronröhre bis auf
die Ansatzstelle der Staubfäden entfernt ist (Abb. 80b). Läßt man
das Präparat einige Zeit in Ruhe und reizt dann durch sanfte Berührung eines Staubfadens, so sieht man erst diesen und gleich
darauf die anderen sich verkürzen und dadurch die Staubbeutelröhre
herunterziehen.

Allerdings findet die Bewegung in einer solchen Blüte ohne Kronröhre etwas anders statt, als unter normalen Umständen. Die Staub-

fäden sind vor der ersten Reizung gerade, später in ihrer Mitte ein wenig nach außen gebogen, so daß sie zusammen ein zierliches Körbchen bilden. In der intakten Blüte stützen sich die gekrümmten Fäden außen gegen die Kronröhre. Ist diese entfernt, so verstärkt sich die Krümmung. Die bei einer Reizung auftretende Verkürzung muß deshalb erst einen Teil der Ausbiegung rückgängig machen, ehe ein Zug auf die Staubbeutelröhre ausgeübt werden kann. Die Verschiebung ist also weniger ausgiebig als unter normalen Umständen. Der Bewegungsvorgang ist aber doch an einem solchen Präparate zu erkennen.

Der Nutzen, den die geschilderte Einrichtung der Pflanze bringt, ist leicht zu ersehen. Der Pollen wird erst durch das Insekt, das ihn weitertragen soll, aus seinem geschützten Versteck herausbefördert und immer nur in kleinen Mengen entleert.

Die Auslösung der Reaktion kommt nur durch Berührung der reizbaren Staubfäden selbst zustande, die das Insekt mit dem Rüssel streifen muß, wenn es zu dem im Grunde der Röhre abgeschiedenen Honigsaft gelangen will.

Die Reizung erfolgt durch Reibung und wird erleichtert durch besondere papillenartige Gebilde, die den Staubfaden bedecken (Haberlandt 1909a). Diese werden durch leichte Berührung gebogen, wodurch mechanische Zerrung und Druck im Protoplasma entstehen. Ein leichter Streifen der Papillen mit einer Borste genügt zur Auslösung der Reaktion. Der Staubfaden selbst braucht dabei nicht berührt zu werden.

Wenn die Bewegung, die an dem gereizten Staubfaden beginnt, sich auf die anderen fortpflanzt, so liegt das daran, daß diese durch die Verkürzung des erstens Fadens ihrerseits gereizt werden. Die Übertragung der Bewegung geschieht also rein mechanisch. Eine Leitung der Erregung von einem Staubblatt auf das andere oder etwa von der Röhre her findet nicht statt. Dadurch, daß die Verkürzung auf der gereizten Seite beginnt, sieht man die Staubbeutelröhre sich erst nach dieser Richtung hin neigen und dann erst die Bewegung nach der Basis zu ausführen.

Gewöhnlich erfolgt die Reaktion auf einen Reiz hin sogleich mit vollem Ausschlag, wofern überhaupt die Reizschwelle überschritten wird. Unter ungünstigen Umständen kann aber (genau wie bei Mimosa) die Bewegung zunächst zum Teil und erst auf einen zweiten oder dritten Anstoß hin die völlige Kontraktion ausgeführt werden (Brunn 1908a).

Was die Mechanik der Bewegung anbelangt, so stellt sie eine Verkürzung des Staubfadens dar, die bei Centaurea Jacea 10 bis $30\,^0/_0$ der Gesamtlänge beträgt, also sehr beträchtlich werden kann (Pfeffer 1873a). Die Verkürzung des ganzen Fadens beruht auf einer Kontraktion jeder einzelnen langgestreckten Zelle des bewegungstätigen Gewebes. Wie Pfeffer gezeigt hat, sind die Zellwände in der Längsrichtung außerordentlich dehnbar und durch den osmotischen

Innendruck gespannt. Auf mechanische Reizung läßt dieser Innendruck nach, die Zelle verliert plötzlich die Fähigkeit, das Wasser festzuhalten, und dieses tritt nun durch die Zellulosemembran in die vorher lufterfüllten, weithin miteinander verbundenen Zwischenzellräume. Da es sich in diesen frei fortbewegen kann, übt es keinen Druck mehr aus, und die Zellen, mit ihnen der ganze Faden, verkürzt sich, der Kontraktion der elastisch gedehnten Zellwände entsprechend. Nach einiger Zeit wird das Wasser wieder in die Zellen aufgenommen, der Faden gewinnt seine alte Spannung wieder und ist von neuem reizbar. Wodurch hier wie bei Mimosa auf einen Reiz hin der osmotische Druck in den Zellen so außerordentlich sinkt, wissen wir noch nicht. Es könnte die Ausstoßung des Zellsaftes z. B. auf einer größeren Durchlässigkeit der Plasmamembranen oder wahrscheinlicher auf der Beseitigung der osmotisch wirksamen Stoffe beruhen. Jedenfalls werden die elastischen Eigenschaften der Zellwände durch die Reizung nicht verändert. Durch Bestimmung des Gewichtes, das zu ihrer Dehnung nötig ist, vor wie nach einer Reizung, konnte Pfeffer das einwandfrei beweisen.

Wir haben die Bewegungen der Cynareenstaubfäden eingehend besprochen, weil über sie die genauesten Untersuchungen vorliegen. Bewegungen auf Stoßreiz sind aber garnicht selten unter den Blütenteilen. Während jedoch bei den Cynareen (und wenigen anderen Kompositen) die Bewegung der Hauptsache nach auf eine gleich-mäßige Verkürzung des gereizten Organes hinausläuft, finden in allen anderen Fällen durch ungleiche Kontraktion Krümmungen statt. Die Bewegungsebene ist dabei meist durch den Bau der betreffenden Teile bestimmt und ein für alle Mal festgelegt. In einigen Fällen aber, so bei den Staubfäden von Cacteen (Opuntia und Cereus) macht sich bei der Krümmungsrichtung doch auch der Ort der Reizung bemerkbar, indem die resultierende Bewegung aus zwei Komponenten zusammengesetzt ist, von denen die eine durch den Bau des Organes bestimmt, die andere nach der gereizten Flanke hin gerichtet ist.

Am besten bekannt ist unter den noch zu besprechenden reizbaren Blütenteilen der Bewegungsvorgang der Staubfäden von Berberis (Sauerdorn) (Pfeffer 1873a und 1885. Literatur auch bei Fitting 1907b und Haberlandt 1909a). Die fünf Staubgefäße liegen in der Ruhestellung den fünf schüsselförmigen Kronblättern an. Werden sie an ihrer Basis auf der Innenseite berührt, so krümmen sie sich sehr schnell nach dem Griffel hin. Die Außenseite der Staubfäden ist nicht empfindlich. Reizleitung über das Organ hinaus findet nicht statt.. Jede Berührung hat die plötzliche Auslösung der ganzen Bewegung zur Folge. Der Rückgang in die alte Stellung findet beträchtlich langsamer statt, als die Reizreaktion.

Die Bewegungsmechanik entspricht nach Pfeffer der von Mimosa und den Cynareen. Die Krümmung kommt also dadurch zustande, daß auf den Reiz hin die Zellen der Innenseite plötzlich ihren Turgor verlieren und Wasser auspressen. Da Lufträume zwischen den

Zellen fehlen, tritt das abgegebene Wasser an durchschnittenen Staubfäden als Tropfen aus der Schnittfläche.

Wie Haberlandt gezeigt hat, ist die reizbare Innenfläche der Staubfäden mit Hervorwölbungen bedeckt, die geeignet erscheinen, die Reizwirkung durch Zusammendrücken des Plasmas zu erhöhen. Die Papillen sind nicht so groß, wie die oben erwähnten von Centaurea. Ihr Vorkommen bei den meisten reizbaren Blütenteilen spricht aber für die angedeutete Funktion von „Stimulatoren". Ein Insekt, das die Blüte besucht, wird bei dem Bemühen, den im Grunde der Kronblätter abgeschiedenen Honig zu erlangen, an die reizbaren Staubfäden stoßen. Darauf schnellt das Staubblatt nach der Mitte zu und klebt den Pollen dem Insekt auf den Leib. Beim Besuch der nächsten Blüte wird er dann an der Narbe abgestreift.

Staubfäden mit Stoßreizbarkeit finden sich außer bei den erwähnten Berberideen und Cacteen noch bei Helianthemum (Sonnenröschen) und Verwandten, bei Sparmannia (Zimmerlinde), Abutilon, Portulaca u. a. Ähnliche Krümmungen führen auch manche Griffel aus. Von den Teilen der Fruchtblätter sind es aber besonders die Narben, die öfters reizbar sind, so bei Mimulus (Gauklerblume) Martynia, Goldfussia, Bignonia u. a. (Literatur Pfeffer 1904 S. 458).

Die Narbe von Mimulus z. B. besteht aus zwei Zipfeln, die im ausgebildeten Zustande auseinanderklaffen. Auf Berührung klappen sie zusammen. Dabei bleibt bei Mimulus lutea die Bewegung auf den direkt gereizten Lappen beschränkt, während sie sich bei M. cardinalis u. a. auf den zweiten Zipfel überträgt. Der Zusammenschluß der beiden für die Pollenaufnahme eingerichteten Flächen wird offenbar die Bestäubung mit dem eigenen Blütenstaub zu verhindern geeignet sein. Da das Insekt beim Aufsuchen des Nectars zunächst den mitgebrachten Pollen an der Narbe abstreift, und sich hierauf die Narbenlappen aneinanderschließen, so wird beim Zurückziehen des Kopfes die nun mit frischem Blütenstaub bepuderte Körperstelle nicht mit der Narbeninnenfläche in Berührung kommen können.

Reizbare Blütenteile kommen ferner noch bei einigen Orchideen vor, so bei Catasetum, Pterostylis, Masdevallia (Literatur bei Pfeffer 1904 und Haberlandt 1909a). Dem die Blüte besuchenden Insekt stellt sich hier ein reizbares, zartes Anhangsgebilde des untersten Blütenhüllblattes, der Lippe, entgegen. Wird dieses berührt, dann klappt die Lippe zu und schließt die Blüte hinter dem Eindringling fast ganz. Nur ein schmaler Ausgang bleibt. In diesem sind die Pollenmassen gelagert, die sich dem herauskriechenden Insekt an den Leib heften.

Bei den reizbaren Unterlippen der Orchideenblüten findet eine ausgesprochene Leitung der Erregung statt. Der Ort der Perzeption ist von dem der Reaktion durchaus getrennt. Es ist dies einer von den wenigen Fällen, in denen die bewegungstätige Zone nicht selbst reizbar ist. Nach Oliver (1887/88) kommt die Bewegung durch Turgorverminderung zustande. Genau ist dieser interessante Fall noch nicht untersucht.

Schließlich wäre hier einer Beobachtung von Tschermak (1904) zu gedenken, nach der bei manchen Grasblüten durch Erschütterung das Aufblühen wesentlich beschleunigt wird. Schüttelt man z. B. eine kurz vor dem Öffnen befindliche Ähre vom Roggen ein wenig, so schwellen gewisse am Grunde der Spelzen befindliche Körperchen und bewirken deren Auseinanderspreizen. Gleichzeitig verlängern sich die Staubfäden sehr schnell und lassen die sich öffnenden Staubbeutel heraushängen. Durch diese Einrichtung wird erreicht, daß der die Verbreitung des Blütenstaubes übernehmende Wind gleichzeitig durch die bewirkten Erschütterungen das Aufblühen hervorruft. Es wird so ein Abwarten günstiger Umstände für die Pollenentleerung möglich. Übrigens wird wohl auch die austrocknende Wirkung eines warmen Windes das Aufblühen beschleunigen.

e) Insektivoren.

Unter den Pflanzen, die Insekten fangen und verdauen, den Insektivoren, sind vier Gattungen, denen eine eigene Bewegungsfähigkeit und damit verbunden eine besondere Reizbarkeit für mechanische und chemische[1]) Einflüsse zukommt. Es sind dies die Arten von Pinguicula, Drosera, Dionaea und Aldrovanda.

Bei den ersten beiden spielt die Bewegung beim Fange der Beute kaum eine Rolle, da sie zu langsam von statten geht. Sie wird durch Wachstum vermittelt und ist mit einer Reizbarkeit verbunden, die der der Ranken entspricht. Dionaea und Aldrovanda dagegen besitzen Blätter, die wie ein Tellereisen plötzlich zusammenklappen und das Insekt festhalten. Ihre Reizbarkeit und wahrscheinlich auch die Bewegungsmechanik entspricht der von Mimosa.

Pinguicula, das Fettkraut, mit seinen zwei einheimischen und einer großen Zahl ausländischer Arten, gehört der Familie der Lentibulariaceen an, deren Mitglieder vielfach Insekten fangen, aber meist keine besonderen Bewegungen dabei ausführen. Den deutschen wie den lateinischen Namen verdankt die Pflanze dem fettigglänzenden Aussehen ihrer gelblichen Blätter. Diese sind zungenförmig, in der Mittelrippe rinnig gebogen und rosettenartig angeordnet (Abb. 81). Wie die meisten insektenfangenden Pflanzen liebt Pinguicula nasse Standorte.

Das Bewegungsvermögen ist hier nicht sehr ausgebildet. Setzt sich ein kleines Insekt auf die klebrige Blattfläche, so bleibt es hängen. Durch langsames Einrollen der Blattränder wird das Opfer nach der Mitte zu verschoben. Dabei kommt es mit einem immer größeren Teile der Drüsen, an denen das Blatt reich ist, in Berührung, es wird in Schleimmassen erstickt und schließlich verdaut.

---

[1]) Die chemische Reizbarkeit der Insektivoren soll hier mit besprochen werden, obgleich sie unserer Disposition nach erst in das nächste Kapitel gehörte. Wollte man sich allzu streng an die gewählte Einteilung halten, so müßte man zusammengehörige Dinge auseinanderreißen.

Charles Darwin ([1865] 1899) hat durch Versuche festzustellen gesucht, welches der eigentliche Reizanlaß ist. Nach ihm wirken hauptsächlich chemische Reize und unter ihnen besonders stickstoffhaltige Substanzen, die in gelöster Form angewendet wurden, um mechanische Reizung zu vermeiden. Es läge demnach eine Chemonastie vor. Doch sind auch mechanische Reize wirksam. Denn auf die Blattfläche gebrachte unlösliche Körper, wie Glassplitter, bewirken gleichfalls eine Einrollung der Blattfläche. Nur findet beim Mangel chemischer Reizung ein schnelleres Zurückgehen statt.

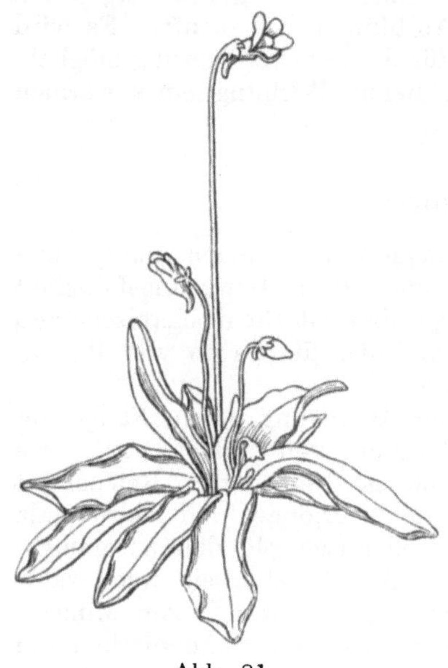

Abb. 81.

Pinguicula vulgaris verkleinert.

Die übrigen Insektivoren mit Bewegungsvermögen gehören alle zu der Tierfängerfamilie der Droseraceen.

Drosera (Sonnentau) hat 90 Arten, darunter 3 einheimische, nämlich die in Torfmooren häufige rundblättrige Drosera rotundifolia und die selteneren langblättrigen D. anglica und D. intermedia. Der gewöhnliche Sonnentau besitzt eine Rosette kleiner runder und gestielter Blätter, die am Rande mit langen Wimpern, den „Tentakeln" Darwins, besetzt sind. Ähnliche, aber kürzere Fortsätze stehen auf der Fläche des Blattes, alle sind rot gefärbt und tragen am Ende ein gleichfalls rotes Köpfchen, das eine kleine Menge klaren, klebrigen Sekretes absondert. Von diesen tauartigen Tropfen, die auch in voller Sonne nicht verdunsten, hat die Pflanze ihren deutschen Namen (Abb. 82).

Setzt sich ein nicht zu großes Insekt auf ein fangbereites Blatt, so bleibt es, ähnlich wie bei Pinguicula, an dem fliegenleimartig wirkenden Sekret hängen. Hierauf erfolgt nun eine Einkrümmung der Tentakeln, welche in ihrem Verlauf etwas verschieden ist, je nach der Stelle des Blattes, die zuerst gereizt wurde. Hat sich das Insekt, etwa eine kleine Mücke, auf die Mitte des Blattes gesetzt, so bleiben die daselbst eingefügten kürzeren Drüsenträger gerade, während die weiter nach außen stehenden, besonders die langen des Randes sich im scharfen Bogen nach innen einbiegen und über dem Insekt zusammenneigen. Dieses wird dadurch von dem klebrigen Sekret ganz eingehüllt und definitiv am Entkommen verhindert. Es bleibt dabei an Ort und Stelle (Abb. 83).

Anders, wenn die erste Berührung am Rande erfolgt. Dann

biegt sich sehr bald (schon nach 15—20 Sekunden) der oder die zunächst gereizten Tentakeln, aber nur diese, nach der Mitte zu, und erst wenn dadurch das Insekt mit den Köpfchen der inneren kurzen Fortsätze in Berührung kommt, löst es eine Bewegung auch der anderen randständigen Drüsenträger aus. So wird in diesem Falle durch die schnelle Einkrümmung der zunächst berührten Tentakeln das Insekt auf die Blattfläche, also die für die Verdauung geeignetere Stelle gebracht, worauf das Weitere ganz so vor sich geht, als ob die Beute sich von vornherein dort niedergelassen hätte. Wie die Sache verlaufen würde, wenn der erst gereizte Tentakel an der Einkrümmung verhindert würde, scheint nicht bekannt zu sein. Man darf aber wohl annehmen, daß ein vom Köpfchen

Abb. 82.

Pflanze von Drosera capensis, verkleinert. (Bis auf die länglichen Blätter unserer Dr. rotundifolia ganz ähnlich.)

der Randtentakeln ausgehender Reiz nicht direkt nach der Mitte geleitet wird, sondern lokalisiert bleibt, während bei Reizung der flächenständigen Drüsen eine Ausbreitung nach allen Seiten statt-

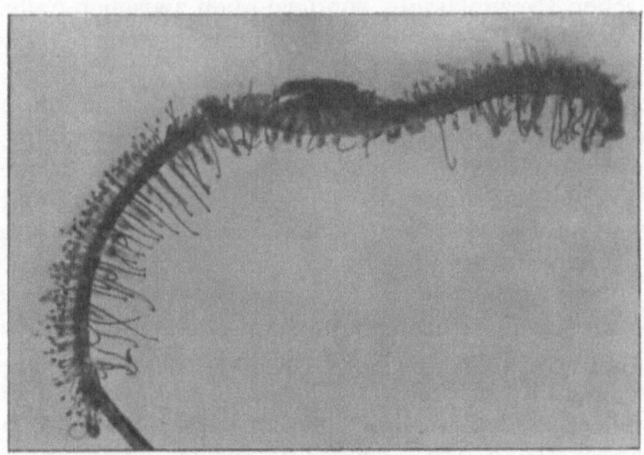

Abb. 83.

Blatt von Drosera capensis mit gefangenem Insekt. Über diesem sind die Tentakeln zusammengeschlagen, während sie sonst abstehen. Auch hat das Blatt sich etwas eingekrümmt. Vergrößert.

findet, so daß die nächststehenden zuerst, die entfernteren später ihre Krümmung ausführen.

Bei intensiven Reizen beteiligen sich alle Drüsenträger an der Reaktion. Auch die Blattfläche selbst kann sich ähnlich wie bei Pinguicula, wölben (Abb. 83). Ist der Eingriff schwächer, dann krümmen sich — besonders bei seitlicher Lage der Reizquelle — nur die zunächst gelegenen Tentakeln. Dabei ist nun noch etwas anderes, sehr interessantes zu beachten, nämlich eine Beziehung der Bewegungsrichtung zu der Stelle, von der der Reiz ausgeht. Die mittleren kurzen Tentakeln bleiben, wie erwähnt, bei direkter Reizung gerade. Auf einen zugeleiteten Impuls aber, wie er bei etwas seitlicher Lage des Insektes auftritt, krümmen sie sich nach dieser Richtung hin. Die Richtung ihrer Bewegung ist also nicht ein für alle Mal festgelegt, wie es bei den Randtentakeln der Fall zu sein scheint, sondern sie steht in einer gewissen Beziehung zur Richtung des Reizes. Wir haben daher hier nastische und tropistische Bewegung nebeneinander.

Zur Aufnahme des Reizes befähigt sind nur die Drüsenköpfchen, nicht aber die übrigen Teile der Tentakeln, so daß diese allein auf zugeleitete Impulse hin zu reagieren vermögen. So krümmen sich z. B. die Randtentakeln nach einer in der Mitte des Blattes befindlichen Beute hin, auch dann, wenn ihr allein perzeptionsfähiges Köpfchen entfernt worden ist, ein schönes Beispiel von der Unabhängigkeit zwischen Reizaufnahme und Erregbarkeit. Die Arbeitsteilung und die ineinandergreifenden Bewegungen der Teile des Blattes, zu deren Regelung ein kompliziertes Netz von Leitungen nötig sein muß, sind hier überhaupt so klar, wie selten bei Pflanzen, zu beobachten.

Wir haben nämlich bei Drosera nicht nur zwischen chemischen und mechanischen Reizanlässen, sondern auch zwischen „chemischen" und „mechanischen" Reizerfolgen zu unterscheiden. Bisher haben wir nur die natürlichen Umstände im Auge gehabt, unter denen alles gleichzeitig erfolgt und ineinandergreift; nämlich die Berührung und die Bewegungen des Insektes (mechanische Reizung) mit der Abgabe von Spuren organischer Stoffe, die sich in den ausgeschiedenen Flüssigkeitstropfen an den Köpfchen lösen und von der Pflanze aufgenommen als Reiz wirken (chemische Reizung); sowie die Bewegungen der Tentakeln und der Blattfläche (Hapto- und Chemonastie, resp. Hapto- und Chemotropismus) mit der Ausscheidung der Verdauungssäfte auf mechanischen oder chemischen Reiz hin. Hinzu kommt dann noch von sich anschließenden Vorgängen die Aufnahme der durch die gebildeten Fermente gelösten Stoffe, sowie die Rückkehr des Blattes in den reizbaren und aufnahmefähigen Zustand. Auch muß bemerkt werden, daß im Innern der Zellen des gereizten Blattes sichtbare Veränderungen vor sich gehen, und daß das Blatt auch auf andere als die genannten, nämlich auf Wärmereize hin seinen Bewegungsmechanismus spielen läßt.

Mit der Zerlegung des ganzen Geschehens in die einzelnen Faktoren hat sich Ch. Darwin eingehend beschäftigt. Nach ihm ist leider aber nur wenig Neues zu unseren Kenntnissen hinzugekommen, obgleich sie noch große Lücken aufweisen, So wissen wir nicht genug darüber, welche chemischen Stoffe als Reizmittel wirksam sind. Zwar hat Darwin festgestellt, daß es vor allem stickstoffhaltige Körper organischer und anorganischer Natur sind. Aber die moderne Pflanzenphysiologie verlangt genauere Angaben. In Darwins Versuchen erwiesen sich Eiweißkörper wie die des Fleisches, der Milch, das Caseïn usw. als besonders wirksam. Gern würde man auch wissen, ob Peptone resp. Polypeptide oder auch Aminosäuren usw. wirksam sind. Ferner fand unser Autor Ammonsalze und von diesen besonders das Phosphat, aber auch Ammoniumcarbonat und -Nitrat geeignet, die Reizbewegung der Droserablätter auszulösen. Von dem ersteren genügte ein Tröpfchen Lösung, das 0,0004 mgr Salz enthielt. Auch andere Phosphate waren wirksam, sowie eine Anzahl weiterer Substanzen, die nicht als Nahrungsstoffe angesehen werden können. Interessant ist es, daß nach Darwin, dessen Befunde Correns (1896) bestätigte, Kalksalze, die für Drosera [wie für die Torfmoose, unter denen sie leben], schädlich sind, die Reizbarkeit schon in Spuren aufheben. Ferner, daß destilliertes Wasser eine Reizbewegung auslösen kann. Man sieht, wie viel merkwürdige Dinge da schon bekannt sind, und kann wohl schließen, daß eine noch intensivere Bearbeitung mehr dergleichen ans Tageslicht bringen würde.

Im allgemeinen wirken chemische Reize bei Drosera [und den anderen bewegungsfähigen Insektivoren] intensiver und andauernder als mechanische. Sie auseinanderzuhalten gelang Darwin durch Verwendung von Tröpfchen gelöster Stoffe, die keine mechanische Reizung auslösen und von Stückchen fester Körper, wie Glas, die keine chemischen Stoffe abgeben.

Beide Arten von Reizen bewirken sowohl Krümmung der Tentakeln wie auch verstärkte Sekretion. Diese Reizerfolge scheinen bei Drosera unlösbar miteinander verknüpft zu sein, während es Darwin bei Pinguicula gelungen ist, durch mechanischen Reiz um die Einkrümmung, durch Tropfen von Ammoniumphosphatlösung nur die Sekretion zu steigern.

Neben den besprochenen Erscheinungen ist noch eine bemerkenswerte von Darwin entdeckt worden, nämlich eine Veränderung in der Anordnung der Teile innerhalb der Zelle. Schon mit bloßem Auge, besser mit Hilfe einer Lupe beobachtet man an den gereizten Tentakeln ein Fleckigwerden der vorher gleichmäßig rot gefärbten Köpfchen, das bald auf die Stiele übergeht und sogar auf andere Tentakeln übergreifen kann, wo es dann von den Köpfchen aus beginnt. Ein Zusammenfallen dieser Ausbreitungserscheinung mit den Prozessen, die die Leitung des Bewegungsreizes übernehmen, scheint nach Darwins Befunden nicht vorzuliegen. denn es kommt vor, daß ein Tentakelstiel schon an der Basis gekrümmt ist, bevor die innere Veränderung, die dem fleckigen Aussehen zugrunde liegt, bis dahin vorgeschritten ist. Vielmehr scheint ein Zusammenhang dieser Erscheinung mit den Sekretionsvorgängen vorzuliegen. Vielleicht kann man die Sache folgendermaßen auffassen: Die Veränderungen im Innern der Zellen, die sich äußerlich als Fleckigwerden bemerkbar machen, bestehen in einer Verkleinerung der Vakuolen sowie Volumzunahme und lebhafter Strömung des Protoplasmas. Ähnliche Erscheinungen werden durch Einlegen von Schnitten aus den Tentakeln in schwach basische Lösungen hervorgerufen. Bei erhöhter Sekretion findet nun stets eine Ausscheidung von Säure statt. Diese bewirkt, ähnlich wie beim Magensaft, eine Aktivierung der gleichzeitig abge-

Abb. 84.

Pflanze von Dionaea muscipula. Die in spitzem Winkel auseinanderstehenden Blatthälften klappen auf Berührung plötzlich zusammen und können so ein Insekt einfangen, dem durch die ineinandergreifenden Zähne der Austritt verwehrt wird. Verkleinert.

schiedenen Enzyme und verhindert wohl auch das Aufkommen von Fäulnisbakterien. Durch Abgabe von Säure könnte der Zellsaft alkalisch werden und dadurch dieselben Veränderungen bewirken, die durch Einlegen in alkalische Lösungen zustande kommen.

Daß die Erscheinung nichts mit der Leitung der tropistischen Erregung zu tun hat, ergibt sich auch daraus, daß sie in gleicher Weise bei insektenfangenden Pflanzen ohne Bewegungsvermögen auftritt und zwar gleichfalls in Verbindung mit einer verstärkten Sekretionstätigkeit. Ferner spricht gegen einen solchen Zusammenhang, daß nach Darwin in einer mittelbar gereizten Tentakel nach Abschneiden des Drüsenköpfchens, wodurch die Sekretion unmöglich gemacht wird, zwar noch die Krümmung, nicht aber die Zusammenballung des Plasmas auftritt. Schließlich fällt der Umstand für die erwähnte Deutung ins Gewicht, daß Ammoniumcarbonat, also ein alkalisches Salz, das Phänomen am deutlichsten hervorruft.

Die Bewegungen der nordamerikanischen Dionaea muscipula, (der Venusfliegenfalle) und der einheimischen Aldrovanda vesiculosa finden, wie gesagt, sehr viel schneller statt, als die von Pinguicula und Drosera. Merkwürdig ist die Übereinstimmung im Fallenapparat zwischen den beiden erstgenannten Pflanzen, die unter ganz verschiedenen Bedingungen leben; denn Dionaea lebt auf Torfmooren etwa wie Drosera, und Aldrovanda im Wasser. Bei beiden bestehen die Blätter aus einem flachen, keilförmigen Basalstück (dem geflügelten Blattstiele) und einer zweiklappigen Blattfläche, die an den Rändern mit Zähnen besetzt ist (Abb. 84 u. 85). Ihre beiden Teile stehen im Ruhezustande in einem spitzen Winkel voneinander ab. Auf eine Reizung hin klappen sie

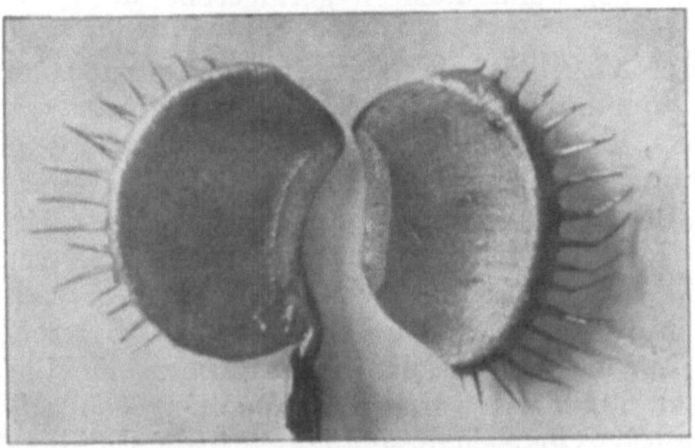

Abb. 85.
Dionaea muscipula. Blatt aufgeschnitten. Man sieht die Wölbung der Innenseite. Darauf rechts Andeutungen der drei Borsten. Außen die starren Zähne, die beim Schließen ineinander greifen. In der Mitte das durchschnittene Bewegungsgewebe. Etwas vergrößert.

in der Mittelrippe scharnierartig zusammen. Sowohl bei Dionaea wie bei Aldrovanda sind ferner auf der Blattfläche Borsten eingefügt, die sich durch eine besondere Empfindlichkeit für Berührung auszeichnen. Bei der letzteren sind sie in größerer Zahl (über 20) vorhanden, bei der ersteren finden sich nur drei auf jeder Blattfläche (Abb. 85).

Diese Borsten sind zuerst von Darwin [(1880) 1899], dann genauer von Goebel (1889/91) und Haberlandt (vergl. z. B. 1909a) untersucht worden. Bei beiden Pflanzen sind sie zum größten Teile dickwandig und steif, besitzen aber an einer Stelle ein mit verdünnten Zellhäuten versehenes, biegsames Gelenk (Abb. 86). Beim Verbiegen der Spitze überträgt sich die Bewegung hauptsächlich auf das Gelenk, in dem eine scharfe Knickung entsteht. Dadurch wird an dieser Stelle das Plasma einer weitergehenden Deformation ausgesetzt als wenn die Borste ihrer ganzen

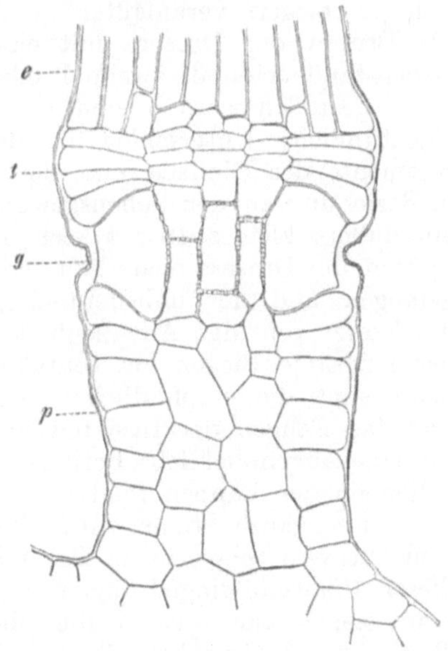

Abb. 86.
Längsschnitt durch den unteren Teil einer „Fühlborste" von Dionaea muscipula. g Gelenk. Stark vergrößert. (Nach Haberlandt 1909a.)

Länge nach gleich biegsam wäre[1]). An gut reizbaren Blättern löst eine Beugung der „Fühlborsten" sofort die volle Bewegung aus. Neben den Borsten ist aber auch die Innen- und sogar die Außenseite der Blattfläche, wenn auch in geringerem Maße, für Berührung empfindlich.

Als Reizanlaß genügt die leiseste Verbiegung einer der sechs Fühlborsten. So berührte Darwin eine von ihnen mit der Spitze eines Härchens, das in einem Halter so weit gefaßt war, daß es sich gerade horizontal halten konnte. Es erfolgte eine Reizung. „Wenn wir bedenken, wie biegsam ein feines Haar ist, so können wir uns eine Idee davon machen, wie leicht die von dem Ende eines ein Zoll langen, langsam bewegten Stückes verursachte Berührung sein muß". Da die reizempfindlichen Borsten selbst sehr zart sind, scheint uns der Erfolg immerhin begreiflich.

Bemerkenswert für Darwins physiologischen Scharfsinn ist aber der folgende Abschnitt: „Obgleich diese Filamente [die Fühlborsten] für eine momentane und zarte Berührung so empfindlich sind, so sind sie doch für länger anhaltenden Druck bei weitem weniger empfindlich als die Drüsen der Drosera. Mehrere Male gelang es mir, mit Hülfe einer mit äußerster Langsamkeit bewegten Nadel Stückchen von ziemlich dickem menschlichem Haar auf die Spitze eines Filamentes zu legen und diese regten keine Bewegung an, obschon sie mehr als zehnmal so lang waren als diejenigen, die die Tentakeln der Drosera sich zu biegen veranlaßten. . . . Auf der anderen Seite können die Drüsen der Drosera mit einer Nadel oder irgendeinem harten Gegenstande einmal, zweimal oder selbst dreimal mit beträchtlicher Kraft gestoßen werden, und es folgt doch keine Bewegung. Dieser eigentümliche Unterschied in der Natur der Empfindlichkeit der Filamente der Dionaea und der Drüsen der Drosera steht offenbar in Beziehung zu den Lebensgewohnheiten der beiden Pflanzen. Wenn ein äußers kleines Insekt sich mit seinen zarten Füßen auf den Drüsen der Drosera niederläßt, so wird es von dem klebrigen Sekrete gefangen und der unbedeutende, indessen verlängerte Druck gibt die Notiz von der Anwesenheit der Beute weiter, die nun durch das langsame Biegen der Tentakeln gesichert wird. Auf der anderen Seite sind die empfindlichen Filamente der Dionaea nicht klebrig und das Fangen der Insekten kann nur durch ihre Empfindlichkeit für eine augenblickliche Berührung gesichert werden, der das schnelle Schließen der Lappen folgt."

Diese ganze Stelle wurde hier abgedruckt, um zu zeigen, wie weit Darwin schon in die Besonderheiten des Empfindungsvermögens dieser Pflanzen eingedrungen ist. Finden wir doch bei ihm, wie man sieht, auch schon die oben dargelegte Unterscheidung von Tast- und Stoßreizbarkeit bei den Pflanzen, die gleichzeitig von

---

[1]) Goebel (1889/91) weist darauf hin, daß das Gelenk der Borsten auch geeignet erscheint, ein Abknicken beim Schluß der Blätter zu verhindern.

Pfeffer (1881) ausgesprochen, später von ihm (1885) weiter ausgearbeitet wurde.

Nach Darwin hängt dieser Unterschied im Empfindungsvermögen von Drosera und Dionaea mit der Art ihres Insektenfanges zusammen. Die Blätter von Drosera sind nur für das Festhalten kleinster Beutetiere geeignet, die an ihren Tentakeln kleben bleiben. Die von Dionaea lassen so winzige Insekten durch die Randzähne entschlüpfen und fangen dafür etwas größere Tiere, für die eine derartige Leimruteneinrichtung nicht genügen würde. Nur durch schnelles Zupacken kann hier der Erfolg gesichert werden.

Wie bei Drosera, so wirken auch bei Dionaea sowohl mechanische wie chemische Reize auf die Bewegung ein. Berührung der Blattfläche und besonders der Borsten bewirkt raschen Schluß des Blattes. Kommt aber keine chemische Reizung hinzu, so öffnet sich das Blatt schon nach wenigen Stunden wieder. Chemische Reize ohne mechanische, also etwa durch einen Tropfen einer organischen Abkochung, bewirken langsamen Schluß, der aber anhaltender ist. Auch sind sie selbst unter ungünstigen Umständen, also bei schwacher Reizbarkeit des Blattes wirksam, wenn kein Effekt der Berührung mehr zu beobachten ist. Unter natürlichen Umständen wirken beiderlei Reize zusammen.

Die Bewegung der Blatthälften führt zunächst zu einem Aneinanderdrücken der Ränder, wobei die Zähne sich kreuzen wie die Finger der gefalteten Hände. Der Druck ist so beträchtlich, daß das Blatt nicht ohne Verletzung geöffnet werden kann. Wird eine Blatthälfte entfernt, so geht die andere weit über die sonst erreichte Schließlage hinaus. Die Lappen klappen gleichzeitig zusammen, auch wenn der Reiz einseitig erfolgt. Die Erregung kann um einen Einschnitt herumgeleitet werden, der sich zwischen der berührten Borste und dem Bewegungsgelenke befindet. Sie dürfte sich daher diffus im ganzen Blatte ausbreiten.

Die chemischen Reize wirken lokal. Dasjenige Ende beginnt sich zu schließen, an dem der Reizstoff appliziert worden ist. Es wirken aber nur Flüssigkeiten, da die Blattfläche völlig trocken ist. Ein gefangenes Insekt wird zwischen den Blatthälften gequetscht, so daß Tropfen von Flüssigkeit austreten, die dann die chemische Reizung bewirken. Es nähern sich nämlich nicht nur die Blattränder, sondern es folgt auf deren Berühruug noch eine Abflachung der gewölbten Flächen, zwischen denen das Insekt liegt, so daß ein Druck auf dieses ausgeübt wird. Über den Mechanismus der Bewegung ist noch keine Klarheit erzielt. Vielleicht wirken Turgor- und Wachstumsbewegung zusammen.

Die Sekretion des Verdauungssaftes erfolgt nur auf chemische Reize hin und nur von den direkt gereizten Drüsen. Durch das Andrücken der Blattfläche kommen aber große Flächen des mit Absonderungsorganen besetzten Blattes mit dem Opfer in Berührung. Auch verbreitet sich der reichlich auftretende Saft auf der Fläche und bewirkt so die Reizung aller Drüsen. Oft wird so viel Verdauungsflüssigkeit abgeschieden, daß sie zwischen den Blattflächen heraustropft. Schließlich aber wird alles wieder aufgesogen. Wenn sich das Blatt öffnet, findet sich nur noch der Chitinpanzer des Insektes auf der trockenen Fläche.

Über gefangenen Insekten bleiben die Dionaeablätter acht Tage und länger geschlossen. Daher ist es begreiflich, daß ganz kleine Tiere als nicht lohnend genug herausgelassen werden, so daß das Blatt nach Ausgleich der mechanischen Reizung sich bald wieder öffnet und fangbereit wird. Mehr als zwei bis drei Insekten vermag ein Blatt nicht zu verdauen. Da wir aber nicht wissen, auf was für Stoffe es abgesehen ist, so kann das schon eine beträchtliche Leistung sein, die vielleicht für die Pflanze von großer Bedeutung ist. Genaueres ist darüber nicht bekannt.

Bei Aldrovanda liegen die Dinge, soweit untersucht, ganz entsprechend. Wegen der Kleinheit der Blätter und der untergetauchten Lebensweise ist aber nicht viel darüber bekannt geworden.

Blicken wir auf die verschiedenen mechanischen Reize zurück, die im Pflanzenreich vorkommen, so können wir sie alle in zwei Gruppen einteilen, die in den Abschnitten über Ranken und über Mimosa definiert wurden. Berührungsreizbarkeit findet sich außer bei den Ranken noch bei Drosera, Pinguicula, Cuscuta, Pilzen und Algen, Stoßreizbarkeit bei den Sensitiven, bei Blütenteilen sowie bei Dionaea und Aldrovanda. Allgemein scheint die Reaktion auf Berührung in veränderten Wachstumsvorgängen, die auf Stoß in Turgorbewegungen zu bestehen. Der ökologische Nutzen ist sehr mannigfaltig und meist leicht einzusehen.

In die obigen Gruppen lassen sich auch die wenigen Beobachtungen über Berührungsreizbarkeit bei niederen Organismen einordnen.

Es wäre nur zu erwähnen, daß die Sporangienträger von Phycomyces etwas kontaktreizbar sind, ferner, daß Pfeffer bei der freischwimmenden Volvocacee Chlamydomonas eine Reizbewegung auf Berührung, sowie einen vorübergehenden Stillstand der Wimperschwingungen fand. Genaueres ist über diese letztere Art der Sensibilität, die sich auch bei Infusorien und vielleicht bei Bakterien findet, nicht bekannt.

f) Reizwirkungen mechanischer Verletzung.

Es ist die Frage, ob die auf tiefere mechanische Verletzungen hin an der Pflanze auftretenden Veränderungen ihren Ursprung in einer Art Tastsinn haben, der etwa mit der Sensibilität der Ranken zu vergleichen wäre. Man könnte auch annehmen, daß die Verwundung eine besondere, etwa unseren Schmerzempfindungen entsprechende Reizung bewirkt, oder daß sie chemische Veränderungen zur Folge hat, die dann erst ihrerseits weitere Vorgänge veranlassen. Darüber läßt sich vorläufig keine Auskunft geben.

Doch muß man jedenfalls bei mechanischen Eingriffen von vornherein die Zerstörung von Zellen von der Trennung des Zusammenhanges der Gewebe unterscheiden. Beide können einzeln Reizwirkungen ausüben. So wird nach Rothert (1896) die Aufnahmefähigkeit der Graskeimscheide für geotropische und phototropische Reize durch Abschneiden der Spitze für einige Zeit völlig vernichtet, nicht aber durch bloße Verwundungen unter Erhaltung des Zusammenhanges der Teile, selbst wenn diese sehr viel schwererer Natur sind. Auch ist es nicht die Entfernung des Perzeptionsorganes, die die Reizbarkeit aufhebt. Denn Verdunkelung desselben Spitzenteiles hat keine Aufhebung, sondern nur eine Verminderung der Wirkung zur Folge. Hier hat also die Abtrennung an sich eine bestimmte Reizwirkung, wenn auch nur eine hemmende. Es ist dabei die Störung der Wechselbeziehungen der Teile, die hier wie in anderen Fällen für den Erfolg maßgebend ist. Ähnliches liegt etwa bei den Mohnknospen vor, für deren Nicken der Zusammenhang zwischen Stiel und Samenknospen gewahrt sein muß (vgl. S. 83).

Hemmungen sind es meist, die durch Verwundung bewirkt werden. Besonders empfindlich sind Wurzeln. Durch Entfernung ihrer Spitze wird das Reaktionsvermögen für andere Reize dauernd oder doch für längere Zeit aufgehoben und das Längenwachstum vermindert. Die Störungen können selbst eine größere Strecke weit fortgeleitet werden, so etwa von der Spitze der Keimwurzel nach dem jungen Sproß (Literatur bei Fitting 1907 b). Vorübergehend können auch Beschleunigungen des Wachstums auftreten, unter gleichzeitiger Verstärkung der Atmungstätigkeit. Bei den zuletzt erwähnten Vorgängen ist eine völlige Abtrennung eines Teiles nicht erforderlich. Es genügt die Zerstörung einer gewissen Anzahl von Zellen. Von den unmittelbaren Folgen einer Verwundung verschieden, aber zeitlich unmittelbar auf sie folgend, sehen wir dann Vorgänge einsetzen, die auf Beseitigung des Schadens hinarbeiten.

Die einzelne verletzte Zelle kann unter günstigen Umständen ihre zerrissene Zellulosehaut wieder ergänzen. Gelingt ihr das nicht, so muß sie zugrunde gehen. Besonders notwendig wird die Heilung bei den Schlauchalgen (Siphoneen) und den Algenpilzen (Mucorineen und Saprolegniaceen), deren ganzen Körper ein einziger plasmaerfüllter Hohlraum durchzieht. Denn wenn der Schaden nicht ausgebessert würde, so müßte der gesamte lebende Inhalt ausfließen oder absterben. Hier wird durch erstarrende Innenbestandteile ein vorläufiger Wundverschluß gebildet, der später durch Membranwachstum wirksamer gemacht wird, ähnlich wie bei uns das gerinnende Blut eine Verletzung vorläufig verklebt, bevor die eigentliche Vernarbung beginnt. Derselbe Vorgang spielt sich auch bei den „Milchröhren“ der milchsafthaltigen Pflanzen, z. B. der Wolfsmilch- und Mohnarten, ab, die gleichfalls weithin in Verbindung stehende Schläuche darstellen. Doch sind solche Zellwandheilungen in Wasser oder doch in feuchter Luft im allgemeinen leichter zu erzielen als im Trockenen.

Mit der Einleitung der Heilung noch zu erhaltender Zellen ist aber in der Regel die Wunde nicht beseitigt und der Verlust nicht ersetzt. Es muß vielmehr eine Neubildung von Gewebeelementen eintreten, die zur Ausfüllung der Lücke oder zum Aufbau verloren gegangener Teile verwendet werden. Diesen Wachstumsvorgängen gehen noch andere Veränderungen in dem verwundeten Teile voraus, von denen wir die Atmungssteigerung schon genannt haben.

Außer ihr finden vielfach Umlagerungen der Zellbestandteile in den an die Verletzungsstelle stoßenden gesunden Zellen statt. Das Plasma häuft sich auf der Wundseite an und führt den Zellkern mit sich (Tangl 1884, Miehe 1901). In Blattzellen können auch die Chlorophyllkörper eine veränderte Lagerung einnehmen (Literatur und eigene Untersuchungen bei Senn 1908).

Ferner wird durch Verletzung vielfach die Plasmaströmung beeinflußt, und zwar wird das sonst ruhende oder ganz langsam strömende Protoplasma zunächst in der Nähe der Wunde in lebhafte Bewegung gesetzt. Diese Reaktion greift dann weiter und weiter um sich und kann bei stärkeren Eingriffen schließlich die ganze Pflanze umfassen (Hauptfleisch 1892, Ewart 1903, Kretzschmar 1904). Die Erscheinung wurde an Wasserpflanzen, wie Vallisneria, Elodea u. a. entdeckt und verfolgt. Doch dürfte sie auch bei vielen anderen Gewächsen in ähnlicher Weise auftreten. Da unverletzte Pflanzenteile fast nie mikroskopisch untersucht werden können, ist es schwer zu entscheiden, ob die einige Zeit nach der Präparation einsetzende lebhafte Plasmaströmung durch die Verwundung zeitweilig gehemmt war oder durch sie erst hervorgerufen worden ist. Für Vallisneria und Elodea ist das letztere durch Keller (1890) und Hauptfleisch (1892) sichergestellt. Nach einiger Zeit, deren Länge von der Schwere der Verletzung abhängt, hört die Strömung wieder auf.

Was ihre Bedeutung anbelangt, so liegt diese vielleicht in der besseren Durchmischung der Stoffe, die den sonst auf die langsame Diffusion angewiesenen Transport beschleunigen könnte. Die einer Verwundung folgende lebhafte Atem- und Bautätigkeit könnte eine solche Einrichtung als zweckmäßig erscheinen lassen. Denn offenbar muß als Reizwirkung der Verwundung auch ein reichliches Zuströmen von Baustoffen stattfinden, die dann zum Ersatz verloren gegangener Gewebeteile benützt werden.

Die zuletzt besprochenen Veränderungen beobachtet man an verletzten Pflanzenteilen schon kurze Zeit nach dem Eingriff. Ihnen folgen dann die ersten Anfänge der eigentlichen Heilung, falls eine solche möglich ist. Sie geschieht durch Zellvermehrung, die in wenig differenzierten und in jungen Geweben leichter einsetzen kann als in einseitig spezialisierten.

Sind alle Zellen noch teilungsfähig, so kann zuweilen an der Amputationsstelle durch einfaches Auswachsen ein dem fortgenommenen genau entsprechender neuer Teil entstehen. Man spricht dann von echter Regeneration, wie sie z. B. an Wurzelspitzen erfolgt. (Literatur z. B. bei Küster 1903, S. 9 und Goebel 1908, S. 211 ff.). Besitzt der Pflanzenteil aber neben teilungsfähigen auch solche Gewebe, die ihr

Wachstum abgeschlossen haben, wie das z. B. bei den verholzten Sprossen der Fall ist, so ist eine direkte Ergänzung des Verlorenen nicht möglich. Wir sehen dann meist eine von den noch wachstumsfähigen Zellen ausgehende Gewebewucherung, einen „Callus" entstehen, zu dessen Aufbau bei Stamm- und Stengelstücken das jugendlich gebliebene eigentliche Teilungsgewebe, das Cambium, den Hauptteil beiträgt. Aber auch die Rinde liefert vielfach Callusgewebe.

Zu derartigen Neubildungen sind sehr viele ältere Pflanzenteile befähigt, Wurzeln, Stengel und Blätter. Natürlich wird bei sonst gleichen Umständen die Menge der gebildeten Zellmasse von der zur Verfügung stehenden Nahrungsmenge abhängen. Deshalb bilden die mit Reservestoffen vollgepfropften Keimblätter und die winterlichen Holzzweige besonders reichliche Wundgewebe. Doch spielt eine spezifische Befähigung zur Callusbildung, die bisher nicht weiter zerlegt werden konnte, eine so große Rolle, daß sich schwer Allgemeines sagen läßt. Es gibt jedenfalls auch Pflanzen, die überhaupt keinen Callus bilden können.

Die Ursache der Callusbildung ist die Freilegung von Zellen, die sonst im Geweboverbande in ihrem Wachstum beschränkt sind. Welche speziellen Reizwirkungen aber vorliegen, ist schwer zu sagen. Daß es nicht die Beseitigung des Raummangels allein sein kann, die die Neubildung anregt, geht schon daraus hervor, daß sich zuweilen auch die Epidermis an ihr beteiligt, die doch stets Platz zum Wachstum in die Dicke hätte.

Die Callusgebilde an Querschnittsflächen von Zweigen stellen zunächst, da sie ja aus dem Cambium- und Rindenzylinder hervorgehen, einen ringförmigen Wulst dar. Später können sie unter günstigen Umständen, zu denen Nahrungsüberfluß und Luftfeuchtigkeit gehören, zu rundlichen Körpern werden, die oft mit Warzen bedeckt sind. Innerlich sind sie ziemlich gleichförmig gebaut, jedenfalls zeigen sie lange nicht die Verschiedenheit der Zellformen wie ihr Ursprungsorgan. Es kann deshalb auch nicht direkt eine Ergänzung des verloren gegangenen Teiles in ihnen gesehen werden. Vielmehr müssen die zu ersetzenden Organe erst aus dem Callus heraus entstehen. Sie bilden sich vielfach als sog. Adventivsprosse oder -Wurzeln in der noch undifferenzierten Geschwulst.

Damit kommen wir zu dem Ersatz der durch einen Eingriff entfernten Teile durch Entstehung entsprechender Organe an anderer Stelle. Solche Bildungen können entweder an vorgesehenen Orten, aus „schlafenden" Knospen oder Wurzelanlagen entstehen oder durch „adventive" Differenzierung aus fremdartigem Gewebe.

Im ersteren Falle wird durch die Verletzung nur die Veranlassung gegeben, daß Teile, die sonst gar nicht oder erst später zur Entwickelung kämen, auswachsen. Daß sie ohne besonderen Eingriff auf einer gewissen Stufe ihr Wachstum einstellen, beruht offenbar auf der Hemmung durch günstiger gestellte Organe, die die Nahrungsstoffe an sich reißen. Ähnlich liegt die Sache bei den nach Ent-

fernung der Hauptwurzel schneller heranwachsenden Seitenwurzeln.
Es ist also die Trennung des Zusammenhanges und nicht der Wundreiz, der die Ersatzreaktion auslöst. Somit ist es auch zweifelhaft,
ob hier überhaupt eine Reizwirkung oder nur eine „Ernährungs-
störung" vorliegt.

In unmittelbarerem Zusammenhange mit unserem Thema stehen
die Fälle, in denen die Seitenorgane nicht nur ihre Entwickelung
beschleunigen, um die verloren gegangene Spitze des Verzweigungssystemes zu ersetzen, sondern auch sonst ihr Verhalten ändern. Wir
haben schon davon gesprochen, wie aus transversal geotropischen
Seitenwurzeln und -Zweigen othotrope Ersatzorgane entstehen können.
Doch ist es auch hier nicht gerade ein Wundreiz, der die Veränderung
des Verhaltens bedingt; denn durch bloße Entwickelungshemmung
der Spitze wird dieselbe Wirkung erzielt (vgl. S. 74, 76, 84).

Bei Wurzeln jedoch kennen wir auch eine echte Reizwirkung
mechanischer Verletzungen. Wie nämlich Ch. Darwin ([1880] 1899)
fand, krümmen sich einseitig verwundete Wurzeln von der verletzten Seite fort. Man nennt diese Erscheinung Traumatropismus. Darwin benutzte in seinen Versuchen die einseitige
Schädigung durch Ätzen mit Höllenstein oder dgl. Es kommt aber
für die Wirkung nur auf die Abtötung von Zellen auf einer Seite der
Wurzelspitze an, wie sie auch durch Einschneiden oder Ansengen
bewirkt werden kann. Jedoch muß die Verletzung eine gewisse Tiefe
erreichen. Die Wurzelhaube ist nicht empfindlich (Spalding 1894),
sondern nur der Vegetationspunkt oder eine ihn umgebende Zell-
schicht (Mac Dougal 1897). Die Nachwirkung der Verwundung kann
ziemlich lange vorhalten. Spalding sah Krümmungen noch eine
Woche nach der Verwundung auftreten, wenn die Wurzeln durch
Eingipsen solange an der Reaktion verhindert worden waren.

Nur die Spitze der Wurzel ist traumatropisch reizbar. Bei Lupinus albus z. B. bis zu 1,5 mm von der Spitze (Spalding 1894).
Die Krümmung findet in der Wachstumszone statt und kann nach
1 bis 2 Tagen zur Bildung eines vollkommenen Kreises führen. Sie wird
in der Natur die Wirkung haben, daß die fortwachsende Wurzel nach
einer Verletzung an scharfkantigen Teilen im Boden sich von diesen
abkehrt. (Ebenda.) Doch dürfte die Bedeutung der Einrichtung bei
der Biegsamkeit der jungen Wurzel, die sich allen Unebenheiten anschmiegt, nicht sehr groß sein. Eher könnten chemisch schädliche Stoffe,
die die Wurzelspitze ähnlich wie Darwins Höllenstein einseitig reizen, zu
einem zweckmäßigen Ausweichen führen. Es läge dann eine Art von
negativem Chemotropismus vor, der aber erst durch die Abtötung
von Zellen wirksam würde. Traumatropisch reizbar sind sehr viele
Wurzeln, am deutlichsten nach Spalding die der Keimlinge, sowie
gewisse Luftwurzeln.

Eine echte Berührungsreizbarkeit scheint den Wurzeln abzugehen,
oder doch wenigstens den in Erde wachsenden, denn es gibt ja auch
Wurzelranken (vgl. S. 212). Darwin glaubte aus Versuchen, in denen

er Keimwurzeln einseitig Papierstückchen oder dgl. anklebte, auf einen Thigmotropismus schließen zu dürfen. Wiesner (1881) zeigte aber, daß auch dabei ein Fall von traumatischer Reizung vorliegt, hervorgerufen durch die Schädigung, die die Klebstoffe an der empfindlichen Wurzelspitze bewirken.

Mit der Besprechung der Wundreize haben wir uns schon von den sicher auf rein mechanische Einwirkung zurückzuführenden Erscheinungen entfernt. Selbst beim Traumatropismus erscheint es als ungewiß, ob der Eingriff als solcher durch seine unmittelbare Wirkung auf das Protoplasma zum Reizanlaß wird oder ob nicht andere physikalische oder chemische Veränderungen zwischengeschaltet sind. Noch mehr gilt das für die übrigen Wundreaktionen. Doch solange das unentschieden ist, können wir die traumatischen Reize bei den mechanischen lassen. Unsere Bezeichnungsweise kennzeichnet ja stets nur den äußeren Anlaß. An welcher Stelle der Ursachenverkettung der eigentliche physiologische Prozeß beginnt, das wissen wir ohnehin in keinem einzigen Falle.

VII. Reizwirkung stofflicher Einflüsse.

a) Chemotropismus.

Die ungleichmäßige Zusammensetzung des Mediums, in dem die
Pflanzen vegetieren, wirkt in vielfacher Weise auf das Wachstum
der wurzelartigen Organe ein. Da sie die Aufgabe haben, dem in die
Luft ragenden Teile des Pflanzenkörpers Wasser- und Nahrungsstoffe
zuzuführen, so werden sie ihrer Aufgabe um so besser genügen
können, je günstiger die Aufnahmebedingungen für diese Substanzen
liegen. Das gleiche gilt für die den Nährboden durchziehenden
Pilzfäden.

Machen sich nun Verschiedenheiten in der Zusammensetzung der
Erde, der Pflanzenabfälle und was sonst als Substrat dient, geltend,
so hat die Pflanze zwei Möglichkeiten, die in ihrem Bereich liegenden Quellen wertvoller Stoffe vorzugsweise nutzbar zu machen und
weniger günstigen Stellen auszuweichen. Sie kann nämlich einmal ihre
den Untergrund durchziehenden Saugorgane ohne Bevorzugung einer
bestimmten Richtung nach allen Seiten schicken, aber in günstigen
Gebieten reichlicher verzweigen lassen. Oder sie kann von vornherein
durch bestimmt gerichtetes Wachstum günstige Orte im Substrate
aufsuchen. In beiden Fällen geben Reizwirkungen, die von den Stoffen
im Untergrunde ausgehen, der Pflanze Kunde von den für ihre
Wachstumsweise bedeutungsvollen Umständen. Für unsere Darstellung
kommen aber, dem Thema gemäß, vorzugsweise die Richtungsreize
in Betracht.

Verhältnismäßig leicht ist nachzuweisen, daß Wurzeln die Fähigkeit besitzen, bestimmte Stellen im Boden aufzusuchen, daß sie also
z. B. nach Nestern guter Erde in einem sandigen Grunde hinwachsen
und dadurch von ihrer senkrechten Wachstumsrichtung abgelenkt
werden (Abb. 87). Wohl den ersten derartigen Versuch hat C. Sprengel
im Jahre 1834 angestellt. Er ließ eine Pflanze in einem Gefäße
wachsen, dessen unterer Teil durch senkrechte Scheidewände in einzelne Kammern abgeteilt war. Die Kammern enthielten verschieden
gedüngte Erdproben. Die Zahl der in ihnen sich entwickelnden
Wurzeln war sehr ungleich. Wiegmann und Polstorff (1842),
denen ich diesen Bericht entnehme, haben ferner 1822 selbst beobachtet, daß kalkliebende Pflanzen sich nach einem Kalkhaufen
hinzogen.

Welche Reize aber unter diesen Umständen wirksam sind, ist nicht eben einfach festzustellen. Jedenfalls kommen häufig Feuchtigkeitsdifferenzen mit in Betracht. Darüber später. Außerdem aber sind chemische Reize wirksam. Bei ihrem Studium ist die Schwierigkeit

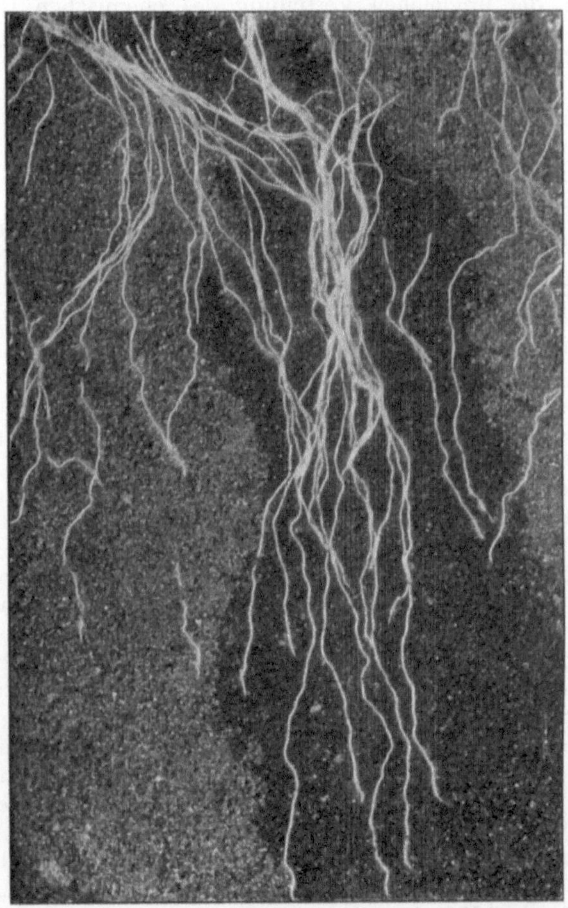

Abb. 87.

Wurzeln von Raps, in einem aus unregelmäßigen Schichten von Erde und Sand zusammengesetzten Boden wachsend. Man sieht wie die schwarze Erde dem hellen Sande vorgezogen wird und ein besseres Wurzelwachstum gestattet.

der Methodik ein großes Hemmnis. Sie hat bewirkt, daß das Gebiet bis heute noch wenig geklärt ist.

Überlegen wir uns, welche Bedingungen erfüllt sein müssen, damit ein chemischer Stoff als tropistisches Reizmittel wirken kann. Zunächst ist es klar, daß nur dann ein Richtungsreiz resultieren kann, wenn der Reizstoff ungleich verteilt ist, also in verschiedener Menge auf die Seiten eines Organes, hier der Wurzel, einwirkt. Ebenso wie das Licht kann auch ein chemischer Stoff bei diffuser, ringsherum gleichmäßiger Gegenwart keine Krümmung bewirken. Der Reizanlaß liegt also in der ungleichen Verteilung des chemischen Reizmittels.

Während aber das Licht im Experiment dauernd von einer Seite auf die Pflanze gelenkt werden kann, ist das bei chemischen Stoffen nur schwer zu erreichen. Denn um zu wirken, müssen die Substanzen in gelöster oder löslicher Form vorliegen. Unter diesen Umständen wird aber selbst bei der Ausschließung von Strömungen der ungleichmäßigen Verteilung die Diffussion dauernd entgegenarbeiten. Jeder gasförmige oder gelöste Körper hat das Bestreben, sich über den gesamten zur Verfügung stehenden Raum auszubreiten, wodurch alle Konzentrationsdifferenzen früher oder später zunichte gemacht werden. Diese aber sind es gerade, die als Reize wirken. Man muß demnach für eine beständige Zufuhr des Reizstoffes auf der einen und Fortschaffung auf der anderen Seite sorgen. Dabei sollen womöglich keine gröberen Flüssigkeitsströme entstehen, weil solche ihrerseits als Reizursache in Betracht kommen können. Die gestellte theoretische Forderung eines dauernden konstanten Konzentrationsgefälles ist bisher wohl bei keiner Versuchsanstellung verwirklicht.

Will man gelöste Stoffe auf ihre Reizwirkung gegen Wurzeln untersuchen, so benutzt man mit Vorteil irgendwelche porösen und lockeren Substrate, die Wasser oder Lösungen aufnehmen und der Wurzel das Vordringen gestatten. Erde ist nicht brauchbar, weil sie selbst zu viel gelöste Substanzen enthält. Man nimmt also zweckmäßig möglichst reinen Sand oder auch Gallerten. Bei den reinlicheren Wasserkulturen sind die Strömungen und die mangelhafte Durchlüftung zu berücksichtigen.

Man kann nun in ähnlicher Weise, wie das in der obigen Abbildung (87) zu ersehen ist, zwei Sandschichten, von denen die eine nur Wasser, die andere die zu prüfende Lösung enthält, nebeneinander bringen und der Wurzel die Wahl zwischen beiden lassen. Natürlich wird aber dabei das Konzentrationsgefälle nicht exakt zu bestimmen sein, da die Diffusion die Differenzen allmählich verwischt.

Lilienfeld (1906) hat derartige Versuche angestellt. Er übertrug die gerade gewachsenen Wurzeln entweder in Gelatine oder in Sand, die reines Wasser enthielten, an einer Seite aber an eine Sand- oder Gelatineschicht anstießen, welche mit der Versuchslösung angemacht war. Es ergaben sich Krümmungen in der einen oder anderen Richtung oder auch gar keine Beeinflussung des Wachstums. Nähert sich die Spitze der Wurzel dem Reizstoffe, so spricht man von positiver Reaktion, im entgegengesetzten Falle von negativer. So verhielten sich in den Versuchen von Lilienfeld die Keimwurzeln von Lupinus albus (weiße Lupine) negativ chemotropisch gegen einprozentige Lösung von Ammoniumchlorid; gar nicht reagierten sie auf einhalbprozentige. Ebenso wirkte Ammoniumnitrat und Natriumchlorid. Positive Reaktion wurde erzielt durch Ammoniumsulfat, Ammoniumcarbonat, Ammoniumphosphat. Gar keine Wirkung hatte bei den geprüften Konzentrationen z. B. Kalziumkarbonat und Magnesiumkarbonat. Die zahlreichen Versuche sind in einer Tabelle zusammengestellt (Lilienfeld 1906 S. 209 ff.). Irgendwelche Gesetzmäßigkeiten lassen sich kaum daraus entnehmen.

Lilienfelds Versuche sind insofern noch mangelhaft als sie mehr in die Breite als in die Tiefe gehen. Man vermißt vor allem die Berücksichtigung der physikalisch-chemischen Betrachtungsweise. So ist nicht untersucht worden, ob die bei Säuren von nicht tötlicher Konzentration regelmäßig auftretenden negativen Reaktionen auf der Säurewirkung, d. h. H-Jonenkonzentration beruhen. Ebensowenig ist die Frage aufgestellt, ob nicht die Salze auch durch ihre osmotische Kraft, d. h. durch Wasserentziehung, wirken können. Schließlich vermißt man die Berücksichtigung der Tatsache, daß verdünnte Salzlösungen mindestens zum Teil in Jonen gespalten sind, die nun getrennt Reizwirkungen auszuüben vermögen. All das wäre einer neuen Untersuchung zu empfehlen.

Mit Wurzeln, die im Wasser wuchsen, hat Sammet (1905) einige Versuche angestellt. Er ließ aus einer porösen Tonzelle Lösungen von Alkohol, Äther, Chlornatrium, Kaliumnitrat, Rohrzucker, Essigsäure, Glyzerin oder eine gesättigte Kampherlösung herausdiffundieren. Auch Gips wurde versucht. Die Regelmäßigkeit der Resultate überrascht. Alle geprüften Stoffe riefen eine positive Krümmung hervor, die bei manchen in eine negative überging, wenn höhere Konzentrationen verwendet wurden. Unwirksame Stoffe wurden unter den verwendeten nicht gefunden. Die Wirkung trat unabhängig von dem osmotischen Druck der Lösung auf, so daß eine echte chemische Reizwirkung vorzuliegen scheint. Die Resultate bedürfen aber der Nachprüfung.

Einige weitere Arbeiten (Brunchhorst 1884, Schellenberg 1906, Gaßner 1906) befassen sich mit der „galvanotropischen" Reaktion der in Flüssigkeit wachsenden Wurzel gegen elektrische Ströme, die schon 1882 von Elfving entdeckt worden war. Es treten vielfach Krümmungen auf, die wohl zum größten Teil auf chemischen Wirkungen beruhen. Die Verhältnisse sind aber noch viel komplizierter als in den oben geschilderten Versuchen, da die in den einzelnen Versuchen vorsichgehenden chemisch-physikalischen Veränderungen durch den elektrischen Strom unbekannt sind. Die Deutungen der Verfasser sind demnach noch stark hypothetisch.

Die durch starke elektrische Ströme bewirkten Krümmungen nach der positiven Elektrode sind zweifellos vielfach durch Schädigungen bedingt, die auf dieser Seite das Wachstum aufheben (Gaßner S. 184, Schellenberg S. 487). Durch schwächere Ströme werden entgegengesetzte Krümmungen erzielt, die typische Reizreaktionen darstellen (Gaßner S. 186, Schellenberg S. 487). Außerdem fand Schellenberg noch Krümmungen nach dem positiven Pol, die nicht durch Schädigungen hervorgerufen waren, sondern dann auftraten, wenn sich die Wurzeln in einer Salzlösung von nicht zu geringer Konzentration befanden. Ein Strom von 6 Volt und 0,000 1 bis 0,000 000 1 Amp. bewirkte z. B. in einer Chorkaliumlösung bis etwa $0,1\,^0/_0$ Krümmung nach der Anode, bei $0,2—0,4\,^0/_0$ gleichviele Anoden- und Kathodenkrümmungen und von $1\,^0/_0$ ab nur noch Kathodenkrümmungen. Diese Umkehr trat bei allen geprüften Salzen auf. Schellenberg führt die galvanotropischen ebenso wie die chemotropischen Krümmungen auf elektrische Ströme und die damit verbundene Jonenwanderung zurück. Zur Klarlegung der Verhältnisse fehlt noch viel. Gaßner glaubt z. B. alle galvanotropischen Krümmungen durch Schädigungen erklären zu können. Während aber die starken Ströme, wie gesagt, durch direkten Einfluß auf das Wachstum Krümmungen nach der positiven Elektrode bewirken, sollen die bei schwächeren Strömen beobachteten negativen Reaktionen einer durch die Schädigung bewirkten Reizung zuzuschreiben sein, wie sie als Traumatropismus auch bei mechanischen Verletzungen bekannt ist. (Vgl. S. 248).

In den bisher besprochenen Versuchen wurden gelöste Salze und dergleichen auf ihr chemotropisches Reizvermögen gegen Wurzeln untersucht. Nur äußerlich verschieden hiervon sind diejenigen Experimente, in denen einseitig einwirkende Gase Krümmungen bewirkten. Denn selbst dann, wenn die Wurzeln sich nicht in Wasser, sondern in Erde oder Luft befanden, müssen die geprüften Stoffe irgendwie die Zusammensetzung der die Pflanze durchsetzenden Flüssigkeit verändern, um einen Reiz auf das Plasma auszuüben.

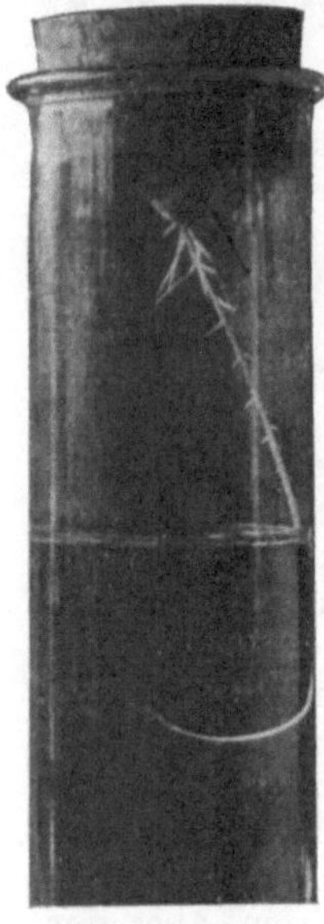

Abb. 88.

Erbsenwurzel versucht geotropisch ins Wasser einzudringen, krümmt sich dann aber aërotropisch aufwärts. Nur die Spitze wieder geotropisch. Verklein.

Molisch (1884) war es, der es als erster wahrscheinlich machte, daß Differenzen im Luftgehalt des Wassers die Wachstumsrichtung von Keimwurzeln beeinflussen können. Er nennt die Erscheinung Aërotropismus (Luftwendigkeit). Läßt man gerade Wurzeln, z. B. von Pisum (Erbse), mit ihrer Spitze in Wasser hinunter wachsen, so weichen sie bald von der durch den Geotropismus bedingten vertikalen Richtung ab und krümmen sich zur Oberfläche empor. (Abb. 88). Molisch führt diese Reaktion auf eine Reizwirkung des höheren Sauerstoffgehaltes der oberen Wasserschichten zurück. Die Natur des Reizstoffes ist aber aus solchen Versuchen nicht sicher zu entnehmen. Es könnte die durch die Atmung der Wurzeln angesammelte Kohlensäure eine negativ chemotropische Reaktion bewirkt haben.

Diese Fragen werden auch durch die Bestätigung und Verbesserung der geschilderten Molischschen Versuche, die wir Ewart (1893—94) verdanken, nicht völlig aus der Welt geschafft. Dieser Forscher benutzte Wasser, das durch Kochen von ‚Gasen befreit war und bekam nun die „aërotropischen“ Krümmungen sehr viel präziser. Wurde jedoch das Wasser künstlich durchlüftet, so wuchsen die Wurzeln normal abwärts. Entsprechende Resultate erhielt Polowzow (1909) in Erde, aus der die Luft durch einen Wasserstoff- oder Stickstoffstrom ausgetrieben war, wenn durch eine kleine Öffnung seitlich Luft eindringen konnte. Diese Erfahrungen machen es wahrscheinlich, daß wirklich der Sauerstoff das Reizmittel darstellt. Molisch versuchte auch durch einseitige Gasströme Krümmungen von Wurzeln zu erzielen. Er bekam positive Reaktionen, die später in negative übergingen. Nach Bennett (1904) war dabei ungleiche Luftfeuchtigkeit, die eine Reizung bedingt haben kann, nicht vermieden. Diese Autorin konnte in keinem ihrer mannigfach variierten Versuche aërotropische Reaktionen an Wurzeln feststellen, ob sie nun Luft von verschiedenen Sauerstoffgehalte, Kohlensäure oder Wasserstoff einseitig einwirken ließ.

Schließlich hat Sammet (1905), in Versuchen mit Erde gleichfalls Wurzeln sich nach besser durchlüfteten Stellen hinkrümmen sehen. Trotz allem diesem fehlen noch ausführlichere Untersuchungen über den Einfluß von Differenzen im Sauerstoffgehalt des Mediums bei verschieden hohen absoluten Konzentrationen. Den Einfluß einseitiger Erhöhung des Sauerstoffgehaltes hat gleichfalls Molisch (1884) untersucht. Er fand ein Wegkrümmen der Wurzeln von reinem Sauerstoff. Sammet behauptet dagegen stets positive Reaktionen erhalten zu haben. Während also einige Forscher in recht überzeugender Weise für das Vorhandensein eines Aërotropismus bei den Wurzeln eintreten, sprechen andere ihnen dieses Vermögen gänzlich ab. Die mannigfachen Differenzen dürften wohl der Mangelhaftigkeit der Methoden, vielleicht auch der Verschiedenheit der Objekte zuzuschreiben sein.

Während die genannten Autoren eine große Diffusionsfläche benutzten, z. B. einen offenen Schlitz, ausgespannten Seidenstoff usw. wählte Polowzow ein dünnes poröses Tonrohr, welches von dem zu prüfenden Gas mit einer bestimmten Geschwindigkeit durchströmt wurde. Aus dem Tonrohr diffundierte eine dem Druck entsprechende kleine Menge Gas heraus und bespülte das zu reizende pflanzliche Objekt, das sich im übrigen in Luft befand, an einer eng umgrenzten Stelle. Dabei wurde sicherlich das Diffusionsgefälle wesentlich länger konstant gehalten als in den früheren Versuchen, besonders da die mit dem Reizgase vermengte Luft dauernd erneuert wurde.

Um ein natürliches Medium verwenden zu können, wurden nicht Wurzeln, sondern Sprosse, und zwar meist Keimstengel von Sonnenrosen, verwendet. Die Beobachtungsmethode wurde durch Verwendung eines Mikroskopes verfeinert, aber gleichzeitig dadurch die Zahl der Versuchsobjekte herabgesetzt. Bei Verwendung von Sauerstoff wurde eine positive Reaktion gegen schwache Diffusionsströme, eine negative gegen stärkere beobachtet. Entsprechende Resultate werden sehr häufig bei chemischen Reizen erzielt und erinnern uns an die Umkehr der phototropischen Reaktion durch Verstärkung der Belichtung.

Viel ausführlicher als mit der Reizwirkung des Sauerstoffes hat sich Polowzow mit der der Kohlensäure beschäftigt. Die Versuchsbedingungen sind hierbei günstiger, weil Kohlensäure in sehr viel geringerer Menge in der atmosphärischen Luft enthalten ist. Schon früher hatten Molisch und Sammet (a. a. O.) Repulsion von Wurzeln durch Kohlensäure, letzterer bei geringerer Konzentration auch Anlockung beobachtet. Entsprechend fielen die Versuche von Polowzow mit Stengeln aus. Es fand sich, daß Diffusionsströme geringer Intensität im Anfang ihrer Wirkung positive, später aber negative Reaktion bewirken. Ferner, daß starke Ströme, falls sie zeitlich unterbrochen, also intermittierend appliziert werden, denselben Effekt geben wie schwache.

In den letzterwähnten Befunden haben wir wiederum eine weitgehende Analogie zu den Erscheinungen des Phototropismus (vgl. S. 165). Denn auch dort wurde durch starkes Licht, falls es kurz einwirkte, nicht negative, sondern positive Reaktion bewirkt und hatten intermittierende Reize einen geringeren Reizeffekt als ihrer absoluten Intensität entsprach. Freilich fand Polowzow niemals bei Dauerströmen eine bleibende positive Reaktion. Wahrscheinlich wäre aber, ebenso wie bei den vorübergehenden und den periodisch unterbrochenen Reizen, auch bei den dauernden die Umkehr zu negativer Reaktion ausgeblieben, wenn noch schwächere Diffusionsströme verwendet worden wären. Schließlich wäre noch zu untersuchen, ob die Analogie mit dem Phototropismus auch soweit geht, daß nicht zu starke negative Krümmungen bei längerer Einwirkung wieder zurückgehen oder in positive umschlagen. Manche Erfahrungen mit chemischen Reizen, über die noch berichtet werden soll, sprechen dafür, daß hier, wie bei Lichtreizen eine allmähliche „Gewöhnung“, d. h. Stimmungserhöhung eintritt. Diese Fragen ließen sich wohl mit der Polowzowschen Methodik in Angriff nehmen.

Was den Ort der Reizaufnahme und der Krümmung betrifft, so ließ sich zeigen, daß beide ein ganzes Stück voneinander entfernt liegen können. Die Reaktion erfolgte in der Zone maximalen Wachstums. Wurde der Gasstrom etwa 1 cm tiefer gegen den Stengel geleitet, so erfolgte eine Leitung nach oben. Dies ist bisher der einzige Fall, daß ein tropistischer Reiz in Stengeln spitzenwärts geleitet wird. Nur beim Chemotropismus der Droseratentakeln (vgl. S. 237/38) kennen wir etwas entsprechendes. Zu bemerken wäre noch, daß nicht alle geprüften Objekte in den Polowzowschen Versuchen sich als chemotropisch gegen Gase erwiesen. So waren Graskeimlinge stets indifferent, Phycomyces dagegen reagierte gut.

Von anderen Gasen hat Polowzow noch Stickstoff und Wasserstoff auf ihre Reizwirkung geprüft. Beiden gegenüber erwiesen sich die Versuchssprosse indifferent. Dagegen haben schon Molisch (1884) und Sammet (1905) mit Erfolg eine ganze Anzahl anderer gasförmiger Stoffe sowie Dämpfe von Alkohol, Äther, Aceton, Ammoniak usw. verwendet. Letzterer fand durchwegs bei Verdünnungen, die nicht mehr tödlich wirkten, positive Krümmungen der verwendeten Wurzeln. Es erscheint aber zweifelhaft, ob sie nicht vielleicht auf Wachstumsverminderung der gereizten Flanke durch geringe Schädigung beruhen, da auch der Autor angibt, daß viele Wurzeln nachher krank aussahen. Für diese Annahme spricht ferner das Ausbleiben negativer Krümmungen. An Sprossen dagegen erzielte Sammet durch flüchtige Stoffe wie Äther, Alkohol u. dgl. durch nicht tödliche Verdünnungen negative Reaktionen. Auch Keimscheiden von Hafer und Weizen verhielten sich so.

Im ganzen können wir sagen, daß, abgesehen von den schädlichen Stoffen, von den untersuchten Gasen die für die Pflanze bebedeutungsvollen, nämlich Sauerstoff und Kohlensäure, eine Reizwirkung ausüben, daß dagegen der Stickstoff, der immer gleichmäßig vorhanden ist, und der Wasserstoff, der in der freien Luft nicht auftritt, keine Anpassung bewirkt haben. Schwer dürfte es allerdings sein, eine ökologische Erklärung für die Einzelheiten der Reizwirkung, z. B. dafür zu geben, warum Kohlensäure in geringer Konzentration auch anlocken kann. Vielleicht liegt es im Wesen der chemischen Reizwirkung, daß Stoffe, die überhaupt einen Effekt ausüben, je nach der Konzentration positive oder negative Reaktion auslösen.

Von den Organen der höheren Pflanze sind Blätter und Blütenteile niemals auf chemische Reizbarkeit untersucht worden. Nur die Tentakeln von Drosera reagieren, wie wir gehört haben, chemotropisch. Bei den Wurzelhaaren ließ sich eine Ablenkung durch irgendwelche Stoffe nicht konstatieren. Dagegen sind die Pollenschläuche wiederholt und mit Erfolg zu derartigen Versuchen herangezogen worden.

Der auf die Narbe übertragene Blütenstaub hat die Aufgabe, die Eizellen zu befruchten. Es muß also der männliche Sexualkern in den Fruchtknoten und die Samenanlagen gelangen. Zu dem Zwecke sendet jedes Pollenkorn einen Keimschlauch aus, der im Griffel entlang und bis zur Eizelle vordringt.

Nachdem Strasburger (1886) die Vermutung ausgesprochen hatte, daß der Pollenschlauch auf seinem Wege durch chemische Reize gelenkt werde, gelang es Molisch (1889) und Correns (1889) diese Annahme sehr wahrscheinlich zu machen. Molisch fand, daß in Wasser auskeimende Pollenschläuche nach einer im Präparat vorhandenen Narbe hinwuchsen. Dieselbe Wirkung hatten Stengelfragmente, sowie auch durch Erhitzen getötete Gewebestückchen. Correns bestätigte diese Resultate und zeigte noch, daß auch Teile artfremder Pflanzen Pollenschläuche anlocken. Demnach müssen die Reizstoffe weitver‌breitet sein. Keinesfalls können bei jeder Pflanzenart spezifische Verbindungen vorliegen, was auch der Tatsache widersprechen würde, daß Pollen vielfach auf art- und selbst gattungsverschiedenen Narben auskeimt und in den Griffel hineinwächst, ja befruchtend wirkt.

·Genauere Untersuchungen über den Chemotropismus der Pollen‌schläuche verdanken wir Miyoshi (1894a u. b). Dieser Forscher arbeitete Methoden aus, um ein Konzentrationsgefälle bestimmter Reiz‌stoffe zu erzielen und so eine Richtungsbeeinflussung an in Flüssigkeit wachsenden Pollenschläuchen hervorzurufen. Durch feine Poren in verschiedenen Membranen ließ er den zu untersuchenden Stoff heraus diffundieren, der so die in der Nähe wachsende Schläuche einseitig treffen konnte. Es wurden z. B. Blätter verwendet, deren Luft‌räume mit der Flüssigkeit injiziert waren. Als Poren dienten dann die Spaltöffnungen in der Oberhaut des Blattes. Oder es wurde ein Glimmerplättchen, eine Collodiumhaut u. dgl. mit einer feinen Nadel‌spitze durchbohrt und mit einer Schicht Agar- oder Gelatinegallerte versehen, die den Reizstoff enthielt. Die Pollenkörner wurden dann entweder unmittelbar auf die durchlochte Membran oder in eine zweite, aber nur mit Wasser angemachte Gallertschicht gesät.

Es zeigte sich nun, daß die Pollenschläuche vielfach nach den Öffnungen hinwuchsen und in das den Reizstoff enthaltende Medium eindrangen. Als anlockend erwiesen sich in Miyoshis Versuchen die verschiedenen Zuckerarten, vor allem Rohrzucker, Traubenzucker und Dextrin, weniger Lävulose und Laktose, fast gar nicht Maltose. Bei Pollenschläuchen vom Fingerhut (Digitalis purpurea und grandi‌flora) war die chemotropische Reaktion sehr ausgeprägt gegen 4 bis $10\,^0/_0$tige Rohrzuckerlösungen. Bei $0{,}25\,^0/_0$ ließ die Wirkung merk‌lich nach, bei $0{,}1\,^0/_0$ unterblieb sie ganz. Eine $15\,^0/_0$ige Lösung war für die Anlockung zu stark. Von anderen Stoffen wurde noch Fleischextrakt, Pepton, Asparagin, Glyzerin, Gummi arabicum, ohne positives Resultat untersucht. Alkalien, Säuren und verschiedene Salze erwiesen sich als abstoßend.

Es wurde auch versucht, Aufschluß darüber zu erhalten, wie stark das Konzentrationsgefälle sein muß, damit eine Reizung statt‌findet. Zu diesem Zwecke mußten die Konzentrationen auf beiden Seiten des zu reizenden Pollenschlauches konstant erhalten werden. Das ließ sich erreichen, wenn ein durchlochtes Kollodiumhäutchen zwischen zwei Fließpapierstreifen gelegt wurde, durch die verschieden konzentrierte Zuckerlösung floß. Die Pollenkörner wurden auf der Seite der schwächeren Lösung ausgesät. War die Konzentration auf der einen Seite $0{,}5\,^0/_0$, so genügten 1 und $2\,^0/_0$ auf der anderen Seite nicht, um eine Ablenkung zu erzielen, wohl aber $2{,}5\,^0/_0$. Bei $1\,^0/_0$ auf der einen Seite, mußten $5\,^0/_0$ auf der anderen angewendet werden, bei $2\,^0/_0$ dagegen $10\,^0/_0$. Es zeigte sich demnach, daß die eine Lösung fünfmal ·so stark sein muß als die andere, damit eine chemotropische Krümmung ausgelöst wird. Höhere Verhältnisse waren noch wirksamer. Nicht die Differenz zwischen den beiden Lösungen, sondern ihr Verhältnis war maßgebend. Dieses Gesetz gilt für chemische und wahrscheinlich auch für andere Reize in der Pflanzenwelt allgemein; es ist in der menschlichen Physiologie als das Weber-Fechnersche Gesetz bekannt. Über seine erste Entdeckung bei Pflanzen durch Pfeffer werden wir unten noch zu berichten haben.

Miyoshi gelang es nicht, andere Reizstoffe für den Chemotropismus der Pollenschläuche zu finden als die Zuckerarten. Doch hatte er Anzeichen, daß solche existieren müssen. Wie wir eben gesehen haben, muß eine Reizquelle die Umgebung um ein vielfaches an Konzentration übertreffen, um anlockend zu wirken. Nun krümmten sich aber Pollenschläuche auch dann nach Samenknospen hin, wenn sie in hochkonzentrierten Zuckerlösungen lagen.

Lidforss (1899) zeigte dann, daß früher nicht in Betracht gezogene Stoffe als Reizmittel wirken, nämlich hochmolekulare Eiweißkörper oder Proteïnstoffe. Da viele Pollenkörner auf künstlichen Substraten überhaupt nur dann keimen, wenn diese eine gewisse, von Art zu Art verschiedene Menge von Zucker enthalten, ließ sich der Chemotropismus gegen diesen Stoff nicht immer nachweisen. Anders ist das mit den Eiweißkörpern als Reizstoffen. Diese konnten in kleinen Partikelchen direkt auf das Keimbett, bestehend aus Zuckeragar, gebracht werden und diffundierten, ihrem großen Molekül entsprechend, langsam von da nach allen Seiten. So konnte bei allen unter den Versuchsbedingungen wachsenden Pollenschläuchen eine Anlockung durch Proteïne beobachtet werden (Abb. 89). Als besonders wirksam zeigte sich dabei ein eiweißreiches Präparat, „Diastase aus Malz", aber auch viele andere untersuchte Proteïnstoffe, falls sie nicht giftig für die Pollenschläuche waren. Hohe Konzentrationen konnten auch negative Reaktionen auslösen, so daß die Nähe des Eiweißstückchens gemieden wurde. Alle Eiweißspaltungsprodukte erwiesen sich als unwirksam.

Neben der anlockenden hatten die untersuchten Eiweißkörper noch eine wachstumsfördernde Wirkung, was sich besonders dann bemerkbar machte, wenn die Zuckerkonzentration nicht die bestmögliche für die betreffende Art war. Den Proteïnen kommt also vielleicht auch ein Nahrungswert zu. Bei langen Pollenschläuchen ist eine Ernährung von seiten der Griffelzellen durchaus wahrscheinlich.

Um uns ein deutliches Bild von der Art zu machen, wie die Pollenschläuche ihren Weg zu den Eizellen finden, müssen wir uns noch einige weitere Tatsachen aus der Biologie des Pollens vergegenwärtigen. Unter natürlichen Umständen keimt das Blütenstaubkorn auf den klebrig-feuchten Papillen der Narbe. Von da wächst der Pollenschlauch in die Lufträume des lockeren Griffelgewebes hinab, ohne sich aber von der festen Oberfläche zu entfernen. In der Fruchtknotenhöhle angelangt, schmiegt er sich der Wand an und findet schließlich seinen Weg in die Mikropyle, die empfangsbereite Öffnung der jungen, befruchtungsfähigen Samenanlage.

Von Reizbarkeiten, die zur Orientierung dienen können, stehen den Pollenschläuchen neben der chemotropischen Anlockung durch Kohlehydrate und Proteïnstoffe noch ihre Fähigkeit zur Verfügung, sauerstoffarme (Molisch 1893) und feuchte Stellen (Miyoshi 1894b)

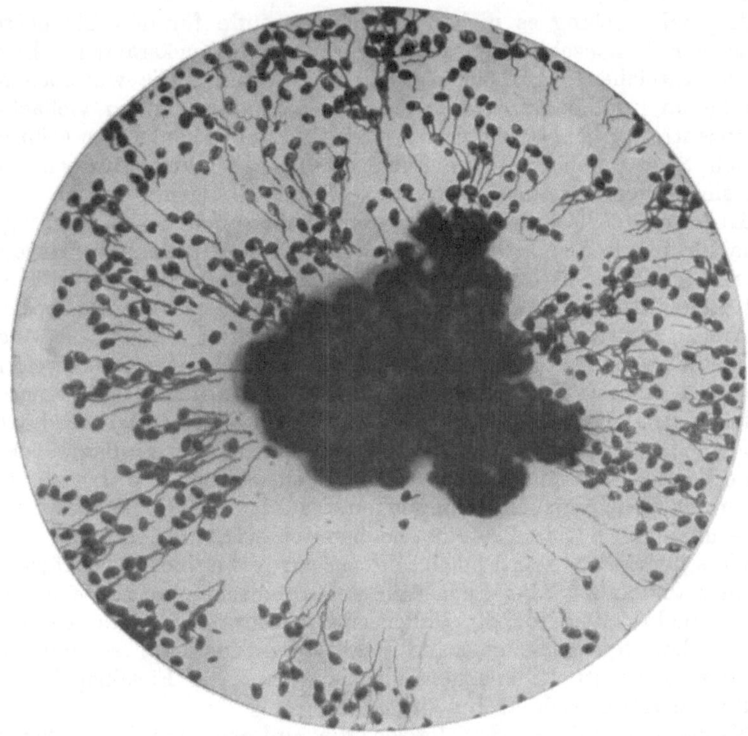

Abb. 89.

Pollenschläuche von Vallota purpurea auf Gelatine mit 3% Rohrzucker wachsend, angelockt durch ein Klümpchen Diastase (der schwarze Fleck in der Mitte). Nach Lidforss 1909. Vergrößert.

aufzusuchen. Wichtiger als die letztgenannten Orientierungsreize dürfte die mechanische Lenkung durch die langgestreckten Kanäle des Griffelgewebes sein. Wenn wir uns nämlich dächten, daß die Richtung, die der Pollenschlauch nimmt, allein durch die Diffusion eines von der Samenknospe ausgeschiedenen Stoffes zustande käme, so müßte das Konzentrationsgefälle überall groß genug sein, um die Lenkung zu bewirken. Das würde, besonders bei langen Griffeln, eine außerordentlich hohe Konzentration des Reizstoffes an der Diffusionsquelle erfordern. Denn, wie wir gesehen haben, müssen mit steigender absoluter Konzentration auch die Differenzen steigen, um eine Richtungsbewegung zu bewirken. Nun fand aber schon Miyoshi (1894b, S. 77), daß die anlockende Wirkung durch kleine Stücke des Griffels von der Narbe nach abwärts abnimmt, um später wieder zuzunehmen. Daher dürfen wir annehmen, daß das Wachstum der Pollenschläuche streckenweise nur gezwungen in der eingeschlagenen Richtung weitergeht. Dafür sprechen auch Versuche von Miyoshi (1894b, S. 88), dem es gelang, Pollenschläuche in verkehrter Richtung durch den Griffelkanal wachsen zu lassen. Durch das passive Vordringen nach der Samenknospe zu kann der Schlauch in eine neue Diffusionssphäre geraten, in der er dann zur Eizelle geleitet wird. In welcher Weise sich etwa Zucker und Eiweißstoffe in ihrer Wirkung ergänzen, darüber ist noch nichts bekannt. Es scheint aber, daß alle Pollenschläuche auf beide reagieren.

Ähnliche tropistische Wachstumsbewegungen auf chemische Reize, wie wir sie bei den Wurzeln und Pollenschläuchen gesehen haben, sind auch bei Algen und Pilzen zu erwarten. Sichergestellt sind jedoch verhältnismäßig wenig Tatsachen, viel zu wenige um die Bedeutung des Chemotropismus für niedere Pflanzen einigermaßen übersehen zu können.

Schon 1881 sprach de Bary die Idee aus, ob nicht bei der Befruchtung gewisser Pilze die männlichen Äste durch chemische Reizbarkeit geleitet würden. (Literatur für das folgende z. B. bei Fulton 1906.) Zwei Jahre später wurden von Pfeffer (1884) Beobachtungen gemacht, die für einen Chemotropismus der Keimschläuche von Wasserpilzen (Saprolegnien) sprachen. Und im gleichen Jahre verzeichnete Kihlmann (1883) Anlockung von parasitischen Pilzen durch die Wirtspflanzen. Ähnliche Beobachtungen sind in der Literatur der folgenden Zeit häufig. Als aber Stange (1890) seine Aufmerksamkeit dieser Frage zuwandte, konnte er im Experiment zwar eine reichlichere Verzweigung von Pilzhyphen an Stellen höherer Nährstoffkonzentration nachweisen, aber keinen Chemotropismus. Auch die Beobachtungen von Reinhardt (1892) über die Richtungsbeeinflußung verschiedener Pilze durcheinander schufen noch keinen sicheren Boden für weitere Forschung.

Erst Miyoshi (1894a) machte den Chemotropismus der Pilze zum Gegenstande eingehender Studien. Die Methoden waren dieselben, die oben bei den Pollenschläuchen besprochen wurden. Es wurden verschiedene „Schimmelpilze" (Mucorarten, Penicillium, Aspergillus sowie Saprolegnien) als Versuchsobjekte benutzt. Als anlockend für die aus den Sporen auskeimenden Schläuche erwiesen sich z. B. Fleischextrakt, Pflaumenabkochung, Dextrin, Rohrzucker, Traubenzucker usw.

Für die Saprolegnien, die häufig auf ins Wasser gefallenen Insektenleichen vorkommen, waren die aus einem Fliegenbein herausdiffundierenden Stoffe geeignete Reizmittel. Bei den schnell wachsenden Schläuchen dieser Pilze konnte auch eine von Pfeffer er-

dachte Methode angewendet werden, bei der eine Lösung des zu
prüfenden Stoffes in feine, einseitig geschlossene Glasröhrchen gefüllt
wird. Werden diese mit ihrer Öffnung in den Kulturtropfen geschoben, so diffundiert der Reizstoff heraus. Er konnte so auf die
in der Nähe wachsenden Pilzfäden einseitig einwirken. Dabei wurde
oft ein Eindringen der wachsenden Fäden in die Öffnung beobachtet.
Für langsamer wachsende Pilze ist diese Methode nicht anwendbar,
weil sich das Diffusionsgefälle zu schnell wieder ausgleicht.

Für den Grad und die Richtung der Krümmung erwies sich in
Miyoshis Versuchen vielfach die Konzentration des Reizstoffes als
maßgebend. Bei einer mittleren Stärke der Lösung war die Anlockung am ausgeprägtesten. Doch waren die geringsten noch wirksamen Konzentrationen, also die Schwellenwerte, im allgemeinen
sehr niedrig. Bei Mucor stolonifer hatte Traubenzucker in einer
Konzentration von 0,01 $^0/_0$ schon eine, wenn auch nicht starke
Wirkung, 0,05 $^0/_0$ wirkten gut, am besten 2—5 $^0/_0$; bei 30 $^0/_0$
war die Wirkung wiederum schwach und bei 50 $^0/_0$ konnte kaum
mehr positive Reaktion konstatiert werden.

Für alle untersuchten Schimmelpilze war Zucker ein stark an-
lockender Stoff. Auch sonst verhielt sich diese biologische (aber
nicht systematische) Organismengruppe ziemlich einheitlich in Bezug auf
ihre chemische Reizbarkeit. Dagegen wich Saprolegnia in verschiedenen
Beziehungen ab, z. B. dadurch, daß Zucker sich als sehr mäßiger
Reizstoff erwies. Es entspricht das ganz gut den Ernährungsver-
hältnissen der verschiedenen Pilze. Eine breitere Bearbeitung der
chemischen Reizbarkeit verschiedener Organismen mit Berücksichtigung
ihrer Lebensweise würde sicherlich weitere interessante Beziehungen
aufdecken.

Jedoch darf man nicht etwa den Schluß ziehen, daß die anlockende Wirkung durchaus der Nährwirkung entspräche. Vielmehr
können Stoffe gute Chemotropika sein, obgleich sie kaum Nährwert
haben und umgekehrt. Das zeigte sich bei der Prüfung einer größeren
Anzahl verschiedener chemischer Verbindungen. Glyzerin und Magnesiumsulfat z. B., die als geeignete Zusätze für Pilznährlösungen
bekannt sind, erwiesen sich als nicht anlockend. Von Salzen war
besonders Ammoniumphosphat ein gutes Reizmittel, sonst auch
Fleischextrakt, vielleicht infolge seines Gehaltes an diesem Salze.
Saprolegniafäden wurden z. B. schon durch 0,005 prozentige Lösung
von Fleischextrakt angelockt, die stärkste Wirkung übten 2—10 prozentige Lösungen aus, 20 prozentige waren wieder schlechter.

Beim Zucker wie beim Fleischextrakt haben wir die geringe
chemotropische Wirkung starker Lösungen solcher Stoffe erwähnt,
die in schwächerer Konzentration gut anlocken. Wahrscheinlich
beruht diese Erscheinung auf dem Entgegenwirken einer neuen
Reizwirkung, die durch die wasserentziehende Kraft der starken
Lösungen ausgeübt wird. Es läge dann kein chemotropischer,
sondern ein negativ „osmotropischer" Effekt vor. Die Probe auf

diese Vermutung müßten Versuche ergeben, in denen geprüft würde, ob gleich stark osmotisch wirksame Lösungen verschiedener Stoffe die Anlockung in derselben Weise zu verhindern imstande sind. Bei den frei beweglichen Organismen sind diese Dinge besser bekannt (S. 294 ff.). Jedenfalls wurden Stoffe gefunden, die bei schwächerer Konzentration positiven, bei stärkerer negativen (oder keinen) Chemotropismus zeigten; außerdem aber andere, die immer abstoßend wirkten, falls überhaupt die Reizschwelle erreicht war.

Freilich gelang es Miyoshi nur durch das Ausbleiben einer positiv chemotropischen Krümmung negative Reaktionen zu konstatieren. Er gab also z. B. der Gelatine neben einem sonst gut anlockenden Stoffe noch eine zweite Substanz zu, dessen abstoßende Wirkung geprüft werden sollte. Es zeigte sich dann, daß Säuren, Alkalien, Alkohol und manche Salze, wie Magnesiumsulfat, Salpeter, chlorsaures Kali und dergl. die Anlockung zu verhindern imstande sind. Es leuchtet ein, daß diese Methode nicht sehr zuverlässig sein kann, um so weniger als es überhaupt, wie wir noch hören werden, nicht gerade leicht ist, die von Miyoshi erzielten Resultate mit seinen Methoden wiederzugewinnen. Immerhin konnte Miyoshi die Tatsache sicherstellen, daß neben negativem Osmotropismus auch ein negativer Chemotropismus existiert. Osmotropisch wirkt z. B. Salpeter, chemotropisch dagegen Alkohol. Die Möglichkeit der Unterscheidung ist dadurch gegeben, daß letzterer schon in sehr großer Verdünnung abstoßend wirkt, während der osmotische Reiz erst bei hohen Konzentrationen beginnt. Mit Hilfe der oben (S. 258) beschriebenen Methode zur Konstanthaltung des Diffusionsgefälles wurde auch für Pilzfäden die Abstumpfung der Reizbarkeit für einen Stoff durch dessen Vorhandensein im umgebenden Medium nachgewiesen, sowie die quantitativen Verhältnisse wiedergefunden, die dem Weberschen Gesetze entsprechen. Bei Saprolegnia z. B. mußte die Zuckerkonzentration auf der einen Seite zehnmal so groß sein als auf der anderen, damit eine Ablenkung zustande kam [1]).

Die Resultate von Miyoshi sind leider bisher nicht mit positivem Erfolge nachgeprüft worden. Es liegen im Gegenteil eine Reihe Arbeiten vor, aus denen die Schwierigkeit hervorgeht mit den beschriebenen Methoden die chemotaktische Reizbarkeit nachzuweisen. So konnte Clark (1902) weder einen positiven Chemotropismus gegen gute Nährlösung noch Abstoßung durch allerlei Gifte konstatieren. Wohl aber fand er negativ chemotropische Wirkung durch vom Pilze selbst abgeschiedene Stoffe. Seine Folgerung, daß alle Resultate von Miyoshi darauf zurückzuführen sein sollen, daß der Pilz die schon von ihm durchwucherten Teile des Substrates meidet, scheint aber verfrüht. In Miyoshis Kontrollversuchen, in denen außer dem Fortlassen des Reizstoffes alle Bedingungen die gleichen waren, wurde kein Aufsuchen der Diffusionsöffnungen beobachtet, wie das nach

---

[1]) Vgl. aber die Bemerkungen von Jost 1908 S. 571.

der Clarkschen Theorie der Fall sein müßte. Immerhin hat dieser Autor das Verdienst, auf einen zweifellos wichtigen Faktor hingewiesen zu haben. Wenn wir z. B. so häufig sehen, wie das aus einer Spore entstandene Fadensystem eines Pilzes auf Gelatine oder dergl. sich radiär nach allen Seiten gleichmäßig ausbreitet und kreisförmig weiterwächst (Abb. 90) oder in Flüssigkeit untergetaucht völlig kugelige Gestalt annimmt, so ist die einfachste Erklärung hierfür die gegenseitige Abstoßung der einzelnen Fadenenden. Etwa dieselben Resultate wie die des letztgenannten Autors ergaben sich aus einer eingehenden Bearbeitung der Frage durch Fulton (1906). Trotz der aufgewandten Mühe konnte kein positiver Chemotropismus bei Pilzen nachgewiesen werden. Die von ihm gezogenen Schlüsse entsprechen ungefähr denen Clarks. Auch Lidforss betont die Schwierigkeit nach Miyoshis Angaben zu arbeiten. Trotzdem ist an dessen Resultaten kaum zu zweifeln. Sehr erwünscht wären aber neue Untersuchungen mit verbesserten Methoden, die eine längere Erhaltung der Konzentrationsdifferenzen gewährleisten.

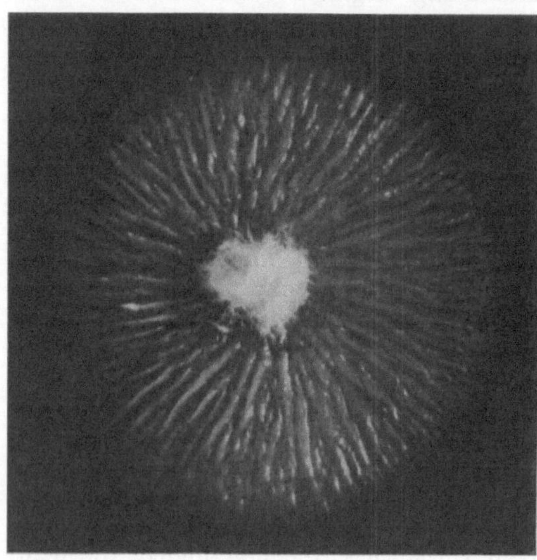

Abb. 90.

Aus einer Spore erwachsenes Fadengeflecht eines Pilzes auf Nährgallerte. Die einzelnen Fäden suchen sich möglichst auszuweichen und noch unbesiedelte Fläche zu erreichen. Dadurch kommt der strahlige Bau des Ganzen zustande.

Außer im Dienste der Ernährung sind chemotropische Reize wahrscheinlich auch bei der Kopulation von geschlechtlich differenzierten Algen und Pilzen wirksam. Entsprechende Beobachtungen wurden wiederholt gemacht, aber nicht weiter verfolgt (Literatur bei Pfeffer 1904 S. 583).

b) Osmo-, Hydro- und Rheotropismus.

Außer vermöge ihrer besonderen chemischen Eigenschaften können gelöste Stoffe bei ungleicher Verteilung noch auf eine andere Weise Reizkrümmungen verursachen, nämlich durch ihre wasserentziehende oder osmotische Kraft (vgl. oben S. 263). Diese Erscheinung, der Osmotropismus muß vom Chemotropismus geschieden werden, denn hier handelt es sich im Grunde nicht um das Verhältnis des betreffenden Pflanzenteils zu chemisch wirkenden Substanzen, sondern um das zum Wasser.

An Wurzeln sind bisher keine osmotropischen Reaktionen beobachtet worden, wohl aber an Pilzfäden (Miyoshi 1894a) und Pollenschläuchen (Lidforss 1909). In beiden Fällen wendet sich die Spitze des fortwachsenden Schlauches von einer Lösung bestimmter Konzentration ab. Daß es sich nicht um eine negativ chemotropische Reaktion handeln kann, geht daraus hervor, daß alle gelösten Stoffe, entsprechend dem von ihnen ausgeübten osmotischen Drucke gleich wirksam sind. Allerdings muß hier bemerkt werden, daß die Voraussetzung des osmotischen Einflusses das Nichteindringen der Substanz ist. Genaueres über die Bedingungen der osmotischen Reizung wird man bei Besprechung des entsprechenden Verhaltens freibeweglicher Organismen erfahren. Dort sind die Dinge besser geklärt.

Wie durch konzentrierte Lösungen, so kann einem Pflanzenteile auch durch Verdunstung Wasser entzogen werden. Man könnte daher hoffen, über die eigentlichen Reizursachen etwas zu erfahren, wenn man diese beiden physikalisch ähnlich wirkenden Agentien vergliche. Reizkrümmungen durch einseitige Transpiration kennt man seit lange, ohne daß aber bisher genügend Tatsachenmaterial herbeigeschafft wäre, um die eben gestellte Frage zu lösen.

Schon Knight (1811) hat festgestellt, daß Wurzeln sich nach feuchter Erde hin krümmen, selbst dem Geotropismus entgegen. Er säte Pferdebohnen oberflächlich in Blumentöpfe und verhinderte die Erde durch ein Gitter beim Umdrehen herauszufallen. Wurden nun die Töpfe umgekehrt und mäßig feucht gehalten, so traten die Keimwurzeln nicht an die Luft hinaus, sondern krochen an der feuchten Fläche entlang. Die Nebenwurzeln wuchsen nach oben in die Erde hinein. Keine verließ das feuchte Substrat. Wurde dagegen sehr reichlich bewässert, so trat die Ablenkung der Wurzeln von der natürlichen Richtung nicht ein, die Hauptwurzel wuchs normal geotropisch abwärts. Ähnliche Versuche stellte Johnson an. Genauer ging aber erst Sachs (1872) der Reizwirkung feuchter Körper nach. Wir nennen die durch solche bewirkte Ablenkung von Pflanzenteilen Hydrotropismus und sprechen von positivem oder negativem Hydrotropismus, je nachdem die Krümmung nach dem feuchten Substrate hin gerichtet ist oder von ihm weg.

Sachs benutzt einen einfachen Apparat, bestehend aus einer Art Sieb mit Zinkrahmen und Boden aus weitmaschigem Tüll. Auf diesen kommt eine dünne Schicht feuchtes Sägemehl, darüber Samen geeigneter Pflanzen, dann wieder feuchtes Sägemehl bis zum Rande. Wird diese Vorrichtung im Dunkeln schräg aufgehängt und feucht gehalten, so treten die Wurzeln durch die Löcher hervor, wachsen aber nicht senkrecht abwärts, sondern der feuchten Fläche entlang. Dabei führen sie oft periodisch geotropische und hydrotropische Krümmungen aus und nähen sich dadurch gewissermaßen durch die

Maschen des Tülls. Die Erklärung hierfür liegt offenbar darin, daß die zunächst im feuchten Substrat verborgene Wurzel, nur geotropisch reagierend, abwärts wächst, bis sie in den Bereich der trockenen Luft kommt. Die eine Seite aber bleibt der feuchten Fläche genähert. Daher krümmt die Wurzel sich hydrotropisch aufwärts, bis sie ihre Spitze in das Sägemehl eingebohrt hat, und dann wiederholt sich das Spiel. Die Ursache des periodischen Wechsels in der Wachstumsrichtung liegt also darin, daß die Reaktionen nicht sofort erfolgen, sondern erst nach einer Latenzzeit.

Ist das Sieb horizontal anstatt schräg aufgehängt, so gelingt der Versuch nur schlecht, weil nun die geotropische Gegenwirkung stärker ist und weil ferner die hervorbrechenden Wurzelspitzen von allen Seiten ungefähr gleichmäßig der Trockenheit ausgesetzt sind, so daß aus Mangel an einer Feuchtigkeitsdifferenz keine genügende hydrotropische Reizung zustande kommt. Das Gleiche gilt für den Fall, daß der Apparat in einem zu feuchten Raume aufgehängt wird; denn der Reizanlaß beim Hydrotropismus ist der verschiedene relative Wassergehalt der Luft auf beiden Seiten der Wurzel.

Bei einer anderen Versuchsanstellung benutzt Sachs wassergetränkte Torfziegel, auf deren Oberfläche kleine Samen von Kresse (Lepidium), Senf (Sinapis) oder dgl. gesät werden. Haben die Pflänzchen die ersten Keimungsstadien durchlaufen, so wird der Torfziegel in umgekehrte und geneigte Lage gebracht. Die beobachteten Erscheinungen sind den beschriebenen ähnlich.

Molisch (1883) hat für Versuche über Wurzelhydrotropismus einen äußerlich trichterförmigen, aber kompakten porösen Tonkörper konstruiert. Dieser wird mit seinem unteren zylinderförmigen Ansatz in Wasser gestellt und hält sich durch Kapillarität selbst feucht. Der obere kegelförmige Teil trägt eine flache Aushöhlung, die mit feuchten Sägespänen gefüllt wird. In diese werden die Samen eingebettet, während die Keimwurzeln in Kanäle zu liegen kommen, die nach auswärts führen. Kommen sie an die einspringende Oberfläche des Tontrichters, so wachsen sie nicht senkrecht abwärts, sondern schmiegen sich der feuchten Fläche an, falls die umgebende Luft nicht zu feucht ist. Auf diese Weise läßt sich das Verhalten jeder einzelnen Wurzel gut verfolgen.

Molisch hat sich die Frage vorgelegt, welcher Teil der Wurzel den hydrotropischen Reiz perzipiere. Maiswurzeln, die mit Ausnahme der Spitze mit feuchtem Seidenpapier umgeben waren, wurden horizontal gelegt. Auf die eine Seite der Spitze kam ein Streifchen feuchtes Fließpapier, auf die andere ein Tropfen Schwefelsäure, der Wasserdampf absorbieren sollte. Auf diese Weise wurde eine möglichst große Differenz im Dampfsättigungsgrade der Luft erzielt. Die eintretende Krümmung nach dem feuchten Papier hin bewies die Fähigkeit der Wurzelspitze, den Reiz aufzunehmen, denn die mit feuchtem Papier umgebenen Regionen der Wurzel konnten hierfür nicht in Betracht kommen. Später hat Pfeffer (1904 S. 605) den ergänzenden Gegenversuch ausführen lassen: Umhüllung der Spitze mit feuchtem Papier verhindert die hydrotropische Krümmung, auch wenn die Wachstumszone dem Reize ausgesetzt ist. Also ist die Spitze der allein empfindliche Teil.

Um seinen Tontrichter außen recht feucht zu erhalten, hat ihn Molisch mit Fließpapier belegt, das besser saugt als Ton. Ich habe dann gezeigt, daß man jede beliebig gestaltete Fläche von Glas, Zinkblech u. dgl. mit feuchtem Papier bedecken und als Substrat für das Wachstum kleiner und dünner Wurzeln benutzen kann (Pringsheim 1911). Auch auf diese Weise läßt sich der Hydrotropismus sehr schön demonstrieren. Am besten gelingt der Versuch, wenn man eine Blechplatte in einem stumpfen Winkel biegt und in einen großen, oben offenen Glaszylinder so einstellt, daß die obere Fläche senkrecht steht. Die Außenseite der Blechscheibe wird mit Fließpapier belegt, das durch eine Schicht Wasser am Boden des Zylinders feucht gehalten wird. Die Samen von Sinapis, Lepidium u. a. kommen trocken auf das feuchte Papier der oberen Fläche nahe der Biegung. Das Resultat zeigt die Abb. 91.

Der Reizanlaß ist beim Hydrotopismus durch den verschiedenen Wasserdampfgehalt der Luft an entgegengesetzten Flanken gegeben. Die dadurch bewirkte ungleiche Transpiration dürfte die eigentliche Reizwirkung ausüben. Molisch betont die Analogie mit Krümmungen, die durch wasserentziehende Mittel, wie Gummi arabicum ausgelöst werden. Letztere müßte man dann als osmotropische Reaktionen auffassen. Solche ließen sich aber bei Wurzeln auch mit stärker osmotisch wirkenden Substanzen bisher nicht nachweisen. (Newcombe and Rhodes 1904).

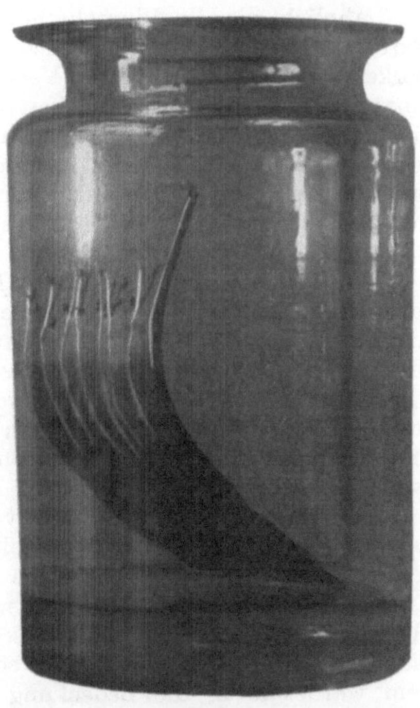

Abb. 91.

Keimpflänzchen von Raps. Die Wurzeln haben sich der gebogenen feuchten Löschpapierfläche hydrotropisch angeschmiegt. Auf $^1/_3$ verkleinert.

Die ökologische Bedeutung des Wurzelhydrotropismus ist ziemlich klar. Er verhindert die Wurzeln in trockene Bodenschichten einzudringen, wo sie verdorren müßten. In der Tat wuchsen Wurzeln, die Molisch an die Grenze zweier senkrecht nebeneinanderliegenden, ungleich feuchten Bodenmassen gepflanzt hatte, in die feuchtere

Erde hinein. Stärker als bei den Hauptwurzeln macht sich der Hydrotropismus bei den Nebenwurzeln erster und zweiter Ordnung geltend. Letztere besonders, die keine geotropische Orientierungsfähigkeit besitzen, werden daraus Nutzen ziehen, indem sie verhindert werden an die trockene Luft hinaus zu wachsen. Man kann jederzeit leicht beobachten, daß bei einer Topfpflanze, die in sehr feuchter Luft gehalten wird, Wurzeln über die Erdoberfläche erscheinen. Unter solchen Umständen kann der schützende Hydrotropismus nicht zustande kommen.

Ähnlich wie die Wurzeln höherer Pflanzen verhalten sich nach Molisch die Haarwurzeln (Rhizoïden) von Lebermoosen und Farnvorkeimen. Ragte in seinen Versuchen der Thallus über den Rand eines feuchten Fließpapierstückes, das eine umgelegte Glasschale überzog, so bogen sich die Rhizoïden nach dem der Glasschale senkrecht anliegenden Teile des Papieres hin. Bei diesen Gewächsen, die oft an senkrechten Baumstämmen u. dgl. wachsen, ist der Nutzen des Hydrotropismus der Wurzelfasern wiederum leicht ersichtlich.

Im Gegensatz zu den positiv hydrotropischen Wurzeln krümmen sich die Fruktifikationsorgane vieler Pilze von feuchten Flächen fort und erreichen dadurch die zum Ausstreuen oder jedenfalls zur Verbreitung der Sporen geeignete Lage in der trockeneren Luft.

So verhalten sich nach Molisch die Hutstiele des Pilzes Coprinus stercorarius und die Sporangienträger von Mucor stolonifer, nach anderen die Fruchtträger von Phycomyces, wie überhaupt der Mucorineen (vgl. Wortmann 1881, Steyer 1901 und Pfeffer 1904 S. 587),

Die großen Sporangienstiele von Phycomyces eignen sich besonders zu Versuchen. Steyer bedeckte die auf Brot wachsenden Kulturen mit Glimmerplatten, welche Öffnungen zum Hervortreten von Fruchtträgern besaßen. Dadurch wurden einzelne von ihnen zur Beobachtung isoliert, während sie sonst in dichten Büscheln wachsen, die auseinander spreizen, weil sie selbst Feuchtigkeit abgeben. Außerdem wurde durch die Bedeckung die Wirkung des feuchten Brotes unschädlich gemacht. Wurde nun den aufrechten Fruchtträgern eine feuchte Papierflächte genähert, so krümmten sich die zunächst gelegenen, zwischen 1—4 mm von der dampfabgebenden Fläche, von ihr fort, die ferner stehenden waren in einer Breite von 1 cm gerade, die folgenden waren dem Papier zu gekrümmt.

Es scheint also, daß ein geringer einseitiger Feuchtigkeitsüberschuß positiven Hydrotropismus hervorrufen kann und ein größerer erst negativen. Demnach stünde das ganze Verhalten in bemerkenswerter Analogie zum Phototropismus, auch in bezug auf die Differenzen zwischen positiv und negativ reagierenden Organen. Nur daß es physikalisch unmöglich ist, bei den positiv hydrotropischen Objekten die Luftfeuchtigkeit über $100\,^0/_0$ hinaus weiter zu steigern, um etwa negative Reaktionen zu erzielen. Wenn man übrigens die Transpiration an Stelle des Dampfgehaltes der Luft als Reizmittel betrachtet, wozu man mindestens ebenso berechtigt ist, so dreht sich das Bild um und die Analogie wird noch besser.

Bei den im Substrat wachsenden Pilzfäden konnte Steyer keine Reaktion auf Feuchtigkeitsdifferenzen nachweisen. Ebensowenig zeigen die Stengelorgane der meisten höheren Pflanzen irgendwelchen Hydrotropismus. Nur beim Flachs (Linum usitatissimum) gelang es Molisch, falls er durch Klinostatendrehung die geotropische Gegenwirkung ausschaltete, ein Fortkrümmen von feuchten Flächen zu beobachten. Aber auch da ist die Reizwirkung gering.

In den bisher geschildeten Fällen veranlaßte das Wasser als Dampf durch seine ungleiche Verteilung eine Richtungsbewegung. Aber auch im tropfbar flüssigen Zustande ist es vielfach imstande, einen Reiz auszuüben, und zwar durch seine Strömung. Entdeckt wurde diese Tatsache, der „Rheotropismus", durch Jönsson (1883). Er säte Sporen von Schimmelpilzen auf Streifen von Filtrierpapier, durch die er einen Strom von Nährflüssigkeit leitete, indem er sie heberartig aus einem Gefäß heraushängen ließ. Die auskeimenden Pilzfäden wuchsen bei der gewählten Stromgeschwindigkeit mit dem Strom, reagierten also negativ, wenn Phycomyces und Mucor benutzt wurde, — gegen den Strom aber, positiv, bei Botrytis. Die Versuche wären mit variierter Schnelligkeit der Strömung zu wiederholen, denn mindestens die negativen Krümmungen könnten rein mechanischer Natur sein.

Besser unterrichtet sind wir über entsprechende Reaktionen von Wurzeln. Jönsson (1883) ließ Maiskeimwurzeln in Wasser hängen, das von der Leitung her eine schräg gestellte Wanne durchfloß. Nach einigen Stunden krümmten sie sich in der Wachstumszone in die Richtung gegen den Strom, also positiv rheotropisch. Ähnlich verhielten sich junge Roggen- und Weizenwurzeln, falls die Stromstärke so gering war, daß eine mechanische Beugung dieser zarten Objekte nicht stattfinden konnte.

Berg (1889) fügte dem hinzu, daß auch in Erde rheotropische Krümmungen auftreten können. Alle untersuchten Keimwurzeln (mit einer Ausnahme), sowie auch Nebenwurzeln erster Ordnung reagierten rheotropisch; doch machte sich nach dem Zustandekommen der Horizontalstellung eine geotropische Gegenkrümmung der Wurzelspitze bemerkbar. Berg verbesserte die Methode wesentlich. Da es ja nur auf die relative Bewegung zwischen Wurzeln und Wasser ankommt, konnte er sich von der Verwendung großer Wassermassen freimachen. Er benutzte runde geschlossene Gefäße und ließ entweder die Wurzeln mit Hilfe eines Uhrwerkes sich im Kreise gegen das Wasser bewegen oder die Flüssigkeit in der Schale durch einen tangential einströmenden Wasserstrahl in Rotation versetzen.

Juel (1900) bediente sich dann einer ähnlichen, von Pfeffer erdachten Anordnung (Abb. 92). Die Wurzeln werden bei ihr an einem

horizontal feststehenden Glasstabe befestigt. Sie tauchen in eine Glasschale voll Wasser, die durch den Klinostaten in Drehung versetzt wird.
Je nach der Entfernung der Wurzeln vom Drehungsmittelpunkte und
nach der Geschwindigkeit der Rotation sind die Strömungen verschieden stark. Mit dieser Methode konnte Juel zeigen, daß an den
Wurzeln von Vicia Faba bei großer Gewalt des Stromes meist negative, bei geringerer als 40 cm in der Sekunde meist positive Krümmungen auftreten. Selbst bei einer Strömung, die nur 0,3 mm in
der Sekunde zurücklegte, bekam er noch Reaktionen, die aber
schwächer waren als z. B. bei 0,5 mm. Um zu prüfen, ob vielleicht
die Wurzelspitze das reizaufnehmende Organ ist, schnitt er sie ab.
Die Krümmungen wurden nun aber sogar noch stärker, wahrschein

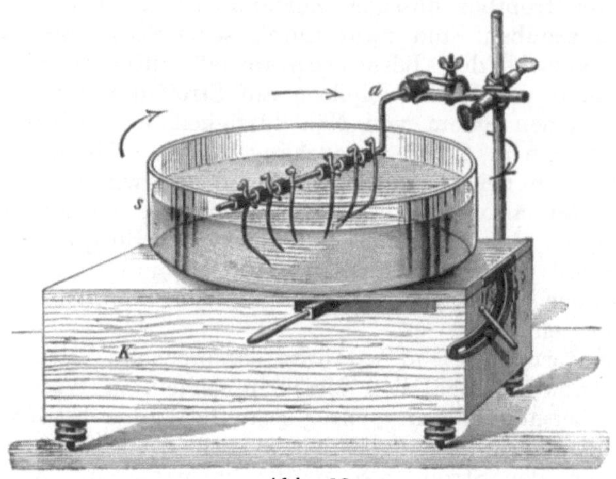

Abb. 92.

Rheotropische Wurzeln von Vicia sativa. Das Gefäß mit dem
Wasser dreht sich in der angedeuteten Richtung. Nach Pfeffer 1904.

lich durch Ausschaltung des Geotropismus. Jedenfalls zeigt sich hier
ein fundamentaler Unterschied gegenüber dem Hydrotropismus, der
nur an der Spitze perzipiert wird.

Newcombe (1902) hat dann die Lokalisierung der rheotropischen
Empfindlichkeit in der Wurzelspitze weiter untersucht. Er schützte
bestimmte Regionen der Wurzeln gegen den Wasserstrom, indem er
sie in Glasröhrchen einführte und die Zwischenräume mit Watte verstopfte. Es zeigte sich, daß Krümmungen in der Wachstumszone
auftraten, wenn allein die Spitze auf 1 mm frei blieb, aber auch
wenn umgekehrt nur der obere Teil vom Strome getroffen werden
konnte, weil die Wurzel bis auf 20 mm von der Spitze eingeschlossen
war (Raphanus sativus, Brassica alba). Da das Wachstum dicht
hinter der Spitze vor sich geht, muß hier also der Reiz in einer nicht
mehr streckungsfähigen Zone perzipiert und von da spitzenwärts
geleitet werden, ein in der Pflanzenwelt seltenes Verhalten.

Trotz mehrfacher Untersuchung des Rheotropismus wissen wir über den eigentlichen Reizanlaß nicht Bescheid. In Betracht kommen die mechanische Wirkung des Stromes oder die etwa durch ihn bewirkte Verschiebung der Wasserverteilung in der Wurzel. Wäre die Reibung des Wassers für das Zustandekommen der Reizung von Bedeutung, so läge ein Fall von Thigmotropismus vor. Ein solcher ist aber sonst an Wurzeln nicht nachweisbar. Auch haben bei den thigmotropisch so empfindlichen Ranken gerade Flüssigkeiten keine Wirkung (vgl. S. 218). Eine Wasserverschiebung in der Wurzel könnte dadurch zustande kommen, daß der Strom auf der einen Seite Wasser einpreßt, auf der anderen aber saugt. Nur müßte diese physikalische Wirkung bei langsamen Strömen außerordentlich gering sein. Die Frage ist, wie gesagt, nicht entschieden. Einen gewissen Anhalt geben Versuche von Hryniewiecki (1908), in denen festgestellt wurde, daß manche in Luft befindliche, einseitig mit Wasser besprühte Wurzeln sich nach dieser Seite hin krümmen, und zwar auch, wenn die Wurzelspitze entfernt ist.

Ferner fand der genannte Autor, daß destilliertes Wasser energischer wirkt als Leitungswasser, daß basische Reaktion die Wirkung aufhebt, ganz schwach sauere sie aber wesentlich verstärkt. Der Schluß des Verfassers auf Gleichartigkeit der Perzeptionsvorgänge beim Hydro- und Chemotropismus ist freilich wohl verfehlt.

Auch über eine etwaige ökologische Bedeutung des Rheotropismus läßt sich nichts aussagen. Es ist nicht wahrscheinlich, daß eine Erdwurzel häufig Vorteil daraus zieht, Wasserströmungen entgegenzuwachsen. Bis hierauf gerichtete Untersuchngen vorliegen, ist es besser, Vermutungen zu unterlassen.

c) Chemonastie.

Wir haben in den letzten Abschnitten die durch chemische Reize bewirkten Richtungsbewegungen besprochen, bei denen also der Reizanlaß durch die ungleiche Verteilung des Reizmittels gegeben war.

Ist dagegen die Krümmungsrichtung von der örtlichen Verteilung des Reizstoffes unabhängig, so spricht man von Chemonastie. Die bedeutungsvollsten Beispiele haben wir schon bei den Insektivoren besprochen (S. 235 ff.), so daß hier nur kurz darauf hingewiesen werden soll. Die eigenartigen Reizbewegungen der Blätter von Pinguicula, Drosera und Dionaea werden unter natürlichen Umständen durch gleichzeitigen Einfluß mechanischer und chemischer Reize bewirkt.

Im Experiment ließen sich die chemonastischen Reaktionen getrennt studieren, wenn der Reizstoff in einer Form geboten wurde, die mechanische Reizung ausschloß, also als vorsichtig auf die Blätter gebrachte Tropfen flüssiger oder gelöster Substanzen. Es erfolgte dann die durch den Bau des Blattes festgelegte Schließbewegung, die besonders bei Dionaea sich durch ihre Langsamkeit und längeres Vorhalten von der Reaktion auf Berührung unterschied.

Jedenfalls vollzog sich die Bewegung nicht in einem bestimmten Sinne zur Richtung des Reizes, war also eine echte Chemonastie. Das wird besonders deutlich, wenn das ganze Blatt durch Eintauchen in die Lösung eines Reizstoffes diffus gereizt wird. Auch dann, wenn bei Pinguicula und Drosera die Bewegung an der Stelle beginnt, die mit dem Reizstoffe belegt worden ist, liegt doch keine Richtungsbewegung vor. Anders ist es, wenn die Tentakeln von Drosera sich nicht nach der Mitte, sondern nach einer seitlichen gereizten Stelle hin biegen. Dann spielt ein tropistischer Reiz mit hinein. Aber die vorliegenden Erfahrungen gestatten nicht zu entscheiden, ob das durch rein chemische Einflüsse zu erzielen ist, denn Darwin (1865 [1899]) experimentierte nur mit festen Substanzen, mit Stückchen von Fleisch und von Ammoniumphosphat.

Chemonastische Bewegungen kommen (ebenso wie thermonastische) bei Pflanzenteilen, die vorwiegend mechanisch reizbar sind, als Nebenerscheinung vor. So krümmen sich Ranken bogenförmig ein, wenn man sie in eine Atmosphäre bringt, die mit Ammoniak- oder Chlorophormdämpfen geschwängert ist. Ähnlich wirkt bei ihnen, sowie bei verschiedenen reizbaren Narben und Staubgefäßen, der Entzug des Sauerstoffes (Correns 1892 und 1896). Auch Mimosa reagiert auf Chloroform, und zwar durch Hebung der Blätter. Diese erfolgt, trotzdem durch das Narkotikum die Erschütterungsreizbarkeit aufgehoben wird (Pfeffer 1873).

Ebenso wie hier ist irgendwelche ökologische Bedeutung der chemonastischen Reaktionen auch in einem neuerdings aufgefundenen Falle nicht zu ersehen. Die Blätter von Callisia repens, einer Tradescantia-ähnlichen Pflanze, fielen Wächter (1905) dadurch auf, daß sie im Zimmer eine andere Lage einnahmen als in dem Gewächshaus, in dem sie kultiviert wurden. Und zwar klappten die Blätter, die sonst ausgebreitet sind, durch ungleiches Wachstum an der Basis herab. Es zeigte sich, daß es irgendwelche Beimengungen der Laboratoriumsluft sind, die diese Bewegungen herbeiführen. Im Versuche konnte mit den verschiedenartigsten schädlichen Stoffen dieselbe Wirkung erreicht werden, aber nur an Callisia, nicht an nahe verwandten anderen Pflanzen. Die Reaktion tritt so sicher ein, daß Pfeffer (1907) ihr Ausbleiben als deutliches Zeichen genügend reiner Luft in seinem Versuchsraum verwenden konnte.

Aus solchen Beobachtungen muß man die Lehre ziehen, daß in botanischen Laboratorien auf besonders gute Luft zu sehen ist, wenn man nicht allerlei Täuschungen und Störungen gewärtigen will. Dasselbe hatte schon Richter (1903) betont. Es lagen vielfältige Erfahrungen vor, daß Keimpflanzen, besonders von Leguminosen, die für reizphysiologische Zwecke verwendet werden sollten, durch schiefen Wuchs enttäuschten. Die Literatur über den für die Laboratoriumspraxis so wichtigen Gegenstand ist recht ausgedehnt. (Zusammengestellt findet sie sich z. B. bei Guttenberg 1910 und Neljubow 1911).

Die Keimstengel von Wicken, Erbsen, Linsen und anderen Leguminosen, sowie die von Tropaeolum, Agrostemma, Helianthus[1]) zeigen den Einfluß verunreinigter Luft, wie sie in Laboratorien ohne besondere Vorsichtsmaßregeln stets herrscht, in einer Verlangsamung des Wachstums, mit der vielfach ein abnormes Dickenwachstum und bleiche Farbe Hand in Hand geht. Dabei sind sie in ihrem oberen Teile seitlich gekrümmt, und zwar oft so stark, daß sie dem Erdboden angepreßt wachsen.

Der Grund der Erscheinung liegt in einer Störung des Geotropismus. Durch die Ausschaltung des Bestrebens sich aufzurichten, werden anderweitige Krümmungsreize, z. B. phototropische, eine stärkere Ablenkung aus der Vertikalstellung bewirken als ihrem Einfluß allein entspräche (Richter 1906 und 1909). Die experimentellen Schwierigkeiten, die dadurch zustande kommen können, hat Guttenberg (1910) eingehend besprochen.

Die Art, wie das geotropische Verhalten beeinflußt wird, hat aber erst Neljubow (1911) klargelegt. Er fand, daß die oberen Teile der betreffenden Keimlinge sich unter dem Einflusse gewisser gasförmiger Stoffe horizontal zu stellen suchen, und zwar deshalb, weil sie durch den chemischen Reiz transversal geotropisch werden. Es liegt hier also eine geotropische Sinnesänderung, ausgelöst durch chemische Stoffe, vor.

Die Seite, nach der die Krümmung vor sich geht, wird durch kleine Abweichungen von der Vertikalstellung bestimmt, denn genau in dieser haben radiäre transversalgeotropische Objckte eine Ruhelage. Wirkt ein tropistischer Außenreiz, also etwa Licht ein, so bestimmt dessen Richtung die Ebene der Krümmung, wodurch dann die ganze Beugung aussieht, als wäre sie dem Phototropismus allein zuzuschreiben. Man sieht, daß die Beachtung dieser Erscheinung für die Deutung vieler reizphysiologischer Versuchsergebnisse von großer Bedeutung ist, um so mehr als unter den beliebten Laboratoriumsobjekten gerade viele sind, die diese Art von Chemonastie aufweisen, und als die geringsten Spuren von schwer nachweisbaren Stoffen wirksam sind.

Die meisten Versuche über die Chemonastie der Keimlinge sind leider mit schwer übersehbaren Gemischen von Stoffen, mit „Laboratoriumsluft" und Leuchtgas angestellt. Nur Neljubow hat bestimmte Stoffe, wie Ätylen und Azetylen verwendet, die im Leuchtgase vorkommen und dessen Wirkung bedingen dürften. Weitere Untersuchungen darüber, welche Substanzen und in welchen Mengen sie denselben Erfolg hervorrufen, wären erwünscht.

Wenn durch chemische Einflüsse nicht Wachstumskrümmungen, sondern nur Veränderungen in der Schnelligkeit auch sonst verlau-

---

[1]) Auch das von Darwin soviel benutzte Gras Phalaris canariensis gehört nach eigenen Erfahrungen hierher.

fender geradliniger Wachstumsvorgänge hervorgerufen werden, so ist die Deutung solcher Vorgänge als Reizreaktion recht zweifelhaft. Wir wollen daher alle jene Wachstumsbeeinflussungen, die durch Narkotika, durch Entziehung von Sauerstoff oder durch Kohlensäure u. dgl. hervorgerufen werden, hier nicht besprechen.

Über die Veränderung in der Reizbarkeit gegen anderweitige Einflüsse, die durch dieselben Stoffe bewirkt werden, haben wir an mehreren Orten schon berichtet. Es wäre demnach nur noch darauf hinzuweisen, daß besonders die Plasmaströmung und die Bewegungen frei schwimmender Organismen auf ihre Beeinflussung durch chemische Mittel hin studiert worden sind. So läßt sich die Plasmaströmung durch Chloroform und Äther aufheben, andererseits aber bei kurzer Einwirkung auch gerade durch diese Mittel hervorrufen, ähnlich wie durch Verletzungen.

Daß die Plasmaströmung als Zeichen für lebhafte Tätigkeit in einem Gewebe angesehen werden kann, zeigen besonders deutlich die Blatt-Tentakeln von Drosera, in denen neben anderen Veränderungen in den Zellen (vgl. S. 239), auf chemische Reize hin und während der Absonderung des Verdauungssaftes, eine lebhafte Plasmaströmung einsetzt. (Literatur bei Pfeffer 1904, S. 466.) Meist werden die durch chemische Reize hervorgerufenen Umsetzungen und Umlagerungen in Zellen nicht so leicht der Beobachtung zugänglich sein. Man darf aber wohl annehmen, daß die Droseratentakeln in der Beziehung nicht allein dastehen.

d) Allgemeines über Chemotaxis und Aërotaxis.

Bedeutend besser als über die durch Wachstum bewirkten chemotropischen Reizerfolge sind wir über die chemotaktischen Reaktionen frei beweglicher Organismen unterrichtet. Der Grund hierfür liegt offenbar darin, daß die als Reizanlaß dienende ungleiche Verteilung chemischer Stoffe in einer Lösung nicht lange bestehen bleiben kann und daher leichter auf die lokale Anordnung der relativ schnell beweglichen schwimmfähigen als der trägeren durch Wachstum reagierenden Objekte einwirken kann.

Der Erfolg einer chemotropischen Reaktionsweise macht sich darin bemerkbar, daß innerhalb des verfügbaren Raumes Stellen aufgesucht werden, die eine bestimmte Konzentration des Reizstoffes darbieten. Ein ähnliches Verhalten war auch für frei bewegliche Organismen als wahrscheinlich angenommen worden (Literatur Pfeffer 1884) bevor es Engelmann (1881a u. 1882) und Pfeffer (1884) gelang, sichere Beweise zu erbringen. Durch diese Veröffentlichungen, denen bald (1888) eine weitere von Pfeffer folgte, wurde die Lehre von der Chemotaxis sogleich unter die am besten bekannten und anziehendsten Gebiete der pflanzlichen Reizbarkeit eingereiht.

Chemotaktische Reizbarkeit kommt ebenso wie die chemotropische sowohl im Dienste der Fortpflanzung wie der Ernährung und der Atmung vor. Auch finden wir wiederum, daß gelöste Stoffe, die eine Wasserentziehung oder sonstige Schädigungen bewirken könnten, die Orientierungsbewegungen beeinflussen.

Aërotaxis.

Am längsten von allen chemotaktischen Erscheinungen ist die von Engelmann (1881a) entdeckte Tatsache bekannt, daß luftbedürftige Bakterien Orte hoher Sauerstoffkonzentration aufsuchen. In einem durch das Deckglas abgeschlossenen Kulturtropfen sammeln sie sich in der Randzone und um eingeschlossene Luftblasen, sobald im Innern der Flüssigkeit Sauerstoffmangel eintritt. Durch die lebhafte Atmung der Bakterien wird bald auch der Sauerstoff der Bläschen aufgezehrt, die dadurch ihr Anlockungsvermögen einbüßen. Am Rande des Deckgläschens wird dafür bei freiem Luftzutritt die Ansammlung immer dichter und kann stundenlang anhalten, falls die Verdunstung der Kulturflüssigkeit verhindert wird. Die Bakterien jedoch, die die Randzone nicht rechtzeitig zu erreichen vermögen, werden aus Mangel an Atmungssauerstoff unbeweglich.

Eine Unklarheit bleibt diesen Versuchen durch die Nichtberücksichtigung der entstehenden Atmungskohlensäure. Sollte diese eine negative Chemotaxis bewirken, so könnte ihre Reizwirkung das geschilderte Verhalten, wenn nicht allein, so doch mit hervorrufen. Solange über diese Fragen nichts genaueres bekannt ist, ist es ganz zweckmäßig, die erwähnten und einige gleich zu schildernde Erscheinungen als Aërotaxis (Richtungsreizung durch die „Luft") zusammenzufassen.

In derselben Weise wie Luftblasen wirken auch andere Sauerstoffquellen in einem abgeschlossenen sauerstoffarmen Medium als Anlockungszentren geeigneter Bakterien. So z. B. grüne Algenzellen, die im Lichte durch Kohlensäurespaltung Sauerstoff frei machen. Diese Tatsache machte sich der genannte Forscher zur Ausbildung der als „Engelmannsche Bakterienmethode" bekannten Versuchsanstellung zunutze (1881a). Sie dient zum Nachweis geringer Mengen von assimilatorischem Sauerstoff.

Wird nämlich ein Algenfaden unter einem Deckglase mit aërotaktischen Bakterien zusammen luftdicht eingeschlossen, so zerstreuen sich diese im Dunkeln in der Wasserschicht und werden schließlich unbeweglich. Im Lichte aber scheidet die Alge Sauerstoff aus und gibt dadurch den Bakterien in ihrer Nähe die Möglichkeit, ihre Bewegungen wieder aufzunehmen und sich aërotaktisch anzusammeln. Wird mit verschiedenfarbigem Lichte in Form eines kleinen Spektrums beleuchtet, so sammeln sich die Bakterien um den Algenfaden da am stärksten, wo die reichlichste Sauerstoffabscheidung stattfindet. Man kann daher aus der Verteilung der Bakterien auf die relative Größe der Assimilation in verschiedenen Spektralbezirken schließen (Abb. 93). Besonders wertvoll wird diese Methode dann, wenn es sich

um kleine Organismen, wie Diatomeen oder dergleichen handelt, bei
denen die assimilatorisch wirksamen Strahlen auf andere Weise nur
schwer bestimmbar sind, und die wegen ihrer abweichenden Färbung
der Physiologie besondere, an größere Pflanzen nicht lösbare Probleme
stellen. Auch gestattet die Engelmannsche Methode den Nachweis,
ob ein bestimmter mikroskopischer Organismus überhaupt Sauer-
stoffe zu produzieren vermag.

Engelmann benutzte für seine Versuche die gewöhnlichen
Fäulnisbakterien, wie sie sich z. B. an Erbsen in Wasser entwickeln.
Ist diesen Bakterien die Wahl zwischen Sauerstoff vom Partiärdruck
der Atmosphäre und einem niedrigeren freigestellt, so suchen sie den
ersteren auf. Noch höhere Tensionen würden sie vielleicht fliehen.
Wir wissen nämlich, besonders aus Versuchen Beijerincks (1894),
daß viele Bakterien an geringere Sauerstoffmengen angepaßt sind als
sie die Atmosphäre liefert. Sie suchen deshalb, unter dem einfach

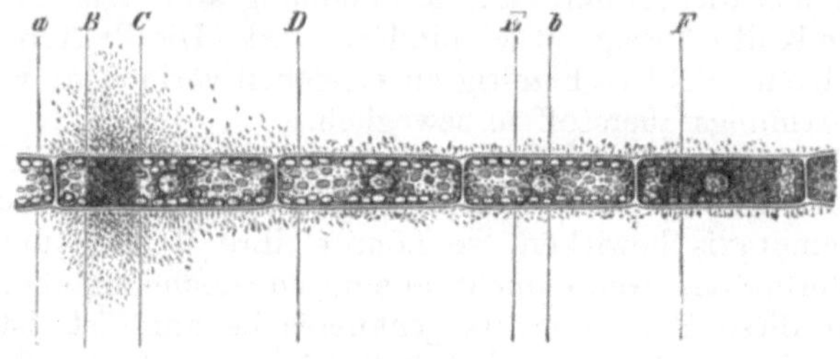

Abb. 93.

Engelmannsche Bakterienmethode. Ein Faden von Oedogonium mit
einem kleinen Spektrum beleuchtet, von dem nur die wichtigsten
Fraunhoferschen Linien angegeben sind. Die Bakterien sammeln
sich hauptsächlich an den Stellen, wo die stärkste Sauerstoffabscheidung stattfindet. Nach Pfeffer 1897.

aufgelegten Deckglase eingeschlossen, nicht die äußerste Randzone auf,
sondern eine mehr oder weniger tief nach innen liegende (Abb. 94). Es
gibt selbst solche, die auch die geringsten Sauerstoffspuren fliehen und
sich daher in dem geschilderten Versuche möglichst weit vom Rande,
also in der Mitte zusammendrängen (Rothert 1901, S. 376). Es war
Beijerinck möglich, auf Grund dieses Verhaltens verschiedene Bak-
terientypen von abweichendem Sauerstoffbedürfnis voneinander zu
trennen, den Aëroben-, den Spirillen- und den Anaërobentypus. Daraus
darf man wohl schließen, daß jedem Bakterium ein gewisses Sauer-
stoff-,,Optimum“ zukommt, das bei manchen weit über der normalen
Tension dieses Gases, bei anderen sehr tief liegen kann.

Betrachten wir ein einzelnes Individuum jener Bakterienarten,
die sich bei gegebener Auswahl in einer mittleren Sauerstoffkonzentration sammeln, so sehen wir, daß es sich je nach der ursprünglichen Lage entweder nach einem Orte höherer oder niedrigerer
Tension begibt, also positiv oder negativ reagiert. Wir finden hier
wiederum die allgemeine Regel bestätigt, daß Reize, die überhaupt

in der Natur quantitativ abgestuft vorkommen, bei starker Einwirkung negative, bei schwächerer positive Reaktion bewirken. Im Prinzip müssen wir dasselbe für alle Arten von aërotaktischen Bakterien annehmen, z. B. auch für die sich am Deckglasrande sammelnden vom Aërobentypus Beijerincks. Der Einfluß höherer Drucke, als sie der Atmosphäre entsprechen, auf die Aërotaxis wurde bisher nicht untersucht. Die untere physikalisch mögliche Grenze ist jedenfalls in einem unter Deckglas befindlichen Kulturtropfen auch im Zentrum nicht gegeben und die obere nicht am Rande. Es fehlten demnach noch Versuche mit exakterer Methode, in denen Art und Konzentration der gelösten Gase genau bekannt wären.

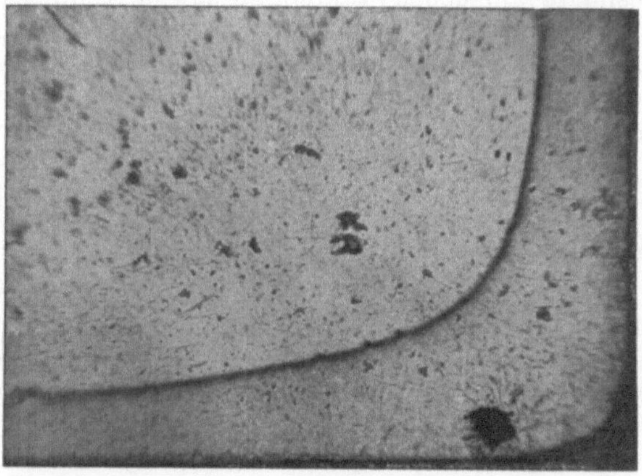

Abb. 94.

Bewegliche Purpurbakterien (Chromatium) an mäßige Luftzufuhr angepaßt, unterm Deckglas in Flüssigkeit. Die Bakterien suchen eine gewisse Zone auf, in die vom Deckglasrande nicht zu viel und nicht zu wenig Sauerstoff dringt und bilden dort einen scharf begrenzten Strich. An der Ecke weichen sie wegen der reichlicheren Sauerstoffdiffusion mehr zurück.

Über die Reaktionsweise des Einzelbakteriums finden wir Angaben bei Jennings ([1905] 1910, S. 39 ff.), der sie besonders an gewissen Spirillen genau verfolgt hat. Die Ansammlung um eine Luftblase z. B. kommt auf folgende Weise zustande: Die Individuen, die zufällig im Laufe ihrer Bahn in die Nähe einer solchen Sauerstoffquelle gekommen sind, schwimmen zunächst ohne Änderung ihrer Bewegungsrichtung daran vorbei; sobald sie aber wieder in eine sauerstoffarme Zone geraten, prallen sie zurück als hätten sie an ein Hindernis gestoßen. So schwimmen sie eine gewisse Strecke rückwärts und kommen dadurch wieder in sauerstoffhaltiges Wasser. Individuen, die gerade in Teilung begriffen sind und deshalb an beiden Enden Bewegungsorgane besitzen, behalten jetzt diese Schwimmrichtung bei, bis sie wieder an die Grenze der Diffusionszone geraten. Diejenigen Spirillen aber, die nur am vorderen Ende Geißeln tragen, kehren ihre Bewegung nur kurze Zeit um und schwimmen dann wieder vorwärts, meist jedoch in etwas abweichender Richtung, so daß sie nicht sofort wieder an die Grenze gelangen. Auf diese Weise pendeln alle Individuen dauernd in der Diffusionszone hin und her. Die ganze Reaktionsweise durch „Schreckbewegung" entspricht genau dem, was wir oben für die Lichtreaktionen der Purpurbakterien kennen gelernt haben, bei denen von Engelmann die Reizbewegungen der Bakterien zuerst eingehend studiert wurden (vgl. S. 96). In derselben Art kommen bei Bakterien überhaupt durchwegs die „Richtungsbewegungen" zustande.

Diejenigen Bakterienarten, die geringere Sauerstofftensionen als die der Atmosphäre aufsuchen, führen ihre negativen Reaktionen in ganz entsprechender Art aus, indem sie beim Übergange aus niederer zu höherer Konzentration zurückschrecken. Manche sammeln sich um eine Luftblase oder am Rande des Deckglases in einem ganz schmalen Streifen, weil ihr Sauerstoffbedürfnis sehr genau auf einen bestimmten Gehalt an diesem Gase eingestellt ist. Sie prallen dann dauernd einmal an Zonen zu hoher, einmal an solchen zu niederer Sauerstoffkonzentration zurück (Abb. 94). In einseitig offenen Röhrchen bilden sie auf dieselbe Weise schmale, plattenförmige Zonen.

Ähnlich geformte Anhäufungen von Bakterien auf engem Raume kommen auch noch auf andere Weise zustande, nämlich dann, wenn in einem oben offenen Gefäße dem durch Diffusion von der Atmosphäre her gedeckten Bedürfnisse an Sauerstoff der Mangel an Nahrungsstoffen in den höheren Flüssigkeitsschichten entgegenarbeitet.

Befindet sich z. B. am Boden eines Reagensglases nach einer von Beijerinck (1893) angegebenen Methode eine Bohne, die von einer größeren Wassersäule bedeckt ist, so entwickeln sich auf Grund der aus den Samen herausdiffundierenden Stoffe Bakterien, welche sich anfangs nahe an die Nahrungsquelle halten. Später aber bilden sie eine plattenförmige, scharf umgrenzte Schicht, die sich infolge des eintretenden Sauerstoffmangels im Laufe der nächsten Tage langsam nach oben bewegt. Daß die positiv aërotaktischen Bakterien nicht allein dem Atembedürfnis folgen und an die Wasseroberfläche steigen, liegt daran, daß sie gleichzeitig der von unten herauf diffundierenden Nahrungsstoffe bedürfen. Diese können ebensowenig über die „Bakterienplatte" hinauf gelangen als der Sauerstoff tiefer hinunter, weil beide von den Organismen aufgezehrt werden. So stellt deren Lage einen Kompromiß zwischen Sauerstoff- und Nährstoffbedürfnis dar.

Ganz entsprechend verhalten sich viele von den sogenannten Schwefelbakterien, die ihren Betriebsstoffwechsel durch Oxydation von Schwefelwasserstoff befriedigen. Da dieses Gas sich mit freiem Sauerstoff selbständig umsetzt, so müssen die Schwefelbakterien in Genzzonen leben, zu denen von der einen Seite Schwefelwasserstoff und von der anderen Sauerstoff diffundiert (Winogradsky 1887). Die frei beweglichen unter ihnen suchen dementsprechend mittlere Orte auf. Auch konnte Winogradsky beobachten, daß manche Schwefelbakterien dauernd hin- und herschwimmen, indem sie abwechselnd gewissermaßen einmal Schwefelwasserstoff und einmal Sauerstoff holen und dann beides vereinigen. Genau verfolgt wurden diese Bewegungen von Jegunow an Schwefelbakterien des schwarzen Meeres (1896 und 97, sowie Lafar III 1904-06). In hohen, schmalen Glaszylindern, an deren Boden sich Schwefelwasserstoff entbindender Meeresschlamm befand, traten ähnliche Bakterienplatten auf, wie sie oben im Anschluß an die Beijerinckschen Versuche geschildert wurden; nur war hier ein beständiges, ziemlich regelmäßig Aufwärts- und Abwärtswandern der einzelnen Individuen zu beobachten, die sich ähnlich bewegten wie die Tropfen eines Springbrunnens und nach dem Fallen wieder aufstiegen. Ein Umlauf fand etwa in fünf Minuten statt. Dadurch, das die Bakterien sich zwischen die Schwefelwasserstoff- und die Sauerstoffzone ein-

Abb. 95.

Aërotaktische Ansammlung von Euglenen gegen eine Luftblase. Der rechte Teil des Glasröhrchens mit Flüssigkeit, der linke mit Luft erfüllt, die durch die starke Lichtbrechung an der Glaswand schwarz und weiß aussieht. An der Grenze die Euglenen zusammengedrängt.

schalten, bleibt ihnen die für sie nutzbringende, sonst von selbst verlaufende Oxydation vorbehalten. Durch abwechselndes Eintauchen in beide Regionen beschleunigen sie die Reaktion.

Außer bei Bakterien sind aërotaktische Reaktionen noch für grüne Flagellaten bekannt geworden (Aderhold 1888). Doch sind sie wenig untersucht. Euglenen z. B., die in einer engen Glaskapillare eingeschlossen sind, sammeln sich im Dunkeln sehr schön am offenen Ende, auch dann, wenn dieses seitlich oder abwärts steht und Geotaxis (S. 92) nicht in Betracht kommen kann (Abb. 95). Doch ist ihr Sauerstoffbedürfnis offenbar gering, da die Reaktion ziemlich lange auf sich warten läßt. In kräftigerem Lichte kommt sie gar nicht zustande, weil die Euglenen sich durch Kohlensäurespaltung selbst Sauerstoff bereiten. Die Samenfäden der Farne sind gar nicht aërotaktisch (Pfeffer 1884, S. 372), die von Lebermoosen dagegen sehr deutlich (Lidforss 1904, S. 85). Bei Plasmodien von Aethalium septicum (Myxomycet), die sich auf Fließpapier teilweise in ausgekochtem und durch Öl abgedichtetem Wasser, teils an der Luft

befanden, beobachtete Stahl (1884b), daß sie ganz an die Luft
herauskrochen, also das sauerstoffarme Medium flohen. Die Aërotaxis
ist im Grunde nur ein besonderer Fall der Chemotaxis, eben die
Reaktion auf Sauerstoff. Nur wegen ihrer besonderen Bedeutung für
die Pflanze haben wir sie von den nun zu besprechenden übrigen
chemotaktischen Erscheinungen abgesondert.

e) Chemotaxis der Samenfäden.

Waren durch Engelmann die aërotaktischen Reaktionen der
Bakterien gleich bei ihrer Entdeckung dem Studium unterzogen
worden, so blieb die chemotaktische Anlockung der männlichen Samenfäden durch den weiblichen Geschlechtsapparat längere Zeit Vermutung, bis dann Pfeffer (1884) seine Untersuchung dieses Vorganges
unternahm. Er bediente sich zunächst der Samenfäden von Farnen,
die leicht in Masse zum Ausschlüpfen veranlaßt werden können, wenn
vorher nicht zu feucht gehaltene Vorkeime in Wasser gebracht
werden. Das geschah in Pfeffers Versuchen auf dem Objektträger
unter dem Mikroskope. Waren an dem Vorkeime gleichzeitig reife
weibliche Geschlechtsorgane, die hier etwa flaschenförmig sind, so
öffnete sich deren Hals und ließ einen schleimigen Tropfen austreten.
Nach diesem steuerten die rasch beweglichen Samenfäden hin und
suchten durch den Hals nach der im ,,Bauche der Flasche'' befindlichen Eizelle vorzudringen.

Pfeffer hegte nun die Vermutung, daß es ein bestimmter chemischer Stoff sein dürfte, der die Anlockung bewirkte. Um die Masse
der möglichen Substanzen einzuengen, wurde folgendes Verfahren angewendet: Zunächst wurde untersucht, ob es sich um einen in Pflanzen
verbreiteten oder einen spezifischen Stoff handle. Es zeigte sich, daß
sowohl der aus verschiedenen angeschnittenen Pflanzenhaaren her-
vorquellende Saft als auch die durch Auspressen aus einigen Gewächsen gewonnene Flüssigkeit wirksam war. Für diese letzten und
die folgenden Versuche mußte eine Methode ersonnen werden, die zu
prüfenden Substanzen in ähnlicher Weise ins Wasser diffundieren zu
lassen wie das bei den Hälsen der weiblichen Geschlechtsorgane und
den zuerst verwendeten Haaren der Fall war. Pfeffer bediente
sich hierzu haardünn ausgezogener und einseitig zugeschmolzener
Glasröhrchen oder Kapillaren, die mit den Lösungen gefüllt
wurden.

Nachdem sich aus den ersten Versuchen ergeben hatte, daß die
Reizwirkung von einem oder vielen allgemein verbreiteten Pflanzen-
stoffen ausgehe, verschaffte sich Pfeffer durch Kochen, Eindampfen,
Wiederauflösen, Glühen usw. eines Saftes die Gewißheit, daß es sich um
eine kochfeste, nicht flüchtige, organische Substanz oder deren mehrere
handeln müsse. Durch weitere chemische Behandlung wurde es noch
wahrscheinlicher, daß wirklich eine einzelne chemische Verbindung
die Reizwirkung ausübe. Alle in Betracht kommenden Substanzen

einzeln durchzuprüfen hätte nun sehr lange gedauert. Deshalb stellte sich Pfeffer zunächst aus Gruppen von Stoffen Gemische her, die in verdünnter Lösung in die Kapillaren gefüllt wurden. Die erste Gruppe enthielt Salze organischer Säuren, die zweite Kohlehydrate, die dritte Aminosäuren und dergleichen. Nur die erste Gruppe übte eine Reizwirkung aus, und durch Prüfung der einzelnen Verbindungen erwies sich die Apfelsäure als Reizstoff. Diese ist in der Tat ein allgemein verbreiteter Pflanzenstoff.

Pfeffer begnügte sich nun nicht mit diesen Feststellungen, sondern benutzte die gewonnenen Resultate sogleich zu einem exakten Studium des chemotaktischen Reizvorganges. Bei genauerer Beobachtung des Verhaltens der Samenfäden zeigte sich, daß im Versuchstropfen nach dem Hineinschieben einer Kapillare mit Apfelsäurelösung die vorher ungeordnet durcheinander schießenden Schwärmer, sobald sie in die Nähe der Diffusionsöffnung kamen, plötzlich nach dieser hin abschwenkten und in das Röhrchen eindrangen. Bald wimmelte es erst um und dann in der Kapillare von Samenfäden, die so fast alle aus dem Beobachtungstropfen herausgefangen werden konnten.

Des weiteren wurden dann quantitative Versuche angestellt, die über das Verhalten der Samenfäden bei verschiedenen Konzentrationen des Reizstoffes Aufschluß geben sollten. Sie zeitigten folgende Ergebnisse: Damit eine bemerkbare Reizreaktion ausgelöst werde, muß die Apfelsäure in der Kapillare eine gewisse, allerdings sehr niedrige Konzentration erreichen, die als Reizschwelle bezeichnet wird. Die Grenze liegt etwa bei 0,001 $^0/_0$ Apfelsäure. Bei einer so schwachen Lösung kommt freilich nur eine schwache Ansammlung zustande, die sich wieder zerstreut, sobald der Reizstoff sich durch Ausbreitung verdünnt hat.

Die bezeichnete [absolute] Reizschwelle gilt nur dann, wenn die Samenfäden selbst sich in völlig apfelsäurefreiem Wasser befinden. Sobald die Außenlösung auch nur Spuren des Reizstoffes enthält, wie er z. B. aus verletzten Zellen des im Präparat befindlichen Vorkeimes herausdiffundiert, so wird die Empfindlichkeit ganz beträchtlich vermindert, d. h. die Anlockung wird erst durch eine höhere Konzentration in der Kapillare bewirkt. Die hierfür geltende Zahlenregel, das sog. Weber-Fechnersche Gesetz, stellte Pfeffer für die Samenfäden der Farne zum ersten Male im Pflanzenreiche fest. Er fügte der Außenflüssigkeit vorsätzlich gewisse Mengen von Apfelsäure zu und bestimmte die niedrigste Konzentration, die die Lösung im Röhrchen haben mußte, damit Chemotaxis zustande kam. Das Resultat war, daß eben merkliches Einschwärmen beobachtet wurde, wenn die Apfelsäurelösung in der Kapillare dreißigmal so konzentriert war als die Außenlösung. Dieses konstante Verhältnis heißt die Unterschieds- oder besser die Verhältnisschwelle..

Tabelle nach Pfeffer (1884).

Die Außenflüssigkeit enthält Apfelsäure:	Die Kapillarflüssigkeit besitzt die			
	20 fache	30 fache	40 fache	50 fache
	Konzentration und enthält an Apfelsäure:			
1. 0,0005 %	0,01 %	0,015 %	0,02 %	0,025 %
2. 0,001 %	0,02 %	0,03 %	0,04 %	0,05 %
3. 0,01 %	0,2 %	0,3 %	0,4 %	0,5 %
4. 0,05 %	1,0 %	1,5 %	2,0 %	2,5 %

In obiger Tabelle sind die von Pfeffer in einer Versuchsreihe geprüften Kombinationen angegeben. Bei 50- und 40facher Konzentration trat stets starke, bei 20facher keine Ansammlung ein, bei 30facher war die Anlockung etwa so wie bei Erreichung der absoluten Reizschwelle, also bei 0 % außen und 0,001 % innen.

Man ersieht daraus zunächst, daß der Reizanlaß nicht in dem Vorhandensein einer gewissen Menge von Apfelsäure liegt, sondern darin, daß sich in oder vor der Kapillare mehr davon befindet als in der umgebenden Flüssigkeit. Und zwar kommt es nicht auf die Differenz, sondern auf das Verhältnis der Konzentrationen an. Das eben ist der Sinn des Weberschen Gesetzes.

Weiterhin ergibt sich aus den angeführten Befunden, daß die untere Grenze des Empfindungsvermögens für chemische Stoffe durchaus noch nicht mit dem Schwellenwert für die Chemotaxis, also mit der niedrigsten gegen Wasser anlockenden Konzentration gegeben ist. Vielmehr hat eine sehr viel verdünntere Lösung, falls sie als Außenflüssigkeit verwendet wird, einen Einfluß auf die Lage der Verhältnisschwelle, muß also eine Reizwirkung ausüben. Nehmen wir an, daß das Webersche Gesetz auch noch bei geringeren Konzentrationen gälte als sie Pfeffer verwendete, so würde durch eine Außenlösung, die nur wenig mehr als $0,001 : 30 = 0,000\,033$ % Apfelsäure enthielte, die Reizschwelle erhöht werden. Diese Konzentration würde also die untere Grenze des empfindlichkeitsvermindernden Einflusses der Apfelsäure darstellen, vorausgesetzt, daß das Weber-Fechnersche Gesetz noch bis zu so niederen Konzentrationen hinab gilt. Über eine etwa bestehende untere Grenze ist nichts bekannt. Unzweifelhaft müssen aber ungeheuer verdünnte Lösungen schon eine Reizwirkung ausüben.

Mit Hilfe des Weberschen Gesetzes kann auch die Konzentration von Apfelsäure in irgendwelchen Pflanzenteilen festgestellt werden, indem diejenige Außenlösung ausgeprobt wird, in der gerade noch Anlockung von Farnspermatozoïden stattfindet. Die weiblichen Geschlechtsorgane z. B. wirken nach Pfeffer noch chemotaktisch, wenn sie in einer 0,001 prozentigen Apfelsäurelösung liegen. Sie müssen daher etwa 0,3 % davon enthalten.

Von allen untersuchten chemischen Stoffen fand Pfeffer nur die Apfelsäure und deren Salze, sowie in geringerem Maße die ihr chemisch nahe stehende Maleïnsäure wirksam. Keine Anlockung erhielt er durch den Diäthylester der Apfelsäure, der einem Salze ähnlich zusammengesetzt ist. Ostwald machte später darauf aufmerksam, daß die wirksamen Verbindungen alle in Wasser dasselbe Apfelsäure-Ion abspalten, der Ester dagegen nicht. Dieser Hinweis hat eine große Bedeutung gewonnen. Heute unterscheiden wir bei allen chemischen Reizwirkungen den Einfluß der Ionen unter sich und von dem der Molckule.

Schon in Pfeffers Versuchen wurden die Samenfäden verschiedener Farnarten mit dem gleichen Erfolge auf Apfelsäure geprüft. Desgleichen die eines Moosfarns (Selaginella). Unwirksam erwies sich diese Säure dagegen für das Kleeblattfarn (Marsilia). Später haben verschiedene Autoren eine große Anzahl von Samenfäden der Gefäßkryptogamen systematisch auf ihre Reizbarkeit untersucht, so Lidforss (1905) die von Schachtelhalmen (Equisetum), Bruchmann (1909) die vom Bärlapp (Lycopodium) und besonders eingehend Shibata die von Farnen, von Isoëtes, Salvinia und Equisetum (zusammengestellt 1911). Mit Ausnahme von Lycopodium, für das Bruchmann Zitronensäure als wirksam nachwies, und Marsilia, für das noch keine Erfolge vorliegen, reagieren alle geprüften Spermatozoën der farnartigen Gewächse auf das Apfelsäure-Ion, und zwar beginnt die Wirkung überall etwa bei derselben Reizschwelle. Außerdem ist wie bei den Farnen so auch bei Salvinia Maleïnsäure wirksam; bei Isoëtes dagegen Fumarsäure und bei Equisetum Weinsäure. Daneben findet sich bei einigen Samenfäden noch eine Reizbarkeit für gewisse andere organische Säuren, die in ihrer chemischen Konstitution eine Verwandtschaft mit den genannten aufweisen (Shibata 1911).

So wie die Reizschwelle ist auch die Verhältnisschwelle für Apfelsäure meist nicht sehr abweichend von der bei Farnen und bewegt sich zwischen 30 und 50. Nur Isoëtes macht darin eine Ausnahme, denn die Lösung in der Kapillare muß hier 400 mal so konzentriert sein, als die Außenflüssigkeit, damit Anlockung stattfindet.

Shibata drückt diese Tatsache so aus, daß er sagt: „Die Unterschiedsempfindlichkeit der Isoëtes-Samenfäden für die Malat- (Apfelsäure-) Ionen ist eine viel gröbere als die der Farn-Samenfäden". Mit demselben Rechte kann man aber auch sagen, daß die Isoëtes-Spermatozoen sehr viel empfindlicher für die schwellenerhöhende Wirkung des Reizmittels in der Außenlösung sind. Führen wir hier dieselbe Rechnung aus wie oben für Farnspermatozoen, um die untere Grenze dieser Reizwirkung zu bestimmen, so kommen wir auf 0,0000017 % gegen 0,000033 %, resp. 0,000022 % bei Farnen, wenn wir Shibatas Angaben zur Rechnung verwenden, also auf eine noch viel geringere Konzentration. (Die Bestimmungen sind naturgemäß nicht exakt genug, um genauere Rechnungen zu ermöglichen.)

Neben den organischen Säuren fand Buller (1900) bei Farnen auch noch Kalium- und Rubidiumsalze anlockend, deren Wirksamkeit

Pfeffer seinerzeit übersehen hatte, offenbar wegen der unerwartet hohen Konzentrationen, die angewendet werden müssen. So wie hier die Wirkung den zwei chemisch sehr nahestehenden Metall-Ionen zuzuschreiben ist, so wirken bei Salvinia und Osmunda (Farn) das Calcium- und das Strontium-Ion und bei Equisetum eine ganze Zahl von Metall-Ionen (Shibata 1911), und zwar bemerkenswerterweise graduell verschieden, je nach ihrer Stellung im System der Elemente.

Damit ist aber die Reihe der Stoffe, die auf die taktischen Reaktionen der Spermatozoën von Farnen und Verwandten einwirken, noch nicht erschöpft.

Wie Pfeffer (1884) fand, wirkt sowohl die freie Apfelsäure wie auch deren Salze bei höherer Konzentration nicht mehr anlockend, sondern im Gegenteil abstoßend auf Farnsamenfäden. Die Repulsivwirkung konzentrierterer Salzlösungen beruht auf deren wasserentziehender Kraft, ist also keine Chemotaxis, und wird deshalb unter der Bezeichnung Osmotaxis weiter unten behandelt werden.

Bei der Apfelsäure liegt der Grund der Abstoßung dagegen in der sauren Reaktion, die bei höherer Konzentration negative Chemotaxis bewirkt. Daß dem so ist, erkennt man daraus, daß auch nicht anlockende Säuren die Samenfäden abstoßen. Bei der in stärkerer Lösung gleichzeitig anlockenden und abstoßenden Apfelsäure sieht man die Schwärmer sich der Kapillarenöffnung nähern, dann aber zurückprallen und erst eindringen, wenn durch Diffusion eine Verdünnung der Innenlösung eingetreten ist.

Während sich die Samenfäden von Isoëtes in ihrer Reaktionsweise gegen Säure wie die der Farne verhalten, also stets nur fliehen, fand Shibata bei Equisetum und Salvinia daneben bei größerer Verdünnung auch Anlockung. In allen diesen Fällen positiver und negativer Chemotaxis gegen saure Lösungen entspricht die Wirkung der einzelnen Säuren ihrem Dissoziationsgrade, ist also dem H-Ion allein zuzuschreiben.

Ebenso wie die saure, so wirkt die alkalische Reaktion, also das OH-Ion, abstoßend auf Farn- und andere Samenfäden, doch können auch sie unter Umständen, nämlich bei Isoëtes, in verdünnter Lösung Anlockung hervorrufen. Noch eine Anzahl weiterer Stoffe, Alkaloïde und Farbstoffbasen fand Shibata zuweilen wirksam.

Derselbe Autor stellte sich auch die Frage, ob die chemotaktische Reaktion der Samenfäden gegen verschiedene Stoffe auf eine einzige Reizbarkeit des Plasmas zurückzuführen sei oder ob verschiedene Sensibilitäten anzunehmen sind[1]). Eine Möglichkeit, dieses Problem anzugreifen, gibt die Gültigkeit des Weberschen Gesetzes an die Hand. Beruht nämlich die Attraktion der Samenfäden durch verschiedene Substanzen immer auf derselben Sensibilität, so muß jeder von ihnen,

---

[1]) Dieselbe Frage war für Bakterien von Pfeffer, Rothert und Kniep schon früher behandelt worden. Darüber weiter unten S. 290.

falls er in der Außenflüssigkeit gegeben ist, die Reizwirkung jedes anderen vermindern.

Das ist nun nicht der Fall. Es kann sogar vorkommen, daß Samenfäden, die sich in der Lösung eines Reizstoffes befinden, einer Kapillare zustreben, obgleich diese mit einer an sich weniger wirksamen Füssigkeit gefüllt ist. Doch greift auch nicht jeder chemisch verschiedene Stoff auf besondere Weise reizend ins Plasma ein. Vielmehr müssen wir eine gleichartige Wirkung für die einzelnen, einer physiologisch-chemischen Gruppe angehörigen Sustanzen annehmen.

So konnten bei den Samenfäden der farnartigen Pflanzen drei verschiedene chemotaktische Sensibilitäten für die Anlockung unterschieden werden, eine für das Apfelsäure-Ion und die anderen wirksamen organischen Säuren, eine für das OH-Ion (nur bei Isoëtes) und eine gemeinsame für die Metall-Ionen (und H-Ionen bei Equisetum und Salvinia), sowie die Alkaloïde. Die Anwesenheit anorganischer Säuren in der Außenlösung würde also bei Equisetum-Samenfäden die Anlockung durch ein Salz der Apfelsäure nicht stören, wohl aber die von Weinsäure. Innerhalb der einzelnen auf dieselbe Sensibilität wirkenden Gruppen von Reizstoffen sind die Verhältnisse recht verwickelt. Meist stumpft zwar ein Stoff entsprechend der Größe seiner anlockenden Reizwirkung ab, doch nicht immer.

Von den chemisch sich nahestehenden Stoffen allerdings bewirken die einzelnen die gleichen oder ähnliche Reizperzeptionen.

Neben den Samenfäden der Farnpflanzen prüfte schon Pfeffer (1884) auch die einiger anderer grüner Gewächse. Bei den Laubmoosen entdeckte er in Rohrzucker den, also chemisch gegenüber den Farnen ganz abweichenden, spezifischen Reizstoff, während es ihm bei den Lebermoosen und Armleuchtergewächsen (Charen), trotz deutlicher Chemotaxis gegen die weiblichen Organe, nicht gelang die wirksame Substanz aufzufinden. Bei den paarweise verschmelzenden Sexualschwärmern von Ulothrix und Chlamydomonas konnte er Anlockung überhaupt nicht beobachten.

Für die Lebermoose, oder doch eins von ihnen, dem die anderen wohl entsprechen werden, nämlich Marchantia polymorpha, hat inzwischen Lidforss (1904) das spezifische Chemotaktikum in Eiweißstoffen gefunden. Sie bilden also in dieser Hinsicht einen Parallelfall zu den Pollenschläuchen. Doch wirken hier nicht wie dort auch Zuckerarten, überhaupt gar keine anderen Stoffe anlockend. Höhere Konzentrationen verschiedener Substanzen, auch von Eiweißstoffen haben negative Chemotaxis zur Folge, sodaß die anfangs angelockten Spermatozoën in der Nähe der Kapillare zurückprallen.

Wie man sieht, werden in den verschiedenen Gruppen der mit Samenfäden versehenen Pflanzen chemisch stark voneinander abweichende Stoffe als im Dienste der Befruchtung stehende spezifische

Chemotropika aufgefunden. Daneben reagieren die Spermatozoën freilich oft noch auf ganz andere Substanzen, aber viel schwächer. Immer sind die natürlichen Anlockungsstoffe jedenfalls organische Substanzen, die in Pflanzen weit verbreitet sind, und fast überall erstreckt sich die Wirkung über eine Gruppe sich chemisch nahestehender Verbindungen. Nur bei den Laubmoosen ist bisher allein der Rohrzucker wirksam gefunden worden. Andrerseits drückt sich in der Natur der anlockenden Stoffe die natürliche Verwandtschaft der Organismen aus, wie das besonders bei den farnartigen Pflanzen hervortritt. Bei einigen Gewächsen, wie bei den Armleuchtergewächsen und Tangen ist bisher ein wirksamer Stoff nicht aufgefunden worden, obgleich auch da zweifellos chemotaktische Anlockung durch die weiblichen Organe stattfindet.

f) Chemotaxis der Schwärmsporen, Bakterien usw.

An die der Befruchtung dienenden Spermatozoën schließen wir die ungeschlechtlichen Schwärmsporen oder Zoosporen an. Beide zeigen in ihrer Entwickelung und Gestalt viefache Übereinstimmung. Auch die Zoosporen finden ihren Weg auf Grund von taktischer Reizbarkeit; und zwar sind im allgemeinen die der grünen Algen vorwiegend phototaktisch, die der farblosen Pilze chemotaktisch, wie das der Ernährungsweise dieser Gewächse entspricht.

Ökologisch betrachtet dient die Chemotaxis der Zoosporen einem anderen Zwecke als die der Samenfäden. Die letzteren haben allein die unbewegliche Eizelle aufzusuchen. Die Gewinnung geeigneter Ansiedelungsorte bleibt anderen Umständen überlassen. Dagegen ist es die Aufgabe der Zoosporen, auf Grund ihrer Beweglichkeit von dem ausgenutzten Substrate und der Mutterpflanze sich zu entfernen und einen günstigen neuen Standort zu erreichen, dort sich festzusetzen und zu keimen. Dieser Funktion dient ihre Reizbarkeit.

Genauere Untersuchungen liegen über die Schwärmsporen der Myxomyceten (Schleimpilze) und Saprolegniaceen (Wasserpilze) vor, ferner über die beweglichen Stadien der Bakterien, die man in gewisser Hinsicht den Zoosporen angliedern darf, wenn auch ihr Schwärmzustand gegenüber dem unbeweglichen eine größere Rolle spielt. Die Flagellaten und Volvocineen kann man gleichfalls in diese Gruppe einordnen.

Mit der Chemotaxis der Myxomycetenschwärmer hat sich zuerst Stange (1890) beschäftigt. Er fand, daß die in Wasser leicht keimenden Sporen von Aethalium septicum und Chondrioderma difforme langsam schwimmende und daher auch langsam sich ansammelnde Schwärmer entlassen. So beobachtete er erst einige Zeit nach dem Ansetzen des Versuches, was seine Befunde etwas unsicher macht. In dünne Kapillaren gefüllte Lösungen von Apfelsäure, Milch- und Buttersäure lockten die Schwärmer von Chondrioderma an, auch

Asparagin erwies sich, wenn auch weniger, wirksam. Einige andere organische Stoffe hatten keine Ansammlung zur Folge. Auch die meisten organischen Säuren außer den genannten wirkten, wenn überhaupt, nur abstoßend. Dagegen erfolgte Attraktion durch die Salze der als wirksam erwähnten Säuren. Demnach müßte deren Reizkraft in den Stangeschen Versuchen den besonderen Anionen zugeschrieben werden. Neben den organischen Säuren und ihren Salzen lockte auch Fleischextrakt die Schwärmer an.

Eine Ergänzung und teilweise Berichtigung erfuhren diese Ergebnisse durch eine ausführliche Arbeit von Kusano (1909), in der auch die Anschauungen der modernen physikalischen Chemie zu ihrem Rechte kommen. Im Gegensatz zu Stange fand Kusano bei seinen Versuchsobjekten, nämlich Schwärmern von Aethalium, Stemonitis und Comatricha (Sporen anderer Arten wollten in Wasser nicht keimen) eine Ansammlung oft schon nach fünf Minuten. Wirksam erwiesen sich alle sauren Stoffe, und zwar nach Maßgabe ihrer Säurewirkung, d. h. ihrer H-Ionen-Konzentration. Dieses Resultat wird eingehend begründet. Durch andere Substanzen, z. B verschiedene neutrale anorganische Salze, Zucker, Pepton u. dgl. wurde keine Anlockung bewirkt, die vielmehr nach Kusano allein dem H-Ion vorbehalten ist. Da wo Stange mit Säuren keine positive Resultate bekommen hat, soll nach Kusano zur Zeit der Beobachtung die Diffusion schon zu weit fortgeschritten gewesen sein[1]).

Im Gegensatz zu der Einheitlichkeit des bei Kusano positive Chemotaxis bewirkenden Reizmittels steht die Mannigfaltigkeit der abstoßend wirkenden Stoffe. Stange fand einen solchen im Apfelsäurediäthylester. Auch erwiesen sich die bei niederer Konzentration anlockenden organischen Säuren bei höherer als repulsiv. Genauere Beachtung fanden diese Verhältnisse wieder bei Kusano. Eine zehnprozentive Schwefelsäurelösung (1 Mol) bewirkte eine scharfe Ringbildung vor der Kapillarenöffnung, d. h. in einer bestimmten engen Diffusionszone hielten sich Anlockung und Abstoßung gerade das Gleichgewicht. Man sieht hier also deutlich, daß ein Optimum der H-Ionenkonzentration aufgesucht wird und daß Attraktion und Repulsion demselben Reizmittel zuzuschreiben sind. Bei den organischen Säuren ist die Ringbildung nicht so scharf, und die in der betreffenden Zone herrschende H-Ionenkonzentration ist niedriger als die optimale. Mithin muß hier noch eine Repulsivwirkung der Anionen oder der Molekule als solcher angenommen werden.

Da die aus den Schwärmern hervorgehenden Plasmodien (vgl. S. 19) gleichfalls freie Ortsbewegung besitzen, so sei ihre Reizbarkeit hier gleich mit angeschlossen. Die in Gerberlohe lebenden Plasmodien von Aethalium werden nach Stahl (1884b) durch Loheauszug angelockt. Befinden sie sich auf Fließpapier, das auf einer Seite in

---

[1]) So zuverlässig die K.sche Arbeit aussieht, so wären einige nicht verständliche Differenzen gegen Stange doch erneut zu prüfen.

die genannte Lösung eintaucht, so kriechen sie nach dieser Seite. Säure dagegen wirkt repulsiv. Stange (1890) konnte bei demselben Objekte Stahls Befund bestätigen, aber nicht den wirksamen Bestandteil des Loheauszuges feststellen, auch keinen weiteren Reizstoff auffinden. Dagegen konnte er bei Chondrioderma durch Lösungen von Apfelsäure und Asparagin, in Kapillaren geboten, positive Chemotaxis bewirken. Er übertrug etwas von dem Schleimpilz auf den Objektträger und nachdem es sich etwas beruhigt hatte, näherte er die Kapillarenöffnung dem Rande des umherkriechenden Plasmodiums. Es zeigte sich dann die anlockende Wirkung in der vorzugsweisen Strömung nach der betreffenden Seite. In anderen Versuchen stellte er zwei Bechergläser, von denen eins mit Wasser, eins mit der Versuchslösung gefüllt war, nebeneinander. Ein Fließpapierstreifen tauchte mit je einem Ende in die beiden Flüssigkeiten, die gleich hochstehen mußten, um Strömungen zu vermeiden. Ein Teil von dem Plasmodium wurde nun auf das Papier gesetzt, in dem eine Diffusion des Reizstoffes stattfand, und es wurde dann beobachtet, nach welcher Seite es kroch.

Mit dem Alter des Materials und seiner Herkunft ändert sich die Reaktionsweise häufig in schwer übersichtlicher Weise, wie überhaupt die Plasmodien als reizphysiologisch sehr „launisch" betrachtet werden. Die Untersuchung der Ursachen dieser Veränderungen wäre eine besondere Aufgabe, die erst noch in Angriff genommen werden soll.

Den Schwärmsporen der Saprolegnien hat schon Pfeffer in seiner ersten Arbeit (1884) seine Aufmerksamkeit zugewendet. Die Zoosporen dieser Pilze, die in Wasser besonders auf Tierleichen wachsen, werden durch die aus Fliegenbeinen diffundierenden Stoffe angelockt, ferner auch durch Fleischextraktlösung. Stange, der diese Untersuchung fortsetzte (1890), gelang es, die anlockenden Stoffe mehr zu präzisieren. Danach muß das Phosphat-Ion als spezifisches Lockmittel angesehen werden. Phosphate sind in Fleischextrakt reichlich vorhanden und dürften aus toten Tierkörpern stets diffundieren. Bemerkenswert ist die Anlockung durch Lecithin, einen hoch zusammengesetzten Ester der Phosphorsäure. Außer den genannten Stoffen war nur noch Essig- und Weinsäure wirksam. Kapillaren, die mit diesen Säuren angefüllt waren, wurden aber von den Schwärmern allmählich wieder verlassen, die im Gegensatz dazu in Phosphaten usw. zur Ruhe kamen und keimten.

Bei den Saprolegnien machen die Zoosporen zwei Schwärmstadien durch, indem die frisch aus der Mutterpflanze entlassenen Schwärmer nach einiger Zeit zur Ruhe kommen, bald aber wieder auskeimen und von neuem, und zwar schneller, davoneilen. Stange fand nun, daß nur das zweite Stadium chemotaktisch reizbar ist. Rothert (1901) betont, wie merkwürdig dieser Fall ist, daß plötzlich, in einem bestimmten Entwickelungstadium, ohne das Dazwischentreten irgendwelcher äußerer Einflüsse, eine neue Eigenschaft auftritt. Ökologisch findet er es begreiflich, daß dem ersten Schwärmstadium, dem noch ein zweites Schwärmen zu folgen hat, chemotaktische Fähigkeiten abgehen. Ist es aber nicht sogar sehr rationell, daß die Zoosporen erst der Anlockungssphäre des schon besiedelten Substrates enteilen, ehe ihre eigene Reizbarkeit erwacht? Sie werden dadurch verhindert, mit dem Muttermycel in Wettbewerb zu treten. Übrigens gibt es auch Saprolegniaceen, bei denen die den ersten Schwärmern entsprechenden Gebilde keine Eigenbewegung besitzen.

Auch bei den Bakterien als typischen Flüssigkeitsbewohnern werden wir, soweit sie beweglich sind, eine gut entwickelte chemotaktische Reizbarkeit erwarten dürfen. Dementsprechend reagieren besonders die Fäulnisbakterien auf eine große Anzahl von Stoffen, während mehr spezialisierte Formen auch in ihrer Reizbarkeit der besonderen Lebensweise angepaßt sind.

Schon in seinen ersten Versuchen mit Fäulnisbakterien (Bacterium termo und Spirillum Undula) fand Pfeffer (1884) vielerlei Substanzen wirksam. Besonders Fleischextrakt erwies sich als stark anlockend, desgleichen Asparagin und alle zur Ernährung geeigneten Substanzgemische. Außer Asparagin scheinen damals einzelne Stoffe nicht geprüft worden zu sein. Doch ergibt sich aus den Resultaten deutlich, daß auch Pepton und Rohrzucker Anlockungsstoffe darstellen.

Außer der chemotaktischen entfalteten die wirksamen Substanzen noch eine beschleunigende Wirkung auf die Bewegung der Bakterien, ganz im Gegensatz zu den Saprolegniaschwärmern, die in den wirksamen Lösungen zur Ruhe kommen. Doch entspricht diese Differenz durchaus der Lebensweise der beiden Organismengruppen; denn die beweglichen Bakterien tummeln sich, solange Nährstoffe vorhanden sind, in der Diffusionszone der faulenden Substanzen, während die Saprolegniaschwärmer auf geeigneten Substraten zur Ruhe kommen, keimen und sich zu den watteartigen Pilzmassen entwickeln.

Später (1888) untersuchte Pfeffer eine große Anzahl von Bakterien auf ihr chemotaktisches Verhalten gegen die verschiedensten Stoffe. Von anorganischen Salzen erwiesen sich besonders die des Kaliums als wirksam, doch werden die empfindlichsten Bakterien auch durch die meisten anderen Neutralsalze der Alkali- und alkalischen Erdmetalle angelockt. Die weniger empfindlichen reagieren nur auf die wirksamsten Reizstoffe. Allerdings ist die Reihenfolge der Wirksamkeit — geschlossen aus der Höhe der Reizschwelle — nicht bei allen Bakterien dieselbe. Doch sind allgemein Kaliumsalze bessere Lockmittel als die des Natriums, Ammoniums, Lithiums, Caesiums, Rubidiums wie auch des Magnesiums, Calciums, Strontiums und Bariums. Von den Eisensalzen scheinen nur die Ferriverbindungen, nicht aber die Ferrosalze anzulocken.

Organische Stoffe wurden nicht in so großer Anzahl geprüft. Die Kohlehydrate sind im allgemeinen zwar wirksam, aber erst in auffallend hoher Konzentration. Davon macht allein das Dextrin eine Ausnahme, das den besten Reizmitteln, wenigstens Bakterium termo gegenüber gleichkommt. Seine Reizschwelle beträgt hier nur $0,001\,^0/_0$, während Traubenzucker erst bei etwa $10\,^0/_0$ deutlich an-lockt. Bei Spirillum undula freilich konnte mit Dextrin überhaupt keine Anlockung erzielt werden.

Von Alkoholen wirkt Mannit mäßig anlockend, Glyzerin, obgleich ein guter Nährstoff, gar nicht, Äthylalkohol stark repulsiv. Die stickstoffhaltigen Substanzen sind, soweit sie von Pfeffer geprüft wurden, alle Anlockungsmittel, besonders Pepton und Asparagin, auch Harnstoff, Taurin, Sarkin, Carnin usw.

Alkalische und saure Reaktion wirken repulsiv.

Rothert (1901) fand in einem Clostridium (= Amylobakter) und einer Termoform Organismen, die außer durch viele andere Substan-zen, wie z. B. Fleischextrakt, durch Äthyläther angelockt werden, also durch einen zur Ernährung kaum in Betracht kommenden Stoff. Höhere Konzentration davon wirkt auch repulsiv. Die Ansammlung findet dann in Ringform statt. Da hier weder saure oder basische Reaktion, noch der osmotische Druck als komplizierender Faktor in Betracht kommt, ist das wieder ein deutlicher Fall, daß bei quan-titativ verschiedener Verteilung eines einheitlich wirkenden Reiz-stoffes eine „optimale" Konzentration aufgesucht wird.

Rothert knüpfte an seine Beobachtungen noch eine weitere wich-tige Überlegung. Er nahm nämlich die schon von Pfeffer gestellte, aber nicht endgültig beantwortete Frage wieder auf, ob verschiedene Stoffe vermöge ein- und derselben oder verschiedener Sensibilitäten chemotaktisch anlocken.[1]) Bei so verschiedenen Stoffen wie Fleisch-extrakt und Sauerstoff schien schon Pfeffer das letztere wahrschein-licher. Das gleiche gilt für Fleischextrakt und Äther in den Rothert-schen Versuchen. Eine exakte Beantwortung fand diese Frage hier zum ersten Male auf Grund der Gültigkeit des Weberschen Gesetzes. Es konnte gezeigt werden, daß Äther die Empfindlichkeit gegen Fleischextrakt nicht aufhebt, daß also der Amylobakter mindestens zwei Sensibilitäten für chemische Stoffe besitzt. Wir können sie etwa vergleichen mit unseren Geschmacksempfindungen sauer, süß, salzig, bitter, die zwar nicht streng bezeichnend für die chemische Natur der Stoffe sind, aber uns doch helfen Gruppen von solchen, wie die Säuren, Zucker, Halogenalkalisalze zu unterscheiden. In ähnlicher Weise haben, wie aus dem bei den Samenfäden Gesagten und dem Folgenden hervorgeht, die chemotaktischen Organismen vielfach eine gemeinsame Sensibilität für ganze Gruppen von Stoffen, aber ver-schiedene Reizbarkeiten für chemisch abweichende Substanzen.

---

[1]) Diese Frage wurde für die Farnsamenfäden schon oben (S. 284) be-sprochen.

Diese Frage hat dann Kniep (1906) neben anderem einer genaueren Bearbeitung unterzogen. Seine Objekte waren ein nicht genau bestimmter „Bacillus z" und Spirillum rubrum.

Bei Bacillus z ergab sich überraschenderweise ein verschiedenes Verhalten gegen Phosphate je nach der Ernährung. Auf Gelatine gewachsene Bakterien wollten nicht reagieren, während solche aus Erbsenwasser stark angelockt wurden. Es fand sich, daß die Reaktion des Nährbodens das Ausschlaggebende ist. Die schwach alkalische Reaktion der Nährgelatine vernichtet die Sensibilität gegen Phosphate, die durch schwache Säure gerade hervorgerufen wird. Wurde die Veränderung der Reaktion erst kurz vor dem Versuche vorgenommen, so zeigte sich die Vernichtung der Sensibilität gegen Phosphate durch OH'-Ionen fast plötzlich, wogegen die Wiederherstellung durch H·-Ionen zwölf und mehr Stunden erforderte.

Umgekehrt wie die Reizbarkeit gegen das Phosphat-Ion verhielt sich die gegen das Ammon-Ion. Allerdings wurde die Empfindlichkeit gegen dieses durch Säure nur vermindert, nicht vernichtet.

Das verschiedene Verhalten der PO_4''' und der NH_4'-Sensibilität gegen die Reaktion der Nährflüssigkeit sprach schon für deren innere Selbständigkeit, die auch durch Versuche auf Grund der Abstumpfung nach dem Weberschen Gesetze bestätigt wurde.

Kniep fragte sich nun, ob es auch Anlockungungsstoffe geben möge, deren Wirksamkeit von der Reaktion des Nährmediums unabhängig sei. Als eine solche Substanz hatte sich freilich das Ammoniumphosphat schon erwiesen, aber nur deshalb, weil es in Wasser beide oben besprochenen Ionen abspaltet. Im Gegensatz dazu ist das Asparagin ein undissoziierter Körper, der gleichwohl in seiner Wirkung durch saure oder alkalische Reaktion nicht beeinträchtigt wird und eine von den beiden früher konstatierten unabhängige Sensibilität auslöst.

Das Spirillum rubrum konnte auf Beeinflussung der Reizbarkeit durch die Reaktion nicht untersucht werden, weil es durch Säuren und Basen zu leicht geschädigt wird. Doch ließ sich hier eine getrennte Sensibilität für Cl'-(Chlorid) und SO_4'' (Sulfat)-Ionen nachweisen. Was aber noch merkwürdiger schien, war die Beobachtung, daß Calciumchlorid in der Außenlösung eine Anlockung durch Kaliumchlorid in der Kapillare verhindert, nicht aber umgekehrt. Die Erklärung liegt wahrscheinlich darin, daß bei $CaCl_2$ sowohl das Cl'- wie das Ca··-Jon wirksam sind, bei KCl aber allein das Cl'-Ion. Barium-, Strontium- und Magnesium-Salze erwiesen sich übrigens als ohne Einfluß. Weniger klar als der geschilderte Fall des Calciumchlorids ist ein anderer von Kniep gefundener. Bei Spirillum rubrum zeigen nämlich Kaliumnitrat und Ammoniumnitrat zwar selbst keine anlockende Wirkung, verhindern aber die Anlockung durch Chlorkalium und Chlorammonium und zwar gradweise, je nach der vorhandenen Menge.

Bisher sind zwei Wege gezeigt worden, die die Identität oder Verschiedenheit der Reizbarkeit für verschiedene Stoffe zu untersuchen erlauben. Man kann über diese Frage Aufschluß erhalten: einmal, indem man prüft, ob die Sensibilität für die verschiedenen Stoffe durch Einflüsse, die die Empfindlichkeit verändern, im gleichen oder ungleichen Sinne beeinflußt wird, oder man kann die gegenseitige Abstumpfung nach dem Weberschen Gesetz als Anzeichen verwenden. Ein dritter möglicher Weg ist bisher nicht ausdrücklich in diesem Sinne ausgebeutet worden. Er besteht darin, zu untersuchen, ob die einzeln unter der Schwelle bleibenden Reizwirkungen verdünnter Lösungen der beiden Stoffe in Gemischen sich bis zur wirksamen Reizung ergänzen. Einige derartige Versuche hat freilich Pfeffer (1888, S. 629) angestellt, und zwar mit dem für uns überraschenden Resultate, daß die Erregung durch sehr verschiedene Stoffe, z. B. Chlorkalium und Pepton oder Kreatin und Glukose sich summieren ließ. Neue Versuche in der Richtung wären sehr erwünscht.

Außer Fäulnisbakterien hat Pfeffer auch einige Krankheitserreger auf Chemotaxis geprüft, fand sie aber wenig empfindlich. Vielleicht wurden nur die wirksamen Stoffe nicht gefunden. Nach Ali-Cohen reagieren die sonst ziemlich unempfindlichen Typhusbazillen und Choleravibrionen auf rohen Kartoffelsaft (Lafar I, 1904—1907). Sollte das vielleicht bedeuten, daß hier wie bei den Lebermoos-Samenfäden Eiweißkörper wirksam sind?

Ein rotes Schwefelbakterium (Chromatium Weissii) wird nach Miyoshi (Pfeffer 1904) bemerkenswerterweise durch Schwefelwasserstoff angelockt. Voraussichtlich werden Zusammenhänge zwischen chemotaktischer Reizbarkeit und Lebensweise auch sonst noch aufzufinden sein. Hier liegt ein weites Feld für zukünftige Forschung!

Ganz ähnlich wie die Bakterien, mit denen sie auch die Art der Ernährung gemein haben, reagierten in Pfeffers Versuchen einige farblose Flagellaten, so der genauer untersuchte Bodo saltans. Im Grade der Empfindlichkeit und der Art der anlockenden Substanzen sind im Übrigen mancherlei Verschiedenheiten zwischen den geprüften Organismen vorhanden, die aber gegenüber dem Gesagten nichts neues zeigen. Auch einige grüne Flagellaten und Volvocineen wurden herangezogen. Bei ihnen übten wiederum Kalisalze eine starke Reizwirkung aus, daneben aber auch organische Stoffe, wie Pepton und Fleischextrakt. Offenbar findet das seine Begründung in der Ernährungsweise der geprüften Organismen, die neben der Kohlensäureassimilation auch organische Nahrung aufzunehmen imstande sind.

Innerhalb dieser Gruppe von zwar grünen, sich aber teilweise gemischt ernährenden Lebewesen finden sich, je nach der Bedeutung der organischen Nahrung für sie, Differenzen in der Reizbarkeit (Frank 1904). Chlamydomonas tingens, eine in „mineralischer" Nährlösung gut wachsende Volvocinee wurde vorzugsweise durch anorganische Salze, besonders Nitrate angelockt, nicht aber durch Zucker, Pepton usf. Auch die für ihre Ernährung wichtige Kohlensäure hatte positive

Reaktion zur Folge. Im Gegensatz dazu stand Euglena gracilis, ein grüner Flagellat, der mit organischen Stoffen, besonders organischen Stickstoffverbindungen versorgt, sehr viel üppiger gedeiht als ohne diese. Er reagierte auf Nitrate gar nicht, dagegen auf Pepton und organische Säuren, die seine Entwickelung gleichfalls fördern, sehr schön.

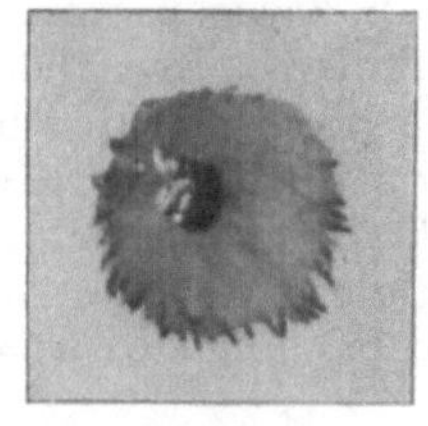

Abb. 96.

Diatomeenkolonie auf Nährgallerte. Die Kieselalgen streben von der Mitte fort, den unbenutzten Teilen des Nährbodens zu.

Phot. Th. Meinhold.

Die ökologische Bedeutung dieser Reizbewegungen ist klar genug. Sie dürften wohl bei allen frei beweglichen Organismen vorkommen und diese in geeignete Ernährungsbedingungen bringen. Dabei wird ebensowohl die aus äußeren Gründen verschiedene Verteilung von Nahrungsstoffen als Reizursache in Betracht kommen, wie auch der Verbrauch von wertvollen und die Ausscheidung von giftigen Stoffen durch die eigenen Artgenossen. Das Auseinanderspreizen der Oscillarien (vgl. Abb. 7, S. 17) ist dafür ein hübsches Beispiel. In ähnlicher Weise fliehen sich dicht gedrängte Diatomeen, z. B. in Agarkulturen, und werden sich entsprechend auch auf natürlichem Substrat ausbreiten (Abb. 96).

Chemische Reize beeinflussen schließlich auch noch die selbstständigeren Organe der Pflanzenzelle, ähnlich wie wir das von den Lichtreizen gehört haben. Senn (1908) entdeckte, das die Chlorophyllkörper vielfach durch Kohlensäure, aber auch durch mancherlei organische Stoffe, die von Zelle zu Zelle wandern, angelockt werden und sich nach der Seite begeben, von wo der Reizstoff her diffundiert, also echte Chemotaxis zeigen. Ähnliches wurde dann von Ritter (1911) auch für Zellkerne nachgewiesen. Inwieweit bei den nach Verwundungen (vergl. S. 246) stattfindenden Umlagerungen der Zellbestandteile chemische Reize mitspielen, läßt sich noch nicht übersehen.

Zusammenfassend können wir sagen, daß bei allen darauf hin untersuchten freibeweglichen Organismen eine ihrer Ernährung und Lebensweise entsprechende chemische Reizbarkeit gefunden wurde. Allerdings darf man in ökologischen Deutungen nicht zu weit gehen. Davor warnen einige Beispiele, die Pfeffer und Rothert aufdeckten. So konnte der erstere Farnspermatozoën in Kapillaren locken, in denen sich neben einem Reizstoff ein tödliches Gift befand. Solche Stoffe wie Sublimat und Strychnin werden nun freilich in der Natur keine Rolle spielen. Und gegen andere, verbreitetere, wie Säuren, Basen, Alkohol reagieren bei höheren Konzentrationen wohl alle untersuchten Objekte durch die Flucht.

Andrerseits ist aber auch bekannt, daß in der Natur nicht vorkommende Stoffe positive Reaktion bewirken. Hierhin kann man die Salze des Rubidiums, Caesiums, Lithiums usf. rechnen, und auch die nur künstlich darzustellende Maleïnsäure. Aber in diesen Fällen kann man noch nicht von nutzloser Reaktion sprechen, da die Reizbarkeit für die chemisch nahestehenden Kalium- resp. Apfelsäuresalze die Wirkung der genannten Stoffe mit bedingt. Derartiges läßt sich dagegen wohl nicht für die Anlockung des Rothertschen Clostridiums durch Äther sagen. „Es ist bisher noch kein auch nur entfernt dem Äthyläther verwandter Stoff bekannt, welcher auf Bakterien oder andere Organismen anlockend wirkte." Allerdings sind die chemisch ähnlichen Stoffe auch nicht untersucht worden. Vorläufig aber kann man auch kaum denken wie diese Reizbarkeit durch Anpassung erworben sein kann.

g) Osmo-, Hydro-, Rheotaxis.

Wiederholt wurde erwähnt, daß Stoffe, die sonst anlocken, bei höherer Konzentration repulsiv wirken. Das kann verschiedene Ursachen haben, die schon Pfeffer (1884) unterschied. So fand er, daß die freie Apfelsäure in großer Verdünnung positive, in höherer Konzentration aber wegen ihrer Säurewirkung negative Chemotaxis erzeugt. Ähnliches gilt für alkalische Stoffe.

In anderen Fällen, z. B. bei dem Verhalten der Spirillen zum Sauerstoff und zum Pepton oder der Samenfäden von Marchantia zu den Eiweißstoffen wirkt eine Substanz bei höherer Konzentration negativ, bei niederer positiv, ohne daß wir angeben können, daß irgendeine Nebenwirkung der konzentrierteren Lösung daran die Schuld trägt, daß ein Umschlag in der Reaktion eintritt. Hier bedingt ein Stoff vermöge seiner chemischen Reizwirkung das Aufsuchen einer optimalen Konzentration. Ob aber der Erregungsvorgang selbst einheitlich ist, oder ob nicht vielleicht im Organismus zwei physiologische Prozesse einander entgegen arbeiten, das ist noch nicht aufgeklärt.

Deutlich als besonderer Reizvorgang unterscheidbar ist dagegen wiederum die von Pfeffer zuerst als solche erkannte Repulsionswirkung konzentrierterer Lösungen vermöge ihrer wasseranziehenden oder osmotischen Kraft. Man nennt diese Erscheinung Osmotaxis. Daß sie mit Chemotaxis nichts zu tun hat, ergibt sich daraus, daß die relative Reizwirkung verschiedener Substanzen durch die Art der gelösten Stoffe nicht beeinflußt wird, sondern dem osmotischen Drucke der geprüften Flüssigkeit entspricht. (Vgl. S. 262.)

Danach könnte es scheinen als wäre eine Reizreaktion sehr leicht als osmotaktisch zu erkennen. Man brauchte nur nach physikalisch-chemischen Regeln Lösungen verschiedener Stoffe von dem gleichen osmotischen Drucke herzustellen und zu sehen, ob sie dieselbe Reizwirkung ausüben. In Wirklichkeit liegt die Sache aber doch verwickelter. Nur der positive Ausfall solcher Versuche, also die Übereinstimmung des osmotischen Druckes verschiedener Substanzen an der Reizschwelle für die negative Reaktion, ist beweisend für die osmotaktische Natur des beobachteten Vorganges. Findet man bei einem einzelnen Stoffe eine Repulsion schon bei geringerer osmotischer Konzentration als bei den übrigen, so ist bei diesem auf eine chemische Reizwirkung zu schließen. Äußerlich unterscheiden sich die Reaktionen nicht voneinander. Man wird also eine größere Anzahl von Substanzen recht verschiedener Art prüfen müssen, um zu sehen, ob die als osmotaktisch angesehene Reaktion wirklich von der chemischen Konstitution unabhängig ist.

Es kann nun auch vorkommen, daß die Lösung eines Stoffes gar keine oder eine geringere osmotaktische Reizwirkung entfaltet als man beim Vergleich mit anderen Lösungen von gleichem osmotischen Drucke erwarten sollte. Solches tritt ein, wenn der Organismus für den betreffenden Stoff durchlässig ist. Nur durch die ungleiche Verteilung innerhalb und außerhalb des Körpers wird die osmotische Wirkung ausgeübt, nämlich dem Protoplasma Wasser entzogen. Eine Veränderung des Wassergehaltes ist aber zweifellos die der Osmotaxis zugrunde liegende primäre physikalische Einwirkung. Stoffe, die das Plasma sogleich oder doch allmählich durchdringen, werden daher gar keine oder einen ihrer Konzentration nicht entsprechenden osmotaktischen Effekt ausüben. Solches gilt vielfach für Glyzerin, dessen Unfähigkeit, Osmotaxis hervorzurufen, Pfeffer sogar vorübergehend zur Ableugnung dieser vorher klar erkannten neuen Reizursache veranlaßte. Noch schwieriger zu durchschauen sind die Verhältnisse, die bei langsamer eindringenden Stoffen zustande kommen.

Abgesehen von der Natur des gelösten Stoffes hängt das Zustandekommen der osmotischen Wasserentziehung auch von der Konstitution des Plasmas ab. Verschiedene Organismen sind für die einzelnen Substanzen in wechselndem Maße durchlässig. Manche aber, und besonders viele Bakterien, werden von allen Stoffen so leicht durchdrungen, daß eine osmotische Wirkung überhaupt nicht zustande kommen kann. Damit dürfte es zusammenhängen, daß sie niemals eine osmotaktische Reizwirkung erfahren. So war z. B. Pfeffers Bakterium termo gegen konzentrierte Lösungen ganz unempfindlich und drang in sie ein, ohne geschädigt zu werden.

Ob diesem Bakterium gar keine osmotaktische Sensibilität zukommt, läßt sich schwer entscheiden, weil kein Stoff gefunden werden konnte, der ihm Wasser entzieht. In anderen Fällen ist aber leicht zu sehen, daß das Ausbleiben der Repulsionswirkung nicht durch Permeabilität veranlaßt ist, sondern durch den Mangel der betreffenden Reizbarkeit. Wir sehen dann den betreffenden Organismus alsbald durch Wasserentziehung schrumpfen, ohne daß er die Flucht ergreift. Die osmotaktische Unempfindlichkeit hat ihm den Tod gebracht.

Das Nichteindringen eines Stoffes ist also Bedingung für die Osmotaxis, wenn auch nicht die einzige. Die Chemotaxis dagegen wird offenbar gerade durch den eindringenden Teil des Reizstoffes hervorgerufen. So präzisiert Rothert kurz den Unterschied zwischen beiden Sensibilitäten.

Massart (1891) hat gezeigt, daß neben der negativen auch positive Osmotaxis vorkommt, und zwar bei gewissen Meeresorganismen, die also an den Aufenthalt in Salzlösungen angepaßt sind. Wird diesen die Wahl zwischen normalem und verdünntem Seewasser geboten, so suchen sie das erstere auf, reagieren also positiv. Wird das Meerwasser aber durch Kochsalzzusatz konzentrierter gemacht, so fliehen sie es. Sie suchen daher in allen Fällen die gewohnte mittlere Konzentration auf. „Leider hat Massart bezüglich dieser Organismen es nicht hinreichend sicher gestellt, daß die beobachteten Reizwirkungen osmotaktischer und nicht etwa chemotaktischer Natur sind, da er nur mit Meerwasser und NaCl experimentierte; immerhin wird man, bis zum Beweis des Gegenteils, das erstere für wahrscheinlicher halten dürfen". (Rothert 1901.) Wie für die Chemotaxis scheint auch für die Osmotaxis das Webersche Gesetz zu gelten. Massart fand bei Spirillum undula, daß die Kapillarflüssigkeit etwa das 6—8fache eines osmotisch wirksamen Stoffes enthalten muß als die Außenlösung, damit Abstoßung zustande kommt. Und zwar gilt diese Regel innerhalb ziemlich weiter Grenzen, so daß eine und dieselbe Konzentration je nach der Außenlösung anlockend oder abstoßend wirken kann. Somit muß man annehmen, daß schon in der Kulturflüssigkeit eine die Empfindlichkeit herabsetzende Wasserentziehung stattfindet, und daß das Bakterium imstande ist nicht nur diese selbst, sondern auch ihren Grad genau zu perzipieren. Ferner ist es in diesem Falle besonders deutlich, daß nur der Übergang die Reizbewegung auslöst, da die Lösung an sich nicht schädlich zu sein braucht.

Osmotaktisch empfindlich sind, wie gesagt, zwar viele, aber nicht alle Organismen. Manche werden noch durch Lösungen chemotaktisch angelockt, die durch Wasserentziehung sofort den Tod herbeiführen. (Buller 1900, Lidforss 1904).

Bei Myxomycetenplasmodien hat Stahl (1884b) ein Zurückziehen vor Kochsalzkrystallen und anderen osmotisch wirksamen Substanzen beobachtet. Bei Rohrzucker fand nach anfänglichem Rückzug eine „Gewöhnung" statt. Hernach wirkte reines Wasser repulsiv. Die Schleimpilze scheinen also gleichfalls positiv und negativ osmotaktisch reagieren zu können. Bei ihnen ist die Osmotaxis noch deshalb von besonderem Interesse, weil bei diesen, meist an der Luft lebenden Organismen auch durch Verdunstung eine Wasserentziehung bewirkt werden kann, die augenscheinlich denselben Reizerfolg hat wie die durch Osmose. Man spricht dann von Hydrotaxis. Bei den ganz in Wasser lebenden schwimmenden Organismen ist etwas derartiges nicht möglich. Ganz sicher ist es freilich nicht, daß die Osmotaxis und Hydrotaxis der Myxomyceten dieselbe Reizbeantwortung darstellen. Es kehren hier dieselben Probleme wieder wie beim Hydrotropismus (S. 265).

Die Hydrotaxis konnte Pfeffer (1881, S. 388) an Plasmodien beobachten, als er sie auf feuchtes Fließpapier setzte und dieses langsam austrocknen ließ. Stahl (1884 b) hat dann dieselbe Erscheinung eingehender studiert, indem er eine Stelle des feuchten Papieres vor dem Austrocknen schützte. Die Plasmastränge, die sich anfangs strahlig ausbreiteten, zogen sich nun mehr und mehr von den trockenen Stellen zurück und häuften sich klumpig an den feuchten. Wurde dem ausgebreiteten Plasmodium eine mit Gelatinegallerte bedeckte kleine Glasplatte von oben bis auf 2 mm genähert, so fand sich das Plasmodium beim beginnenden Austrocknen des Substrates bald ganz unter diesem und erhob sich selbst zäpfchenartig, um die feuchte Gelatine zu erreichen und auf sie hinüberzukriechen. Dasselbe wurde mit feuchtem Papier oder Holz erreicht. Die Erscheinung hat also mit der chemischen Natur des feuchten Körpers nichts zu tun. Nur der von ihm ausgehende und die Verdunstung mindernde Wasserdampf übt die Reizwirkung aus.

Ein solches Aufsuchen feuchter Stellen ist bei Organismen, die in Lohe, unter Blättern im Walde und an ähnlichen Orten leben, ökologisch begreiflich, umsomehr da sie als nackte Protoplasmamassen keinerlei Verdunstungsschutz auszubilden imstande sind. Auch werden wir uns nun nicht wundern, wenn wir sie bei feuchter Luft, also etwa nach einem Regen, an der Oberfläche finden, wo sie sonst nicht zu sehen sind.

Ebenso ist es im Zusammenhange mit ihrer Lebensweise zu verstehen, daß ihr Verhalten sich ändert, wenn sie sich anschicken zu fruktifizieren, also trockene Sporen auszubilden, die durch den Wind verbreitet werden sollen. Nun werden sie auf einmal negativ hydrotaktisch (ob auch positiv osmotaktisch?), sie kriechen aus ihrem feuchten Substrate hervor und sammeln sich an den äußersten, trockenen Stellen, auf Grashalmen, Holzstückchen u. dgl. Je feuchter der Untergrund, desto weiter reichen ihre nun konsistenter werdenden, sich zur Fruktifikation anschickenden Körper in die Luft, sicherlich ein geeignetes Mittel um die Verbreiterung der Sporen zu förden.

Eine positive Hydrotaxis findet sich wahrscheinlich bei allen kriechenden Organismen des Pflanzenreiches, die sich an die Luft wagen. So ziehen sich Oscillarien und Diatomeen beim Austrocknen ihrer Wohnorte in den feuchten Schlamm zurück. Untersuchungen hierüber sind aber bisher nicht angestellt worden.

Noch auf andere Weise übt das Wasser eine Reizwirkung auf die Plasmodien der Myxomyceten aus, nämlich durch seine Strömungen. Sie kriechen dem fließenden Wasser entgegen, sind also positiv rheotaktisch. Aufgedeckt wurde dieses Verhalten in Versuchen, die Strasburger (1878) ausführen ließ. Später hat Jönsson (1883) ähnliche Experimente angestellt. Er brachte Äthaliumplasmodien auf Fließpapier, das heberartig aus einem Gefäß mit Wasser heraushing, so daß durch dasselbe ein Strom Wasser herablief. Die Plasmodien wanderten dann nach oben, der Strömung entgegen.

Auch wenn das von Wasser durchflossene Fließpapier streckenweise horizontal auf einer Glasplatte lag, ging die rheotaktische Be-

wegung in derselben Weise von statten. Die Schwerkraft hat damit
also nichts zu tun. Die Versuche wurden von Stahl (1884) mit
demselben Erfolge wiederholt. Auch wird dieselbe Methode oft angewendet, um für physiologische Versuche sauberes Plasmodienmaterial
zu erlangen. Man legt auf das von den Schleimpilzen durchzogene
Substrat, z. B. Lohe, das Ende eines in der geschilderten Weise von
einem Wasserstrome durchzogenen Papierstreifens und findet den Pilz
nach einiger Zeit auf dem Papier schön ausgebreitet.

Clifford (1897) suchte sich zu vergewissern, ob der Rheotropismus
nicht vielleicht durch chemische Beimengungen im Wasser vorgetäuscht
sei, so unwahrscheinlich das auch ist. Er ließ zwei Wasserströme
nebeneinander verlaufen, von denen der eine destilliertes, der andere
gewöhnliches Wasser enthielt. Die zwischen beide gebrachten Plasmodien machten keinen Unterschied.

In anderen Versuchen wollte er prüfen, welchen Einfluß die
Stärke der Strömung hat. Zu diesem Zwecke variierte er die Geschwindigkeit des Stromes, indem er ein Holzstück mit Plasmodium
dicht unter dem Wasserspiegel in einem Gefäße befestigte, das verschieden schnell in Rotation versetzt werden konnte. Der Pilz streifte
dabei die Wasseroberfläche. Drehte sich die Glasschale, die neun Zoll
Durchmesser hatte bis zu sechsmal in der Minute, so erfolgte positive
Reaktion. Bei siebenmal aber bewegte sich das Plasmodium in der
Stromrichtung, ob durch mechanische Gewalt getrieben oder aktiv,
läßt sich nicht ersehen. Wurde die Geschwindigkeit noch mehr erhöht,
so suchte der Pilz auf die vom Wasser nicht bespülten Stellen zu
gelangen, „als ob er sich davor schützen wollte weggespült zu werden".

Das was die Myxomyceten zur rheotaktischen Reaktion veranlaßt, ist offenbar der über ihren festgehefteten Körper hinweg-
streichende Wasserstrom, wobei freilich die Art der Perzeption
noch rätselhaft bleibt. Etwas ähnliches kann an frei schwimmenden Organismen nicht auftreten, solange sie sich in einem
ruhigen Strome schwebend erhalten. Denn dann fehlt die für die
Perzeption notwendige relative Bewegung zwischen Körper und
Wasser. Daß der Strom fließt, kann für die in seinem Innern ent-
haltenen Organismen nichts ausmachen. Nur wenn ein von außen
wirkender Richtungsreiz hinzukommt, wie z. B. Phototaxis,
kann ein äußerlich mit Rheotaxis zu verwechselndes Schwimmen
gegen den Strom zustande kommen; aber auch dann nur, wenn
die Geschwindigkeit der Wasserbewegung geringer ist als die der
Eigenbewegung. So meint auch Pfeffer (1904 S. 815) gegenüber
einer Angabe von Rheotaxis bei Bakterien: „Da die schwärmenden
Organismen schon durch eine mäßige Wasserströmung mechanisch
fortgerissen werden, so ist es nicht wahrscheinlich, daß bei frei
schwimmenden Organismen häufig eine rheotaktische Sensibilität zur
Erreichung bestimmter Ziele und Zwecke ausgebildet ist".

Hydro- und Rheotaxis haben wahrscheinlich nichts gemein, als
daß in beiden Fällen Wasser den Reizanstoß abgibt.

h) Die chemotaktische Reaktionsweise.

Bisher wurde in den Erörterungen über Chemotaxis fast nur das Endresultat geschildert. Sein Zustandekommen, also das Verhalten der einzelnen Individuen, soll im Folgenden eingehender besprochen werden. Wir hatten gesehen, daß die chemotaktisch empfindlichen, beweglichen Entwicklungszustände der verschiedensten Organismen sich bei gegebenen Konzentrationsverschiedenheiten eines Reizstoffes an bestimmten Stellen sammeln. Damit ist aber weder der Reizanlaß noch die Art der Reaktion genügend präzisiert. Vielmehr kehren hier entsprechende Probleme wieder wie wir sie bei der Phototaxis besprochen haben. So wie dort die Frage zu beantworten war, ob die Richtung oder die Intensität des Lichtes die eigentliche physikalische Ursache der phototaktischen Erregung darstellen, so ist hier zwischen zwei ähnlichen Möglichkeiten zu entscheiden.

Denkt man sich die Ausbreitung eines löslichen Reizstoffes im Wasser von einer bestimmten Stelle, z. B. einem Krystalle der Substanz oder einer Kapillarenöffnung ausgehend, so wird ein Abfall der Konzentration von da nach allen Seiten zu beobachten sein, also das was in der Literatur unseres Gegenstandes seit Pfeffer (1884) als Diffusionsgefälle bezeichnet wird.

Derselbe Autor stellte sich sogleich die Frage, ob die Ansammlung seiner chemotaktischen Organismen etwa in ähnlicher Weise zustande komme wie die der Engelmannschen phototaktischen Bakterien in der „Lichtfalle‟, nämlich durch zufälliges Hineingelangen in die Lösung von bestimmter Konzentration und Zurückschrecken beim Verlassen derselben. Er lehnte aber diese Auffassung ab, und zwar auf Grund der Beobachtung, daß die Samenfäden der Farne eine deutliche Ablenkung ihrer Bahn erfahren, sobald sie in die Diffusionssphäre des Reizstoffes gelangen und nun mehr oder weniger gradlinig der Kapillaröffnung zuschwimmen. Nach ihm „bewirkt die Reizung eine bestimmte Richtung der Körperachse und erzielt hiermit, daß diese ohnehin mit fortschreitender Bewegung begabten Organismen nach bestimmter Richtung hin fortschreiten.‟ Der Reizanlaß soll in der verschiedenen Beeinflussung der Flanken liegen, ähnlich wie bei den tropistischen Bewegungen festgewachsener Pflanzen.

Auch für Bakterien betrachtete Pfeffer damals die ungleiche Beeinflussung der Flanken als Reizursache für die beobachtete Bevorzugung einer bestimmten Bewegungsrichtung bei diesen niemals geradlinig schwimmenden Lebewesen.

Später haben Jennings und Crosby (Pfeffer 1904 S. 756) sowie Rothert (1901) gleichzeitig durch genaue Beobachtung einzelner großer Bakterien nachgewiesen, daß bei diesen Organismen die Ansammlung doch nach der Art der Engelmannschen Schreckbewegung zustande kommt. Jede Erniedrigung der Konzentration des Reizstoffes bewirkt bei einem positiv chemotaktischen Bakterium eine Rückzugsbewegung,

der ein Vorwärtsschwimmen in einem etwas abweichenden Winkel
folgt. Falls das Bakterium zufällig in der Richtung auf das Diffusionszentrum hinschwimmt, nimmt es ungereizt seinen Weg. Ist seine
Bahn aber anders gerichtet, so schwimmt es am Diffusionszentrum
vorbei und gelangt bald in Zonen absteigender Konzentration. Dadurch wird es gereizt, schwimmt rückwärts und kommt so wieder
der Kapillarenöffnung näher.

Indem nun allmählich eine „Gewöhnung" an den Reizstoff stattfindet, wird bewirkt, daß die einzelnen Individuen schließlich schon
vor relativ hohen Konzentrationen zurückschrecken und sich dadurch
immer mehr in der Zone höchster Konzentration zusammendrängen,
vorausgesetzt, daß keine anderen Reizwirkungen das verhindern. Dieser
eben geschilderten Reaktion durch Schreckbewegung stellt Rothert
die Richtungsbewegungen der Samenfäden, Saprolegniaschwärmer usw.
entgegen, die nicht durch die Veränderung der Intensität eines Reizstoffes zustande kommen sollen, sondern durch das Einstellen der
Körperachse in der Diffusionszone, durch die beide Flanken einer
gleichstarken Einwirkung ausgesetzt würden. Die erste Reaktionsweise wurde später von Pfeffer (1904) Phobochemotaxis, die zweite
Topochemotaxis genannt.

Der Gegensatz der beiden Reaktionsarten wird gekennzeichnet
durch folgende Gegenüberstellung: Während bei den phobotaktischen
Organismen die Entfernung der Intensität des Reizmittels vom
Optimum den Reiz ausübt und die Organismen veranlaßt, sich zu-
rückzuziehen, wendet sich ein topotaktischer Organismus nach derjenigen Seite, auf welcher das Reizmittel mit einer dem Optimum näheren
Konzentration auf seinen Körper einwirkt (Rothert 1901). Diese
Definitionen gelten nicht nur für chemische, sondern auch für
andere Reize. Da bei der phobischen Reaktionsweise der Übergang in andere Reizbedingungen, bei der topischen dagegen die Verschiedenheit der Einwirkung auf beiden Flanken den Anlaß zur Be-
wegungsänderung abgibt, kann man die Differenz der beiden Reizarten kurz so ausdrücken, daß man sagt: In dem einem Falle geben
zeitliche, in dem anderen örtliche Differenzen den Reizanlaß ab.

Diese Unterscheidung und Auffassung der beiden nach dem Aussehen verschiedenen Reaktionsweisen ist in alle botanischen Lehr-
und Handbücher übergegangen. Gleichwohl stimmt Jennings ([1905]
1910) ihr nicht bei. Von seinen Beobachtungen an Infusorien und
Flagellaten her weiß er, daß scheinbares Einstellen der Körperachse
in eine bestimmte Richtung durch oft wiederholte „Schreckbewegung"
zustande kommen kann, wobei dann nicht örtliche, sondern wie bei
der typisch phobischen Reaktion zeitliche Differenzen den Reizanlaß
abgeben (vgl. das über Phototaxis Gesagte auf S. 194). Die Möglichkeit einer solchen Reaktionsweise wird auch von Pfeffer betont
(1904 S. 757). Verhalten sich aber die Samenfäden usw. in dieser
Weise, dann fallen die prinzipiellen Differenzen zwischen phobischer
und topischer Reaktionsweise fort.

Rothert (1901) hat die bis dahin vorliegenden Erfahrungen zusammengestellt, um die Verbreitung der von ihm neu entdeckten Phobotaxis zu beweisen. Besonders bei Repulsivwirkungen war oft ein „Zurückschrecken" beobachtet worden, auch bei solchen Organismen, die Rothert nach dem Auftreten der Körperschwenkung bei Erreichung der Reizsphäre zu den topisch reagierenden rechnet. Besonders aber lagen damals schon die eingehenden Untersuchungen von Jennings an Infusorien vor.

Diese Tiere vollführen auch bei einseitiger Einwirkung chemischer Reizmittel keine Richtungseinstellung der Körperachse, sondern ein seitliches Drehen nach einer morphologisch bestimmten Seite des Körpers hin. Beim Vorwärtsschwimmen beschreiben sie eine langgestreckte Schraubenlinie, wobei sie so rotieren, daß stets eine bestimmte Seite nach innen gerichtet ist. Auf einen Reiz hin wird die Vorwärtsbewegung gehemmt, das Tier fährt ein Stück zurück, und das Vorderende beschreibt einen Kreis, wodurch der Körper in einem Kegelmantel herumschwingt. Das Drehen in einem Trichter kommt immer dann zustande, wenn durch die Bewegung des Organismus, also in zeitlicher Aufeinanderfolge, eine Entfernung vom Optimum eingetreten ist. Es wird so lange fortgesetzt, bis wieder eine Annäherung an das Optimum erreicht ist. Da die Konzentrationsveränderung nach dem Optimum zu keinen Reiz ausübt, wird nun die Trichterdrehung eingestellt und unter bloßer Rotation um die Längsachse die Vorwärtsbewegung in dem zuletzt eingeschlagenen Winkel fortgesetzt.

Daß bei diesen Reizbewegungen wirklich die zeitliche und nicht die örtliche Konzentrationsdifferenz den Reizanlaß abgibt, konnte Jennings am zwingendsten beweisen, indem er seine Versuchsobjekte plötzlich aus einer Lösung in die andere übertrug. Dabei fand dann wieder das Herumschwingen in Form eines Trichters statt, wie es für die Reaktionsweise der Infusorien bezeichnend ist. Bei kleineren Organismen ist ein derartiger Versuch nur möglich, wenn der Reizstoff ein Gas ist, bei dem man Konzentrationsveränderungen ohne stärkere mechanische Störungen bewirken kann, indem man es über das Präparat leitet. Solche Experimente hat Engelmann (1882) bei seinen Purpurbakterien mit Erfolg angestellt. Auch verzeichnet Klebs (1896) ein Rückwärtsschwimmen von Schwärmern der Alge Ulothrix nach dem plötzlichen Übertragen aus Wasser in eine Salzlösung. Rothert weist darauf hin, daß aus derartigen Versuchen am besten auf phobische Reaktionsweise geschlossen werden kann. Die Methode wäre bei den meisten chemotaktischen Organismen anwendbar und würde gegebenen Falles ihre von örtlichen Konzentrationsdifferenzen unabhängige Reaktionsweise aufzudecken geeignet sein.

Bisher sind die Angaben über die verschiedene Reaktionsweise der einzelnen beobachteten Organismen mit großen Unklarheiten behaftet, so daß Jost (1908) neue Untersuchungen für dringend notwendig erklärt. Die Schwierigkeit der Deutung hat ihren Grund hauptsächlich darin, daß man die Beobachtung der Richtungsablenkung beim Berühren der Diffusionszone als genügend für das Vorhandensein der Topotaxis erachtete. Von Phobotaxis sprach man, wenn etwas derartiges nicht zu sehen war, vielmehr die Einzelindividuen scheinbar ungestört die Diffusionssphäre durcheilten, um erst an deren hinterer Grenze zurückzuschrecken. Nach diesen Kennzeichen mußte man häufig bei ein und demselben Organismus beide Arten von Chemotaxis (und auch Osmo- und Phototaxis) annehmen (Rothert 1901). Auch wollten sich die Jenningsschen Infusorien dem Schema nicht einfügen, denn diese zeigen eine Richtungsablenkung, obgleich sie zweifellos phobisch reagieren.

Jennings nun ([1905] 1910) spricht die Vermutung aus, daß auch die bisher als typisch topotaktisch betrachteten Samenfäden und Saprolegniaschwärmer sich nach Art seiner Infusorien verhalten möchten. Nach seinen Erfahrungen hängt allgemein die Art der Reaktion nicht von dem Reizanlasse, sondern von dem Bewegungsmodus des betreffenden Lebewesens ab, so daß phobische und topische Taxieen bei ein und derselben Organismenart unwahrscheinlich sind. Allerdings bleibt es ein Unterschied, ob der Reiz, also die Entfernung vom Optimum, nur ein Rückwärtsschwimmen oder auch eine Winkelabweichung (Erweiterung des Bewegungstrichters) hervorruft; aber die Differenz liegt nach Jennings im Körperbau und der dadurch bedingten Bewegungsart, nicht in der Art der Perzeption.

Die symmetrisch gebauten Bakterien schwimmen auf den Reiz rückwärts, die asymmetrischen Infusorien drehen sich nach einer morphologisch bestimmten Seite. Wie ich zeigen werde, fügen sich dieser Unterscheidung die meisten untersuchten Objekte, wenn ich auch nicht leugnen will, daß es bei Organismen, die in ihrem Bau abweichen, noch andere Bewegungs- und damit Reaktionsformen geben dürfte. So vollführt der von Pfeffer als gut chemotaktisch nachgewiesene Bodo saltans beim Schwimmen überhaupt keine Rotationen, sondern pendelt nur hin und her. Ebenso verhalten sich, wie es scheint, die stark unregelmäßig gestalteten Peridineen. Bei beiden liegt offenbar der Schwerpunkt zu weit seitlich, als daß eine Drehung möglich wäre.

Sehen wir aber die genauer untersuchten Schwimmer auf Bau und Reaktionsweise durch, so finden wir die Bakterien und Schleimpilzschwärmer radiär und typisch phobotaktisch. Letzteres bei den Bakterien nach Jennings und Rothert, bei den Myxomyceten nach Kusano. Die asymmetrischen Objekte stellen sich zwar alle in die Richtung der einwirkenden Kraft, sind also nach der herrschenden Bezeichnung topisch. Sie können aber auch phobisch reagieren. Doch sind in Wirklichkeit die Infusorien und Flagellaten von Jennings als im Grunde phobotaktisch erkannt worden.

Da die Samenfäden der Farn- und Moospflanzen sowie die Saprolegniaschwärmer asymmetrisch sind, so ist es nach dem Gesagten begreiflich, daß sie von allen Beobachtern als typisch topisch reagierend angegeben werden. Wegen ihrer Kleinheit und Geschwindigkeit ist die Jenningssche Vermutung, sie möchten sich wie seine Infusorien verhalten, schwer durch direkte Verfolgung ihrer Bewegungen zu belegen. Doch führt schon Rothert einen Satz von Pfeffer an, der darauf hindeutet, daß auch bei ihnen Schreckbewegungen vorkommen. Pfeffer spricht nämlich von dem „Zurückprallen" der Samenfäden vor schädlichen Stoffen.

Im Folgenden sollen nun die Tatsachen angeführt werden, die mir dafür zu sprechen scheinen, daß Jennings im Rechte ist:

1. Nach den Untersuchungen von Jennings sind zweierlei Reizbewegungsformen bei ein und demselben Organismus nicht wahrscheinlich. Es kommen aber

2. bei den genannten Objekten zweifellos Schreckbewegungen vor (Pfeffer 1884 S. 374, 375, 376, 385 usw., Shibata 1905 S. 566, 567). Die Samenfäden „prallen zurück", „schießen wie erschreckt hin und her" u. ä.

3. Die Samenfäden nehmen in der Diffusionszone keine bestimmte Richtung ein, sondern wimmeln hin und her. Auch enteilen sie zuweilen, nämlich dann, wenn die Schreckbewegung erst erfolgt, nach dem die reizlose Region schon erreicht ist.

4. Die Verschiedenheit der Konzentration auf beiden Flanken kann kaum als Reizanlaß gelten, da die Rotation um die Längsachse die einseitige Einwirkung in derselben Weise aufheben würde, wie an einer Pflanze auf dem Klinostaten.

Jost (1908), der dieses Argument betont, zieht daraus den Schluß, daß der Reizanlaß dann also die Verschiedenheit in der Stärke des Reizanlasses an der Vorder- und Hinterseite sein müsse. In der Tat können mit dieser Hypothese viele Erscheinungen erklärt werden, aber doch nicht alle. Rothert, der diesen Gedanken auch schon erwogen hat, führt die erwähnten Versuche von Jennings und Engelmann über Schreckbewegungen bei plötzlicher diffuser Einwirkung eines Reizstoffes dagegen an und vermutet, daß auch die anderen Organismen sich ähnlich verhalten möchten. Auch die Analogie mit der Phototaxis kann gegen Jost angeführt werden. Vor allem scheint mir aber, daß die Jostsche Hypothese die tatsächlich zustande kommende Einstellung in die Diffusionsrichtung gar nicht erklären kann. denn auch ein schräggestellter Samenfaden findet noch die „positive" Differenz zwischen der Konzentration hinten und vorn. Erst wenn die Ablenkung von der Diffusionsrichtung mehr als 90° beträgt, wird dieses Verhältnis umgekehrt. Nach Josts Schema sich verhaltende Schwärmer würden daher in ihrem Gebahren den typisch phobischen gleichen. Endlich müßte die Reizwirkung um so stärker sein, je langsamer die Bewegung vor sich ginge, denn dann würde die Intensitätsdifferenz am Vorder- und Hinterende um so länger dauern und umso intensivere Erregung hervorrufen. In Wirklichkeit ist das Umgekehrte der Fall.

5. Die Schwärmer reagieren um so besser, je schneller ihre Bewegung ist. Jede Verlangsamung der Bewegung, ob sie nun durch abnormen Bau (Pfeffer 1884), durch das Alter der Schwärmer, durch Kälte oder Wärme (Vögler 1891) oder durch Narkotika (Rothert 1904) hervorgerufen wird, beeinträchtigt die „Empfindlichkeit". Nun ist es nicht wahrscheinlich, daß alle diese recht verschiedenen Agentien die Perzeptionsfähigkeit gleichzeitig mit der Beweglichkeit so stark

schwächen sollten. Auch kann die Erhöhung der Schwelle bei den teilweise intensiven Reizen kaum die Ursache des Ausbleibens der Reizbewegungen sein. Daher glaube ich den Grund für die Wichtigkeit des schnellen Schwimmens darin sehen zu dürfen, daß bei langsamer Bewegung die als Reiz wirkende Intensitätsveränderung auf eine längere Zeit auseinander gezogen und dadurch unwirksamer gemacht wird.

6. Auch möchte ich hier das Verhalten bei Reizen erwähnen, die die Schwelle gerade erreichen. Nur bei sofortiger Beobachtung findet man hier eine Anlockung. Später wird der Reizstoff durch Strömungen zu stark verstreut und verdünnt als daß er noch wirken könnte, und die Schwärmer verteilen sich wieder. Gleich nach dem Zuschieben der Kapillare kann aber von einem Diffusionsgefälle noch keine Rede sein, besonders nicht bei langsam diffundierenden Colloïden, wie Pepton, Eiweißstoffen, Dextrin. Daher kann auch keine Richtungseinstellung des Körpers zustande kommen.

7. Wenn wir nun ferner sehen, daß entsprechend dem Weberschen Gesetze die anzulockenden Samenfäden usw. durch einen Gehalt der Außenlösung an dem Reizstoffe „abgestumpft“ werden, so können wir uns kaum vorstellen, daß die Reizung durch das Hineingelangen in ein Diffusionsgefälle zustande kommt. Bei Isoëtes z. B. beträgt die Verhältnisschwelle für Apfelsäure und OH'-Ionen 400 (Shibata 1911). Ein verhältnismäßig so geringer Zusatz des Reizmittels in der Außenlösung kann die einzelnen Konzentrationen in einem Diffussionsgefälle nur um ein minimales Maß nach innen verschieben. Warum soll dadurch aber die Reizwirkung aufgehoben werden? Nehmen wir dagegen an, daß bei unseren Schwellenversuchen die Diffusion noch kaum merklich ist und die Samenfäden durch das Eindringen in die durch ihre Schwere teilweise ausgeflossene Lösung des Reizstoffes von der Kapillare gereizt werden, oder vielmehr dann wenn sie diese Lösung wieder zu verlassen im Begriff sind, so wird alles viel verständlicher. Denn wir können uns gut denken, daß es etwas anderes ist, wenn ein Samenfaden aus der Lösung eines Stoffes in reines Wasser gelangt, als wenn nur die Konzentration dieses Stoffes abnimmt. Zudem mag im letzteren Falle das vorherige Verweilen in der Außenlösung des Reizstoffes nachwirken.

Einzelne von den angeführten Gründen mögen nicht absolut beweisend sein. Ihre Gesamtheit ergibt aber doch ein starkes Übergewicht zugunsten der vorgetragenen Meinung. Endgültig zu entscheiden ist die Frage nur durch genaue Beobachtung, verbunden mit eigens darauf gerichteten Experimenten[1]). Das spezifische Aktionssystem jeder Organismenklasse aufzudecken, wird noch viel Mühe

---

[1]) Diese, von mir erst begonnene Aufgabe ist, wie ich leider erst bei der Korrektur bemerke, von Hoyt (Botanical Gazette Bd. 49, 1910 S. 355 ff.) für die Farnsamenfäden schon gelöst worden. Da sich also diese „typisch-topischen“ Objekte der Jenningsschen Theorie einfügen lassen, wird für die wenigen noch übrigen kaum mehr ein Zweifel bestehen bleiben.

machen. Eine eingehende Kenntnis dieser Erscheinungen dürfte aber auch manches unerwartete Licht auf andere Tatsachen werfen.

Hier wäre nur noch zu bemerken, daß jene Reaktionsweise, die man bisher als topisch bezeichnet hat (und die diesen Namen ruhig weiter tragen sollte), offenbar eine schnellere und sichere Erreichung des Zieles gewährleistet als die phobische (vgl. S. 197). So ist es wohl kein zufälliges Zusammentreffen, daß bei den niedrig organisierten Bakterien und Myxomyceten die phobotaktische, bei den höher stehenden Flagellaten dagegen, sowie bei den Zoosporen der Saprolegnien, den Infusorien und den Samenfäden der Moose und Farne die topotaktische Reaktionsweise ausgebildet ist. Die niederen Flagellaten, die Volvocineen und die Schwärmer der Algen müssen erst auf ihren Bewegungsmodus hin untersucht werden.

VIII. Allgemeines.

a) Das Wesen der Reizbarkeit.

Ältere Autoren begannen wohl ihre wissenschaftlichen Schriften mit der begrifflichen Erklärung und Umgrenzung des zu behandelnden Gebietes. Sie taten das mit Rücksicht auf die außerwissenschaftliche, volkstümliche Auffassung des Gegenstandes, auf die allein sie sich stützen konnten, da bei dem Leser nicht von vornherein die Durchdringung des gesamten erst vorzulegenden Stoffes erwartet werden konnte.

Dieser Brauch schwand gleichzeitig mit dem allzu großen Vertrauen auf Worte. Denn der Begriff, den sich der unvorbereitete Leser und der, den der Verfasser sich über den Gegenstand der Erörterung macht, werden sich schwerlich decken oder durch eine kurze Erklärung zur Übereinstimmung gebracht werden können. Dieser Schwierigkeit trug man Rechnung, indem man den Fortschritt der Erkenntnis auf dem betreffenden Gebiete, von der vorwissenschaftlichen Zeit an bis zur Gegenwart, darlegte und dann auf diesem Boden die eigenen Erörterungen aufbaute.

Bei einer Schrift, die nicht nur der Wiedergabe von Tatsachen, sondern der Klärung eines bestimmten Begriffes dienen soll, wird man stets den Wunsch hegen, am Schlusse das Ergebnis der Untersuchung in Form einer abschließenden Definition zusammenzufassen. Um logischen Ansprüchen zu genügen, wird man also nicht mehr von einer Worterklärung ausgehen, man wird sich auch nicht begnügen, alte Begriffe zu einer zeitgemäßen Definition umzugestalten, sondern man wird die Gesamtheit des mitzuteilenden Stoffes als Inhalt und Umgrenzung des Begriffes betrachten. Damit allein ist eine ausreichende Definition gegeben, die allerdings womöglich rückblickend in kurze Worte zu fassen ist.

Im Eingange dieses Buches wurde der Leser sogleich mit gewissen Erscheinungen bekannt gemacht, denen nur eine knappe Andeutung des Tatsachengebietes voranging, um das es sich handelt. Darauf folgte Schilderung auf Schilderung von Tatsachen recht verschiedener Art. Mancher wird nun fragen: Was ist das Gemeinsame, wie lassen sich die gewonnenen Kenntnisse in einer Formel zusammenfassen, was ist Reizbarkeit?

Auf diese Frage läßt sich nun nicht einmal am Schlusse unserer Erörterungen eine abschließende Antwort erteilen. Man kann keine

Definition für Reizbarkeit geben, ohne das Wort Leben zu nennen, denn es gehört zum Wesen der Reizvorgänge, daß sie sich in einem „lebenden Systeme" abspielen. Was Leben ist, wissen wir aber nicht. Wir können es auch nicht umschreiben; vielmehr höchstens in einen Gegensatz zum Leblosen (oder „Toten") stellen und die unterscheidenden Merkmale aufzählen. Unter diesen ist, neben Ernährung und Atmung, Wachstum und Fortpflanzung, die Reizbarkeit wohl das klarste Zeichen für die Lebenstätigkeit in einem organisierten Gebilde. Jeder der beiden Begriffe Leben und Reizbarkeit kann demnach nur mit Hilfe des anderen, d. h. überhaupt nicht befriedigend, festgelegt werden. Dieses Eingeständnis soll uns aber nicht den Mut zum Nachdenken über das Wesen der Reizbarkeit nehmen, denn bei näherem Zusehen verhalten sich die meisten Begriffsumschreibungen ebenso.

Auf einem anderen Wege kommen wir wenigstens zu einem Anhalt für die Natur der Reizvorgänge. Obgleich wir nämlich nicht wissen, was Leben ist, so müsssen wir doch als sicher annehmen, daß auch die Vorgänge innerhalb des Organismus den allgemeinen Gesetzen folgen, die die Materie beherrschen. Pfeffer (1881 und 1893) hat darauf hingewiesen, daß die Reizerscheinungen auf anorganischem Gebiete mit den Auslösungs- und Umsteuerungsvorgängen verglichen werden können.

Ein solcher Auslösungsvorgang, bei dem eine ruhende Energiemenge in Tätigkeit versetzt wird, ist z. B. das Abschießen eines Gewehres. So wie der Fingerdruck, der den Schuß auslöst, in gar keinem Verhältnis zu der Kraft der einschlagenden Kugel steht, so hat auch die Energie, mit der ein Insekt die Fühlborste des Dionaeablattes berührt, nichts mit der Gewalt zu tun, mit der die beiden Blatthälften zusammenklappen. In anderen Fällen wird eine schon tätige Energie, etwa die des Wachstums bei tropistischen Krümmungen, durch den Einfluß einer Außenkraft, wie des Lichtes, in andere Bahnen gelenkt. Ähnlich schlägt ein Dampfer, der bisher geradeaus fuhr, durch Schiefstellung des Steuers einen anderen Kurs ein, obgleich die Kraft des Steuermannes nur einen geringen Bruchteil von der der Dampfmaschine ausmacht.

Der Vergleichspunkt zwischen den genannten physikalischen Vorgängen und den Reizprozessen liegt in den energetischen Verhältnissen. In beiden Fällen haben wir zwei Geschehnisse, die in einem ursächlichen Verhältnisse zueinander stehen, ohne daß die Energie des ersten in dem zweiten wiederkehrt. Und ähnlich wie beim Losschießen des Gewehres oder bei der, vielleicht elektrisch auf das Steuerruder übertragenen Drehung des Steuerrades, eine ganze Kette von zwischengeschalteten Auslösungsvorgängen der Reihe nach durchlaufen werden, so muß man sich auch die Reizkette aus einzelnen Reizreaktionen zusammengesetzt denken, von der Perzeption bis zur Reaktion. Jeder von diesen Einzelvorgängen kehrt beim Aufhören

der Reizursache allmählich in den Ruhestand zurück, jeder hat seine
eigene „Gegenreaktion".

Pfeffer sagt: „Alles was im physiologischen Getriebe dem Cha-
rakter der Auslösung entspricht, sehen wir als Reizvorgang an, gleichviel ob es sich um Bewegungen oder um eine nicht auffällige chemische Reaktion handelt, und gleichviel ob eine Mimosa plötzlich
sich bewegt, oder ob der Erfolg erst nach Tagen oder Wochen bemerklich wird" (1897, S. 11). Damit ist aber noch nicht gesagt,
daß alle Auslösungs- und Umschaltungsprozesse, die im Organismus
verlaufen, Reizprozesse wären. Denn wäre bei einem Geschehen klar
der physikalisch-chemische Zusammenhang aufgedeckt, so würden wir
nicht mehr von einem Reizvorgange sprechen. In dem Pfefferschen
Ausspruche ist mit den Worten: „physiologisches Getriebe" auf die un-
erklärbaren Faktoren hingewiesen.

Somit können wir nur sagen: Dem Reizprozesse liegt ein nicht
klar übersehbarer Zusammenhang zwischen den Lebensvorgängen im
Organismus und den Kräften der Außenwelt zugrunde, für den in
energetischer Beziehung ein Auslösungsprozeß das beste Modell ergibt.

Hätten wir freilich nicht noch andere Merkmale, die einen Vorgang als Reizreaktion charakterisieren, so hätte sich dieser Begriff
schwerlich entwickelt. Vielmehr muß noch an eine Reihe von in den
einzelnen Kapiteln wiederkehrenden Zügen erinnert werden, um dem
Bilde der pflanzlichen Reizbarkeit mehr Rundung zu verleihen.

Die Reizerfolge sind die für die Lebewesen bezeichnenden Reaktionen auf äußere Eingriffe. „Der Reiz gibt immer nur den Anstoß,
ist also nur Veranlassung, daß der Organismus gemäß seiner Eigenschaften und mit den ihm zu Gebote stehenden Mitteln in diesem
oder jenem Sinne reagiert und antwortet, oder, wenn wir wollen,
handelnd auftritt" (Pfeffer 1897, S. 10). Die Art des Erfolges ist
also von dem Bau des Organismus abhängig, nicht von dem auslösenden Reize und kann bei sehr verschiedenen Anlässen äußerlich
gleichartig sein. Sie kann ferner je nach dem Alter, Vorleben und
sonstigen Bedingungen wechseln.

Sind Reizanlaß und Reizreaktion quantitativ abstufbar, so wächst
letzterer innerhalb gewisser Grenzen mit dem ersteren, aber meist
nicht proportional. In den Reizbewegungen von Mimosa und denen
der Cynareenstaubfäden haben wir Fälle kennen gelernt, in denen
normalerweise durch jeden überhaupt wirksamen mechanischen Anstoß die volle Reaktionsgröße ausgelöst wird. Meist steigt freilich
die Größe des Reizerfolges mit der Intensität des Anlasses. Überall aber kann der Umfang der Reaktion nicht über ein gewisses Maß
hinaus gesteigert werden. Ein weiter verstärkter Reizanlaß hat keine
Vergrößerung des Reizerfolges, bei Richtungsreizen aber oft eine Veränderung oder Umkehrung desselben zur Folge. Hierbei wird nämlich, soweit das Bewegungssystem die Möglichkeit dazu gibt, in einem
Raum mit abgestuften Reizindensitäten eine gewisse („optimale")

Reizstärke aufgesucht. Ist daher der Reiz intensiver als diesem „Optimum" entspricht, so erfolgt „negative", ist er schwächer „positive", d. h. in beiden Fällen nach dem „Optimum" hin gerichtete Reaktion. Ein solches Verhalten finden wir sowohl bei den Bewegungen, die durch Licht- und Temperaturdifferenzen, wie auch bei solchen, die durch Verschiedenheiten in der Verteilung von chemischen Stoffen und Feuchtigkeit veranlaßt werden.

Nicht immer braucht die Abstufungsmöglichkeit eines Reizes so groß zu sein, daß das Optimum innerhalb der dadurch gesetzten Grenzen liegt. Solche Beschränkungen sind entweder in physikalischen und chemischen Umständen gegeben, wie z. B. in den Löslichkeitsgrenzen eines Reizstoffes oder aber in physiologischen Verhältnissen. So können vor Erreichung des Optimums andere, störende Faktoren dazwischen kommen, z. B. die Giftigkeit oder der negativ osmotaktische Reizwert eines Stoffes. Auch braucht dem sog. Optimum nicht die für dauerndes Gedeihen günstige Stärke der als Reiz wirkenden Energieart zu entsprechen; die Lage des Reizoptimums hängt vielfach vom Vorleben ab und ändert sich durch die Einwirkung der betreffenden Kraft selbst, wie wir das bei den photischen und chemischen Reizen kennen gelernt haben.

Des weiteren sei zur Charakteristik der Reizreaktionen daran erinnert, daß wir bei ihnen, falls sie nicht gar zu schnell verlaufen, auch ohne besondere Hilfsmittel eine Latenz- oder Reaktionszeit, eine Präsentationszeit, ein Abklingen der Erregung und eine Gegenreaktion beobachten konnten. Auch eine Leitung der Erregung kann als bezeichnendes Merkmal angeführt werden. Denn, wie früher betont, muß sie auch da angenommen werden, wo der Ort der Perzeption mit dem der Reaktion äußerlich zusammenfällt. Bei den rasch verlaufenden Reizreaktionen werden im übrigen, sobald die Meßmethoden dem raschen Ablauf der Vorgänge angepaßt werden, dieselben eben aufgezählten Teilprozesse gefunden. Auch für die verschiedenen Arten der Stimmungsreizbarkeit sind Anhaltspunkte gegeben, die es erlauben, das Gesagte zu verallgemeinern, und für die taktischen und nastischen Reaktionen gilt zweifellos im Prinzip dasselbe wie für die tropistischen.[1])

Die hier dargelegte kritisch-skeptische Auffassung über die Erklärbarkeit der Reizprozesse wird nicht von allen Seiten geteilt. Es stehen sich zwei Richtungen gegenüber, deren Extreme etwa durch

---

[1]) Als Belege sei an Folgendes erinnert: Die Lichtstimmung von phototropischen Keimlingen wurde durch kurze starke Belichtung ebenso beeinflußt wie durch längere schwache, deren Wirkung eine Zeitlang latent bleibt. Bei nachträglicher Verdunkelung geht sie in den Anfangszustand zurück: Gegenreaktion. — Panicumkeimlinge zeigen eine Wirkung der Belichtung des Keimstengels auf die Sensibilität der Blattscheide und umgekehrt: Reizleitung. — Phototaktische Organismen überschreiten eine Licht- oder Schattengrenze bevor sie reagieren, sie zeigen also eine Reaktionszeit. Auch Reizleitung kommt bei ihnen wohl stets vor. Man denke an die Volvoxkolonien und die Bakterienpakete als zwei markante Beispiele (vgl. S. 9 und S. 13).

J. Loeb (1909) und R. H. Francé (1909) gekennzeichnet sind. Beide
nehmen für sich ein restloses Begreifen der Lebensprozesse in Anspruch, die eine auf physikalisch-chemischer Grundlage, die andere
mit Hilfe von in der Pflanze angenommenen psychischen Fähigkeiten.
Beide Erklärungsversuche sind abzuweisen. Der erste ist bisher noch
in keinem Falle wirklich geglückt, der zweite genügt logischen Ansprüchen nicht.

Man kann sehr wohl der Meinung sein, daß die physikalisch-
chemische Erklärung der Reizprozesse und der Lebensvorgänge überhaupt,
möglich sei, ja sogar, daß sie das Endziel der Physiologie bilde, ohne
den Zeitpunkt für gekommen zu halten, in dem die Wissenschaft
dieser Aufgabe gewachsen ist. Bisher ist es immer nur gelungen,
von den im Organismus sich abspielenden Vorgängen hier und da
einen, der sich auch an leblosen Stoffen wiederholen ließ, von der
Masse der Lebensprozesse im engeren Sinne abzulösen. Besonders auf
dem Gebiete des Stoffwechsels sind solche Fortschritte zu verzeichnen.

Anders bei den Reizvorgängen in der Pflanze. Von allen Gliedern der Reizkette sind überhaupt nur die duktorischen Prozesse in
wenigen Fällen Gegenstand von Erklärungsversuchen geworden. Es
sei an die Auffassungen von Pfeffer und Haberlandt über die Bedeutung von Flüssigkeitsströmungen für die Reizleitung bei Mimosa
(vgl. S. 225) erinnert, ferner an Boysen-Jensens Diffusionstheorie für
die Ausbreitung der phototropischen Erregung (vgl. S. 148). Die so
erklärten Leitungsvorgänge scheiden übrigens für die genannten Verfasser aus der Reihe der eigentlichen Reizprozesse aus.

Über die Art wie die Perzeption vor sich geht, was die Erregung darstellt und wie die Reaktion zustande kommt, sind nicht
mehr als Gleichnisse oder undeutliche Vorstellung vorhanden. Man
kann es z. B. nicht als Erklärung ansehen, wenn Loeb „heliotropische
Stoffe" für die Lichtreizbarkeit verantwortlich macht. Wohl können
photochemische Prozesse bei der Perzeption eine Rolle spielen; aber
weder sind sie bisher nachgewiesen, noch sind Anhaltspunkte dafür
vorhanden, in welchem Verhältnisse sie etwa zur Erregung stehen
könnten. Auch aus den Gesetzen, die das quantitative Verhältnis von
Reizanlaß, Erregung und Reaktion beherrschen, kann man nicht, wie
das z. B. Blaauw (1909) versucht hat, auf bestimmte physikalisch-
chemische Vorgänge bei der Perzeption schließen, denn diese Zahlen-
gesetzmäßigkeiten deuten nur ganz allgemein auf die Umsetzung
einer Energieform in eine andere hin (Pringsheim 1910).

Man kann somit nicht behaupten, daß bisher irgendein Anfang
mit der Zurückführung der Reizvorgänge auf physikalisch-chemische
Prozesse gemacht sei. Trotzdem muß natürlich auch weiterhin versucht werden, die Gesetze, die für leblose Substanzen gelten, bis ins
innere Lebensgetriebe hinein zu verfolgen. Dabei bleibt die Frage,
ob etwa besondere Energieformen mit den Lebensvorgängen verknüpft
sind (Ostwald 1905), besser unerörtert, bis irgendwelche methodischen
Anhaltspunkte zu ihrem Nachweise gefunden sind.

Die physikalisch-chemische („mechanistische") Zerlegung der Reizvorgänge schwebt uns also wohl als — vielleicht unerreichbares — Endziel vor, wir können in ihr aber nicht eine schon jetzt erfüllbare, und glücklicherweise auch nicht die einzige Aufgabe der Reizphysiologie sehen. Vielmehr haben die Reizvorgänge auch ihre eigenen Erscheinungsformen und Gesetze, denen wir in den einzelnen Kapiteln nachgegangen sind und die auf lange hinaus eine Fülle der dankbarsten Fragestellungen bieten. Selbst wenn diese reizphysiologischen Gesetzmäßigkeiten, wie das Webersche, das Reizmengengesetz usf. nur ein Ausdruck des physikalisch-chemischen Geschehens in einem höchst komplizierten Systeme von ineinandergreifenden Prozessen wären, einem Systeme, das wir eben Organismus nennen, so wären sie darum nicht weniger des Studiums wert. Denn erst genaue Kenntnis dieses besonderen Geschehens kann uns einen Einblick in die Natur des „lebenden physikalisch-chemischen Systems" gewähren. Falls die Elektronentheorie die Erklärung der Newtonschen Gesetze finden sollte, so wäre deren Bedeutung dadurch nicht im geringsten vermindert. Dieses vorläufige Bescheiden mit lösbaren Problemen kennzeichnet also die Physiologie durchaus nicht als eine Wissenschaft von geringerem Werte oder niedrigerer Ausbildungsstufe als andere. „Auf komplexe Größen, auf Eigenschaften . . ., die wir nicht weiter zergliedern wollen oder können, führt schließlich das Streben nach letzten Zielen in jeder naturwissenschaftlichen Forschung. Auch Kohäsion, Elastizität, Schwere sind ebenfalls solche Eigenschaften, und dereinst dürfte es auch gelingen, die Atome und den mit denselben verknüpften Komplex von Eigenschaften noch weiter zu zergliedern. Im Prinzip steht also die physiologische Forschung auf keinem anderen Boden als die übrigen Naturwissenschaften, wenn sie auch vielfach komplexe Größen als gegeben und vorläufig nicht weiter zerlegbar hinnehmen muß, also im allgemeinen die vitalen Vorgänge nicht so weit wie Chemie und Physik, auf Atome und einfache energetische Faktoren zurückzuführen vermag" (Pfeffer 1897, S. 4).

Während nach dem Gesagten der physikalisch-chemische Erklärungsversuch ein sehr notwendiges, wenn auch nicht das einzige methodologische Hilfsmittel des Biologen ist, hat die psychistische Richtung, die seelische Vorgänge zur Erklärung von Lebenserscheinungen heranzieht, kaum irgendwelche Berechtigung. Höchstens als Gegengewicht gegen allzu mechanistische Anschauungen mag sie geduldet werden. Positive Leistungen hat sie nicht aufzuweisen. Und während die mechanistische Richtung zu exakten Versuchen anspornt und in konsequenter Durchführung selbst die Grenzen ihres Bereiches deutlich macht, begnügt sich die psychistische Schule mit Scheinerklärungen, die den Fortschritt aufhalten.

Wenn in diesem Büchlein die Pflanze da und dort dem Ausdrucke nach als handelndes Subjekt vorgeführt und wenn auch oft auf ihre zweckmäßige Reaktionsweise hingewiesen wurde, so soll damit natürlich

nicht der Auffassung Vorschub geleistet werden, als würde bei ihr der
Endzweck zur Ursache des Geschehens, wie wir das bei unseren eigenen
Willenshandlungen kennen. Vielmehr betrachte ich die sinnvolle Reaktionsweise ebenso wie zweckmäßigen Bau als Anpassungserscheinung,
die im Darwinschen Sinne durch Auslese erworben sein dürfte. Nur
der Kürze des Ausdruckes wegen wird von der Pflanze wie von einem
bewußt handelnden Wesen gesprochen. Unsere ganze Sprache ist ja
doch auf uns selbst zugeschnitten, und wollte man jede Zweideutig-
keit des Ausdruckes vermeiden, so käme man nicht von der Stelle.
Immer wieder macht es sich störend bemerkbar, daß die Wissenschaft,
vom deszendenztheoretischen Standpunkte betrachtet, am verkehrten
Ende, nämlich beim Menschen, anstatt bei den niedersten Lebewesen
begonnen hat.

Die Übertragung des vom Menschen hergenommenen Seelenbe-
griffes auf die Pflanze kann von vornherein nur geringen Wert haben.
Der einzige dazu berechtigende Grund wäre das Vorhandensein von,
den unsrigen ähnlichen, Bewußtseinsvorgängen. Solche kennen wir
aber im Grunde nur bei uns selbst. Schon bei anderen Menschen
schließen wir auf sie nur auf Grund der Ähnlichkeit in der sonstigen
Beschaffenheit. Bei Pflanzen ist ein solcher Schluß offenbar ganz
unzulässig. Selbst wenn gewisse Übereinstimmungen, z. B. zwischen
Sinnestätigkeit und Reizbarkeit, vorliegen, so bleibt doch die Frage
offen, ob erstere selbst beim Menschen zu den psychischen Fähigkeiten zu rechnen ist. Von Begriffsstreiterei wollen wir uns aber
fern halten.

Wenn wir dem Begriffe „Seele" auf den Grund gehen, so finden
wir darin nichts, als die Abstraktion aus den Erscheinungen, die das
lebende Wesen, das ähnlich wie wir selbst organisiert ist, vom toten
unterscheiden. Wenn wir also auch in den Pflanzen psychische Vorgänge annehmen wollten, die den unseren ähnlich sind, so können diese
doch niemals zur Erklärung der Reizbarkeit herangezogen werden,
da eine Abstraktion niemals etwas erklärt, zumal wenn sie nur der
zusammenfassende Ausdruck für eine Reihe von Erscheinungen ist,
unter denen die zu erklärenden sich befinden. Auch kann keinesfalls das Einfachere, nämlich die Reizbarkeit, aus dem Zusammengesetzten, der Seelentätigkeit erklärt werden.

Ist also die psychistische Erklärungsweise der pflanzlichen Reizbarkeit abzulehnen, so bleibt doch die Frage offen, ob die Lebensvorgänge nicht doch etwas enthalten, das vom anorganischen Geschehen grundsätzlich verschieden ist, ob also besondere vitale Kräfte
existieren. In dieser Frage, zu deren Ablehnung ich neige, ist eine
zwingende Entscheidung zur Zeit nicht möglich. Für die wissen-
schaftliche Arbeit scheint es mir aber zweckmäßig, zunächst ein
physiologisches Geschehen vom physikalisch-chemischen zu scheiden,
das jenes etwa in derselben Weise überlagert, wie das psychische
das physiologische.

b) Die Entwickelung der Reizbarkeit.

Im Ganzen bemerken wir, daß die Reizbarkeit im Verein mit den sonstigen morphologischen und physiologischen Einrichtungen der Arterhaltung dient, also im Sinne der Pflanze zweckmäßig ist. Das braucht nicht immer für die Versuche im Laboratorium zu gelten, muß aber für das Leben in der freien Natur gefordert werden. Denn wäre ein Organismus mit irgendeiner unter natürlichen Umständen nicht zweckentsprechenden Einrichtung versehen, so könnte er nicht lange gedeihen. Auch könnte eine Formanpassung nicht wirksam sein, ja nicht einmal entstehen, wenn nicht die entsprechende Sensibilität mit ausgebildet würde. Wie hat man sich aber diese Ausbildung zu denken? Darüber muß man sich doch auch Gedanken machen!

Die Reizbarkeit als solche gehört zwar zu den Grundeigenschaften des lebenden Plasmas, dessen Entstehung hier nicht erörtert werden soll. Wie aber steht es mit ihren einzelnen, zum Teil recht verwickelten Erscheinungsformen?

Es wurde schon darauf hingewiesen, daß man sich vom deszendenztheoretischen Standpunkte auch die Reizerscheinungen in ihren besonderen Ausbildungsformen als Anpassungen zu denken hat, die im Laufe der Stammesentwickelung durch Auslese erworben und gefestigt worden sind. Demnach läge die Aufgabe vor, die Fortbildung der Reizbarkeit in der Pflanzenwelt von ihren einfachsten Anfängen bis zur höchsten Vervollkommnung zu schildern.

Von einer solchen Entwickelungsgeschichte des pflanzlichen Reizvermögens liegt noch nicht einmal der erste Versuch vor. Dementsprechend wurde in diesem Buche zwar in dem allgemeinen Abschnitte über die Bewegungen von den niederen zu den höheren Gewächsen vorgeschritten und wiederholt darauf aufmerksam gemacht, daß die Verschiedenheiten der motorischen Fähigkeiten in einem gewissen Zusammenhange mit der Stammesentwickelung stehen; aber schon hier konnte man kaum von einer Vervollkommnung im Aktionsvermögen etwa vom Bakterium zur höheren Pflanze sprechen. Jeder Organismus führt vielmehr die Bewegungen aus, die seiner sonstigen Lebensweise entsprechen.

Noch weniger waren deszendenztheoretische Gesichtspunkte bei den Reizerscheinungen selbst zu gewinnen. Es erwies sich bei deren Besprechung in den einzelnen Abschnitten nicht einmal als tunlich, mit den niederen Organismen zu beginnen, da deren Verhalten nicht einfacher und außerdem im ganzen weniger genau bekannt ist als das der höheren.

Das Wenige, das sich über dieses Thema der Zukunft sagen läßt, soll im Folgenden aneinandergereiht werden. Zunächst ist die Frage berechtigt, ob wir uns Organismen denken können, die gar keine Reizbarkeit besitzen? Auf diese Frage ist mit nein zu antworten. „Reizvorgänge sind mit dem ganzen lebendigen Getriebe verkettet, und es gibt vielleicht keine Einzelaktion, in welcher nicht Reize als veranlassende, hemmende, vermittelnde oder regulierende Glieder eine Rolle spielen und spielen müssen. Reizbarkeit kommt demgemäß den niedersten wie den höchsten Organismen zu, ist also eine allgemeine Eigenschaft der lebenden Substanz" (Pfeffer 1897, S. 10).

Wohl aber existieren Lebewesen ohne Reizbewegungen, nämlich solche, die überhaupt keine nach außen erkennbare Motilität besitzen. Hierher gehören viele Bakterien und einzellige wie koloniebildende niedere Algen. Sobald jedoch ein Bewegungsvermögen auftritt, finden wir es auch durch Reize in bestimmte Bahnen gelenkt. Es ist nun ohne weiteres klar, daß ein Bakterium, das aktiv zu geeigneten Nahrungsquellen zu gelangen vermag oder ein grüner Organismus, der günstige Lichtverhältnisse aufsuchen kann, gegenüber sonst ebenso ausgerüsteten unbeweglichen Mitbewerbern im Vorteil sein werden. Dasselbe gilt von dem Fliehen vor schädlichen Einflüssen. Sollen nun gar bewegliche Befruchtungszellen ohne Richtungsreize ihr Ziel erreichen, so ist dies nur unter sehr großen Verlusten und unter besonderen Umständen, z. B. Anhäufung auf kleinem Raume, Beschränkung der Bewegungsfreiheit, massenhafte Verbreitung usw. überhaupt möglich.

Wo jedoch die Fähigkeit zu Reizbewegungen einmal erworben ist, finden wir sie im allgemeinen bei den höchststehenden Pflanzen in derselben Form wie bei den niederen. Es gilt dies beispielsweise meist für die tropistischen Reaktionen. Die am höchsten ausgestalteten grünen Gewächse krümmen sich nicht vollkommener nach dem Lichte als gewisse einfache Pilze. Immerhin ist es möglich, daß noch Tatsachen gefunden werden, die auf eine allmähliche Vervollkommnung der Richtungsbewegungen schließen lassen.

Nur ganz vereinzelt konnten Urteile über die Höhe der Ausbildung eines Empfindungs- oder Reaktionsvermögens gefällt werden. So schienen die mit besonderen Gelenken, versehenen Blätter besser an häufige Bewegungen angepaßt als die durch Wachstum reagierenden. Auch fanden wir die photo- und chemotaktischen Reaktionen der Bakterien weniger fein ausgebildet als die der Flagellaten. Aber die Seltenheit solcher Vergleichsmöglichkeiten verbietet vorerst weitere Schlüsse.

Im Grunde haben wir nicht einmal allzuviele sichere Zeichen dafür, daß eine bestimmte Reizempfänglichkeit überhaupt erworben worden sei, also im Laufe der Stammesentwickelung früher nicht vorhanden gewesen sei. Können wir doch, wie oben (S. 144) betont, niemals etwas über das Fehlen der Sensibilität aussagen, selbst wenn kein Reizerfolg zu beobachten ist. Aus allgemeinen Gründen darf man sogar annehmen, daß die Empfindlichkeit gegen Wärme und chemische Stoffe, wahrscheinlich auch die für Licht und Feuchtigkeit der lebenden Substanz stets zukommt. Sie mag dann den Lebensbedingungen gemäß vervollkommnet worden sein; doch auch darüber wissen wir fast nichts.

Nur in einzelnen Fällen haben wir einen sicheren Anhalt für die Auffassung gewisser Reizvorgänge als Anpassungen, nämlich dann, wenn diese in deutlichem ökologischen Zusammenhange mit bestimmten physiologischen Aufgaben stehen. Man denke etwa an Cuscuta oder die Insektivoren. Manchmal beobachten wir dann die merkwürdige Erscheinung, daß die die Reizreaktion auslösende Kraft verschieden ist von der, um deretwillen sie offenbar geschieht. Ökologisch ist das nur dadurch verständlich, daß beide Kräfte in der Natur stets oder meist gleichzeitig einwirken. Einige Beispiele mögen verdeutlichen, wie das gemeint ist.

Für die phototropischen Reaktionen finden wir auch da, wo sie zweifellos im Dienste der Kohlensäureassimilation stehen, das Maximum der Wirkung bei den blauen Strahlen, obgleich diese an assimilatorischer Wirkung praktisch hinter den rotgelben zurückstehen. So sind ferner bei Bakterien vielfach die Kaliumverbindungen besonders stark chemotaktisch anlockend, obgleich deren Gewinnung an Bedeutung hinter der gleichzeitig von der Nahrungsquelle abgegebener organischer Stoffe zurücktritt. Ebenso wirken bei Drosera Ammoniumsalze stark auf die Bewegungen der Tentakeln, während doch, soviel wir wissen, die erst später durch die Verdauungsenzyme gelösten Eiweißverbindungen das Ziel der Bemühungen bilden. Auch können wir hier die farblosen Schwärmer gewisser parasitischer Organismen anführen, die ihre das Licht aufsuchenden Opfer vermöge einer gleichen phototaktischen Reizbarkeit zu finden wissen. In allen diesen Fällen wird ein ökologischer Nutzen auf einem Umwege erreicht, der aber die Wahrscheinlichkeit des Gelingens nicht allzusehr vermindert. An Stelle des eigentlich bedeutungsvollen Umstandes tritt ein ihn meist begleitender als Reizursache auf. Dieses Prinzip ist bei den Tieren in noch größerem Umfange wirksam und steigt an Bedeutung mit deren höherer Organisation. Mit Jennings (1910) können wir von stellvertretenden Reizfaktoren sprechen. Neben einigen weiteren Beispielen finden wir bei ihm eine Erörterung über die Entstehungsweise derartiger Stellvertretungen. Jennings nimmt eine Vereinfachung früher noch verwickelterer Vorgänge an. Eine häufig eingetretene zeitliche Aufeinanderfolge soll schließlich einen kausalen Zusammenhang bewirkt haben, in dem zuletzt die überflüssigen Zwischenglieder ausfielen. Diese Annahme scheint für manche Fälle viel Wahrscheinlichkeit zu besitzen, wenn sie auch nicht für alle zutrifft. So ist z. B. das letzterwähnte Beispiel der Chytridiaceenschwärmer kaum ohne Auslese der bestangepaßten Individuen enstanden zu denken.

Für uns aber ist es schon von Bedeutung, überhaupt Fälle zu wissen, in denen ein Reizvermögen allmählich entstanden oder doch vervollkommnet worden sein muß. Man könnte sonst vielleicht zu der Meinung kommen, daß die Reizbarkeit als solche in nicht mehr vervollkommnnungsfähiger Weise von Anfang an dagewesen sei und nur das Reaktionsvermögen sich nach Bedarf ausgebildet habe.

Diese Auffassung ist aber unwahrscheinlich angesichts der Tatsache, daß z. B. Purpurbakterien besonders auf rote Strahlen, die anderen phototaktischen Organismen aber auf die stärker brechbaren reagieren. Denn man kann kaum annehmen, daß beide für alle Strahlen des Spektrums empfindlich sind, aber nur auf einen Teil von ihnen reagieren. Wir kennen keinen Pflanzenteil, der sich etwa für verschiedene Reizauslösungen verschiedener Spektralbezirke bediente.[1]) Doch liegen eigens hierauf gerichtete Untersuchungen nicht vor (vgl. Pfeffer 1904 S. 120). Nur aus solchen Befunden könnte man auf eine Ausdehnung der Lichtempfindlichkeit über die bei einer speziellen Reizauslösnng wirksamen Bezirke hinaus schließen.

Was die Reihenfolge in der Ausbildung der einzelnen Reizreaktionsweisen betrifft, so haben wir auch dafür nur wenig Anhaltspunkte. Als wahrscheinlich kann man annehmen, daß der positive Geotropismus der Wurzeln vorhanden gewesen sei, bevor die anderen Reaktionsweisen, also etwa der Hydro- und Chemotropismus ausgebildet wurden. Ist doch auch im Einzelleben das Versenken der Wurzel in den Boden der erste und wichtigste Vorgang. Ja die Abwärtskrümmung beginnt zuweilen schon, bevor das Würzelchen die Samenschale oder das Gewebe der Mutterwurzel durchbrochen hat, so daß also die Bedingungen für das Eingreifen anderer Außenreize noch gar nicht gegeben sind. Bei den Stengeln der höheren Pflanzen dürfte der negative Geotropismus älter sein als die nastische Reaktionsweise der Seitenglieder, denn deren Bewegungen bekommen nur durch sein Vorhandensein eine für ihren Nutzen Ausschlag gebende Orientierung zur Außenwelt. Man denke etwa an die Schlafbewegungen der Blätter. Die der Blüten freilich, die ein Öffnen und Schließen bewirken, sind auch ohne solche Beziehungen vielfach zweckmäßig.

Man sieht wohl, daß wir bei den meisten Fragen, die eine deszendenztheoretische Betrachtungsweise der Reizerscheinungen stellt, durchaus oder fast ganz im Dunkeln tappen. Somit kann man auch hieraus wieder schließen, daß die Reizphysiologie der Pflanzen, so viele schöne Ergebnisse sie auch schon gezeitigt hat, doch erst im Anfange einer höheren Entwickelung steht.

---

[1]) Wie es z. B. mit dem Einfluß der Lichtfarben auf das Wachstum und die phototropische Reaktion steht, kann man aus den vorliegenden Untersuchungen nicht mit hinreichender Genauigkeit entnehmen.

Literaturübersicht.

Die angeführten Schriften stellen keine vollständige Bibliographie des Gegenstandes dar. Auch ist aus ihnen nicht immer ohne weiteres der Entdecker oder erste Bearbeiter irgendeiner Tatsache zu ersehen. Denn vielfach wurde vorgezogen neuere oder zusammenfassende Literatur zu nennen, aus der dann bei Bedarf frühere Arbeiten entnommen werden können. Die Literatur wurde im Allgemeinen bis zum Frühjahr 1911 benutzt, doch ließen sich Ungleichheiten in der zeitlichen Grenze bei den einzelnen Kapiteln nicht vermeiden.

Aderhold, R., Jenaische Zeitschr. f. Naturw. **22.** 1888.

Bach, H., Jahrb. f. wissensch. Botanik. **44.** 1907.

Baranetzky, J., Die kreisförmige Nutation und das Winden der Stengel. Petersburg 1883.

De Bary, A., Morphologie und Physiologie der Pilze, Flechten und Myxomyceten. Leipzig 1866.

Beijerinck, M. W., Zentralbl. f. Bakteriol. 1. Abt. **14.** 1893, **15.** 1894, 2. Abt. **3.** 1897.

Bennett, M. E., Botanical Gazette. **37.** 1904.

Berg, A., Lunds Universitets Årsskrift. **35.** 1889.

Berthold, G., Jahrb. f. wissensch. Botanik. **13.** 1882.

Blaauw, A. H., Die Perzeption des Lichtes. Extr. d. rec. des travaux bot. néerl. **5.** 1909. (Auszug daraus mitgeteilt von F. A. F. C. Went Koningl. Akad. van Wetensch., Amsterdam 1908.)

Bonnier, G., Revue générale de botanique. **7.** 1895.

Brefeld, O., Untersuchungen aus dem Gesamtgebiete der Mykologie. Münster 1881, 1887 u. 1889.

Bruchmann, H., Flora. **99.** 1909.

Brücke, E., Arch. f. Anatomie und Physiologie, herausgeg. v. Joh. Müller. 1848. Abgedr. Ostwalds Klassiker Nr. 95. Leipzig 1898.

Brunchhorst, J., Ber. d. deutsch. botan. Gesellsch. **2.** 1884.

Brunn, J., Beiträge zur Biologie der Pflanzen. **9.** 1908 a.

— Jahresber. d. schlesischen Gesellsch. f. vaterländ. Kultur. 1908 b.

Buder, J., Ber. d. deutsch. botan. Gesellsch. **26.** Festschrift. 1908.

Buller, R., Annals of Botany. **14.** 1900.

Chmielewsky, V., Beihefte zum botan. Centralblatt. **16.** 1904.

Clark, J. F., Botanical Gazette. **33.** 1902.

Clifford, J. B., Annals of Botany. **11.** 1897.

Cohn, F., Verhandlungen der schlesischen Ges. f. vaterländ. Kultur. 1859.

Correns, C., Flora. **75.** 1892.

— Botan. Zeitung. **54.** 1896.

— Ber. d. deutsch. botan. Gesellsch. **7.** 1889, **15.** 1897.

Czapek, F., Sitzungsber. d. Wiener Akad. d. Wissensch. Mathem.-naturw. Kl.
    104. 1895 a.
— Jahrb. f. wissensch. Botanik. **27.** 1895 b. **32.** 1898.
— Biochemie d. Pflanzen. Jena. 1904.
Darwin, Ch., Climbing Plants. (1865.) Übersetzung von J. V. Carus. Stutt-
    gart 1876.
— Insectivorous Plants. (1865.) Übersetzung von J. V. Carus. 2. Aufl. Stutt-
    gart 1899.
— The power of movement in plants. (1880.) Übersetzung von J. V. Carus.
    2. Aufl. Stuttgart 1899.
Darwin, Fr., Annals of Botany. **33.** 1899.
— Botanical Gazette. **37.** 1904.
Detmer, W., Botanische Zeitung. **40.** 1882.
— Das kleine pflanzenphysiologische Praktikum. 2. Aufl, Jena 1905. Auch das
    pflanzenphys. Prakt. in älteren Auflagen.
Elfving, F., Arbeiten des botan. Inst. zu Würzburg. **2.** 1880.
— Über das Verhalten der Grasknoten am Klinostat (Sep. a. Öfversigt af finska
    vetenschaps societetens förhandligar). 1884.
Engelmann, Th. W., Botan. Zeitung. **39** u. **46.** 1881 a u. 1888.
— Pflügers Arch. f. die ges. Physiologie. **26** u. **29.** 1881 b u. 1882.
Ewart, A. J., Trans. of the Liverpool Biol. Soc. **8.** (Zitiert nach Polowzow.)
    1893/94.
— On the physic and physiology of protoplasmatic streaming in plants.
    Oxford 1903.
Figdor, W., Sitzungsber. d. Wiener Akad. d. Wissensch. Math.-naturw. Kl.
    102. 1893.
Fischer, Alfr., Botan. Zeitung. **48.** 1890.
— Jahrb. f. wissensch. Botanik. **26** u. **27.** 1894 u. 1895.
Fitting, H., Jahrb. f. wissensch. Botanik. **38.** 1903.
— Jahrb. f. wissensch. Botanik. **41.** 1905.
— Jahrb. f. wissensch. Botanik. **44.** 1907 a.
— Die Reizleitungsvorgänge bei den Pflanzen. Sonderabdr. aus den Ergeb-
    nissen der Physiologie. Asher u. Spiro. 4. u. 5. Jahrg. Wiesbaden 1907 b.
Forest Heald, F. de, Gametophytic Regeneration. Diss. Leipzig 1897.
Francé, R. H., Pflanzenpsychologie. Stuttgart. 1909.
Frank, A. B., Die natürl. wagerechte Richtung von Pflanzenteilen. Leipzig 1870.
— Jahrb. f. wissensch. Botanik. **9.** 1873/74.
Frank, Th., Botan. Zeitung. **62.** 1904.
Freemann, D. L., Untersuchungen über die Stromabildung der Xylaria
    Hypoxylon in künstlichen Kulturen. Diss. Halle. 1910.
Fröschel, P., Sitzungsber. d. Wiener Akad. d. Wissensch. Mathem.-naturw.
    Kl. **117.** 1908.
Fulton, H. R., Botanical Gazette. **41.** 1906.
Gassner, G., Botan. Zeitung. **64.** 1906.
— Ber. d. deutsch. botan. Gesellsch. **28.** 1910.
Giesenhagen, K., Ber. d. deutsch. botan. Gesellsch. 1901.
Giltay, E., Zeitschr. f. Botanik. **2.** 1910.
Goebel, K., Pflanzenbiolog. Schilderungen. Marburg 1889/1891.
— Organographie der Pflanzen. Jena 1898/1901.
— Einleitung in die experimentelle Morphologie d. Pflanzen. Leipzig und
    Berlin 1908.

Gräntz, Fr., Einfluß des Lichtes auf die Entwickelung einiger Pilze. Leipzig Diss. 1898.

Guttenberg, H. v., Jahrb. f. wissensch. Botanik. 45 u. 47. 1907 u. 1910.

Haberlandt, G., Das reizleitende Gewebesystem d. Sinnpflanze. Leipzig 1890.

— Physiolog. Planzenanat. 2. Aufl. Leipzig 1896.

— Ber. d. deutsch. botan. Gesellsch. 22. 1904.

— Jahrb. f. wissensch. Botanik. 45. 1908.

— Die Sinnesorgane d. Pflanzen. Sep. aus d. 4. Aufl. d. Physiol. Pflanzenanat. 1909 a.

— Jahrb. f. wissensch. Botanik. 46. 1909 b.

Hauptfleisch, P., Jahrb. f. wissensch. Botanik. 24. 1892.

Heinricher, E., Wiesner-Festschr. Wien 1908 a.

— Ber. d. deutsch. botan. Gesellsch. 17 u. 26 a. 1899 u. 1908 b.

Hofmeister, W., Die Lehre von der Pflanzenzelle. Leipzig 1867.

Hryniewiecki, B., Schriften der naturforsch. Ges. d. Univ. Jurjeff (Dorpat). 1908. Zitiert nach Zeitschr. f. Botanik. 1. 1909. S. 775.

Jahn, E., Ber. d. deutsch. botan. Gesellsch. 29. 1911.

Jegunow, M., Zentralbl. f. Bakteriol. Abt. 2. 2 u. 3. 1896 u. 97.

Jennings, H. S., Das Verhalten der niederen Organismen. (1905.) Übersetzung von Mangold. Leipzig u. Berlin 1910.

Jensen, P., Arch. f. die gesamte Physiolog. 53. 1893.

Jensen, P. Boysen, Ber. d. deutsch. botan. Gesellsch. 28. 1910.

Jönsson, B., Ber. d. deutsch. botan. Gesellsch. 1. 1883.

Jost, L., Jahrb. f. wissensch. Botanik. 27 u. 31. 1895 u. 1898.

— Vorlesungen über Pflanzenphysiol. 2. Aufl. Jena 1908.

Juel, H. O., Jahrb. f. wissensch. Botanik. 34. 1900

Keller, J. A.. Über Protoplasmaströmung im Pflanzenreich. Diss. Zürich 1890.

Kerner, A., Pflanzenleben. 2. Leipzig u. Wien 1898.

Klebs, G., Biolog. Zentralbl. 5. 1885/86.

— Bedingungen der Fortpflanzung bei einigen Algen und Pilzen. Jena 1896.

Kniep, H., Jahrb. f. wissensch. Botanik. 43. 1906. 48. 1910.

— Biolog. Zentralbl. 27. 1907.

Knight, Th. A., Sechs pflanzenphysiologische Abhandlungen. 1811. Ostwalds Klassiker Nr. 62. Leipzig 1895.

Knoll, F., Sitzungsber. d. Wiener Akad. d. Wissensch. Mathem.-naturw. Kl. 118. 1909.

Krabbe, G., Jahrb. f. wissensch. Botanik. 20. 1889.

Kreidl, A., Sitzungsber. d. Wiener Akad. d. Wissensch. Mathem.-naturw. Kl. 101. 1892. 102. 1893.

Kretzschmar, P., Jahrb. f. wissensch. Botanik. 39. 1904.

Kusano, S., Journal of the College of Agrikulture. Imp. Univ. of Tokyo. 2. 1909.

Küster, E., Patolog. Pflanzenanat. Jena 1903.

Laage, A., Beihefte z. botan. Zentralblatt. 1. Abt. 21. 1907.

Lafar, F., Handb. d. techn. Mykolog. 1. 1904/07. 3. 1904/06.

Lehmann, E., Ber. d. deutsch. botan. Gesellsch. 27. 1909.

Lepeschkin, W. W., Ber. d. deutsch. botan. Gesellsch. 26a. 1908.

Lewis, F., Annals of Botany. 12. 1898.

Lidforss, B., Ber. d. deutsch. botan. Gesellsch. 17. 1899.

— Jahrb. f. wissensch. Botanik. 38. 1903. 41. 1904.

— Ber. d. deutsch. botan. Gesellsch. 23. 1905.

— Zeitschr. f. Botanik. 1. 1909.

Lilienfeld, M., Beihefte z. botan. Zentralbl. **19**, I. 1906.

Linsbauer, K. und Vouk, V., Ber. d. deutsch. botan. Gesellsch. **27.** 1909.

Linsbauer, L., Wiesner-Festschr. Wien 1908.

— L. u. K., Vorschule d. Pflanzenphysiol. 2. Aufl. Wien 1911.

Loeb, J., Pflügers Arch. **115.** 1906.

— Die Bedeutung der Tropismen f. d. Psychol. Leipzig 1909.

Ludwig, F., Lehrb. d. Biol. d. Pflanzen. Stuttgart 1895.

Luxburg, Graf H., Jahrb. f. wissensch. Botanik. **41.** 1905.

Mac Dougal, D. T., Botanical Gazette. **23.** 1897.

Maillefer, A. Bulletin de la soc. vaudoise des Sciences nat. Sér. 5. **45.** 1909.

Massart, J., Archives de Biol. **9.** 1889.

— Bull. de l'Acad. roy. de Belg. **22.** 1891.

Miehe, H., Flora. **88.** 1901

— Jahrb. f. wissensch. Botanik. **37.** 1902.

Migula, W., System der Bakterien. Allgem. Teil. Jena 1897.

Miyoshi, M., Botan. Zeitung. **52.** 1894a.

— Flora. **78.** 1894b.

Molisch, H., Sitzungsber. d. Wiener Akad. d. Wissensch. Mathem.-naturw. Kl. **87.** 1883. **90.** 1884. **102.** 1893.

— Sitzungsanzeiger d. Wiener Akad. 1884, Abt. I, S. 111.

Müller-Thurgau, H., Flora. **59.** 1876.

Müller, N. J. C., Botan. Untersuchungen. **1.** (1872) 1877.

Müller, Otto, Ber. d. deutsch. botan. Gesellsch. **14.** 1896.

Nathansohn, A. und Pringsheim, E., Jahrb. f. wissensch. Botanik. **45.** 1908.

Neljubow, D., Ber. d deutsch. botan. Gesellsch. **29.** 1911.

Němec, B., Ber. d. deutsch. botan. Gesellsch. **18.** 1900.

— Jahrb. f. wissensch. Botanik. **36.** 1901.

— Ber. d. deutsch. botan. Gesellsch. **28.** 1910.

Newcombe, F. C., Annals of Botany. **16.** 1902.

— and Rhodes, The Botanical Gazette. **37.** 1904.

Nienburg, W., Flora. Neue Folge. **2.** 1911.

Noll, F., Arbeiten d. botan. Inst. zu Würzburg **3.** 1885, 1887, 1888.

— Über heterogene Induktion. Leipzig 1892.

— Flora. **77.** 1893.

— „Physiologie" im Lehrbuch der Botanik für Hochschulen. 6. Aufl. Jena 1904.

Nordhausen, M., Zeitschr. f. Botanik. **2.** 1910.

Oliver, F. W., Annals of Botany. **1.** 1887/88.

Oltmanns, Fr., Flora. **75** u. **83.** 1892 u. 1897.

— Botan. Zeitung. **53.** 1895.

— Morphol. u. Biol. d. Algen. **2.** Allg. Teil. Jena 1905.

Ostwald, W., Vorlesungen über Naturphilos. 3. Aufl. Leipzig 1905.

Palladin, W., Ber. d. deutsch. botan. Gesellsch. **8.** 1890.

Pascher, A., Ber. d. deutsch. botan. Gesellsch. **27.** 1909.

Peirce, G., Annals of Botany. **8.** 1894.

Pekelharing, C. J., Onderzoekingen over de perceptie van den zwaartekracht-prikkel door planten Utrecht. 1909. Übersetzt in Extrait du Recueil des Travaux botaniques Néerlandais. **7.** 1910.

Pfeffer, W., Arbeiten d. botan. Inst. zu Würzburg. **1.** 1871.

— Physiol. Untersuchungen. a) Untersuch. über Reizbarkeit der Pflanzen. b) Untersuch. über Öffnen u. Schließen d. Blüten. Leipzig 1873.

— Die period. Bewegungen d. Blattorg. Leipzig 1875.

Pfeffer, W., Pflanzenphysiol. 1. Aufl. Leipzig 1881.
— Untersuch. a. d. botan. Inst. z. Tübingen. 1 u. 2. 1884, 1885 u. 1888.
— Die Reizbarkeit d. Pflanzen. Verhandl. d. Gesellsch. deutsch. Naturf. und Ärzte. 1893.
— Pflanzenphysiol. 2. Aufl. Leipzig. 1 u. 2. 1897 u. 1904.
— Abhandl. d. sächs. Akad. d. Wissensch. 30. 1907.
— Biol. Zentralbl. 28. 1909.
Piccard, A., Jahrb. f. wissensch. Botanik. 40. 1904.
Polowzow, W., Untersuch. über Reizerscheinungen bei d. Pflanzen. Jena 1909.
Prantl, K., Arbeiten d. botan. Inst. in Würzburg. 1. 1873.
— Botan. Zeitung. 37. 1879.
Pringsheim, E. G., Jahrb. f. wissensch. Botanik. 43. 1906.
— Ber. d. deutsch. botan. Gesellsch. 26a. 1908.
— Cohns Beitr. z. Biol. d. Pflanzen. 9 u. 10. 1907, 1909, 1910.
— Zeitschr. f. biol. Technik u. Methodik. 2. 1911.
Pringsheim, H., Die Variabilität nied. Organismen. Berlin 1910.
Raciborski, Bull. Inst. de Buitenzorg. 1900.
Reichert, K., Zentralbl. f. Bakt. 1. Abt. 51. 1909.
Remer, W., Ber. d. deutsch. botan. Gesellsch. 22. 1904.
Renner, O., Flora. 99 u. 100. 1908 u. 1909.
Richter, O., Ber. d. deutsch. botan. Gesellsch. 21. 1903.
— Sitzungsber. d. Wiener Akad. d. Wissensch. Mathem.-naturw. Kl. 115. 1906.
— Jahrb. f. wissensch. Botanik. 46. 1909.
Ritter, G., Zeitschr. f. Botanik. 3. 1911.
Rosen, F., Anleitung z. Beobachtung d. Pflanzenwelt. (Wissensch. u. Bildung). Leipzig 1909.
Rosenvinge, K., Rev. générale de Botanique. 1. 1889.
Rothert, W., Cohns Beitr. z. Biol. d. Pflanzen. 7. 1896.
— Flora. 88. 1901.
— Jahrb. f. wissensch. Botanik. 39. 1904.
Sachs, J., Sitzungsber. d. sächs. Akad. d. Wissensch. 1859. Zitiert nach Pfeffer 1904. S. 787.
— Botan. Zeitung. Beil. 21. 1863.
— Arbeiten d. botan. Inst. z. Würzburg. 1. 1872 u. 1873. 2. 1879 u. 1880.
— Vorlesungen über Pflanzenphysiol. 2. Aufl. Leipzig 1887.
Sammet, R., Jahrb. f. wissensch. Botanik. 41. 1905.
Schellenberg, H. C., Flora. 96. 1906.
Shibata, K., Jahrb. f. wissensch. Botanik. 49. 1911.
Schimper, A. F. W., Pflanzengeogr. auf physiol. Grundlage. Jena 1898.
Schwarz, F., Ber. d. deutsch. botan. Gesellsch. 2. 1884.
Schwendener, S., und Krabbe, G., (Abhandl. d. Berliner Akad. d. Wissensch. 1892). Gesammelte botan. Mitteilung. v. S. Schwendener. 2. Berlin 1898.
— Gesammelte botan. Mitteilung. 1. 1881.
Schwendener, S., Sitzungsber. d. Berliner Akad. d. Wissensch. 1897 u. 1898.
Semon, S., Biol. Zentralbl. 25. 1905. 28. 1908.
Senn, G., Die Gestalts- und Lageveränderungen d. Pflanzenchromatophoren. Leipzig 1908.
Spalding, V. M., Annals of Botany. 8. 1894.
Spisar, K., Ber. d. deutsch. botan. Gesellsch. 28. 1910.
Stahl, E., Beitr. z. Entwickelungsgesch. d. Flechten. Leipzig 1877.
— Botan. Zeitung. 38. 1880.
— Über sog. Kompaßpflanzen. Jena 1881.

Stahl, E., Über den Einfluß des sonnigen u. schattigen Standortes auf die Ausbildung der Blätter. Jena 1883.
— Ber. d. deutsch. botan. Gesellsch. **2.** 1884a.
— Botan. Zeitung. **42.** 1884b.
— Ber. d. deutsch. botan. Gesellsch. **3.** 1885.
— Jahrb. f. wissensch. Botanik. **23.** 1892.
— Botan. Zeitung. **52.** 1894. **55.** 1897.
Stange, B., Botan. Zeitung. **48.** 1890.
Steyer, K., Reizkrümmungen bei Phycomyces. Diss. Leipzig 1901.
Stoppel, R., Zeitschr. f. Botanik. **2.** 1910.
Strasburger, E., Wirkung des Lichtes und der Wärme auf Schwärmsporen. Jena 1878.
— Jahrb. f. wissensch. Botanik. **17.** 1886.
Streeter, St. G., Botan. Gazette. **48.** 1909.
Tangl, E., Sitzungsber. d. Wiener Akad. Mathem.-naturw. Kl. **90.** 1884.
Tobler, F., Jahrb. f. wissensch. Botanik. **39.** 1904.
Tröndle, A., Jahrb. f. wissensch. Botanik. **48.** 1910.
Tschermak, E., Ber. d. deutsch. botan. Gesellsch. **22.** 1904.
Vines, S. H., Arbeiten d. botan. Inst. in Würzburg. **2.** 1878.
— Annals of Botany. **3.** 1889/90.
Vöchting, H., Die Bewegungen d. Blüten u. Früchte. Bonn 1882.
— Organbildung im Pflanzenreich. **1.** Bonn 1878. **2.** 1884.
— Botan. Zeitung **46.** 1888.
— Jahrb. f. wissensch. Botanik. **17.** 1886. **21.** 1890. **25.** 1893.
— Ber. d. deutsch. botan. Gesellsch. **16.** 1898.
Vögler, C., Botan. Zeitung. **49.** 1891.
De Vries, H., Arbeiten d. botan. Inst. z. Würzburg. **1.** 1872.
Wächter, W., Ber. d. deutsch. botan. Gesellsch. **23.** 1905.
Weinzierl, Th. v., Wiesner-Festschr. Wien 1908.
Wiedersheim, W., Jahrb. f. wissensch. Botanik. **40.** 1904.
Wiegmann und Polstorff, Über die anorg. Bestandteile d. Pflanzen. Braunschweig 1842.
Wiesner, J., Die heliotrop. Erscheinungen im Pflanzenreich. 1 u. **2.** Sep. a. Denkschr. d. Wiener Akad. **39.** 1878 u. 1880.
— Das Bewegungsvermögen d. Pflanzen. Wien 1881.
— Sitzungsber. d. Wiener Akad. **103.** 1894.
Winkler, H., Jahrb. f. wissensch. Botanik. **35.** 1900.
Winogradsky, S., Botan. Zeitung. **45.** 1887.
Wortmann, J., Botan. Zeitung. **39.** 1881. **41.** 1883. **43.** 1885a. **44.** 1886.
— Ber. d. deutsch. botan. Gesellsch. **3.** 1885b.
Wundt, W., Grundzüge d. physiol. Psychol. Leipzig 1902.

Sachverzeichnis.